21世纪经典工程结构设计解析丛书

经 典 回 眸

同济大学建筑设计研究院(集团)有限公司篇

同济大学建筑设计研究院（集团）有限公司　编

中国建筑工业出版社

图书在版编目（CIP）数据

经典回眸. 同济大学建筑设计研究院（集团）有限公司篇 / 同济大学建筑设计研究院（集团）有限公司编. — 北京：中国建筑工业出版社，2023.9
（21世纪经典工程结构设计解析丛书）
ISBN 978-7-112-29010-9

Ⅰ. ①经… Ⅱ. ①同… Ⅲ. ①建筑结构—结构设计—作品集—中国—现代 Ⅳ. ①TU318

中国国家版本馆 CIP 数据核字（2023）第 143995 号

责任编辑：刘瑞霞 李静伟
责任校对：姜小莲

21世纪经典工程结构设计解析丛书
经典回眸 同济大学建筑设计研究院（集团）有限公司篇
同济大学建筑设计研究院（集团）有限公司 编
*
中国建筑工业出版社出版、发行（北京海淀三里河路9号）
各地新华书店、建筑书店经销
国排高科（北京）信息技术有限公司制版
天津图文方嘉印刷有限公司印刷
*
开本：880 毫米×1230 毫米 1/16 印张：29 字数：850 千字
2023 年 9 月第一版 2023 年 9 月第一次印刷
定价：**298.00** 元
ISBN 978-7-112-29010-9
（41657）

丛书编委会

主编单位：北京市建筑设计研究院有限公司

参编单位：中国建筑设计研究院有限公司

华东建筑设计研究院有限公司

上海建筑设计研究院有限公司

同济大学建筑设计研究院（集团）有限公司

中国建筑西南设计研究院有限公司

中国建筑西北设计研究院有限公司

中南建筑设计院股份有限公司

广东省建筑设计研究院有限公司

启迪设计集团股份有限公司

丛书总序

伴随着中国的城市化进程，我国土木与建筑工程领域经历了高速发展时期，行业技术水平在大量工程实践中得到了长足发展。工程结构设计作为土木与建筑工程领域的重要组成部分，不仅关乎建筑物的安全与稳定，更直接影响着建筑的功能和可持续性。21世纪以来，随着社会经济发展和人们生活需求的逐步提升，一大批超高层办公楼、体育场馆、会展中心、剧院、机场、火车站相继建成。在这些大型复杂项目的设计建造过程中，研发的先进技术得以推广应用，显著提升了项目品质。如今，我国建筑业发展总体上仍处于重要战略机遇期，但也面临着市场风险增多、发展速度受限的挑战，总结既往成功经验，继续保持创新意识，加强新技术推广，才能适应市场需求，促进建筑业的高质量发展。

为了更好地实现专业知识与经验的集成和共享，推动行业发展，国内十家处于领军地位的建筑设计研究院汇聚了21世纪以来经典工程项目的设计研究成果，编撰成系列丛书，以记录、总结团队在长期实践过程中积累的宝贵经验和取得的卓越成绩。丛书编委会由十家大院的勘察设计大师和总工程师组成，经过悉心筛选，从数千个项目中选拔出200余项代表性大型复杂项目，全面展现了我国工程结构设计在各个方向的创新与突破。丛书所涉及的项目难度高、规模大、技术精，具有普通工程无法比拟的复杂性。这些案例均由在一线工作的项目负责人主笔撰写，因此描述细致深入，从最初的结构方案选型，到设计过程中的结构布置思考与优化，再到结构专项技术分析、构造设计和试验研究等，进行了系统性的梳理归纳，力求呈现大型复杂工程在设计全过程中的思维方式和处理策略。

理论研究与工程实践相结合，数值分析与结构试验相结合，是丛书中经典工程的设计特点。土木工程是实践性很强的学科，只有经得起工程检验的研究成果才是有生命力、有潜力的。在大型复杂工程的设计建造过程中，对新技术、新工艺的需求更高，对设计人员也是很大的考验，要求在充分理解规范的基础上，大胆创新，严谨验证，才能保证研发成果圆满落地，进而推动行业的发展进步。理论与实践的结合，在本套丛书中得到了很好的体现，研究团队的技术成果在其中多项工程得到应用，比如大兴国际机场、雄安站、上海中心大厦、中央电视台新台址CCTV主楼等项目，加快了建造速度，提升了建筑品质，取到了良好的效果。

本套丛书开创了国内大型建筑设计院合作著书的先河，每个大院以一册的形式总结自己的杰出工程案例，不仅是对各大院在工程结构设计领域成就的展示，也是对我国工程结构设计整体实力的展示。随着结构材料性能提高、组合结构发展、分析手段完善、设计方法进步，新型高性能材料、构件和结构体系不断涌现，这些新材料、新技术和新工艺对推动建筑行业科技进步起到了重要作用，在向工程技术人员提出了更高挑战的同时也提供了创新空间。未来的土木工程学科将是追求高性能、高质量发展的学科，工程结构设计领域的发展需要不断的学习、积累和创新。希望这套丛书能够为广大结构工程师和相关从业人员提供有价值的参考，激发他们的灵感和创造力。同时，也希望通过这套丛书的分享和传播，进一步推动我国工程结构设计领域的创新和进步，为我国城镇建设和高质量发展贡献更多的智慧和力量。

中国工程院院士

清华大学土木工程系教授

2023 年 8 月

本书编委会

顾　问：吕西林

主　编：丁洁民

副主编：巢　斯　贾　坚　万月荣　虞终军　张　涛　吴宏磊

编　委：（按姓氏拼音排序）

程　浩　耿耀明　何志军　姜文辉　金　炜　井　泉

居　炜　刘传平　陆秀丽　南　俊　阮永辉　孙　平

王建峰　王世玉　谢小林　许晓梁　张月强　张　峥

朱　亮

序

同济大学建筑设计研究院（集团）有限公司（TJAD）作为一家高校所属的建筑设计院，秉承同济人同舟共济追求卓越的精神，经过半个多世纪的发展，结构设计技术水平在大量的工程实践中得到长足提升。自1986年以来，TJAD累计获省（部）级以上优秀设计奖超2000个。

进入21世纪以来，中国城市化进程加速，建筑行业经历了高速发展时期。同济大学建筑设计研究院（集团）有限公司（TJAD）在这一时期有幸参与了城市建设，承接了大量的国家级、省部级重点工程项目，比如上海中心大厦、2010年上海世博会主题馆、重庆西站、西安丝路国际会议中心等杰出工程。这些21世纪经典工程的顺利建成，是TJAD几代人共同努力成果的体现，也是TJAD设计技术深厚底蕴的呈现。

在"21世纪经典工程结构设计解析丛书"中，《经典回眸　同济大学建筑设计研究院（集团）有限公司篇》分册精心挑选了20个具有代表性的工程项目，涵盖了超高层建筑、交通建筑、体育建筑、会展建筑、文化建筑等复杂综合类建筑。每个项目都有建筑师独特的创作理念和带来的建筑造型和风格，以及给结构设计带来的挑战。结构工程师通过合理的结构选型、创新技术的引入，以及结构优化设计，实现了结构成就建筑之美、建筑展现结构之妙。

本书着重介绍各典型案例的项目特点、结构方案选型思路以及关键设计技术等内容，通过图文并茂的方式，使读者可以快速地掌握每个项目的结构设计和要点。比如上海中心大厦的结构设计除了一般超高层具有的结构设计特点以外，还具有深厚软土地基下超高层建筑基坑及基础设计、超高层建筑空气动力学设计、超高层建筑巨型柱结构设计、特殊节点构造设计、被动式电涡流调谐质量阻尼器减振设计、柔性悬挂式幕墙结构体系设计等。每一个案例都值得结构工程师认真去品读、慢慢去思考，体会结构设计的合理性与创新性。

期望本书的出版能为工程设计提供一定的参考，进一步推动我国建筑结构行业的发展。仅此为序，以为共勉。

中国工程院院士
同济大学教授
2023年7月

前　言

　　同济大学建筑设计研究院（集团）有限公司（TJAD）自 1958 年成立以来，依托百年学府同济大学的深厚底蕴，拥有了深厚的工程设计实力和强大的技术咨询能力，承担并完成了国内外许多重要的设计项目，在超高层建筑、大跨度建筑及复杂建筑方面积累了丰富的技术经验，享有较高的行业声誉。

　　《经典回眸　同济大学建筑设计研究院（集团）有限公司篇》分册收集了 21 世纪以来 TJAD 设计完成的具有代表性的作品，共 20 个经典项目案例，案例类型包括超高层建筑结构、大跨度空间结构及复杂建筑结构。超高层建筑结构案例包括上海中心大厦、中国国际丝路中心大厦、郑州绿地中央广场、腾讯滨海大厦、新江湾城 F 区 F1-E 地块商办项目；大跨度空间结构案例包括上海世博会主题馆、长沙国际会展中心、重庆西站、郑州南站、兰州中川国际机场三期扩建工程 T3 航站楼和综合交通中心、崇明体育训练基地 4 号楼、上海自行车馆、海口市五源河体育馆；复杂结构包括中国银联运营中心、云南大剧院、上音歌剧院、西安丝路国际会议中心、雄安容东综合运动馆、上海博物馆东馆，上述案例我本人基本都有参与设计。这些作品反映出近年来 TJAD 全体同仁所作出的杰出贡献。通过院内几代人的不懈努力，既完成了不胜枚举的工程设计项目，也在设计实践中树立了同济院的品牌，形成了自己的风格和优势。本书聚焦工程建设中的重点和难点问题，所涉及项目难度高、规模大、技术精，希望能为广大设计工作者提供参考，为我国建筑工程设计水平的提高贡献微薄之力。

　　本书由同济大学建筑设计研究院（集团）有限公司组织编写，集团各主要设计部门参与了本书的编制工作，各项目案例结构主要设计团队及执笔人已附于章节末尾。本书是全体 TJAD 人共同努力的结晶，衷心感谢每一位参与本书编写的同事。

　　本书部分内容引用了国内外专家学者和设计同行的研究或设计结果，在此敬以最诚挚的谢意。

　　由于科学技术在不断的发展，书中难免有不当与疏漏之处，敬请读者批评指正。

全国工程勘察大师

同济大学建筑设计研究院（集团）有限公司总工程师

2023 年 7 月

目　录

全书延伸阅读扫码观看。

第 1 章

上海中心大厦

1.1 工程概况

1.1.1 建筑概况

上海中心大厦位于上海市浦东银城中路 501 号,陆家嘴金融中心区 Z3-1、Z3-2 地块,与金茂大厦、上海环球金融中心组成了"品"字形建筑群(图 1.1-1)。上海中心大厦是一幢集办公、酒店、商业、观光为一体的现代化多功能摩天大楼,于 2008 年启动设计,2016 年竣工投入使用,目前为中国第一、世界第二高楼。

该建筑塔楼地上 127 层,建筑高度 632m;裙房地上 7 层,建筑高度 38m,整体设 5 层地下室。地上和地下建筑面积分别为 38 万 m² 和 14 万 m²,沿竖向分为 9 个区段(图 1.1-2),包括底层的商业中心、中部的办公楼层以及顶部的酒店、文化设施及观景平台,各区段由 2 层高的设备避难层分隔。典型建筑平面如图 1.1-3 所示。

图 1.1-1 上海中心大厦实景图

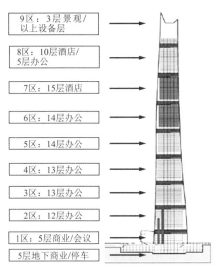

9区:3 层景观/以上设备层

8区:10 层酒店/5 层办公

7区:15 层酒店

6区:14 层办公

5区:14 层办公

4区:13 层办公

3区:13 层办公

2区:12 层办公

1区:5 层商业/会议

5 层地下商业/停车

图 1.1-2 上海中心建筑竖向功能分区

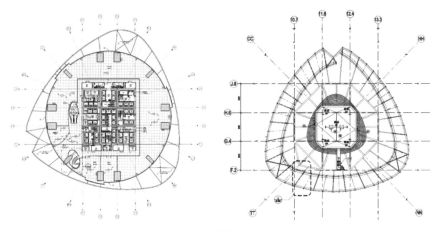

图 1.1-3 建筑典型平面图

1.1.2 设计条件

1. 主体控制参数

控制参数见表 1.1-1。

控制参数			表 1.1-1
结构设计基准期	50 年	建筑抗震设防分类	重点设防类（乙类）
建筑结构安全等级	一级	抗震设防烈度	7 度
结构重要性系数	1.1	设计地震分组	第一组
地基基础设计等级	一级	场地类别	IV 类
建筑结构阻尼比	0.04（多遇地震）/0.05（罕遇地震）		

2. 结构抗震设计条件

主塔楼构件抗震等级如表 1.1-2 所示，采用地下室顶板作为上部结构的嵌固端。

构件抗震等级		表 1.1-2
核心筒	底部加强区	特一级
	外伸臂加强区	特一级
	其他区域	特一级
巨柱	外伸臂加强区	特一级
	其他区域	特一级

注：外伸臂加强区为外伸臂层及其上下各一层。

3. 风荷载

上海中心大厦作为目前国内最高的超高层建筑，风荷载的取值将决定工程的安全性和经济性。因此，有必要对塔楼进行风洞试验以确定风荷载，其中已进行的试验及分析包括：

（1）高频测力天平试验；

（2）高频测压试验；

（3）全气动弹性模型试验；

（4）高雷诺数试验。

对风洞试验风荷载和基于我国规范的风荷载进行了对比分析，上海中心大厦体型系数可取为 1.0，斯脱罗哈数可取为 0.15，阻尼比可取为 4%。基本风压取为 0.6kN/m²，按 D 类地貌。

1.2 项目特点

1.2.1 超高建筑形态

上海中心大厦建筑高度达 632m，塔楼内部由 9 个圆柱体建筑堆叠而上，包括了 1 个底部裙房层的商务区，5 个办公区，2 个酒店/住宅区，和 1 个在顶部的观光层。楼层结构平面直径由底部（1 区）83.6m 逐渐收进并减小到（8 区）42m。中央核心筒底部为 30m×30m 方形混凝土筒体。从第五区开始，核心筒四角被削掉，逐渐变化为十字形，直至顶部。结构东西南北每一侧各布置 2 根巨柱，在 45°角方向各布置 1 根巨柱，核心筒呈正方形居中布置（图 1.2-1）。

相应地，必须选择合适的结构体系以适应复杂的建筑体型，下大上小的建筑体型有助于降低上部结构地震作用和风荷载，减小顶部结构风振响应。但由于建筑超高、体量巨大，抗侧力构件尺寸必然区别于常规构件尺寸，合理正确地选择抗侧力构件截面形式，准确地分析和研究其承载能力和延性，是设计面临的一大挑战。

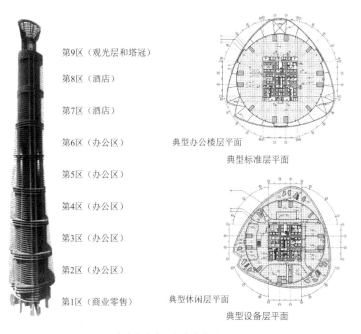

第9区（观光层和塔冠）

第8区（酒店）

第7区（酒店）

第6区（办公区）

第5区（办公区）

第4区（办公区）

第3区（办公区）

第2区（办公区）

第1区（商业零售）

典型办公楼层平面

典型标准层平面

典型休闲层平面

典型设备层平面

图 1.2-1　上海中心大厦竖向功能分区及典型平面

经典回眸　同济大学建筑设计研究院（集团）有限公司篇

1.2.2　深厚软土地基

上海中心大厦位于上海浦东新区陆家嘴中心区［图 1.2-2（a）］，场地位于东泰路（东）、陆家嘴环路（南）、银城中路（西）、花园石桥路（北）4 条道路所组成的范围，该区域的地质是深厚的软土层，能够承受 500m 以上超高层的持力层⑨₂粉砂夹中砂层位于地面以下约 78m［图 1.2-2（b）］。

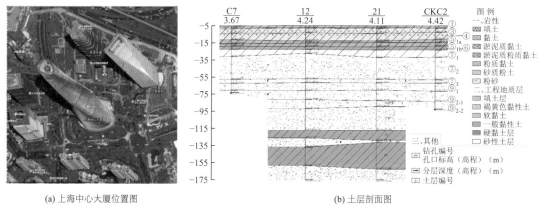

（a）上海中心大厦位置图　　　　　　　（b）土层剖面图

图 1.2-2　上海中心区位及土层条件

位于上海中心大厦附近的金茂大厦和环球金融中心均采用钢管桩，选择厚度较厚且均匀的⑨₂层粉砂夹中砂作为基础持力层。然而，上海中心大厦开工建设之时，四周的道路已完全建成，周边的金茂大厦、环球金融中心也已营业，整个陆家嘴地区不能接受采用钢管桩作为工程桩带来的挤土和噪声问题。上海中心大厦的高度远大于邻近的金茂大厦和环球金融中心，持力层如何选择、桩型桩径及施工工艺如何确定，也是设计需要考虑的问题。

1.2.3　复杂风环境

由于超高的高度及三维曲面的幕墙和旋转的形态，上海中心大厦的风荷载成为结构设计的主要控制因素之一。合理地确定设计风荷载更是本工程设计过程中十分重要的环节之一。为保证设计的可靠性及准确性，有必要对塔楼进行风洞试验以确定风荷载。对于上海中心大厦这样的超高建筑，横风向风荷载的作用更不能忽视（图 1.2-3），且由于上海靠近沿海，台风对上海地区超高层建筑设计风速的影响也需重视。

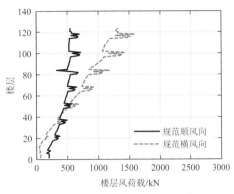

图 1.2-3　上海中心大厦规范风荷载

上海中心大厦 100 年回归期 10min 平均风速　　　　　　　　　　　　表 1.2-1

风速	金茂大厦/（m/s）	环球金融/（m/s）	上海中心/（m/s）	《建筑结构荷载规范》GB 5009-2001（2006 年版）/（m/s）
10m 高度	31.1	31.1	31.7	31.0
500m 高度	43.7	43.7	50.0	54.7

鉴于以上特点，对上海中心大厦进行多项风洞试验以确定相关风荷载参数（表 1.2-1）。如何采用合理高效的建筑外表皮形态，减小由于风荷载漩涡脱落导致的涡激振动，有效保证风荷载下结构构件承载力，控制顶部楼层风振舒适度也是工程师需重点考虑的问题。

1.2.4　双层幕墙系统

双层幕墙和空中庭院构成上海中心大厦的核心设计理念，是实现绿色低碳设计的关键设计技术支撑。设计师将双层幕墙的外表皮设计成逐层旋转并逐渐向上收分的形态，让大楼具备了动感，突破了以往超高层建筑外形简单、规则的惯例（图 1.2-4）。

由于建筑功能的要求，外幕墙主要用于表达结构外形，而内幕墙主要起到保温隔热的作用。基于此，上海中心大厦采用了内外分离的双层幕墙系统。外幕墙体形复杂，其支撑结构不但应满足结构安全性的要求，还应达到实现视觉通透及建筑美观的目的。如何设计传力可靠，同时又能够与主结构有机协调共同工作的幕墙支撑体系也是结构设计中的一大挑战。

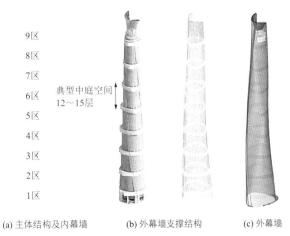

(a) 主体结构及内幕墙　　　　(b) 外幕墙支撑结构　　　　(c) 外幕墙

图 1.2-4　幕墙系统构成

1.3 体系与分析

1.3.1 方案对比

一般而言，对于上海中心大厦这样的超高层建筑比较有效的结构体系大致有以下几种：巨型结构体系（有巨柱-外伸臂）及筒中筒结构，或两者相混合的体系。

在方案设计阶段中，曾尝试将外部幕墙结构加以利用，变成钢斜交叉网格外筒（图 1.3-1），结果显示此钢斜交叉网格外筒能提供额外 10% 左右的抗侧刚度（表 1.3-1），而外部钢斜交叉网格外筒的用钢量几乎跟巨柱的用钢量等同，并且钢支撑的巨大构件尺寸及节点尺寸严重影响建筑外观，是建筑师不能接受的。其他形式的筒中筒体系也不适合于上海中心大厦这种特殊的建筑体形。

钢斜交网格外筒方案与巨型框架-核心筒-外伸臂方案研究比较   表 1.3-1

	巨型框架-核心筒-外伸臂	巨型框架-核心筒-外伸臂 + 钢斜交网格
周期/s	8.69	7.97
最大层间位移角	$h/523$	$h/603$
顶点最大位移比	$h/899$	$h/1046$

注：钢斜交网格外筒本身的用钢量约为 3 万 t。

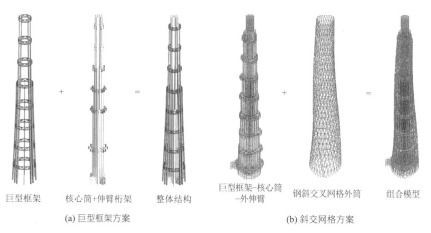

巨型框架 核心筒+伸臂桁架 整体结构 巨型框架-核心筒 -外伸臂 钢斜交叉网格外筒 组合模型

(a) 巨型框架方案 (b) 斜交网格方案

图 1.3-1 上海中心大厦结构方案对比

鉴于以上特点，上海中心大厦抗侧力体系为"巨型框架-核心筒-外伸臂"结构体系。为了研究抗侧力体系各组成部分对整体抗侧刚度的贡献，以巨柱-核心筒体系为基础，分别增加外伸臂桁架和箱形空间环形桁架直至形成最终的巨型框架-核心筒-外伸臂体系。经过了对 8 道外伸臂方案，2 个 6 道外伸臂方案（1、3、5、6、7、8 区及 2、4、5、6、7、8 区）及 5 道外伸臂桁架进行综合分析后，结果表明 6 道外伸臂方案（2、4、5、6、7、8）为最优方案。与 5 道外伸臂方案相比，减少了结构周期（减少约 0.13s），伸臂桁架结构用钢量增加仅 1500t 左右，考虑多 1 道伸臂桁架可有效降低墙肢拉应力，减小核心筒含钢率，6 道伸臂桁架与 5 道伸臂桁架方案总体用钢量基本持平，同时又保证了每两个区有 1 道外伸臂桁架，从而使结构的抗侧刚度沿高度变化均匀分布，又使结构的安全储备得到进一步加强。各个外伸臂桁架方案的结果比较见表 1.3-2。

不同外伸臂桁架数量结果比较   表 1.3-2

伸臂数量	8 道外伸臂桁架	6 道外伸臂桁架		5 道外伸臂桁架
外伸臂桁架位置	1、2、3、4、5、6、7、8 区	1、3、5、6、7、8 区	2、4、5、6、7、8 区	3、5、6、7、8 区
外伸臂桁架用钢量/t	10050	7030	6500	5000
周期/s	8.62	8.84	8.77	8.90

伸臂数量	8 道外伸臂桁架	6 道外伸臂桁架		5 道外伸臂桁架
最大层间位移角	$h/528$	$h/537$	$h/533$	$h/538$
伸臂立面布置				

通过以上方案比选，现有"巨型框架＋核心筒＋6 道外伸臂"结构体系是最为经济合理的。它既满足了建筑使用功能的要求，又在结构上有所创新，做到了技术先进、安全可靠、经济合理。

1.3.2 结构布置

本项目所采用的"巨型框架-核心筒-外伸臂桁架"体系（图 1.3-2），从结构概念设计上来讲，此体系能提供相当大的结构赘余度，与一般概念的框架-核心筒相比较，多了 6 道外伸臂桁架，能更好地保证结构刚度并协调分配核心筒与外框间的内力。

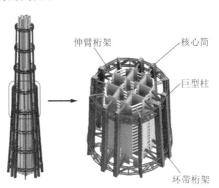

伸臂桁架　核心筒　巨型柱　环带桁架

图 1.3-2　典型区段结构布置

1. 核心筒

核心筒是抗震第一道防线，将提供相当大的结构抗侧刚度和抗剪能力以抵抗风荷载和地震作用所产生的倾覆弯矩和水平剪力。在第一区及地下室部分，采用混凝土-钢板组合剪力墙以提高底部墙体的整体承载力及延性。第 2～4 区采用钢骨剪力墙，既能提升墙体承载力，又起到过渡作用。除加强层及个别墙肢外，5 区及以上剪力墙内不再额外设置钢骨（图 1.3-3）。

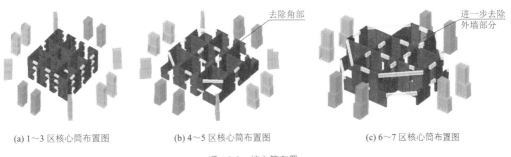

(a) 1～3 区核心筒布置图　　(b) 4～5 区核心筒布置图　　(c) 6～7 区核心筒布置图

图 1.3-3　核心筒布置

核心筒剪力墙翼墙厚度由底部的 1200mm 逐渐过渡至顶部 500mm，腹墙厚度由底部的 900mm 逐渐减薄至顶部的 500mm，混凝土强度等级均为 C60。

2．巨型框架

本结构的巨型框架由 8 个巨柱和每个加强层设置的两层高箱形空间桁架相连而成（图 1.3-4）。巨型框架的 8 根巨柱在第 8 分区终止，4 根角柱在第 5 分区终止。在 6 区以下沿建筑对角位置布置的 4 根角柱主要用于减少箱形空间桁架的跨度。

巨柱贯穿塔楼 1～8 区，底部截面尺寸为 3.7m×5.3m，顶部为 2.4m×1.9m，角柱布置于塔楼 1～5 区，底部截面尺寸为 2.4m×5.5m，5 区截面尺寸为 1.2m×4.5m。巨柱及角柱混凝土强度等级 1～3 区采用 C70，4 区及以上采用 C60。

箱形空间桁架既作为抗侧力体系巨型框架的一部分，又作为转换桁架支承位于建筑周边的重力柱，相邻加强层之间的楼层荷载由重力柱支承并通过转换桁架传至 8 根巨柱和 4 根角柱，与巨型柱一起形成一个巨型框架结构体系。桁架弦杆截面尺寸为 H1000mm×550mm×65mm×65mm，腹杆尺寸为 H1200mm×550mm×100mm×100mm～H450mm×400mm×65mm×65mm。

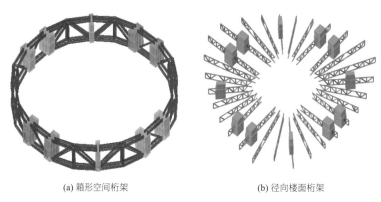

(a) 箱形空间桁架　　　　　　　　　　　　(b) 径向楼面桁架

图 1.3-4　巨型框架组成

3．伸臂桁架

塔楼沿第 2、4、5、6、7、8 区的设备层/避难层设置 6 道 2 层高的外伸臂桁架，伸臂桁架按单斜杆的形式设置，一端连于巨柱，另一端与核心筒腹墙相连，并贯穿核心筒。伸臂桁架腹杆跨越 2 层设备层，典型腹杆截面尺寸为 H1000mm×1700mm×100mm×100mm～H1000mm×1100mm×100mm×100mm，弦杆尺寸为 H1000mm×1000mm×90mm×90mm～H1000mm×1000mm×60mm×60mm。伸臂桁架布置与主体结构的关系如图 1.3-5 所示。

伸臂桁架的使用能将巨柱与核心筒有效地联系起来，充分利用外围巨柱的轴向刚度，增大抵抗倾覆力矩的力臂，降低核心筒墙肢拉应力，并可有效减小结构总体变形及层间位移。外伸臂桁架的使用增加了巨型框架在总体抗倾覆力矩中所占的比例。

4．楼面结构

塔楼中所有的竖向构件，如巨柱和剪力墙将设计为同时抵抗水平和竖向荷载。在加强层之间的楼层，沿建筑外围设置只承担重力荷载的钢梁和钢柱。钢梁和钢柱采用半刚性连接以传递轴向力。每个分区的外圈钢柱落位于加强层的箱形空间桁架上。钢柱的重力通过箱形空间桁架传到巨柱，然后通过巨柱传到基础，这样可使竖向变形差异降到最小。标准层楼面结构如图 1.3-6 所示。

在办公楼层和旅店层，外圈边柱和核心筒之间的楼面体系将采用由 155mm 厚组合楼板（80mm 混凝土置于 75mm 波高压型钢板之上），宽翼缘 H 型钢梁及栓钉组成的楼板体系。核心筒内的楼面体系也采用组合楼板体系，以加快施工速度。

在商务休闲层/设备层/避难层，核心筒以外的楼板厚度最小 200mm（125mm 混凝土置于 75mm 波高压型钢板之上），核心筒以内的楼板采用 125mm 钢筋混凝土板。商务休闲层上一层和机电层下一层的楼板将被加强。

5．塔冠结构

塔冠整体结构如图 1.3-7 所示，大致分为三个区。

1）鳍状竖向桁架（位于标高 599.3m 以上）

上部塔冠结构由沿径向布置的 16 个鳍状竖向桁架组成。这些鳍状竖向桁架的底部标高为 598.7m，其顶部标高随高度变化以形成抛物线的外观。

2）双向桁架体系（位于标高 595～599.3m）

按悬臂构件设计的全部 16 榀鳍状竖向桁架由位于标高 595.000～599.300m 之间的双向桁架体系支承。双向桁架体系的主要构件与其下的剪力墙相对应。

3）八角形带斜撑的钢框架体系（位于标高 595.000m 以上）

8 个柱子从下面第 9 区的剪力墙角部升起，形成一个（外部）八边形结构。另一个内部八边形结构由另外 8 个从下面核心筒墙体伸上来的柱子组成，形成一个沿调谐质量阻尼器（TMD）周边布置的结构体系。

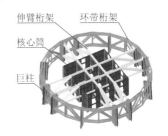
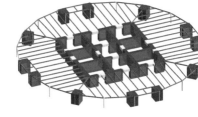

图 1.3-5　伸臂桁架所在加强层示意图　　图 1.3-6　塔楼标准层楼面结构　　图 1.3-7　塔冠结构三维等轴视图

1.3.3　超限情况判别和抗震性能目标

1．结构超限判别

根据《高层建筑混凝土结构技术规程》JGJ 3-2002，在抗震设防烈度为 7 度的地区，对于采用劲性混凝土框架-混凝土核心筒体系的结构，其最大高度限值为 180m。本建筑的塔楼地面以上至结构屋面高度为 580m，远远超过了现有规范的限值。同时，塔楼还存在各加强层处径向桁架最长悬挑 14m 及加强层 2 项一般不规则超限。

综上，根据《超限高层建筑工程抗震设防专项审查技术要点》要求，应进行工程结构抗震分析专项审查。

2．针对超限情况的结构设计和相应措施

1）增强核心筒延性的措施

（1）所有墙压比被严格控制在规范建议的 0.5 范围内，底部加强区范围内采用钢板剪力墙。

（2）在核心筒角部增设型钢，增加延性，确保墙体的完整性。

（3）在连梁中恰当的地方布置型钢或斜向钢筋以增加其抗剪承载力。

（4）在较厚墙体中布置多层钢筋，以使墙截面中剪应力均匀分布且减少混凝土的收缩裂缝。

2）增强巨型柱延性的措施

（1）地震组合作用下的巨型柱轴压比控制在低于 0.65。

（2）增加在加强层处巨柱的含钢率，使之大于 5%。

（3）对于剪跨比小于 2 的柱采用箍筋全高加密，并按规范提高体积配箍率。

3）针对伸臂桁架的措施

（1）为了确保传力可靠，伸臂桁架将贯通墙体，同时加强层的楼板均加厚。

（2）在外伸臂加强层及上下层的核心筒墙体内增加配筋，预埋在核心筒四角的型钢也适当加强。

（3）对外伸臂加强层的楼层及其相邻层楼盖加大厚度，增强楼盖刚度和加强配筋。

（4）外伸臂桁架腹杆与巨柱及墙体的连接将在塔楼封顶以后方可安装，以减少由差异变形在外伸臂桁架中引起的附加内力。

4）针对箱形空间桁架的措施

（1）按规范要求对箱形空间桁架的内力放大 1.5 倍，并将桁架构件的应力比控制在 0.85 以内；并对箱形空间桁架采取中震弹性，大震不屈服设计。

（2）箱形空间桁架的内外桁架之间上下弦杆采用钢板直接相连，以增加抗侧能力，同时内外桁架竖杆之间也采用钢板相连，增加箱形空间桁架的整体抗扭能力。

5）振动台试验

（1）对结构进行模拟振动台试验，研究结构的地震破坏机理，找寻结构抗震薄弱部位。

（2）将振动台试验结果与软件分析结果进行对比，综合评判结构抗震性能，为结构设计提供可靠技术依据。

6）风洞试验

（1）通过风洞试验确定主体结构风荷载相关参数，并与规范计算结果进行对比，为结构构件承载力设计提供依据。

（2）通过风洞试验确定围护结构风荷载相关参数，为幕墙支撑系统的设计提供依据。

（3）通过风洞试验分析结构风振舒适度，为调谐质量阻尼器的减振设计提供依据。

7）关键节点试验及有限元分析

（1）对主体结构关键节点，如伸臂桁架与巨型框架节点、伸臂桁架与核心筒节点、超长螺栓拼接节点等进行试验或有限元分析，保证"强节点弱构件"设计原则。

（2）对围护结构节点，如幕墙支撑结构节点，研究合适的节点形式，并辅以有限元分析验证，保证幕墙支撑结构的安全可靠。

3. 结构抗震性能目标

按照《建筑抗震设计规范》GB 50011 的要求，抗震设防性能目标需要达到"三个水准"，对抗震设防性能目标进行细化如表 1.3-3 所示。

结构抗震性能目标 表 1.3-3

地震烈度		多遇地震（小震）	设防地震（中震）	罕遇地震（大震）
性能水平定性描述		不损坏	中等破坏，可修复损坏	严重破坏
层间位移角限值		$h/500$ $h/2000$（底部）	$h/200$	$h/100$ 塑性角 $1/50$
结构工作特性		结构完好，处于弹性	结构基本完好，基本处于弹性状态，地震作用后的结构动力特性与弹性状态的动力特性基本一致	结构严重破坏但主要节点不发生断裂，结构不发生局部或整体倒塌，主要抗侧力构件：超级柱，型钢混凝土角柱和核心筒墙体不发生剪切破坏
构件性能	核心筒墙	弹性	剪力墙加强层及加强层上下各一层主要剪力墙墙肢偏压，偏拉，承载力按中震弹性。其他区域按中震不屈服设计	允许进入塑性（$\theta < LS$），底部加强区不进入塑性（$\theta < IO$），剪力墙加强层及加强层上下各一层主要剪力墙墙肢偏压，偏拉。承载力按中震弹性。其他区域按中震不屈服设计，满足大震下抗剪截面控制条件
	连梁	弹性	允许进入塑性，可轻微开裂，钢筋应力不超过屈服强度（80% 以下）	允许进入塑性（$\theta < LS$），不得脱落，最大塑性角小于 $1/50$，允许破坏

	巨柱	弹性	按中震弹性验算,基本处于弹性状态	允许进入塑性(θ<LS),底部加强区不进入塑性(θ<IO),钢筋应力可超过屈服强度,但不能超过极限强度
构件性能	箱形桁架	弹性	按大震不屈服验算	不进入塑性(ε<IO),钢材应力不可超过屈服强度
	伸臂桁架	弹性	按中震不屈服验算	允许进入塑性(ε<LS),钢材应力可超过屈服强度,但不能超过极限强度
	塔冠	弹性	按中震弹性验算	允许进入塑性(ε<LS),钢材应力可超过屈服强度,但不能超过极限强度
	其他构件	弹性	按中震不屈服验算	允许进入塑性,不倒塌(ε<CP)
	节点	中震弹性、大震不屈服		

注:LS为生命安全,IO为立即入住,CP为防止倒塌。

1.3.4 结构分析

1. 小震弹性计算分析

采用 ETABS、MIDAS、PMSAP 对结构进行多遇地震下的弹性分析。结构整体分析指标详见表1.3-4、表1.3-5,3个软件周期、重量基本一致,表明了模型分析结果准确可信。主要弹性指标均满足规范限值要求,且留有一定富余量。

周期与质量   表 1.3-4

		ETABS	MIDAS	PMSAP
周期	T_1	9.05	9.05	9.12
	T_2	8.96	8.97	8.75
	T_3	5.59	5.43	6.39
T_3/T_1		0.62	0.60	0.70
重力荷载代表值/kN		6863198	6722468	6859037

主要弹性计算结果   表 1.3-5

	项目	X向	Y向
地震作用	基底剪力/kN	88395	88822
	倾覆力矩/(kN·m)	19005901	18841789
	剪重比	1.29%	1.29%
	剪重比限值	1.20%	1.20%
	外框基底剪力分配比	52%	54%
	外框基底倾覆力矩分配比	77%	76%
	最大层间位移角	1/623	1/644
	层间位移角限值	1/500	1/500
	扭转位移比	1.03	1.03
	扭转位移比限值	1.2	1.2
	刚重比	1.49	1.54
	刚重比限值	1.4	1.4
风荷载	基底剪力/kN	82346	79877
	倾覆力矩/(kN·m)	31378061	32148909
	最大层间位移角	1/580	1/612
	层间位移角限值	1/500	1/500

2. 构件性能化验算

1) 核心筒剪力墙

核心筒为钢筋混凝土结构，验算时将综合考虑各种组合工况，取最不利的静力荷载设计组合和地震设计组合下的内力进行承载力验算。核心筒混凝土强度等级均为 C60。另外在底部将采用钢板组合剪力墙，利用内埋在剪力墙的钢板及型钢的强度和刚度来降低轴压比和减薄核心筒厚度。

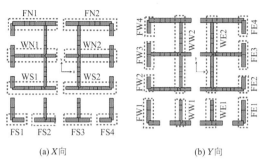

(a) X向   (b) Y向

图 1.3-8　墙体编号示意

（1）剪力墙墙肢正截面承载力按如下方法验算：

典型楼层墙体：中震不屈服设计；外伸臂加强层墙体：中震弹性设计。

验算墙肢编号如图 1.3-8 所示，图 1.3-9 给出了 1 区核心筒角部墙肢 FS1 承载力验算结果。

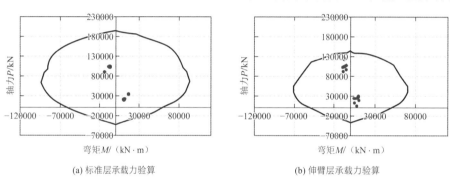

(a) 标准层承载力验算   (b) 伸臂层承载力验算

图 1.3-9　墙肢 FS1 承载力验算

（2）剪力墙墙肢斜截面承载力需满足以下条件：

混凝土剪力墙：$V_w < 0.15\beta_c f_c bh_0/\gamma_{RE}$；钢骨（钢板）混凝土剪力墙：$V_w < 0.20\beta_c f_c bh_0/\gamma_{RE}$。

核心筒墙体在中震及大震下，大部分墙体均小于混凝土剪力墙抗剪承载力限值，局部超出限值的墙体将加型钢柱，按型钢混凝土组合墙体计算。表 1.3-6 给出了底部 4 个分区墙肢 FS1 的抗剪验算结果。通过性能化验算分析可知，剪力墙构件承载力满足要求。

墙肢抗剪验算　　　　　　　　　　　　　　　　　　　　　　　　　　表 1.3-6

位置	墙体厚度/mm	长度/mm	含钢率/%	中震组合（1.2D + 0.6L + 1.3E）		大震组合（1.0D + 1.0L + 1.0E）	
				中震剪力 V_w/kN	中震剪压比 $\frac{V_w\gamma_{Re}}{\beta_c f_c bh_0}$	大震剪力 V_w/kN	大震剪压比 $\frac{V_w\gamma_{Re}}{\beta_c f_c bh_0}$
1 区-FS1	1200	3430	4	2465	0.02 < 0.2	2960	0.02 < 0.2
2 区-FS1	1200	3430	2	4526	0.04 < 0.2	5903	0.04 < 0.2
3 区-FS1	1000	3430	—	3087	0.03 < 0.15	4111	0.04 < 0.15
4 区-FS1	800	3430	—	6245	0.08 < 0.15	8584	0.10 < 0.15

2) 巨型柱

巨型柱采用钢骨混凝土（SRC）柱，巨型柱抗震性能目标为小震弹性、中震弹性，其中，小震验算时，考虑抗震等级及二道防线调整系数，巨型柱编号如图 1.3-10 所示，巨型柱基本信息如表 1.3-7 所示，正截面承载力验算结果如图 1.3-11 所示。

经典回眸　同济大学建筑设计研究院（集团）有限公司篇

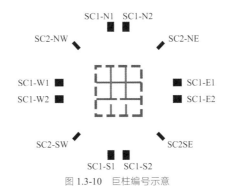

图 1.3-10 巨柱编号示意

巨柱信息   表 1.3-7

分区	截面/m	角柱截面/m	混凝土强度等级
8 区	1.9 × 2.4	—	C50
7 区	2.3 × 3.3	—	C50
6 区	2.5 × 4.0	—	C60
5 区	2.6 × 4.4	1.2 × 4.5	C60
4 区	2.8 × 4.6	1.5 × 4.8	C60
3 区	3.0 × 4.8	1.8 × 4.8	C70
2 区	3.4 × 5.0	2.2 × 5.0	C70
1 区	3.7 × 5.3	2.4 × 5.5	C70

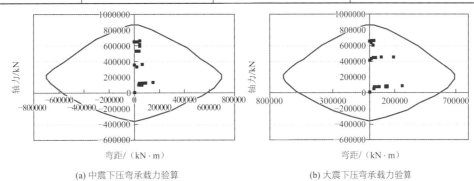

(a) 中震下压弯承载力验算　　　　　　　　(b) 大震下压弯承载力验算

图 1.3-11 巨型柱正截面承载力验算

在中震弹性和大震不屈服组合下,巨柱斜截面承载力需满足以下条件: $V_c < 0.20\beta_c f_c b h_0 / \gamma_{RE}$, 表 1.3-8 给出了底部 4 个区段巨型柱 SC1 剪压比验算结果, 巨型柱抗剪均满足规范要求。

巨柱抗剪验算   表 1.3-8

位置	截面宽度/mm	截面高度/mm	混凝土强度等级	中震组合（1.2D + 0.6L + 1.3E）		大震组合（1.0D + 1.0L + 1.0E）	
				中震剪力 V_w/kN	中震剪压比 $\frac{V_w \gamma_{RE}}{\beta_c f_c b h_0}$	大震剪力 V_w/kN	大震剪压比 $\frac{V_w \gamma_{RE}}{\beta_c f_{ck} b h_0}$
1 区-SC1	3700	5300	C70	31643	0.05	54490	0.07
2 区-SC1	3400	5000	C70	38650	0.07	66484	0.10
3 区-SC1	3000	4800	C70	20538	0.04	41467	0.07
4 区-SC1	2800	4600	C60	26093	0.06	46597	0.10

3. 动力弹塑性时程分析

1）动力弹塑性分析概述

采用有限元分析软件 ABAQUS、ANSYS 及 Perform-3D 进行罕遇地震作用下的动力弹塑性时程分析。

以 ABAQUS 为例，结构中的构件类别主要有梁、柱、斜撑及剪力墙，分析中采用如下构件有限元模型：

钢梁、钢柱及斜撑等杆件：采用纤维梁单元，可以考虑剪切变形刚度。

巨柱、连梁、剪力墙：采用四边形或三角形缩减积分壳单元模拟。

在弹塑性分析过程中，以下非线性因素得到考虑。

几何非线性：结构的平衡方程建立在结构变形后的几何状态上，"$P\text{-}\Delta$"效应，非线性屈曲效应，大变形效应等都得到全面考虑。

材料非线性：直接采用材料非线性应力-应变本构关系模拟钢筋、钢材及混凝土的弹塑性特性，可以有效模拟构件的弹塑性发生、发展以及破坏的全过程。

地震波的输入方向，依次选取结构 X 或 Y 方向作为主方向，另一方向为次方向，分别输入 3 组地震波的两个分量记录进行计算。结构阻尼比取 5%。

2）基底剪力响应

表 1.3-9 给出了基底剪力峰值及其剪重比统计结果，由表可知，罕遇地震下结构剪重比为多遇地震的 4.4～4.7 倍，满足抗震分析概念要求。

罕遇地震时程分析基底剪力及剪重比　　　　　　　　　表 1.3-9

		MEXX006	S790-10	US256	US334	US1215	US725	L7111	平均值
X向	V_x/kN	370452	447791	393911	234045	467274	399994	408016	388783
	λ_x/%	5.48	6.62	5.82	3.46	6.91	5.91	6.03	5.75
Y向	V_y/kN	410258	423051	380935	260442	465721	383131	571243	413540
	λ_y/%	6.06	6.25	5.63	3.85	6.88	5.66	8.44	6.11

3）层间位移角响应

表 1.3-10 给出了最大层间位移角及所在楼层统计结果，由表可知，所有楼层层间位移角满足规范限值要求。

罕遇地震时程分析最大层间位移角及所在楼层　　　　　　　　　表 1.3-10

		MEXX006	S790-10	US256	US334	US1215	US725	L7111	平均值	限值
X向	Dri 层 t_x	1/132	1/135	1/128	1/192	1/99	1/131	1/97	1/131	1/100
	楼层	90 层	91 层	92 层	105 层	92 层	91 层	89 层		
Y向	Dri 层 t_y	1/137	1/138	1/135	1/212	1/118	1/152	1/113	1/144	1/100
	楼层	91 层	107 层	105 层	109 层	102 层	108 层	93 层		

4）构件抗震性能评价

罕遇地震作用下，核心筒剪力墙的损伤情况如图 1.3-12 所示，巨柱应力状态如图 1.3-13 所示。

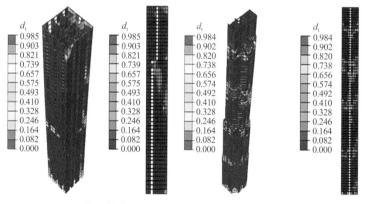

(a) 1～4 区核心筒损伤　　　　　　　　(b) 5～9 区核心筒损伤

图 1.3-12　核心筒剪力墙损伤情况

经典回眸　同济大学建筑设计研究院（集团）有限公司篇

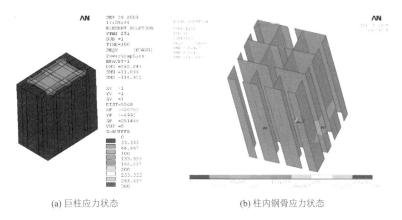

(a) 巨柱应力状态   (b) 柱内钢骨应力状态

图 1.3-13　巨柱应力状态

构件抗震性能评价如表 1.3-11 所示。

构件抗震性能评价   表 1.3-11

构件	抗震性能评价
核心筒剪力墙	加强层处剪力墙端部和角部存在拉应变，但应变值很小，剪力墙不会开裂，剪力墙在罕遇地震作用下总体表现为弹性，在加强层转换部位存在局部屈服现象。底部一、二区剪力墙中内置钢板应力未达到屈服强度
核心筒连梁	66%～70%连梁未进入塑性，约30%连梁产生塑性转角，但转角在IO极限值范围内，1%～4%连梁高于IO极限但小于生命安全极限LS
巨型柱	罕遇地震下，巨型柱仍以承受轴力为主，部分柱轴压比超过 0.7，但截面转角在 IO 限值范围内，不会发生倒塌破坏。巨型柱在顶部和上部加强层局部区域存在拉应变，可能会导致混凝土开裂，但内部钢骨应力不超过钢材屈服强度
伸臂桁架	X主方向输入时，各条波的最大应力比在 0.787～0.99；Y主方向输入时，各条波的最大应力比在 0.72～0.97，所有伸臂构件均保持弹性，均满足生命安全限值
环带桁架	X主方向输入时，各条波的最大应力比在 0.52～0.62；Y主方向输入时，各条波的最大应力比在 0.51～0.61，所有环带桁架构件均保持弹性，均满足生命安全限值

5）小结

弹塑性分析结果表明：

（1）基底剪力满足检验标准的要求。

（2）层间位移角满足大震不超过 1/100 的要求。

（3）巨柱基本保持弹性状态。

（4）环带桁架、外伸臂桁架、径向桁架绝大部分杆件处于弹性状态，只有在与地震波主方向相平行方向上的少量局部杆件进入塑性，但这些杆件的塑性状态发展有限。

（5）核心筒剪力墙位于加强区的部分进入塑性，并出现不同程度的塑性损伤，第 6 区加强区的墙体塑性损伤程度最为严重，同时在第 4 区加强区顶 4 个角部墙体塑性损伤程度也较大；层间位移角相对较大位置处的墙体也均发生一定程度塑性损伤。

由以上结果可知，上海中心塔楼结构的连梁在罕遇地震作用下通过屈服后的塑性转动来耗散能量，表现出合理的非线性行为。巨柱和剪力墙均产生塑性转角，其值都在生命安全指标（LS）控制范围内，伸臂桁架和环带桁架没有屈服现象。上海中心大厦整体结构体系和构件设计满足罕遇地震下生命安全控制目标。

1.4　专项设计

1.4.1　深厚软土地基下超高层建筑地基基础设计

1. 土层分布与桩型选择

上海中心大厦所在场地属于滨海平原地貌，浅部土层分布较稳定，中下部土层除局部区域有夹层或透镜体分布外,一般分布较稳定。勘探孔揭示,本场地第四纪覆盖层厚度为 274.8m,属第四纪下更新世 Q_1 至全新世 Q_4 沉积物,主要由黏性土、粉土和砂土组成,一般具有成层分布的特点。深度 274.8m 以下为花岗岩层(图 1.4-1)。

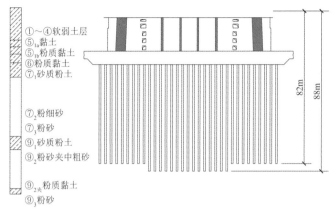

图 1.4-1 土层分布

上海中心大厦桩基础的持力层选择⑨₂层粉砂。采用该层作为持力层是因为⑨₂层土性较佳、承载力高、土质相对较均、持力层厚度有保证,且有周边两幢超高层的经验可循。试验证明,在该土层采用 1m 直径钻孔灌注桩在结合桩端注浆或者桩端桩侧联合注浆的前提下,灌注桩的承载力能达到可靠的保证(特征值 13000kN 以上)。在对注浆后灌注桩全面的测试数据进行分析后,最终采用了以⑨₂粉砂夹中砂层作为持力层的底注浆钻孔灌注桩作为工程桩,单桩承载力承压特征值确定为 10000kN。

2. 桩基优化与变刚度调平设计

由于上海中心大厦为巨柱-核心筒-伸臂桁架结构,考虑底板抗冲切的需要,在地下室范围巨柱边增加了壁柱,巨柱与核心筒之间通过翼墙连为整体。桩的布置按照变刚度调平的概念设计,核心筒及周边 6m 范围为核心区,有效桩长 56m,梅花形布置;巨柱区域内有效桩长 52m,梅花形布置,其余区域有效桩长 52m,正方形布置。这三者构成的桩承载密度大致为 1.24∶1.15∶1。桩位布置见图 1.4-2。

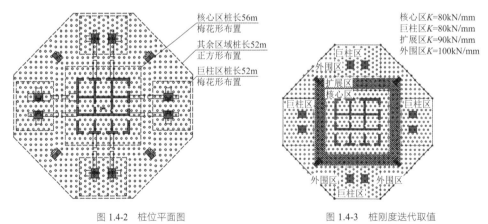

图 1.4-2 桩位平面图　　　　图 1.4-3 桩刚度迭代取值

分别对采用桩长 52m 等长或桩长 52m/56m 变刚度设计进行了沉降计算对比,二者沉降等值线如图 1.4-4 所示。变刚度迭代法计算所得桩刚度经修正归并后见图 1.4-3。从计算结果可以看出,采用变刚度设计,中心点的沉降可以减小约 10mm,相当于减小了约 20% 的差异沉降,也就减小了底板由于差异沉降引起的弯矩值。从沉降计算的绝对值来看,最大沉降约为 124mm,巨柱处沉降约 80mm,沉降的绝对值和差异沉降均控制在合理范围。

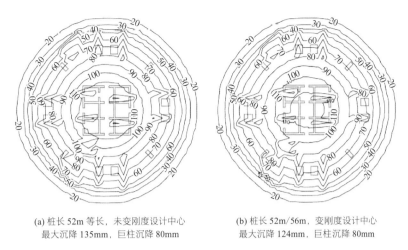

(a) 桩长 52m 等长，未变刚度设计中心
最大沉降 135mm，巨柱沉降 80mm

(b) 桩长 52m/56m，变刚度设计中心
最大沉降 124mm，巨柱沉降 80mm

图 1.4-4　沉降等值线比较（单位：mm）

1.4.2　深厚软土地基下超高层建筑基坑设计

上海中心塔楼区圆形基坑开挖深度为 31.1m，圆形基坑外径为 123.4m，围护结构采用 1.2m 厚 50m 深地下连续墙，内设 6 道环箍，围护结构设计剖面如图 1.4-5 所示。

1. 考虑圆拱效应的平面弹性地基梁法

图 1.4-6 为考虑圆拱效应的平面弹性地基梁法主要计算结果。经计算，地下连续墙最大水平变形 60.1mm，竖向最大弯矩设计值 3650kN·m，反算得到地下连续墙最大环向轴力为 12080kN。计算结果表明，上海中心大厦圆形基坑环向受力和竖向弯曲变形均较大，设计中需要确保环向和竖向两个受力方向的安全稳定。

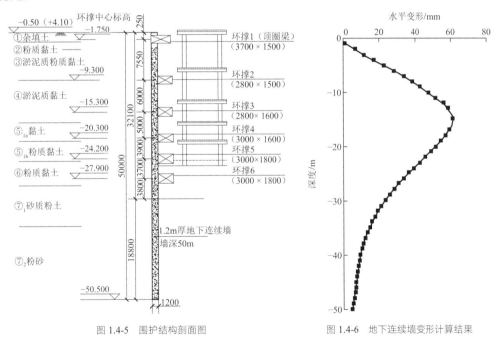

图 1.4-5　围护结构剖面图

图 1.4-6　地下连续墙变形计算结果

2. 三维弹性地基板法

采用三维弹性地基板"m"法，对基坑地下连续墙受力状况进行分析，结果如图 1.4-7、图 1.4-8 所示。

经计算，地下连续墙最大水平变形 41.3mm，最大环向轴力 12700kN。与考虑圆拱效应的平面弹性地基梁法计算结果相比，变形值略小，内力值较为一致。

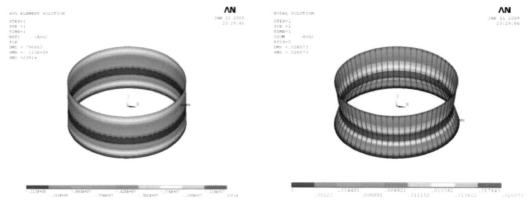

图 1.4-7　地下连续墙轴力图（单位：N）　　　　图 1.4-8　地下连续墙变形图（单位：m）

3．计算结果与工程实测数据的对比

表 1.4-1 为上海中心大厦圆形基坑的实测数据与两种计算方法所得结果的对比。

实测数据与计算结果的对比　　　　　　表 1.4-1

项目	考虑圆拱效应的弹性地基梁法	三维弹性地基板法	工程实测结果
地下连续墙变形/mm	60.1	41.3	平均 68
地下连续墙环向轴力/kN	12080	12700	平均 11500

两种计算方法所得计算结果均与工程实测较为一致，实测与计算可知地下连续墙环向轴力和竖向弯曲变形均较大，圆形基坑具有明显的空间效应。在上海中心大厦超深超大圆形基坑的设计中，合理地分析了支护结构的环向刚度和传力路径，设计中兼顾了环向和竖向的受力安全稳定，从而在设计上保证了基坑工程的安全合理。

1.4.3　超高层建筑空气动力学优化分析

上海中心大厦立面为曲面，幕墙呈旋转形态，风荷载是上海中心大厦结构设计的主要控制因素之一。一般来说，当来流风速增加到临界值时（临界风速与结构截面尺度、斯脱罗哈数和结构周期相关），建筑周围产生漩涡脱落现象，从而造成涡激振动。图 1.4-9 为上海中心大厦典型断面漩涡脱落的情况。漩涡在建筑表面引起的压力分布不对称，在漩涡脱落的过程中，不对称分布的表面压力形成交替变化的横向荷载，当横向荷载的变化频率与结构频率相一致时，将导致明显的结构振动（图 1.4-10）。当结构振动幅值较高时，将造成结构的损伤甚至破坏。

图 1.4-9　上海中心大厦典型断面漩涡脱落　　图 1.4-10　漩涡脱落对结构响应的影响

上海中心大厦立面形态最重要的特征是建筑沿高度的扭转角、建筑朝向和建筑沿高度方向缩进的比例（图 1.4-11）。以沿高度方向按相同比例缩小的方形大楼为参照基准，采用刚体高频测力天平试验方法，分别考察了建筑扭转角为 100°、110°、120°、180°以及建筑平面方位角分别为 0°、30° 和 40°方案的风荷载情况。

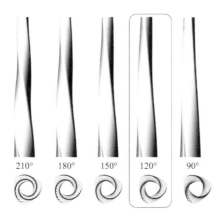

图 1.4-11 上海中心大厦建筑扭转角

表 1.4-2 为不同扭转角和平面方位角的建筑方案通过高频测力天平试验得到的基底倾覆力矩。随着建筑沿高度扭转角的增加,风荷载不断减小。结合其他设计因素综合考虑,最终采用扭转角120°和最初的建筑朝向(方位角0°)。参照方形基准大楼(扭转角0°,方位角0°),最终设计方案的风荷载降低约60%。

不同扭转角和平面方位角基底倾覆力矩对比　　　　　　　　　　　　　　　　表 1.4-2

扭转角/°	方位角/°	基底倾覆力矩/(N·m)	比例/%
0	0	6.22×10^{10}	100
90	0	5.37×10^{10}	86
100	0	5.18×10^{10}	83
110	0	4.92×10^{10}	79
120	0	4.75×10^{10}	76
150	0	4.57×10^{10}	73
180	0	4.18×10^{10}	67
210	0	4.65×10^{10}	75
110	30	4.48×10^{10}	72
120	40	4.15×10^{10}	67

注:基底倾覆力矩为 100 年一遇风荷载作用下计算结果。

1.4.4　超高层建筑巨型柱结构设计

1. 巨柱截面选型

巨型柱是上海中心大厦结构体系中的重要组成部分,其自身受力情况关系到整个塔楼的竖向荷载和水平荷载的传递以及塔楼总体的用钢量,也是保证整个塔楼在大震作用下结构安全的关键。

SRC 组合柱钢骨布置形式主要分为格构式和实腹式两种(图 1.4-12、图 1.4-13),结合上海中心大厦巨型柱的设计,下面将对两种不同形式的钢骨布置方案进行比选。

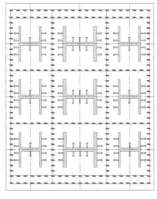 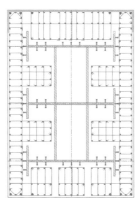

图 1.4-12　九肢形格构式钢骨布置　　图 1.4-13　王字形实腹式钢骨布置

1）格构式钢骨布置方案

（1）九肢钢骨分散布置，型钢间需要通过大量的缀板连接，以协同抗力。由于型钢肢数较多，缀板数量大，缀板极易产生剪切破坏，从而使钢骨之间协同工作难以保证；

（2）在加强层巨型柱与伸臂桁架连接节点处，由于伸臂桁架仅能通过连接板和缀板与中间 3 个型钢直接连接，而两侧 6 个型钢无法直接参与抗力，因此，巨型柱在与伸臂桁架节点连接区实际上无法全截面参与工作，结构效率和传力均大打折扣；

（3）从施工角度，由于钢骨和缀条数量巨大且无法进行工厂加工制作，从而导致现场施工定位复杂，现场焊接工作量巨大，施工周期增加，施工质量不易保证；

（4）基于试验研究和对历次大地震的调研发现：钢骨格构式的 SRC 柱的抗剪能力薄弱，地震时的能量吸收只有实腹的一半左右，对抗震十分不利。

2）实腹式钢骨布置方案

（1）钢板之间通过焊缝直接相连，形成了一个巨型王字形型钢，从而保证了整个 SRC 组合柱协同工作；

（2）钢骨形成了若干封闭区域，对混凝土起到了有效的约束作用，从而提高了巨型柱的抗压承载力；

（3）在加强层节点区，伸臂桁架与环带桁架均直接与王字形型钢相连，传力直接，从而使整个巨型柱截面均能参与抗力；

（4）形成整体后的王字形钢骨可以在工厂中直接焊接完成，工地现场仅需要拼接焊，焊接工作量减小，施工质量高。

基于以上考虑，上海中心大厦巨型柱采用王字形实腹式 SRC 组合柱。

2. 巨型柱计算长度分析

上海中心大厦巨型柱的截面尺寸远大于一般框架柱，其基本参数见表 1.3-7。各区设备层由于伸臂或径向桁架的存在对巨型柱形成较强的约束，但其余楼层楼面梁刚度较小，均无法对其形成有效约束。因此，巨型柱计算长度不能直接取楼层层高，也不能直接按《高层建筑混凝土结构技术规程》JGJ 3-2010 确定。

采用 SAP2000 软件对 1～8 区分别建立巨型框架模型，对巨柱进行屈曲分析（图 1.4-14），求得各分区巨型柱计算长度如表 1.4-3 所示。

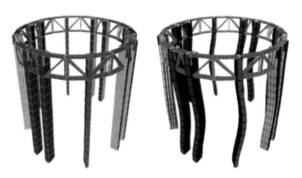

图 1.4-14　分区巨型框架模型及屈曲模态

巨型柱计算长度　　　　　　　　　　　　　　　　　　　　　　表 1.4-3

分区编号	巨型柱截面/m	巨柱高度/m	抗弯刚度/（kN·m²）	屈曲临界荷载/kN	计算长度/m	计算长度系数
8 区	1.9 × 2.4	76.6	59261760	567871	32.09	0.42
7 区	2.3 × 3.3	76.6	144543960	1411225	31.79	0.42
6 区	2.5 × 4.0	74.7	225000000	2511349	29.74	0.40
5 区	2.6 × 4.4	74.7	278403840	2310687	34.48	0.46

分区编号	巨型柱截面/m	巨柱高度/m	抗弯刚度/（kN·m²）	屈曲临界荷载/kN	计算长度/m	计算长度系数
4 区	2.8×4.6	70.2	363525120	3042182	34.34	0.49
3 区	3.0×4.8	70.2	466560000	4309456	32.69	0.47
2 区	3.4×5.0	65.7	707472000	6878947	31.86	0.48
1 区	3.7×5.3	37.8	966459240	20442214	21.60	0.57

上海中心大厦巨型柱的计算长度可通过结构线弹性屈曲分析并结合欧拉公式反推得到。根据该方法确定的巨型柱计算长度系数介于 0.4～0.6 之间，结构具有较好的稳定性能。

3．巨型柱承载力验算

图 1.4-15（a）为采用规范验算法对巨型柱在中震组合下的承载力验算，可以看出大部分楼层的承载力比都在 0.3 以下，只有部分加强层附近的巨型柱承载力比较高，但是都不超过 0.7。

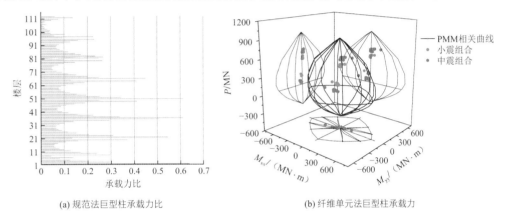

(a) 规范法巨型柱承载力比　　　　　　　　　(b) 纤维单元法巨型柱承载力

图 1.4-15　巨型柱承载力验算结果

图 1.4-15（b）为采用纤维单元法对第一区巨型柱在小震、中震组合下的承载力验算。将巨型柱的空间屈服曲面与小震、中震组合下所承担的外荷载绘制在同一内力坐标下进行比较。当构件承受的荷载对应的空间点落在空间屈服曲面内时，则可以判定该构件满足承载力要求。由此可以看出，巨型柱的承载能力满足小震、中震组合的要求。

4．巨型柱延性分析

结构构件的延性对于建筑物的抗震性能有着至关重要的意义，常用弯矩（M）-转角（ϕ）曲线来分析框架柱在不同轴力作用下的延性能力。上海中心大厦巨型柱在不同轴压比（0.0、0.2、0.4、0.6、0.8）下的绕截面强轴、弱轴的截面弯矩（M）-转角（ϕ）曲线如图 1.4-16 所示，在各轴压比作用下的延性系数见表 1.4-4。

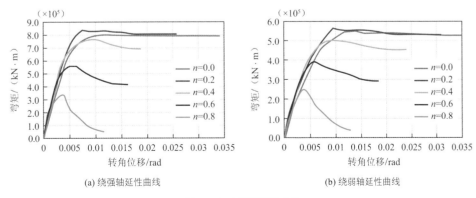

(a) 绕强轴延性曲线　　　　　　　　　(b) 绕弱轴延性曲线

图 1.4-16　巨型柱延性曲线

巨型柱延性系数

表 1.4-4

弯矩方向	轴压比	截面转角/rad		延性系数	弯矩方向	轴压比	截面转角/rad		延性系数
		屈服	极限				屈服	极限	
绕强轴	0.0	0.0107	0.0346	3.23	绕弱轴	0.0	0.0118	0.0361	3.06
	0.2	0.0079	0.0257	3.25		0.2	0.0101	0.0310	3.07
	0.4	0.0061	0.0186	3.05		0.4	0.0088	0.0239	2.72
	0.6	0.0035	0.0096	2.74		0.6	0.0054	0.012	2.22
	0.8	0.0022	0.0043	1.95		0.8	0.0030	0.0051	1.70

从以上分析结果可以看出，巨型柱绕强轴、弱轴弯矩-转角曲线的总体趋势大致相同，高轴压比对巨型柱的延性性能有较大削弱，本项目控制巨型柱轴压比不超过 0.65，可保证巨型柱具有较好的延性。

1.4.5 特殊节点分析与构造

1. 巨型框架与伸臂桁架节点

上海中心大厦主体结构采用巨型框架-伸臂-核心筒结构体系，巨型框架结构由 8 根巨型柱、4 根角柱、8 道位于设备层两个楼层高的箱形空间环带桁架以及沿竖向布置的 6 道两个楼层高的伸臂桁架组成，伸臂桁架分别位于 2 区、4 区、5～8 区的加强层。结构剖面图及设备层结构体系布置如图 1.4-17、图 1.4-18 所示。巨型框架-伸臂系统作为上海中心大厦结构的重要组成部分，承担了结构约 50% 的基底剪力、重力荷载以及 80% 的倾覆力矩。节点作为巨型框架设计中的关键环节，对保证巨型框架结构体系的成立、确保整体结构的安全，具有重要作用。

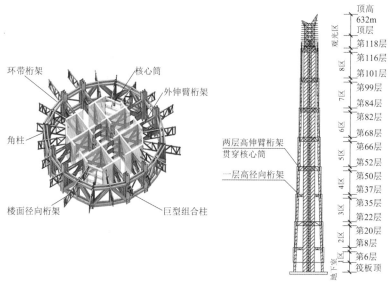

图 1.4-17　设备层结构体系　　　　图 1.4-18　沿竖向布置

伸臂桁架弦杆与腹杆通过节点板汇交，并通过节点板连接于巨型柱钢骨的双腹板。为保证节点区强度，节点板采用 120mm 厚 Q390GJC 钢板，并将节点板深入巨型柱钢骨内对节点区巨柱钢骨补强。同时，内、外环带桁架也在此处与巨型柱连接，并在环带桁架翼缘对应位置设置填板（图 1.4-19）。

有限元分析采用 ANSYS 软件进行，有限元模型如图 1.4-20 所示。节点板及构件全部采用壳单元，伸臂桁架斜腹杆截面为 H1000mm × 1700mm × 100mm × 100mm，弦杆截面为 H1000mm × 1000mm × 90mm × 90mm，弦杆及腹杆均采用 Q345GJC 钢材，屈服强度取 325N/mm²，节点板采用 120mm 厚 Q390GJC 钢材，屈服强度为 350N/mm²。巨型柱混凝土采用三维实体单元模拟，强度等级 C70，抗压强度标准值为 44.5N/mm²，钢骨采用 Q345GJC 钢材，板厚 50mm。

图 1.4-21 为加载至杆件屈服时的应力云图,由图可知,节点板绝大部分处于弹性状态,仅在节点板边缘处有少部分屈服。节点板整体应力水平略低于构件应力水平。在节点板下角部和节点板与构件相连部位存在应力集中现象,但应力集中的范围很小并且节点板以平面受力为主,应力集中区域应力超过屈服强度之后,即形成钝化区域,较小的钝化区域不会影响节点区的整体强度。

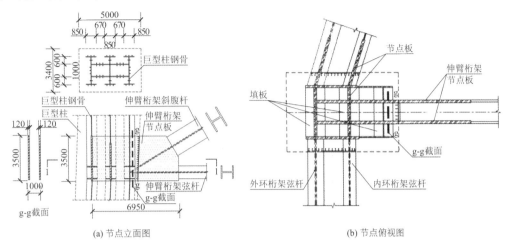

(a) 节点立面图　　　　　　　　　(b) 节点俯视图

图 1.4-19　伸臂桁架与巨柱连接节点

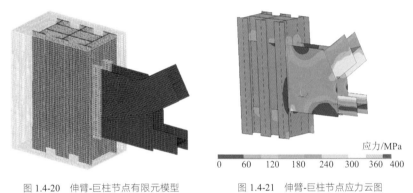

应力/MPa
0　60　120　180　240　300　360　400

图 1.4-20　伸臂-巨柱节点有限元模型　　　　图 1.4-21　伸臂-巨柱节点应力云图

2. 超长螺栓拼接节点

上海中心大厦环带桁架作为结构主要受力构件,承担了外挂幕墙及其上整个分区的次结构重力,对于主体结构的安全意义重大,且其构件截面较大,多为 80mm 以上超厚板并多以承受拉力和弯矩为主。为保证现场拼接质量,环带桁架弦杆的拼接采用螺栓连接,如图 1.4-22 所示。

由于环带桁架弦杆内力较大,所需螺栓数量众多,因此造成螺栓排列长度较长,如图 1.4-22(c)所示。为验证该类螺栓拼接的可靠性,需分析其工作性能。

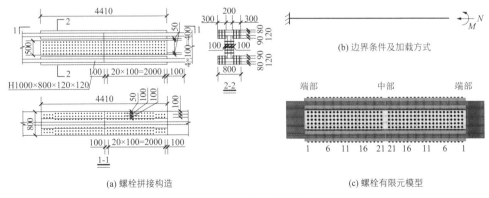

(a) 螺栓拼接构造　　　　　　　　(c) 螺栓有限元模型

图 1.4-22　螺栓拼接节点

图 1.4-23 显示，轴力下，观察构件的应力发展过程，发现 H 形钢端部与拼接板中部应力水平较高，截面屈服最早发生在 H 形钢端部螺栓孔周围；两侧 H 形钢表面摩擦力关于中部的拼接缝呈对称分布，且拼接缝一侧，呈现螺栓群两端摩擦力较大、中间较小的分布形式；H 形钢与拼接板之间力的传递，主要通过螺栓群两端拼接板与 H 形钢之间的摩擦来完成。

拼接接头受弯时的受力状态与轴力下受力状态相似（图 1.4-24），H 形钢端部及拼接板中部应力水平较高，翼缘外侧拼接板较内侧拼接板应力水平偏高，翼缘传力状态为螺栓群两端传力。

由于螺栓拼接所选节间处于环带桁架中部，有效地避开了两侧产生的较大端部弯矩。因此，即使在大震工况下该构件螺栓拼接整体应力水平仍较低，整体应力水平小于构件屈服应力的 50%，螺栓拼接冗余度较高。

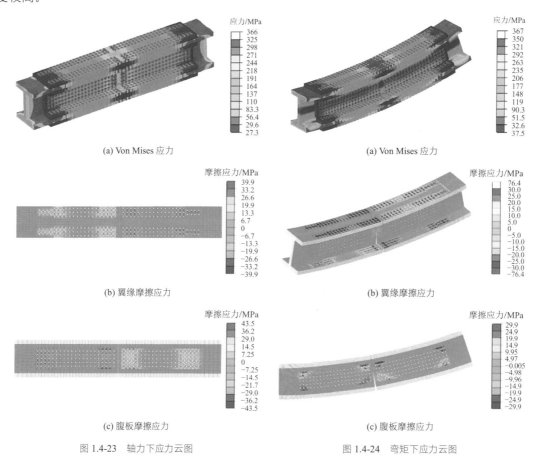

(a) Von Mises 应力   (a) Von Mises 应力

(b) 翼缘摩擦应力   (b) 翼缘摩擦应力

(c) 腹板摩擦应力   (c) 腹板摩擦应力

图 1.4-23　轴力下应力云图   图 1.4-24　弯矩下应力云图

1.4.6　被动式电涡流调谐质量阻尼器减振设计

1. 调谐质量阻尼器（TMD）概述

上海中心大厦阻尼器为被动式电涡流调谐质量阻尼器（简称电涡流阻尼器），设置在大厦的 125 层，是目前已建成的最大型阻尼装置，同时也是电涡流技术和可变阻尼在被动式阻尼器中的首次应用。

工作原理如下：在电磁物理学中，根据楞次定律，导体在磁场中运动时，由于其感生电动势的作用，磁场总是阻碍导体运动。将块状导体在磁场中运动的机械功在电涡流阻尼过程中通过导体的电阻热效应被消耗掉，从而产生电涡流阻尼耗能作用。上海中心大厦 TMD 构造如图 1.4-25～图 1.4-28 所示。

使用 SAP2000 和 ABAQUS 进行超高层中摆式电涡流 TMD 的抗风、抗震分析校核（图 1.4-29），并采用适合的单元模拟电涡流 TMD 的变阻尼特性（图 1.4-30），使用 SAP2000 进行结构的整体性能和 TMD 减振效果分析（图 1.4-31）。另外，使用 ABAQUS 模型进行了结构特性对比来验证单元选择、减振效果的计算准确性。

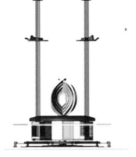
图 1.4-25　TMD 平面示意

图 1.4-26　阻尼器立面示意

图 1.4-27　阻尼器限位环

图 1.4-28　上海中心大厦 TMD

图 1.4-29　ABAQUS 和 SAP2000 模型

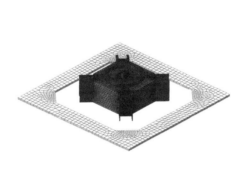
图 1.4-30　局部限位环模型

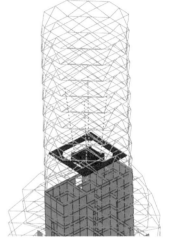
图 1.4-31　屋面局部放大模型

2. 风荷载作用下 TMD 对结构响应影响分析

各回归期双向风荷载作用下 TMD 的减振效果如表 1.4-5 所示。

各回归期风荷载作用下 TMD 的减振效果　　　　　　　　　　　表 1.4-5

			1 年		10 年		50 年		100 年	
			顶层	TMD 层	顶层	TMD 层	顶层	TMD 层	顶层	TMD 层
加速度/ （m/s²）	80°风向角	无 TMD	0.06	0.06	0.23	0.21	0.34	0.32	0.35	0.33
		有 TMD	0.03	0.03	0.08	0.08	0.14	0.13	0.16	0.14
		减振效果	47%	47%	64%	64%	58%	59%	55%	56%
	270°风向角	无 TMD	0.05	0.05	0.26	0.04	0.55	0.52	0.57	0.53
		有 TMD	0.03	0.03	0.10	0.09	0.18	0.17	0.20	0.19
		减振效果	48%	48%	61%	62%	67%	67%	65%	65%
位移/mm	80°风向角	无 TMD	0.25	0.24	0.66	0.62	1.00	0.94	1.08	1.01
		有 TMD	0.23	0.21	0.46	0.43	0.74	0.69	0.84	0.83
		减振效果	10%	10%	30%	30%	26%	27%	22%	18%
	270°风向角	无 TMD	0.25	0.24	0.81	0.76	1.48	1.39	1.58	1.49
		有 TMD	0.23	0.22	0.62	0.58	0.95	0.89	1.08	1.01
		减振效果	10%	8%	24%	24%	35%	36%	32%	32%

风振作用下设置电涡流阻尼 TMD 能够有效减少各楼层的加速度响应，提高结构舒适度。风振作用下设置电涡流阻尼 TMD 能够减少各楼层的位移响应，但减少效果不如加速度，这可归因于风荷载中包含了平均风和脉动风，TMD 仅能减少脉动风引起的结构位移，并不能减少平均风引起的结构位移。

3. 地震作用下 TMD 对结构响应影响分析

TMD 的减震效果如表 1.4-6 所示，具体表现为：小震下最大的楼层位移降低约 15%，最大楼层位移角降低约 9%，基底剪力降低约 2%；中震下最大的楼层位移降低约 13%，最大楼层位移角降低约 9%，基底剪力降低约 1%；大震下最大的楼层位移降低约 5%，最大楼层位移角降低约 8%，基底剪力降低约 0.4%。

小震、中震、大震作用下 TMD 的减震效果　　　　　　　　　　表 1.4-6

		小震	中震	大震
基底剪力/kN	无 TMD	82170	167070	527860
	有 TMD	80580	165160	525930
	TMD 减振效果	2%	1.1%	0.4%
最大层间位移角	无 TMD	0.0011	0.0022	0.0078
	有 TMD	0.0010	0.0020	0.0072
	TMD 减振效果	9.1%	9.1%	7.6%
顶点位移/mm	无 TMD	0.42	0.82	2.65
	有 TMD	0.35	0.71	2.52
	TMD 减振效果	15.0%	13.4%	4.9%

以上分析结果表明，采用摆式电涡流 TMD 可以大幅减少结构在风荷载下的加速度，提升建筑品质；同时在地震作用下也具有一定的减震效果。

1.4.7　悬挂式幕墙结构体系分析

1. 幕墙结构体系组成

上海中心大厦创造性地采用了从未在超高层大规模应用的内、外分离的双层幕墙系统，双层幕墙和空中庭院构成整个建筑的核心设计理念，突破了以往超高层建筑外形简单、规则的惯例。

内幕墙沿着楼板边界呈圆柱形布置，外幕墙平面形状呈一三边鼓曲、三角倒角的等边三角形，在高度方向，绕着圆柱体楼面逐层旋转、收缩向上，由此导致内外幕墙空间上分离。幕墙系统被设备层在垂直方向上分成相对独立的 9 个区域，每个区在内外幕墙之间形成 12~15 层，高 55~66m 的流线型中庭空间（图 1.4-32）。

为适应旋转上升的外幕墙几何形态，同时满足对外幕墙视觉通透性的要求，外幕墙支撑结构采用由周边环梁、径向支撑、吊杆组成的分区柔性悬挂式的幕墙支撑结构（图 1.4-33、图 1.4-34）。

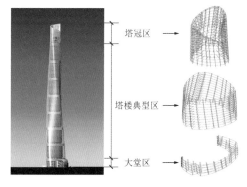

图 1.4-32　幕墙支撑结构实景　　　　　图 1.4-33　幕墙支撑结构分区示意

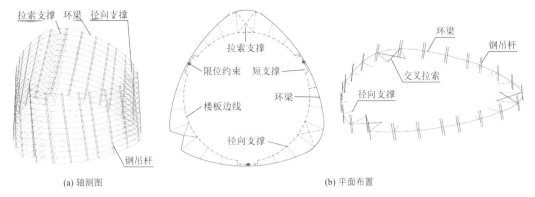

| (a) 轴测图 | (b) 平面布置 |

图 1.4-34　幕墙支撑结构体系构成

考虑成型能力和建筑造型效果，周边环梁采用直径 356mm 钢管，沿竖向每层（4.3～4.5m）布置，以承担幕墙板块的重力荷载和水平风荷载。沿周边环梁每 8～10m 设置一道水平径向钢管支撑，将其与主体楼板结构连接，连接节点采用铰接构造，允许外幕墙相对于主体楼板结构上下移动。在每个水平环梁和径向水平钢管支撑相交的位置设置 2 根屈服强度为 460MPa 的高强度钢吊杆，将每区的所有水平环梁串联，吊挂在上部设备层悬挑桁架的悬挑端。

2．竖向地震作用分析

上海中心大厦幕墙支撑结构水平与竖向不同的荷载传递路径，使幕墙支撑结构的水平和竖向地震激励机制差别较大。在水平向，幕墙支撑结构通过径向支撑支承于普通层楼面，幕墙系统以跟随楼面刚体运动为主，地震作用反应相对于主体结构的放大效应并不明显。而在竖向，环梁系统通过 25 组吊杆进行串联，吊挂于设备层的悬挑桁架端部。由于悬挑桁架从主体结构向外悬挑长短不一（2～13m），其竖向支承刚度存在较大差异，将导致幕墙支撑结构的竖向地震作用反应相对主体结构产生放大效应。

因此，结构分析应用 SAP2000 程序，采用壳单元模拟剪力墙的墙肢及巨柱，采用梁单元模拟楼面梁、桁架杆件和幕墙支撑结构构件（图 1.4-35）。对于竖向地震作用下的幕墙支撑结构反应分析，从整体模型沿高度选取了 2、4、6、8 四个区，分析位置编号如图 1.4-36 所示。

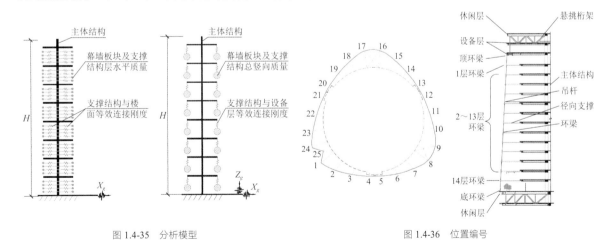

图 1.4-35　分析模型　　　　　　　　　　　　图 1.4-36　位置编号

1）幕墙支撑结构竖向加速度反应

吊杆与各区顶层环梁的交点称为吊点，吊点加速度的大小反映了主体结构对幕墙支撑结构输入激励作用的大小。选取各分区吊点竖向加速度反应最大的点，以考察吊点竖向加速度沿结构高度的分布情况。

图 1.4-37 给出了各区吊点的竖向峰值加速度响应，其中 2 区吊点竖向峰值加速度约为 2.2m/s²，8 区吊点的竖向峰值加速度达到了 5.5m/s²，8 区竖向峰值加速度约为 2 区的 2.5 倍，约为基底输入峰值加速度（0.65m/s²）的 8.5 倍。而 8 区巨柱竖向峰值加速度仅约为基底输入峰值加速度的 4.4 倍，由此可以看

出，由于设备层的弹性支承作用，幕墙结构悬挂吊点的竖向峰值加速度反应比主体结构（巨型柱）放大了约 1 倍。

图 1.4-38 为 8 区 25 组吊点在竖向地震作用下的竖向峰值加速度分布情况。由图可以看出，吊点的竖向峰值加速度分布在 3.0～5.5m/s² 之间，各吊点的竖向峰值加速度反应相差较大，不同位置吊点最大相差近 1 倍。悬挑越长，竖向刚度越弱，加速度放大作用越明显。

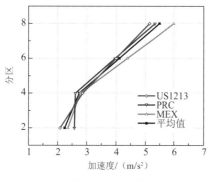
图 1.4-37 各区吊点竖向峰值加速度响应

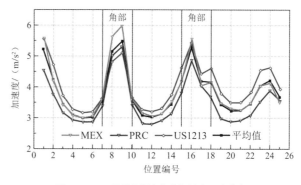
图 1.4-38 8 区吊点竖向峰值加速度反应分布

2）幕墙支撑结构竖向位移反应

图 1.4-39 为竖向地震作用下 8 区各层环梁的竖向位移D_V，其中位移为各条波时程分析的平均值，该位移已扣除相应设备层主体结构的竖向位移。

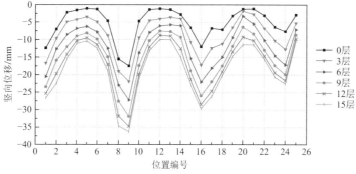
图 1.4-39 竖向地震下幕墙各悬挂层环梁竖向位移

从分析结果可知沿环向，同层环梁的竖向位移变化较大，角部环梁由于设备层悬挑桁架悬挑长度较长，其竖向位移较大，最大位移达到了 36.2mm（悬挂 15 层 9 号位置）；而位于凸台附近悬挑长度较小位置的竖向位移较小，仅为 9.8mm（悬挂 15 层 13 号位置）。这是由于设备层悬挑桁架悬挑长度不同，竖向支承刚度差异所致。

沿竖向各层环梁的竖向位移由高到低逐渐增大，底层（悬挂 15 层）环梁 25 个吊点与其对应的顶层（悬挂 0 层）吊点位移相比，增大了 7.5～18.7mm，呈现悬挑长度越长吊杆伸长越多的特征。

通过对幕墙支撑结构竖向地震作用分析，有如下结论：

（1）悬挂式幕墙支撑结构的竖向地震作用反应较大，且随高度的增加而逐渐增大，8 区吊杆轴重比较 2 区增大约 1.2 倍，吊点峰值加速度反应增加约 1.5 倍。且在同一分区，呈现吊点悬挑越长、地震作用反应越大的特点。

（2）设备层悬挑桁架的弹性支承作用对幕墙支撑结构的竖向地震作用反应存在明显的动力放大效应，受其影响，8 区悬挂吊点竖向峰值加速度比主体结构放大约 1 倍。

（3）吊杆弹性对幕墙支撑结构竖向地震作用反应亦有一定的放大作用，受其影响，幕墙底层吊杆轴重比较顶层增大了约 20%，底层环梁竖向峰值加速度较吊点增大了约 50%，最大竖向位移增大了约 1 倍。

3．特殊节点构造设计与优化

幕墙分段悬挂高度高达 55～66m、重量重，由于尺度效应，在各类水平及竖向荷载作用下，幕墙与主体结构间存在较大的竖向相对位移。为保障幕墙系统的正常工作，降低支撑结构应力水平，在幕墙支撑结构与主体结构之间设置了几类特殊节点，用以吸收幕墙系统在各类荷载及非荷载效应下的相对主体结构的位移，节点构造形式如图 1.4-40 所示。

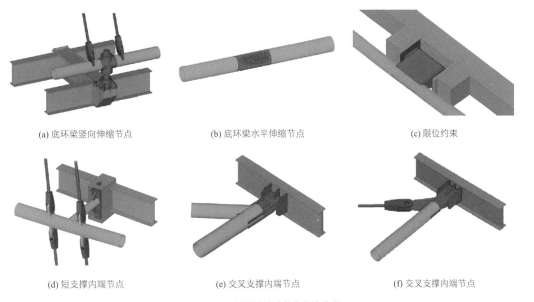

(a) 底环梁竖向伸缩节点　　(b) 底环梁水平伸缩节点　　(c) 限位约束

(d) 短支撑内端节点　　(e) 交叉支撑内端节点　　(f) 交叉支撑内端节点

图 1.4-40　外幕墙特殊节点构造分类

由于底环梁竖向伸缩节点及短支撑内端节点采用了特殊的滑动构造，受力相对复杂且易发生自锁，在此部分重点介绍。

1）底环梁伸缩节点

每区底层环梁位于休闲层楼板之上 540mm（净距 360mm），无法在这一层设置径向支撑为其提供支承。因此，在方案阶段每区底环梁设置了 50 个立柱通过套筒连于楼面结构，形成竖向可伸缩构造。在 V 口以外区域采用半刚接节点构造，每区计 22 个；在 V 口位置采用全铰接节点构造，每区计 3 个，如图 1.4-41 所示。

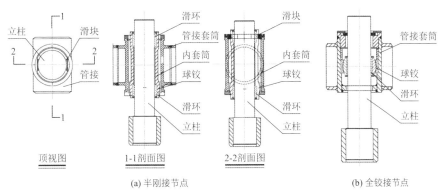

顶视图　　1-1剖面图　　2-2剖面图

(a) 半刚接节点　　(b) 全铰接节点

图 1.4-41　底环梁伸缩节点构造

采用 ABAQUS 软件对节点的强度及应力分布进行分析，于立柱与滑环、滑环与套筒、套筒与管接间建立接触关系，接触面间摩擦模型为库仑摩擦，滑环摩擦系数采用 0.07，该摩擦系数由试验确定。

由图 1.4-42 可知，节点应力水平较高区域范围较小，均属于构件形状突变的应力集中区域，小部分区域应力达到屈服强度后钝化，应力重分布并不影响节点的整体强度，其余部件均在屈服强度以内。

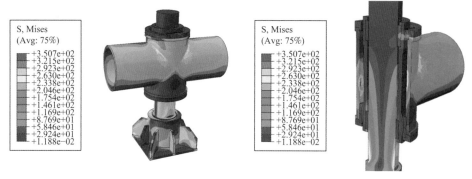

(a) 整体应力云图   (b) 整体应力云图（剖面）

图 1.4-42　竖向伸缩节点应力云图

2）短支撑内端节点

外幕墙与主体楼面相切位置，径向支撑长度较短，线刚度较大，对幕墙支撑结构的约束作用较强，如采用普通的铰接构造，幕墙与主体结构位移差会在短支撑内引起较大的附加弯矩，从而导致短支撑受弯破坏。

因此，在短支撑内端设置了滑动的节点形式以减小短支撑两端位移差，降低支撑附加弯矩，并同时为环梁提供水平向支撑和扭转约束，节点构造如图 1.4-43 所示。

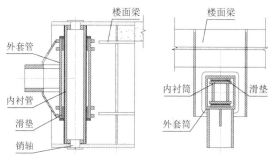

图 1.4-43　短支撑内端节点构造

采用有限元法对短支撑内端节点的强度及应力分布进行分析。于内衬管与滑垫、滑垫与外套筒间建立接触关系，接触面间摩擦模型为库仑摩擦，滑垫摩擦系数偏保守取试验结果上限 0.07。

计算结果表明（图 1.4-44），内衬管、外套管整体 Mises 应力满足承载力要求，与滑垫接触部位局部应力水平较高，但均小于 345MPa，竖向加劲肋与钢管相交转角位置有小范围应力集中，但不影响节点整体强度。衬垫大部分区域整体应力水平低于 100MPa。销轴局部挤压应力较高但低于 400MPa，低于 Q345 钢材局部承压力。分析结果表明，短支撑内端节点强度满足设计要求。

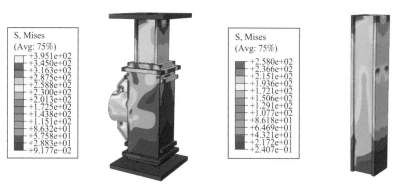

(a) 整体 Mises 应力图   (b) 内管 Mises 应力图

图 1.4-44　短支撑内端节点应力云图

1.5 试验研究

1.5.1 上海中心大厦模型振动台试验研究

上海中心大厦塔楼首层直径约为 70m,重力荷载代表值约 686 万 kN。分别于同济大学及中国建筑科学研究院进行了振动台试验,试验模型如图 1.5-1、图 1.5-2 所示。

图 1.5-1　同济大学振动台试验（1：50）　图 1.5-2　中国建筑科学研究院振动台试验（1：40）

以同济大学振动台试验为例,根据实验室室内高度,模型长度相似比（缩尺比例）为 1/50。选用微粒混凝土模拟混凝土,黄铜模拟钢材,钢丝模拟钢筋,施工完毕后,模型总高 12.64m,重量为 3828kg（不含底板）,附加重量 17064kg。试验相似关系如表 1.5-1 所示。

模型相似关系（模型/原型）　　　　　　　　　　　　　　表 1.5-1

物理参数	长度	弹性模量	频率	加速度	质量密度
相似常数	1/50	0.26	12.96	3.36	3.87

试验加载工况按照 7 度多遇、基本、罕遇以及 7.5 度罕遇（PGA = 280Gal）的顺序分 4 个阶段对模型结构进行模拟地震试验。7.5 度罕遇地震是为了研究结构在特大地震作用下的破坏机理和抗震薄弱部位。

表 1.5-2 显示,7 度多遇地震作用后,与试验前相比,自振频率未发生变化,表明结构处于弹性状态。7 度基本地震作用后,与试验前相比,自振频率仍未发生变化,结构仍未发生损伤;7 度罕遇地震作用后,与试验前相比,Y 向 1 阶平动频率下降 9.2%,X 向 1 阶平动频率下降 13.8%,1 阶扭转频率不变,结构发生了一定程度的损伤。

结构频率试验值与计算值对比　　　　　　　　　　　　　　表 1.5-2

模态	试验前频率		7 度多遇地震后频率/Hz		7 度基本地震后频率/Hz		7 度罕遇地震后频率/Hz	
	计算结果	试验结果	计算结果	试验结果	计算结果	试验结果	计算结果	试验结果
Y 向平动	0.113	0.130	0.113	0.130	0.109	0.130	0.106	0.118
X 向平动	0.120	0.130	0.120	0.130	0.119	0.130	0.116	0.112
扭转	0.305	0.229	0.305	0.229	0.246	0.229	0.206	0.229

模型的损伤情况如下:在 7 度多遇地震和基本地震阶段,未发现开裂破坏现象;在 7 度罕遇地震作用后,部分巨柱出现横向受拉裂缝;7.5 度罕遇地震作用后,更多巨柱出现横向受拉裂缝,较多墙体和连

梁出现裂缝，裂缝主要集中在4区、5~8区加强层及其附近楼层，5区和6区的环带桁架部分下弦杆局部屈曲，塔冠下部桁架多处屈曲，核心筒顶部与塔冠连接部位部分混凝土剥落，未发生构件脱落现象，结构保持了较好的整体性。模型部分位置的损伤如图1.5-3所示。

由图1.5-4可知，从9区至塔冠部位，加速度放大系数比较大，塔冠部分的加速度放大系数比主体结构顶层的加速度放大系数有数倍增长，鞭梢效应明显；随着台面输入地震波加速度峰值的提高，模型刚度退化、阻尼比增大，结构出现一定程度的破坏后，动力放大系数有所降低。

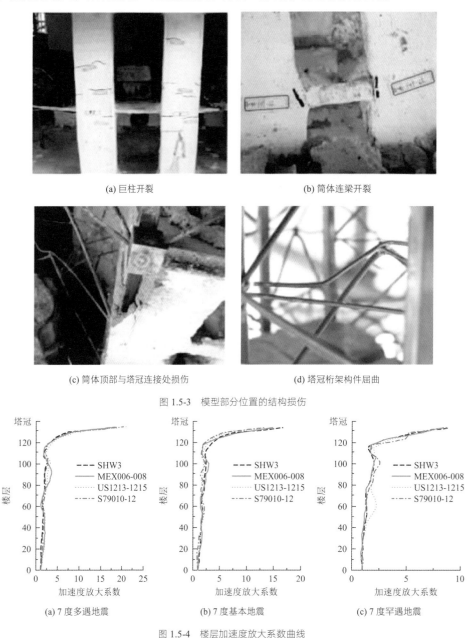

(a) 巨柱开裂　　　　　　　　　　　　　(b) 筒体连梁开裂

(c) 筒体顶部与塔冠连接处损伤　　　　　(d) 塔冠桁架构件屈曲

图1.5-3　模型部分位置的结构损伤

(a) 7度多遇地震　　　　(b) 7度基本地震　　　　(c) 7度罕遇地震

图1.5-4　楼层加速度放大系数曲线

1.5.2　上海中心大厦风洞试验研究

在上海中心大厦风洞试验研究中采用超越概率理论考虑风速风向的联合分布与结构风致响应随风向变化规律相结合的方法，以考虑主导风向对结构风致响应的影响。

进行的试验及分析包括以下内容（图1.5-5）：

（1）高频测力天平试验；

（2）高频测压试验；

（3）全气动弹性模型试验；

（4）高雷诺数试验。

(a) 高频测力天平试验（1：500）　(b) 高频测压试验（1：500）　(c) 气动弹性模型试验（1：500）　(d) 高雷诺数试验
测量基底剪力和倾覆力矩　　　测量幕墙表面局部风压　　　　测量风振加速度　　　　　（1：85）雷诺数
　　　　　　　　　　　　　　　　　　　　　　　　　　　　　　　　　　　　　　　对风振影响

图 1.5-5　上海中心大厦风洞试验

风洞试验对上海中心大厦周边环境的模拟考虑了近场地貌和远场地貌，对上海中心大厦相邻 1200m 范围内的场地地貌类型，包括相邻建筑的干扰影响，已通过建筑周围的建筑物模型进行真实的模拟，并包含在风洞试验结果之中。远场地貌采用 ESDU（工程科学数据组织）的标准建筑风环境数据处理方法。平均风速剖面和风压剖面如图 1.5-6 和图 1.5-7 所示。

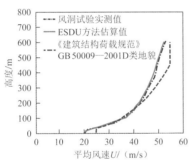 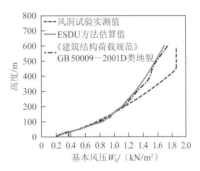

图 1.5-6　平均风速剖面　　　　　图 1.5-7　平均风压剖面

风洞试验获得的风速和风压剖面在 200m 以下与《建筑结构荷载规范》GB 50009-2001 的风速和风压剖面基本一致。在 200m 以上，《建筑结构荷载规范》GB 50009-2001 的风剖面数值大于风洞试验风剖面数值，且二者之间的差值不断增加，到达梯度高度时，上述差值逐渐减小。

对风洞试验风荷载和基于《建筑结构荷载规范》GB 50009-2001 的风荷载进行了对比分析。风洞试验基底剪力结果取至上海中心大厦风致结构响应研究总结报告（RWDI，2009），2%阻尼比。西安大略风暴通道风荷载取至上海中心大厦的风工程研究报告审核。根据《高耸结构设计规范》GB 50135-2006，上海中心大厦体型系数可取为 1.0，斯脱罗哈数可取为 0.15，阻尼比可取为 4%。基本风压取为 0.6kN/m²，按 D 类地貌。对比结果如表 1.5-3 所示。

风荷载试验值和规范值比较　　　　　　　　　　　　表 1.5-3

	基底总剪力/kN	比例	基底总弯矩/（kN·m）	比例
RWDI 风洞试验	1.03×10^8	100%	3.80×10^{10}	100%
西安大略风暴通道	1.04×10^8	100%	3.85×10^{10}	101%
《建筑结构荷载规范》GB 50009-2001	1.22×10^8	119%	5.02×10^{10}	132%

表 1.5-3 中的结果显示规范标准计算值普遍高于风洞试验结果，在对计算参数作修正后（即将体型系数由 1.3 降为 0.95，将斯脱罗哈数由 0.2 降为 0.16），两者之间能比较吻合。在考虑风向效果后，根据风洞试验的设计风荷载普遍低于规范计算值。

为了考察风荷载和地震作用对结构设计的影响，对 100 年回归期风荷载、50 年回归期多遇地震作用和 475 年回归期基本烈度地震作用下结构的基底反力的影响进行了比较分析（表 1.5-4）。由表 1.5-4 可知，风荷载下的结构响应大于多遇地震下的结构响应，但小于基本烈度地震作用下的结构响应。由于主要结构构件性能目标为中震弹性，这些结构构件设计主要是由中震组合控制的。

风荷载及地震作用下基底反力比较　　　　　　　　　　表 1.5-4

	基底剪力/kN		倾覆弯矩/（kN·m）	
风	95277	100%	37255901	100%
多遇地震	88882	93.3%	18841789	50.6%
基本地震	223973	235%	50630187	136%

由于结构高度大，舒适度问题也不容忽视，根据风洞试验获得的考虑台风和不考虑台风的峰值加速度，以及根据《建筑结构荷载规范》GB 50009-2001 计算的峰值加速度结果见表 1.5-5。结果表明，塔楼的结构舒适度满足规范要求。

上海中心大厦风振加速度响应　　　　　　　　　　表 1.5-5

回归期	风洞试验峰值加速度（不考虑台风）/Gal	风洞试验峰值加速度（考虑台风）/Gal	《建筑结构荷载规范》GB 50009-2001 峰值加速度/Gal
1	4.2	5.0	6.2
10	8.0	18.4	19.4

1.5.3　上海中心大厦关键节点试验研究

上海中心大厦主体结构采用带刚臂的"框架-核心筒"结构体系，将伸臂钢桁架作为刚臂构件应用在结构的加强层，其采用两层高、一个节间的单斜腹杆构件形式，一端与钢骨混凝土巨柱连接，另一端与核心筒剪力墙连接，并贯穿整个墙体与另一端巨柱相连（图 1.5-8）。

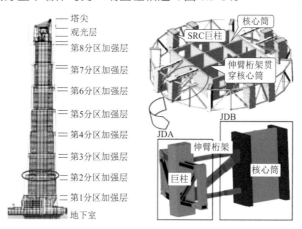

图 1.5-8　节点试验试件选取位置

其中巨柱、钢伸臂桁架、钢环带桁架三者相交形成的连接区域（JDA）以及钢伸臂桁架与钢骨混凝土核心筒相连处的连接区域（JDB）是结构体系传力的关键区域，是结构设计中的关键部位。这些关键部位能否实现"中震作用下伸臂桁架不屈服，大震作用下环带桁架不屈服"的抗震性能设计目标也有待考察。

鉴于此，设计了 JDA 和 JDB 两个系列各 3 个试件（图 1.5-9），每个系列试件各进行 1 个单调加载、2 个反复加载。本章介绍其中两个单调静力试件（试件编号分别为 JDA-1 与 JDB-1）的试验结果，分析伸臂桁架发生较大塑性变形后连接区域的受力性能，并结合有限元和简化模型分析，对其承载力、变形等静力性能进行评估。

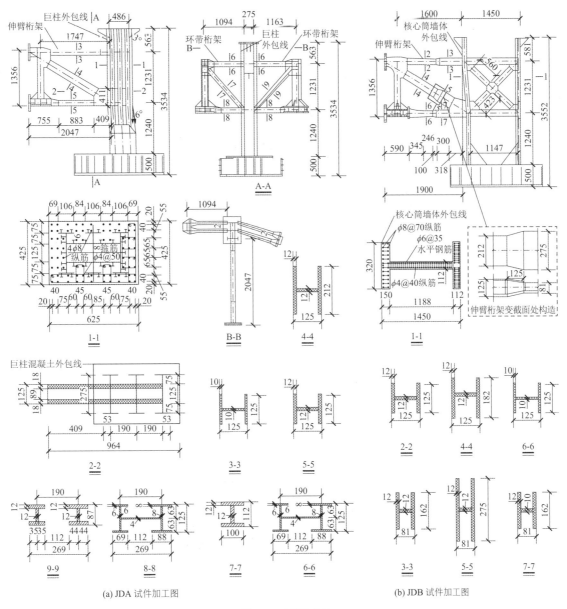

图 1.5-9　试件加工图

（a）JDA 试件加工图　　　　　　　（b）JDB 试件加工图

　　试验设计了不同路径的加载制度,以评估在不同形式反复荷载作用下伸臂桁架的耗能能力。试件 JDA 与 JDB 均采用逐级增大的位移加载方式，每个位移级别循环 2 周，加载制度如图 1.5-10 所示。

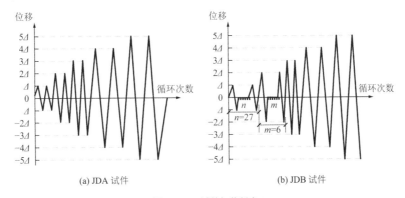

（a）JDA 试件　　　　　　　（b）JDB 试件

图 1.5-10　试件加载制度

　　试验过程中主要测试:（1）试件 JDA-1 与试件 JDB-1 伸臂桁架端部的竖向位移以及伸臂桁架斜腹杆的轴向相对变形;（2）伸臂桁架与巨柱连接以及与核心筒连接节点区的应变分布;（3）试件 JDA-1 环带

桁架受力较大处的应变分布。

试件 JDA-1 与试件 JDB-1 最终的宏观破坏均发生在伸臂桁架上，其破坏形态如图 1.5-11 所示。

(a) 试件 JDA-1　　　　　　　(b) 试件 JDB-1

图 1.5-11　试件伸臂桁架破坏形态

试件 JDA-1 与试件 JDB-1 伸臂桁架竖向刚度由斜腹杆和上、下弦杆共同提供，斜腹杆主要提供竖向刚度；在斜腹杆屈服后，伸臂桁架竖向刚度退化，逐渐转由上、下弦杆承担竖向荷载。随着加载的持续，斜腹杆波状屈曲明显，逐渐退出工作，下弦杆发生较大弯曲变形，杆件两端进入塑性工作状态。最后伸臂桁架上弦杆端部由于弯曲变形过大、全截面屈服，形成塑性铰，伸臂桁架端部竖向变形过大，荷载下降较大，导致最终破坏。

试件 JDB-1 伸臂桁架各杆件中部存在双向变截面过渡区段，提供竖向刚度的斜腹杆在变截面区段两侧首先发生屈曲，但该变截面区段的板件未见明显的屈曲现象［图 1.5-12（a）］，表明伸臂桁架的变截面区段双向变截面设计能可靠地传递荷载。加载后期变截面区段板件发生明显的屈曲后［图 1.5-12（b）］，伸臂桁架斜腹杆波状屈曲明显，退出工作。

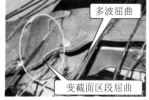

(a) 变截面区段完好　　　　　　(b) 变截面区段屈曲

图 1.5-12　试件 JDB-1 腹杆变截面区段受荷形态

总体上看，试件的破坏模式都表现为伸臂桁架斜腹杆的受压屈曲；在单调荷载作用下，该单斜腹杆桁架具有良好的承载力、刚度和变形能力，可实现"强节点，弱构件"的良性失效机制，满足"中震作用下伸臂桁架不屈服，大震作用下环带桁架不屈服"的抗震性能设计目标。

1.5.4　被动式电涡流调谐质量阻尼器试验

电涡流阻尼系统通过一定间距下的永磁体和导体相对运动提供阻尼；而摆式调谐质量阻尼器中，质量块作钟摆运动，质量块的高度会发生变化，使永磁体和导体的间距发生变化；此外由于竖向载荷的作用，质量块竖向也会发生位移，导致间距的增大或减小而影响阻尼系统的性能；正因为如此，电涡流阻尼系统无法在摆式调谐质量阻尼器中得到应用。

因此，设计了柔性连接装置（图 1.5-13），充分考虑质量块在不同工作状态下的最大水平及竖向位移，设计三维运动机构，既实现永磁体在质量块摆动时平面内的平动与转动，又实现阻尼系统与质量块竖向的自由移动，保证永磁体和导体的间距在任何工况下均能维持恒定，使电涡流阻尼系统可在摆式调谐质量阻尼器中得到应用。

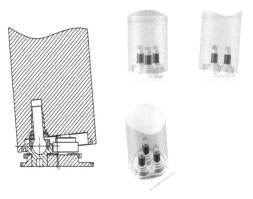

图 1.5-13　柔性连接装置设计图

　　基于以上原理，研发出一种新型高层摆式电涡流调谐质量阻尼器（摆式电涡流 TMD），并且通过小试、中试，验证了各项创新设计的正确性和可行性。试验模型如图 1.5-14 所示，振动台试验见图 1.5-15。

支撑桁架
拉索
质量块
电涡流阻尼系统
（永磁体、铜板）
升降装置

(a) 小试模型　　　　　　　(b) 中试模型　　　　　　　(c) 柔性连接装置

图 1.5-14　摆式电涡流 TMD 模型

(a) 振动台试验框架模型　　　　　　(b) 振动台试验用电涡流阻尼 TMD

图 1.5-15　TMD 振动台试验

　　通过振动台试验，得到以下结论：（1）电涡流阻尼 TMD 应用在本试验中的钢框架中，在地震作用下起到了明显振动控制效果；（2）电涡流阻尼 TMD 对结构在地震下的响应控制效果与地震输入类型有很大的关系；（3）电涡流阻尼 TMD 对结构的控制效果与 TMD 本身质量有关；（4）电涡流阻尼 TMD 对结构的控制效果与 TMD 自身阻尼比有关；（5）与普通 TMD 相比，电涡流阻尼 TMD 更有优势；（6）给电涡流阻尼 TMD 安装限位系统是十分必要的。

1.6　结构健康监测

　　在施工期间和运营阶段建立结构健康监测系统，对结构性态进行实时在线监测，对超出设计范围的结构性态进行预警和报警，可以确保其在建造和运营全过程的安全性和适用性，监测内容及布置详见表 1.6-1 和图 1.6-1。

监测楼层与分项对照表　　　　　　　　　　　　　表 1.6-1

分区	分项楼层	地震	风速	风压	风振	加速度	GPS	倾角	温度	应变
地下	B5	●（1）				●（5）		●（2）		
1区	5							●（2）		●（39）
	7					●（5）		●（2）	●（15）	●（66）
2区	14							●（2）		
	21					●（7）		●（2）		
3区	29							●（2）		
	36			●（10）		●（5）		●（2）		
	37								●（15）	
4区	44				●（9）			●（2）		
	51					●（7）		●（2）		
5区	60							●（2）		
	67					●（5）		●（2）	●（15）	●（63）
6区	76							●（2）		
	83			●（10）		●（7）		●（2）		
7区	92				●（9）			●（2）		
	100					●（5）		●（2）	●（15）	
8区	109				●（9）			●（2）		
	117			●（10）		●（7）		●（2）		
9区	121							●（2）		
	124	●（1）				●（3）		●（2）	●（15）	●（27）
	塔冠		●（1）				●（2）	●（2）		

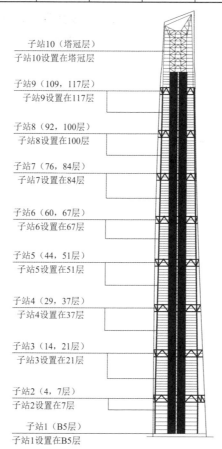

子站10（塔冠层）
子站10设置在塔冠层

子站9（109，117层）
子站9设置在117层

子站8（92，100层）
子站8设置在100层

子站7（76，84层）
子站7设置在84层

子站6（60，67层）
子站6设置在67层

子站5（44，51层）
子站5设置在51层

子站4（29，37层）
子站4设置在37层

子站3（14，21层）
子站3设置在21层

子站2（4，7层）
子站2设置在7层

子站1（B5层）
子站1设置在B5层

图 1.6-1　子站及传感器分布

1.6.1 结构健康监测系统传感器布置

上海中心大厦结构健康监测传感器布置考虑了整体环境—荷载—响应的监测路径，也设置了局部的监测力学性能参数。整体的环境—荷载—响应主要考察了风、地震和温度作用下的整体监测。传感器布置见图 1.6-2～图 1.6-6。

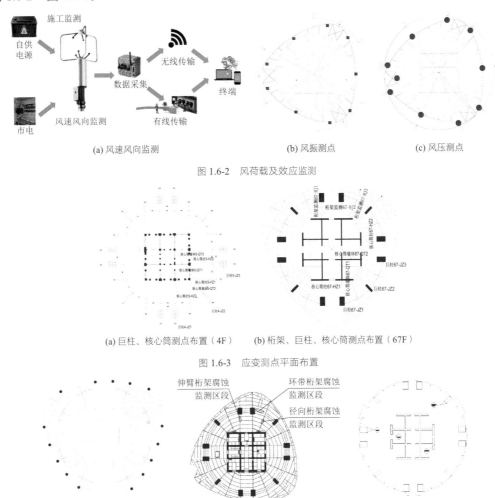

(a) 风速风向监测   (b) 风振测点   (c) 风压测点

图 1.6-2   风荷载及效应监测

(a) 巨柱、核心筒测点布置（4F）   (b) 桁架、巨柱、核心筒测点布置（67F）

图 1.6-3   应变测点平面布置

图 1.6-4   温度测点平面布置   图 1.6-5   腐蚀测点平面布置   图 1.6-6   裂缝测点平面布置

1.6.2 风荷载与响应分析

1. 风振加速度

"利奇马"台风期间，上海中心大厦结构顶点加速度时程曲线如图 1.6-7 所示。可以看出，结构顶点横风向最大风振加速度为 0.062m/s²，远小于设计风振加速度 0.15m/s² 的限值，满足风振下居住舒适度要求。

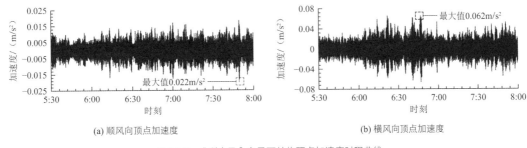

(a) 顺风向顶点加速度   (b) 横风向顶点加速度

图 1.6-7   "利奇马"台风下结构顶点加速度时程曲线

2. 电涡流阻尼器

"利奇马"台风期间，电磁涡流调谐质量阻尼器的摆动时程曲线如图 1.6-8 所示。顺风向最大单边摆幅约 240mm，横风向最大单边摆幅约 750mm，均小于阻尼器设计位移 2000mm。横向振幅大于纵向振幅的原因是当气流通过大厦时，在其横向产生了卡门涡流，一旦卡门涡流的频率与结构的振动频率一致时会发生"共振"，导致出现横向振动大于纵向振动的现象。

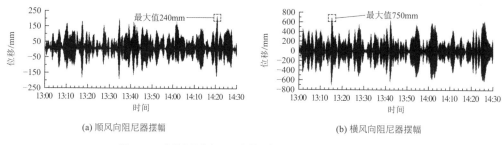

(a) 顺风向阻尼器摆幅　　　　　　　　　　(b) 横风向阻尼器摆幅

图 1.6-8　"利奇马"台风下电磁涡流质量阻尼器位移时程曲线

1.6.3　结构基础竖向变形分析

地基沉降值和均匀程度是影响塔楼整体结构安全的重要因素。上海中心大厦地下 5 层包含主楼沉降观测点 28 个（测点布置如图 1.6-9 所示），呈八向放射形均匀布设在核心筒-巨柱-后浇带 3 个环带区域内，以监测塔楼在施工阶段和使用阶段的沉降变化。

根据有限元计算及预测结果，上海中心大厦最终的中心点最大沉降计算值在 110～130mm 之间。在整个监测周期中，测点的平均沉降值如图 1.6-10 所示，可以看出 B5 层大底板主楼区域经历了正常下沉—异常上抬—稳定沉降的三段式过程，原因为裙房区域卸土所造成的土体上浮带动整体联动上抬。大楼投入使用时最大沉降值为 95.7mm，至 2020 年最大沉降值为 100.58mm，小于预测值 110mm。投入使用后，沉降最大增加值仅 4.88mm，表明沉降已趋于稳定（图 1.6-10）。

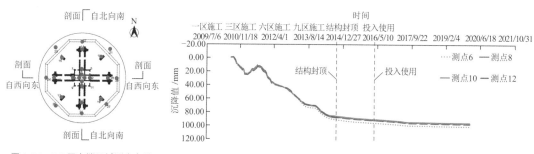

图 1.6-9　B5 层主楼区域测点布置　　　　图 1.6-10　代表性测点地基沉降时间曲线

不同位置测点地基基础沉降差如图 1.6-11 所示，核心筒南北沉降差 7.89mm，角柱南北沉降差 5.04mm。核心筒东西向基本无沉降差，角柱东西沉降差 7.70mm。沉降差相对于跨度相比几乎可以忽略不计，大楼基本无倾斜。

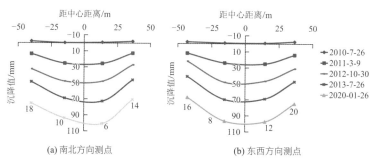

(a) 南北方向测点　　　　　　　　　　(b) 东西方向测点

图 1.6-11　不同方向地基基础沉降差

1.6.4　关键构件内力分析

上海中心大厦结构健康监测的一项重要组成部分是关键构件应力水平监测和运营阶段重要部位构件应力可以保证构件的安全性，并对可能发生的构件承载力破坏提供预警。上海中心大厦使用钢材和混凝土应变计，对关键构件的应力变化进行了实时监测。

2017年1—5月，对第5层关键构件。巨柱和核心筒钢板混凝土剪力墙进行了应力监测（图1.6-12、图1.6-13），其监测结果与设计值对比如表1.6-2、表1.6-3所示。

在第5层处的核心筒剪力墙形式为钢板混凝土剪力墙。剪力墙混凝土和钢骨的应力水平如图1.6-12所示。可以看出，监测的混凝土和钢材应力水平分别为12.4MPa和68.6MPa，低于有限元计算值5%～10%，构件承载力有较高的安全系数，剪力墙构件截面也处于弹性状态。

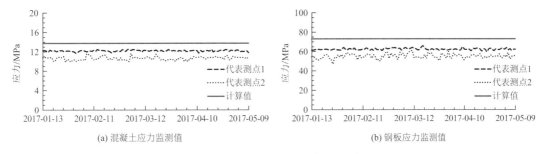

图1.6-12　第5层核心筒墙体应力监测值

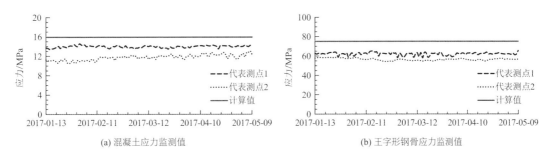

图1.6-13　第5层巨柱应力监测值

核心筒剪力墙计算应力与监测应力对比　　　　　　　　　　　　　　　　表1.6-2

材料	监测最大值/MPa	重力荷载下计算值/MPa	材料强度标准值/MPa
混凝土	12.4（32%）	14（36%）	38.5（C70）（100%）
钢板	63.1（22%）	73（25%）	290（Q345）（100%）

第5层结构巨柱采用王字形钢骨混凝土柱。巨柱混凝土和钢骨的应力水平监测曲线如图1.6-13所示，可以看出，监测到的最大值混凝土应力为12.4MPa，钢材为63.1MPa，低于无地震组合正常使用状态下的有限元计算值10%～14%。监测结果显示构件承载力安全储备较高，巨柱构件截面承载力处于弹性状态。

巨柱计算应力与监测应力对比　　　　　　　　　　　　　　　　表1.6-3

材料	监测最大值/MPa	重力荷载下计算值/MPa	材料强度标准值/MPa
混凝土	14.2（32%）	16（36%）	38.5（C70）（100%）
钢板	68.6（24%）	75（26%）	290（Q345）（100%）

综合以上讨论，通过上海中心大厦结构性能监测数据分析可知，结构处于安全状态，监测结果与设计值基本一致。

1.7 结语

上海中心大厦是上海市陆家嘴核心区的地标性建筑，也是当前中国最高建筑，其造型独特、大气、典雅，是上海黄浦江边一道靓丽风景。结合其独特的建筑平立面造型及超高的立面形态，结构体系选用了巨型框架-核心筒-外伸臂桁架体系，充分发挥了该结构体系的优良结构性能，并完美实现了建筑的造型效果。

在结构设计过程中，主要完成了以下几方面的创新性工作：

1. 深厚软土地基下超高层建筑桩基的选型设计与分析

在上海软土地基中施工超长钻孔灌注桩需要穿越较厚的砂层，采用膨润土泥浆护壁能改善成孔质量，但由于泥皮厚度的增加和侧壁光滑会减小桩侧摩阻力。采用后注浆方法能有效弥补该缺陷。变刚度调平设计是基于沉降控制的基础设计方法，对于群桩基础和软土地基的高层建筑沉降差异控制有显著的效果。

2. 超高层建筑巨型框架结构设计

本项目所采用的"巨型框架-核心筒-外伸臂桁架"体系，从结构概念设计上来讲，此体系能提供相当大的结构赘余度，与一般概念的框架-核心筒相比较，多了6道外伸臂桁架，能够提供多一道抗震防线。通过对巨型结构体系中各类构件及节点的性能化设计、有限元分析及抗震试验，确保了结构的安全可靠。

3. 悬挂式幕墙结构体系设计

上海中心大厦外幕墙系统远离主体结构、体型扭转且采用独特的悬挂体系给幕墙支撑结构设计和施工带来了诸多技术挑战，为此，提出了悬挂式幕墙结构体系，该系统在竖向相对主体结构自由变形，降低了幕墙支撑结构的受力水平。因而构件截面较小，结构轻盈通透、视觉阻碍小，同时结构用钢量小，可建造性好。

此外，在上海中心大厦的结构设计中，合理确定了构件的抗震性能目标，确保了结构体系的耗能机制和多道抗震设防机制，结合小震、大震分析，实现了"小震不坏、中震可修、大震不倒"的设计目标。该项目已经建成投入使用多年，建筑结构完成度很高，业界评价良好，是典型超高层建筑成功案例。

参考资料

[1] 美国宋腾添玛沙帝结构师事务所, 同济大学建筑设计研究院(集团)有限公司. 上海中心大厦项目结构超限审查会送审报告专题报告[R]. 2009.

[2] 上海岩土工程勘察设计研究院有限公司. 上海中心大厦岩土工程勘察报告[R]. 2008.

[3] 姜文辉, 巢斯. 上海中心大厦桩基础变刚度调平设计[J]. 建筑结构, 2012, 42(6): 4.

[4] 翟杰群, 谢小林, 贾坚. "上海中心"深大圆形基坑的设计计算方法研究[J]. 岩土工程学报, 2010, 32(S1): 392-396.

[5] Rowan Williams Davies & Irwin Inc. Report on wind-induced structural response studies of the Shanghai Center[R]. 2009.

[6] 赵昕, 丁洁民, 孙华华, 等. 上海中心大厦结构抗风设计[J]. 建筑结构学报, 2011, 32(7): 1-7.

[7] 丁洁民, 巢斯, 赵昕, 等. 上海中心大厦结构分析中若干关键问题[J]. 建筑结构学报, 2010(6): 122-131.

[8] 陆天天, 赵昕, 丁洁民, 等. 上海中心大厦结构整体稳定性分析及巨型柱计算长度研究[J]. 建筑结构学报, 2011, 32(7): 8-14.

[9] 丁洁民, 李久鹏, 何志军. 上海中心大厦巨型框架关键节点设计研究[J]. 建筑结构学报, 2011, 32(7): 31-39.

[10] 宋伟宁, 徐斌. 上海中心大厦新型阻尼器效能与安全研究[J]. 建筑结构, 2016, 46(1): 1-8.

[11] 丁洁民, 何志军, 李久鹏. 上海中心大厦幕墙支撑结构与主体结构协同工作分析与控制[J]. 建筑结构学报, 2014, 35(11): 1-9.

[12] 何志军, 丁洁民, 李久鹏. 上海中心大厦悬挂式幕墙支撑结构竖向地震作用反应分析[J]. 建筑结构学报, 2014, 35(1): 34-40.

[13] 何志军, 丁洁民, 李久鹏. 上海中心大厦幕墙支撑结构关键节点分析设计[J]. 建筑结构, 2013, 43(24): 12-17+75.

[14] 上海中心大厦结构模型模拟地震振动台试验研究报告[R]. 上海: 同济大学土木工程防灾国家重点实验室, 2010.

[15] 蒋欢军, 和留生, 吕西林, 等. 上海中心大厦抗震性能分析和振动台试验研究[J]. 建筑结构学报, 2011, 32(11): 55-63.

[16] 上海中心项目关键节点试验研究报告[R]. 上海: 同济大学, 2010.

[17] 赵宪忠, 王斌, 陈以一, 等. 上海中心大厦伸臂桁架与巨柱和核心筒连接的静力性能试验研究[J]. 建筑结构学报, 2013, 34(2): 20-28.

设计团队

结构设计单位：同济大学建筑设计研究院（集团）有限公司（初步设计 + 施工图设计）；
宋腾添玛莎帝结构师事务所（方案 + 初步设计）

结构设计团队：丁洁民，贾坚，巢斯，万月荣，虞终军，金炜，何志军，吴宏磊，张峥，谢小林，李久鹏，姜文辉

执　笔　人：王世玉，刘博

获奖信息

2019 年上海市科技进步奖特等奖

2019 年中国勘察设计协会（公共）建筑设计一等奖

2019 年中国勘察设计协会优秀建筑结构一等奖

2019 年中国勘察设计协会优秀建筑设备一等奖

2017—2018 中国建筑学会建筑设计奖结构专业一等奖

2016 年世界最佳高层建筑（CTBUH）

2016 年杰出工程奖（IABSE）

第 2 章

中国国际丝路中心大厦

2.1 工程概况

2.1.1 建筑概况

中国国际丝路中心项目位于陕西省西安市西咸新区沣东大道和复兴大道交叉口的东南角。主塔楼地上建筑面积 27.6 万 m²，地下室建筑面积 8.9 万 m²。地下共 4 层，使用功能为作商业、设备用房和地下车库。地上共 100 层，沿竖向分为 1 个商业区、6 个办公区和 1 个酒店区。塔楼建筑高度 498m，主体结构高度 482.5m，建成后将成为西北第一高楼，是把西咸新区打造现代化大西安新中心的有力支撑。建筑效果图和竖向功能分区如图 2.1-1 所示，建筑典型平面图如图 2.1-2 所示。

(a) 建筑效果图　　　　　　　(b) 竖向功能分区

图 2.1-1　建筑效果图和剖面图©SOM

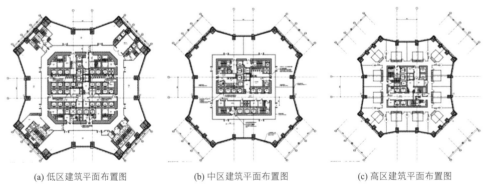

(a) 低区建筑平面布置图　　　(b) 中区建筑平面布置图　　　(c) 高区建筑平面布置图

图 2.1-2　典型楼层建筑平面布置图

塔楼建筑平面呈正立面内凹的八角形平面，上下中心对齐并逐渐收缩，平面尺寸由低区的 68.2m×68.2m 逐层收缩至高区的 38.8m×38.8m，形成"下大上小"的立面造型，高区平面面积与酒店使用功能相契合。塔楼核心筒位于平面中央，在低区为切角正方形，在中区及高区逐步收缩为较小尺寸的正方形。塔楼立面造型虚实对比强烈，引起框架柱在外围布置疏密程度相差较大，在 45°方向布置密柱形成组合框架。塔楼采用框架-核心筒-伸臂桁架结构体系，本工程于 2019 年 8 月 22 日通过全国超限高层建筑工程抗震设防审查专家委员会的审查。

2.1.2 设计条件

1. 主体控制参数

控制参数见表 2.1-1。

控制参数表 表 2.1-1

结构设计基准期	50 年	建筑抗震设防分类	重点设防类（乙类）
建筑结构安全等级	塔楼关键构件（角柱、剪力墙加强区、伸臂桁架）：一级 其他构件：二级	抗震设防烈度	8 度（0.20g）
地基基础设计等级	一级	设计地震分组	第二组
建筑结构阻尼比	0.04（小震）/0.05（大震）	场地类别	II 类

2. 结构抗震设计条件

主塔楼核心筒剪力墙抗震等级特一级，角部巨柱和加强区框架柱抗震等级特一级，其他区域框架柱和框架梁抗震等级一级。采用地下室顶板作为上部结构的嵌固端。

3. 风荷载

根据《建筑结构荷载规范》GB 50009-2012 及《高层建筑混凝土结构技术规程》JGJ 3-2010，本工程舒适度验算按 10 年重现期风压取 0.25kN/m²；变形验算按 50 年重现期风压取 0.35kN/m²；承载力验算按 50 年重现期风压 0.35kN/m²，并放大 1.1 倍采用。地面粗糙度类别为 B 类。项目开展了风洞试验，模型缩尺比例为 1：450。设计中综合考虑规范风取值和风洞试验结果进行验算。

2.2 项目特点

2.2.1 建筑结构一体化设计

塔楼立面造型虚实对比强烈，建筑的 4 个主立面为虚面，采用轻盈通透的外幕墙体现超高层建筑的现代感，建筑效果要求主立面上结构构件尽可能少、构件尺寸尽可能小；另外 4 个 45°方向的侧立面为实面，采用类似窗墙的外幕墙来体现西安当地的地域文化特性，建筑效果允许在侧立面布置较多的结构构件，对构件尺寸没有特别限定。局部楼层的建筑外立面效果如图 2.2-1 所示。

因此，结构设计时在每个侧立面布置 4 根框架柱，形成密柱深梁的组合框架。根据抗侧刚度需要，组合框架端部两根框架柱设计成巨柱，巨柱底层截面为 3700mm×3400mm，通过伸臂桁架与核心筒相连；在每个正立面上仅布置 2 根框架柱，这 8 根框架柱底层截面为 1800mm×1800mm。由此引起外围框架柱轴压比差异较大，在结构设计中需要采取相应的措施。

在切角矩形平面的基础上，建筑师进一步对 4 个主立面进行优化。通过采用内凹设计获得更好的遮阳效果和室内采光，同时使立面造型更加丰富。

主立面的内凹导致环带桁架变成三折线形（图 2.2-2），不适合与角部 8 根巨柱形成巨型框架，不能采用主次结构体系。因此，本项目抗侧体系采用框架-核心筒-伸臂桁架结构体系。

由于加强层环带桁架的斜腹杆将严重影响外立面整体效果，建筑师要求取消斜腹杆。在伸臂加强层设置的环带桁架主要是协调外围框架柱一起抵抗倾覆力矩，本工程的中柱截面小力臂短，对抵抗倾覆力矩的贡献有限。因此，本工程取消斜杆，采用空腹环带桁架（图 2.2-3），满足结构安全性的同时使得室内视野和空间通透性更好。采用空腹桁架的建筑效果图见图 2.2-4。

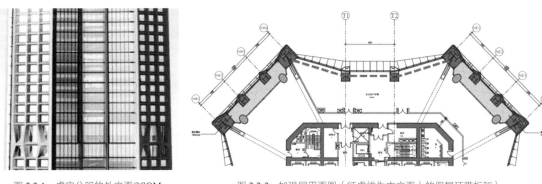

图 2.2-1　虚实分明的外立面©SOM　　　　图 2.2-2　加强层平面图（红虚线为主立面上的假想环带桁架）

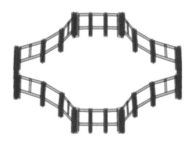

(a) 带斜腹杆环带桁架示意图　　　　　　(b) 空腹环带桁架示意图

图 2.2-3　加强层立面布置优化

(a) 外景　　　　　　　　　　　　(b) 内景

图 2.2-4　采用空腹环带桁架建筑效果图

2.2.2　组合伸臂桁架

根据建筑造型和使用功能，本工程采用框架-核心筒-伸臂桁架结构体系是可行的。伸臂桁架可以充分发挥外围框架柱的轴向抗侧刚度，提高结构整体抗侧效率。然而，伸臂桁架在提高结构抗侧效率的同时会引起结构竖向刚度突变，竖向刚度突变楼层的核心筒墙体很容易在地震作用下产生塑性破坏，尤其对于高烈度区的超高层建筑。

本项目采用了基于刚性伸臂和黏滞阻尼伸臂的组合伸臂桁架应用技术。该技术通过将传统伸臂桁架与外围框架柱断开，将黏滞阻尼器沿竖向布置于伸臂桁架与外框架柱的交接处，形成黏滞阻尼伸臂桁架。黏滞阻尼伸臂桁架不提供静刚度，可大幅减少传统伸臂桁架带来内力和刚度突变的问题，又能在地震作用下提供附加阻尼，耗散地震能量，改善结构抗震性能。

2.2.3　无地下室翼墙

超高层建筑基础以上荷载很大，竖向荷载引起的地基总沉降及差异沉降是超高层结构设计中需重点考虑的技术难点。除基础能直接支承在基岩上的情况外，国内高度 450m 及以上的超高层均布置有地下室翼墙（表 2.2-1）。中国国际丝路中心大厦项目为西安城市地标建筑，商业价值很高。地下室布置翼墙方案对建筑功能布局影响较大，损失较多建筑面积，降低了地下室商业利用价值，不能被业主与建筑师所接受。因此，如何在保证结构承载力及变形要求的情况下取消地下室翼墙是结构设计面临的一大挑战。

超高层建筑地下室翼墙相关信息 表 2.2-1

项目名称	建筑高度/m	基础形式	主要持力层	是否布置翼墙
武汉绿地中心	475	桩基础	微风化砂岩	局部设置短翼墙（扶壁）
上海环球金融中心	492	桩基础	粉砂层	巨柱和核心筒均有翼墙
大连绿地中心	518	天然基础	中风化板岩	局部设置短翼墙（扶壁）
北京中信大厦	528	桩基础	卵石层	巨柱和核心筒均有翼墙
天津周大福金融中心	530	桩基础	粉砂层	巨柱和核心筒均有翼墙
广州周大福金融中心	530	墩基础	微风化粉砂岩	局部设置短翼墙（扶壁）
天津 117 大厦	597	桩基础	粉砂层	巨柱和核心筒均有翼墙
深圳平安金融中心	599	挖孔桩基	微风化花岗岩	未设置翼墙
上海中心大厦	632	桩基础	粉砂层	巨柱和核心筒均有翼墙

2.3 体系与分析

2.3.1 方案对比

本项目结构高度超限，且地处高烈度设防区，为此考虑沿结构竖向布置 4 道伸臂桁架。为解决传统刚性伸臂出现结构加强层承载力和刚度的突变等问题，采用组合减震设计方法，即在结构加强层处混合布置刚性伸臂桁架和黏滞阻尼伸臂桁架。由于刚性伸臂桁架和黏滞阻尼伸臂桁架布置位置的不同，对结构的抗侧效率也有不同影响。因此，比选分析了 5 个不同方案，编号 0D~4D，分别表示沿结构竖向 4 个避难区布置 0~4 道黏滞阻尼伸臂桁架，而非黏滞阻尼伸臂桁架层则布置传统刚性伸臂桁架，如表 2.3-1 和图 2.3-1 所示，通过方案比选，得到伸臂桁架的较优布置方式。

伸臂桁架布置方案 表 2.3-1

楼层	桁架布置方案				
	0D	1D	2D	3D	4D
98~99 层	C	D	D	D	D
78~79 层	C	C	D	D	D
58~60 层	C	C	C	D	D
36~38 层	C	C	C	C	D

注：C 表示普通伸臂桁架；D 表示黏滞阻尼伸臂桁架。

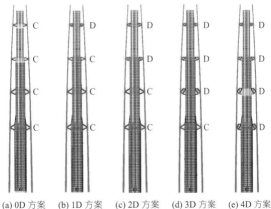

(a) 0D 方案　(b) 1D 方案　(c) 2D 方案　(d) 3D 方案　(e) 4D 方案

图 2.3-1 伸臂桁架立面布置

对上述 5 个方案分别建模计算，对比其整体指标、耗能能力、材料用量等，结果如表 2.3-2 所示。通过比较可知，在结构下部布置两道刚性伸臂桁架与上部布置两道阻尼伸臂桁架（方案 2D）为最优方案。它既满足了建筑使用功能的要求，在结构上有所创新，又满足经济性的要求，做到了技术先进、安全可靠、经济合理。最终实施方案的结构体系分解图如图 2.3-2 所示。

方案综合对比　　　　　　　　　　　　　　　　　　　　　　　　　　表 2.3-2

对比指标	对比结果				
	0D	1D	2D	3D	4D
位移角	√	√	√	√	√
刚重比	√	√	√	√	×
耗能能力	×	—	√	√	√
剪重比	×	√	√	×	×
墙肢拉应力	√	√	√	×	×
经济性	×	—	√	—	×

注：表中"√"表示优，"—"表示一般，"×"表示差。

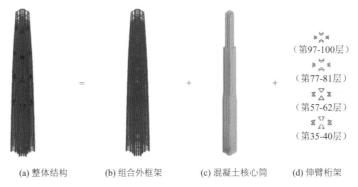

(a) 整体结构　　(b) 组合外框架　　(c) 混凝土核心筒　　(d) 伸臂桁架

（第97-100层）
（第77-81层）
（第57-62层）
（第35-40层）

图 2.3-2　结构体系分解图

2.3.2　结构布置

塔楼抗侧力体系采用"框架-核心筒-组合伸臂桁架"体系。基于建筑体型和平面布置，本塔楼结构外框架共设置 24 根框架柱，框架柱之间通过外框梁形成外框架抗侧力整体结构，核心筒居中布置，外框架与核心筒之间通过径向楼面梁相连，形成楼面结构体系。除外框梁采用刚接外，其余钢梁均采用两端铰接连接，既可以充分发挥组合梁优势，又可以消除收缩徐变对钢梁产生的不利影响。结合建筑自下而上逐步收进的外在形态，核心筒在结构中部进行收进处理，图 2.3-3 给出了结构剖面布置和典型楼层平面布置。

框架柱采用型钢混凝土柱，框架柱尺寸自底部的 3700mm × 3400mm（角部巨柱）+ 2000mm × 2000mm（角部中间柱）+ 1800mm × 1800mm（中柱）逐渐过渡到顶部的 1950mm × 1600mm（角部巨柱）+ 1350mm × 1350mm（角部中间柱）+ 1300mm × 1300mm（中柱）。框架柱混凝土强度等级为 C60。

钢筋混凝土核心筒墙厚自底部的 1600mm（外墙）+ 600mm（内墙）+ 500mm（腹墙）过渡到 600mm（外墙）+ 400mm（内墙）+ 400mm（腹墙）。核心筒混凝土强度等级为 C60。

核心筒外楼板采用钢筋桁架楼承板，核心筒内采用现浇混凝土板。标准层楼板厚度 120mm，设备层楼板厚度 200mm。

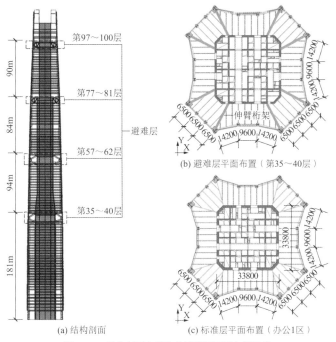

第97～100层

第77～81层

避难层

第57～62层

第35～40层

90m
84m
94m
181m

(a) 结构剖面

伸臂桁架

6500 6500 6500 14200 9600 14200 6500 6500 6500
6500 6500 6500 14200 9600 14200 6500 6500 6500
14200 9600 14200

(b) 避难层平面布置（第35～40层）

33800
33800

6500 6500 6500 14200 9600 14200 6500 6500 6500
6500 6500 6500 14200 9600 14200 6500 6500 6500
14200 9600 14200

(c) 标准层平面布置（办公1区）

图 2.3-3　结构剖面布置和典型楼层平面布置示意

2.3.3　超限判断和性能目标

1. 结构超限判别

根据《高层建筑混凝土结构技术规程》JGJ 3-2010 第 11.1.2 条及条文说明，设防烈度 8 度（0.20g）时，型钢（钢管）混凝土框架-钢筋混凝土核心筒结构最大高度限制为 150m。本项目塔楼结构高度为 482.5m，高度超限。同时，塔楼还存在刚度突变、尺寸突变（加强层）和局部不规则（斜柱）共 3 项一般不规则超限。

综上，根据检查结果的要求，应进行工程结构抗震分析专项审查。

2. 结构超限对策

针对本项目塔楼的高度超限情况，设计中采取了一系列的措施，总结如下：

1）计算分析

（1）将采用两个独立软件 ETABS 及 YJK 进行建模分析，并对两个软件的分析结果进行对比。

（2）在 ETABS 中将采用弹性时程分析，并与振型分解反应谱法进行对比。

（3）采用两个独立软件进行大震弹塑性分析，并对两个软件的分析结果评测出的薄弱部位进行相应加强。

（4）考虑 45° 和 135° 水平地震工况。

2）加强措施

（1）伸臂桁架按照中震压弯、拉弯不屈服，抗剪中震弹性设计。

（2）底部加强层框架柱按抗震等级采用特一级，按照中震弹性设计，以及大震抗剪不屈服。

（3）核心筒底部加强区、伸臂桁架楼层及上下一层核心筒：斜墙设计为中震弹性，以及大震抗剪不屈服。

（4）斜墙底部，采用钢构件承担全部水平力，忽略楼板贡献。

（5）斜墙转换区以及核心筒收进位置，加强楼板，包括增大楼板厚度和增加配筋率。

（6）按照中震不屈服工况验算核心筒墙受拉，根据计算分析和有关控制要求布置型钢，根据埋钢率控制其拉应力水平。

（7）剪力墙轴压比大于 0.25 的位置布置约束边缘构件。

（8）部分设备层设置阻尼伸臂桁架，提高地震下耗能，减小结构在小震及大震下的层间位移。

3．抗震性能目标

根据本工程的情况，结构构件分类以及其抗震设防性能目标按表 2.3-3 细化。

中国国际丝路中心大厦项目抗震性能目标 表 2.3-3

构件	部位	多遇地震	设防地震	罕遇地震	备注
核心筒墙肢	底部加强区、加强层及加强层上下一层墙体、斜墙	弹性	正截面抗弯弹性；抗剪弹性	$\theta_p \leqslant \theta_{IO}$，抗剪不屈服	关键构件
	普通核心筒剪力墙	弹性	正截面抗弯不屈服；抗剪弹性	$\theta_p \leqslant \theta_{LS}$，抗剪满足截面限制条件	普通竖向构件
核心筒连梁	—	弹性	正截面抗弯允许屈服；抗剪满足截面条件	$\theta_P < \theta_{CP}$	耗能构件
型钢混凝土框架柱	角部巨柱、加强区外框柱	弹性	正截面抗弯弹性；抗剪弹性	允许少量屈服，$\theta_p \leqslant \theta_{IO}$ 抗剪不屈服	关键构件
	典型外框柱		正截面抗弯不屈服；抗剪弹性	$\theta_p \leqslant \theta_{LS}$，抗剪满足截面限制条件	普通竖向构件
钢框架梁	—	弹性	正截面抗弯允许屈服；抗剪允许屈服	$\theta_p \leqslant \theta_{LS}$，$\theta_P < \theta_{CP}$	耗能构件
刚性伸臂桁架、阻尼伸臂桁架	—	弹性	正截面抗弯不屈服；抗剪弹性	允许少量屈服，$\theta_p \leqslant \theta_{IO}$ 抗剪不屈服	关键构件
阻尼器连接桁架杆件	—	弹性	正截面抗弯弹性；抗剪弹性	正截面抗弯不屈服；抗剪不屈服	关键构件

注：θ_p 为构件塑性转角，θ_{IO}、θ_{LS}、θ_{CP} 分别为对应 FEMA 356 中的正常使用极限状态、生命安全极限状态、防止倒塌极限状态对应的塑性转角。

2.3.4 结构分析

1．小震弹性分析

采用 ETABS 和 YJK 分别计算，计算结果见表 2.3-4～表 2.3-7。两种软件计算的结构总质量、振动模态、周期、层间位移角和剪重比等均基本一致，可知模型的分析结果准确、可信。前三阶振型图见图 2.3-4。

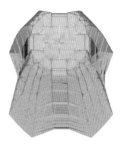 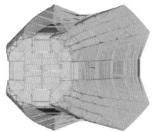 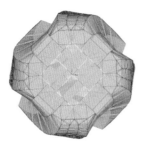

(a) 第一振型   (b) 第二振型   (c) 第三振型

图 2.3-4 前三阶振型图示

周期与质量对比 表 2.3-4

	振动模态	ETABS	YJK	ETABS/YJK	说明
周期/s	1	7.578	7.714	98.2%	Y 向一阶平动
	2	7.480	7.596	98.5%	X 向一阶平动
	3	3.723	3.877	96.0%	一阶扭转
	4	2.780	2.877	96.6%	Y 向二阶平动
	5	2.687	2.771	97.0%	X 向二阶平动
	6	1.708	1.773	96.3%	二阶扭转
重力荷载代表值/kN		5118000	5174000	98.9%	

层间位移角对比 表2.3-5

荷载工况	ETABS		YJK	
	X向	Y向	X向	Y向
时程平均值	1/558	1/543	1/559	1/566
规范风荷载	1/1 164	1/1 155	1/1 057	1/1 286

剪重比对比 表2.3-6

荷载工况	ETABS		YJK	
	X向	Y向	X向	Y向
时程平均值	1.73%	1.73%	1.70%	1.69%

刚重比对比 表2.3-7

	X向	Y向	说明
刚重比	1.89	1.86	大于1.4，小于2.7

2. 动力弹塑性时程分析

采用有限元分析软件 Perform-3D、ABAQUS 及 SAUSAGE 进行罕遇地震作用下的动力弹塑性时程分析，下文以 Perform-3D 为例列出主要计算结果。

地震波采用地面加速度时程的方式施加到模型，通过调整地震波峰值使所施加的地震波满足规范要求。每组地震波分 X 向和 Y 向两个主方向，每个工况地震波按主方向 1.00：次方向 0.85：竖直方向 0.65 的方式施加于结构上。

1）基底剪力响应

表2.3-8 给出了基底剪力峰值及其剪重比统计结果。罕遇地震作用下，作为主方向输入时，结构在 7 组地震波下，X 向剪重比平均值为 7.3%，Y 向剪重比平均值为 6.6%，分别为小震时剪重比的 4.2 倍及 3.8 倍。

罕遇地震时程分析基底剪力及剪重比 表2.3-8

		TH1	TH2	TH3	TH4	TH5	TH6	TH7	平均值
X向	V_x/kN	303338	393269	322882	440160	336679	429175	374243	375332
	λ_x	5.9%	7.7%	6.3%	8.6%	6.6%	8.4%	7.3%	7.3%
Y向	V_y/kN	272587	341767	290685	395041	306063	389160	340120	337172
	λ_y	5.3%	6.7%	5.7%	7.7%	6.0%	7.6%	6.6%	6.6%

2）层间位移角响应

罕遇地震下层间位移角曲线如图 2.3-5 所示，结构在 X、Y 两个方向的最大层间位移角平均值分别为 1/128、1/123（表 2.3-9），所有楼层均满足 1/100 限值要求。从层间位移角曲线未发现明显的薄弱层。

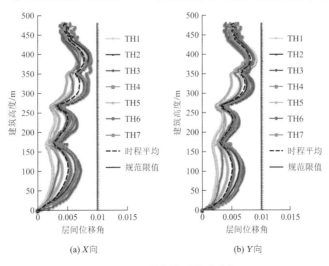

(a) X向   (b) Y向

图 2.3-5 罕遇地震下层间位移角

	TH1	TH2	TH3	TH4	TH5	TH6	TH7	平均值
X向	1/122	1/117	1/142	1/111	1/140	1/122	1/123	1/128
Y向	1/109	1/115	1/127	1/114	1/134	1/117	1/128	1/123

3）构件抗震性能评价

罕遇地震作用下，核心筒混凝土压应变及钢筋拉应变分布如图 2.3-6 所示。可以发现核心筒墙体的混凝土压应变都在 0.002 范围内，没有出现混凝土受压破坏，满足性能目标水平。受压应变较大的墙肢主要集中于底部加强区，刚性伸臂加强层伸臂与核心筒连接处、核心筒收进区域。钢筋应力水平较高的区域基本与混凝土损伤较大的区域相吻合。通过对剪力墙的性能化设计，墙体内配筋合理，罕遇地震作用下未出现大量的钢筋屈服现象，钢筋屈服仅在以上局部薄弱区域出现。通过对比发现，在核心筒收进部位及刚性伸臂连接部位，混凝土和钢筋的应变均较为明显。核心筒连梁大部分进入塑性耗能。型钢混凝土柱塑性分布如图 2.3-7 所示，可见型钢混凝土柱塑性发展程度较低，仅顶部少量框架柱内钢筋有受拉屈服现象。钢框架梁塑性分布如图 2.3-8 所示，可见结构中高区外框钢梁部分进入塑性耗能。伸臂桁架塑性分布如图 2.3-9 所示，可见底部两个区域刚性伸臂在罕遇地震作用下会少量进入屈服，上部两个区域阻尼伸臂桁架由于受力较小，保持弹性状态。黏滞阻尼器在典型罕遇地震时程工况下的滞回曲线如图 2.3-10 所示，可见黏滞阻尼器滞回曲线饱满，有效参与了结构耗能。

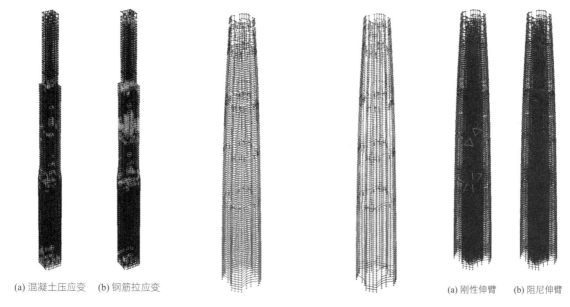

(a) 混凝土压应变　(b) 钢筋拉应变　　　　　　　　　　　　　　　　　　　　　　　　(a) 刚性伸臂　(b) 阻尼伸臂

图 2.3-6　核心筒剪力墙塑性发展　　图 2.3-7　型钢混凝土柱塑性分布　图 2.3-8　钢框梁塑性分布　图 2.3-9　伸臂桁架塑性分布

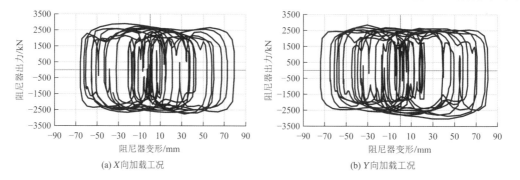

(a) X向加载工况　　　　　　　　　　　　　　(b) Y向加载工况

图 2.3-10　罕遇地震下典型黏滞阻尼器滞回曲线

4）小结

罕遇地震下结构最大层间位移角平均值分别为 1/128（X向）和 1/123（Y向），满足规范 1/100 的限值要求。计算过程结束后，塔楼保持直立，满足"大震不倒"的要求。核心筒连梁大部分进入塑性，发挥了屈服耗能的作用；核心筒墙体、型钢混凝土柱塑性损伤水平较低；结构中高区外框钢梁部分进入塑性耗能；刚性伸臂少量进入屈服，阻尼伸臂保持弹性状态；通过采用黏滞阻尼器有效参与了结构耗能，减小了结构的地震作用及侧移。分析结果表明，采用框架-核心筒-组合伸臂桁架的结构体系具有良好的抗震性能，达到了预期的抗震性能目标。

2.4 专项设计

2.4.1 组合伸臂桁架设计

第
2
章
中
国
国
际
丝
路
中
心
大
厦

1. 刚性伸臂布置

本项目典型区段刚性伸臂布置见图 2.4-1。

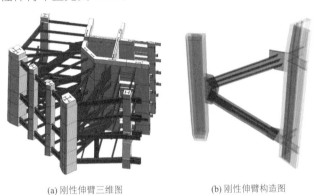

(a) 刚性伸臂三维图   (b) 刚性伸臂构造图

图 2.4-1　典型区段刚性伸臂布置

2. 阻尼伸臂布置

本项目典型区段阻尼伸臂布置图见图 2.4-2。

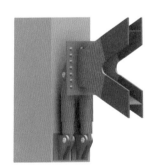

(a) 阻尼伸臂三维图   (b) 阻尼伸臂构造图

图 2.4-2　阻尼伸臂布置

通过悬臂桁架的杠杆作用，将核心筒的弯曲变形转换为黏滞阻尼器的轴向变形，通过黏滞阻尼器的伸长与缩短实现耗能。

3. 减震效果

1）层间位移角

如图 2.4-3 及表 2.4-1 所示，减震技术的采用有效减小了结构侧向变形，使结构层间位移角能满足规范要求。

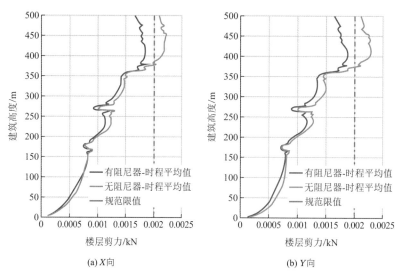

(a) X向   (b) Y向

图 2.4-3　层间位移角

有无阻尼器模型层间位移角对比   表 2.4-1

	无阻尼器最大位移角	有阻尼器最大位移角	减幅
X向	1/448	1/541	17%
Y向	1/415	1/531	22%

2）楼层剪力

如图 2.4-4 及表 2.4-2 所示，采用减震技术有效减小了楼层剪力。

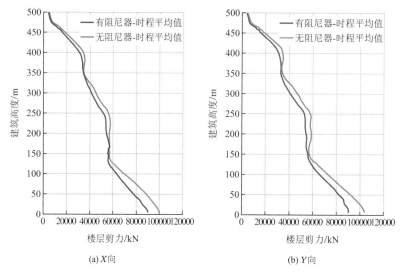

(a) X向   (b) Y向

图 2.4-4　楼层剪力

有无阻尼器模型楼层剪力对比   表 2.4-2

	无阻尼器最大剪力/kN	有阻尼器最大剪力/kN	减幅
X向	100401	87213	13%
Y向	102526	88092	14%

3）剪重比

如图 2.4-5 及表 2.4-3 所示，采用减震技术，按照规范和有关评审意见降低剪重比限值（从 2.4% 降低至 2.09%），结构最小剪力系数满足的要求。

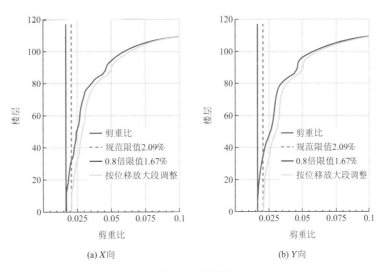

(a) X向   (b) Y向

图 2.4-5　剪重比

剪重比结果 　　　　　　　　　　　　　　　　　　　　　　　　　　　　　　表 2.4-3

	X向	Y向	0.8 倍规范限值	规范限值
小震反应谱	1.77%	1.78%	1.67%	2.09%
时程平均	1.70%	1.69%	1.67%	2.09%

2.4.2　基于差异沉降控制的地下结构设计

针对该项目建筑平面布局，布置翼墙会严重影响地下室商业使用功能（图 2.4-6）；同时，翼墙本身工程造价大且施工复杂。因此，本项目研究在保证结构承载力及变形等要求的情况下实现取消地下室翼墙。本项目基础设计的总体思路：首先分析了翼墙对结构整体指标影响，研究地下室翼墙受力机理及翼墙对减小底板差异沉降的作用。然后在取消翼墙情况下，采用桩基变刚度调平设计方法，分区采用不同的桩长。核心筒下方的桩长用于控制筏板最大沉降值，外框部分的桩长用于控制核心筒和外框的差异沉降。同时，考虑上部结构收缩徐变效应以及底板长期刚度折减效应对基础底板影响，计算分析基础底板沉降变形对核心筒内力的影响。

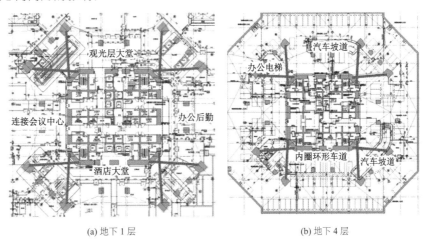

(a) 地下 1 层 　　　　　　　　　　　　　　　　　　 (b) 地下 4 层

图 2.4-6　塔楼地下室建筑平面图（红色粗线为翼墙示意）

1. 是否布置地下室翼墙模型对比分析

地下室塔楼核心筒墙柱布置及截面尺寸见图 2.4-7，塔楼地下室剖面见图 2.4-8。塔楼地下室布置翼墙的示意见图 2.4-9。翼墙厚 1.7m，B1、B4 层翼墙洞口宽 4m，高 3.5m；B2、B3 层翼墙洞口宽 4m，高 2.5m。

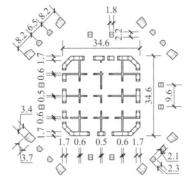

图 2.4-7 塔楼地下室墙柱布置（图中数值单位为 m）

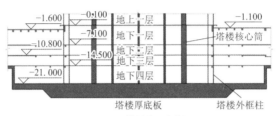

图 2.4-8 塔楼地下室剖面

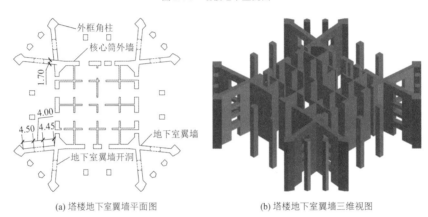

(a) 塔楼地下室翼墙平面图　　　　(b) 塔楼地下室翼墙三维视图

图 2.4-9 地下室翼墙布置

1）结构自振周期和层间位移角

分别采用盈建科 YJK（V1.9.3）与 ETABS（V17.0.1）两种软件分析地下室翼墙对整体性能的影响，考虑塔楼嵌固端为筏板顶面，不考虑地下室楼板及外墙以外土层约束作用。由于地上结构采用了非线性阻尼器，故层间位移角指标按弹性时程分析结果，对比分析有翼墙及无翼墙的带地下室塔楼整体模型。两种软件的计算结果基本一致，取消地下室翼墙对塔楼整体影响很小。

2）差异沉降

能否有效控制沉降（差异沉降）为是否考虑布置地下室翼墙的关键因素。地下室翼墙可以显著减小底板的差异沉降，这在上海中心大厦项目中得到验证。布置翼墙后整体沉降减小，翼墙两侧的核心筒与巨柱的差异沉降明显减小。而《建筑桩基技术规范》JGJ 94-2008 推荐的桩基变刚度调平设计的实质是基于沉降（差异沉降）控制的桩基设计新技术，同样可以有效减少底板差异沉降。因此，分析中建立是否布置地下室翼墙、翼墙是否开洞以及是否采用桩基变刚度调平设计等多个模型进行沉降计算对比。采用单向压缩分层总和法计算沉降，土层附加应力采用考虑桩径影响的 Mindlin 解。

综合考虑试桩结果及土层分布情况，经过试算，选取了桩长 61m（方案 1）、外框部分桩长 61m/核心筒部分桩长 69m（方案 2）、桩长 69m（方案 3）三种情况和对应的地下室无翼墙、布置开洞翼墙、布置无开洞翼墙三种情况进行沉降计算分析，共 9 个模型。不同情况下，底板沉降结果统计见图 2.4-10。

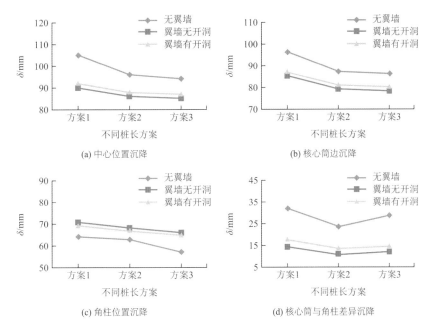

(a) 中心位置沉降　　　　　　　(b) 核心筒边沉降

(c) 角柱位置沉降　　　　　　　(d) 核心筒与角柱差异沉降

图 2.4-10　地下室翼墙与桩长变化对底板沉降变形的影响

从图 2.4-10 可知:

（1）地下室是否布置翼墙对底板沉降变形有明显影响；由于翼墙较长，局部开洞后整体刚度仍然较大，开洞与否对底板沉降变形影响较小。

（2）桩基变刚度调平设计可降低核心筒与角柱的差异沉降，但布置翼墙的效果更为明显。

（3）布置翼墙后，桩基变刚度调平设计对核心筒与角柱的差异沉降影响较小。

（4）外框柱下桩长变化对底板中心及核心筒外边缘沉降变形影响较小，核心筒范围内桩长变化对外框柱下的底板变形影响也较小。

（5）无翼墙情况，外框柱下桩长由 69m 缩短至 61m 时，底板整体差异沉降减小 20%，底板整体挠曲及差异变形均可满足规范要求。

综合以上分析结果，工程中桩长分为两种，核心筒下桩长取 69m，外框架下桩长取 61m。

2. 翼墙受力分析

为准确模拟翼墙在底板变形情况下的受力性能，将底板桩基作为点弹簧输入含地下室的 ETABS 整体模型，弹簧刚度取沉降计算迭代终止后的桩基竖向刚度，塔楼厚底板按壳单元建模，形成由基础底板及地下室翼墙组成的整体模型见图 2.4-11。竖向荷载组合下地下室墙体变形及内力见图 2.4-12 及表 2.4-4。

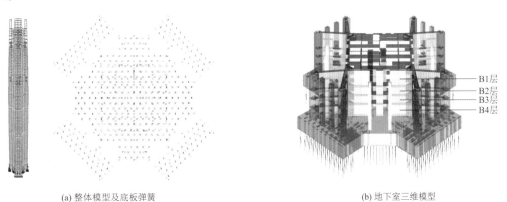

(a) 整体模型及底板弹簧　　　　　　　　　(b) 地下室三维模型

图 2.4-11　带基础底板的整体模型

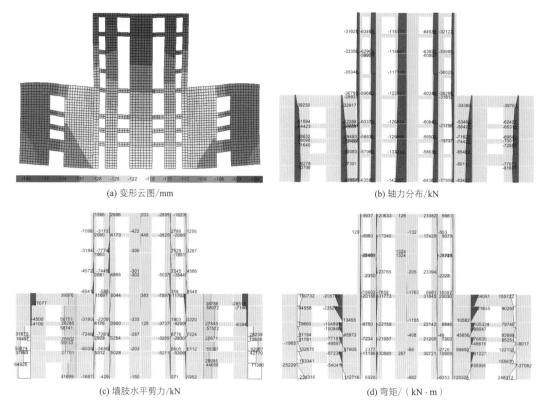

(a) 变形云图/mm

(b) 轴力分布/kN

(c) 墙肢水平剪力/kN

(d) 弯矩/(kN·m)

图 2.4-12 竖向荷载基本组合下核心筒墙肢变形及内力分布

竖向荷载组合下地下室翼墙墙肢内力及配筋情况 表 2.4-4

楼层	靠近核心筒位置翼墙			总配筋率/%		靠近框架柱位置翼墙			总配筋率/%	
	轴力/kN	剪力/kN	弯矩/(kN·m)	竖向	水平	轴力/kN	剪力/kN	弯矩/(kN·m)	竖向	水平
B1	52288	59701	225293	1.0	1.2	61594	4500	84556	0.7	0.3
B2	69493	58741	100846	0.8	1.2	68632	31670	91194	0.7	0.3
B3	83083	55133	87905	0.8	1.1	71640	53874	132675	0.7	0.7
B4	81839	41699	112716	0.8	0.7	80798	64925	234316	0.7	0.9

由图 2.4-12 和表 2.4-4 可知:(1)地下室翼墙在协调底板变形过程中起到了架越作用,核心筒两侧翼墙与对应的核心筒墙体形成类似整体受力的"局部开大洞的深梁",将核心筒部分竖向荷载由内向外传递,且传力路径较长。(2)顶层位置翼墙沿核心筒方向变形,底层位置翼墙则远离核心筒方向变形,地下一层靠最外两侧翼墙的剪力出现反向,翼墙剪力分布沿高度方向呈上小下大形状,翼墙受力符合深受弯构件受力特征。

地下室翼墙连梁承受较大内力,普通钢筋混凝土截面的连梁无法满足承载力要求,需配置较大截面的钢骨以提高连梁正截面及斜截面承载力。B2 及 B3 层连梁截面高度较小,配置型钢截面仍无法满足承载力要求,需要进行内力重分布设计,采取该两层连梁混凝土后浇等措施,这对设计和施工造成一定困难,为此,工程中采用变刚度调平设计,取消地下室翼墙。翼墙开洞位置连梁内力的统计见表 2.4-5。地下室翼墙及翼墙连梁合计混凝土量约 3500m³,钢筋用量约 800t,钢材用量约 200t。

翼墙连梁内力及配筋情况 表 2.4-5

楼层	梁宽/mm	梁高/mm	弯矩/(kN·m)	剪力/kN	纵筋配筋率/%	含钢骨率/%
B1	1700	3000	57825	23400	1.3	—
B2	1700	1200	29869	14920	1.5	8.0
B3	1700	1200	33879	16956	1.5	8.5
B4	1700	3000	76943	38825	0.6	4.0

3. 桩基础设计

综上所述，考虑布置地下室翼墙所带来的影响建筑布局及造价高等问题，设计中取消地下室翼墙，采用桩基变刚度调平设计，分区采用不同的桩长。核心筒下方的桩长用于控制筏板最大沉降值，外框部分的桩长用于控制核心筒和外框的差异沉降。采用桩筏和上部结构共同作用整体模型，经迭代计算收敛，核心筒范围桩竖向刚度为110~160MN/m，筒外部分桩竖向刚度为180~240MN/m。

塔楼外框柱下为工程桩A，桩长61m，单桩承载力14000kN；塔楼核心筒下为工程桩B，桩长69m，单桩承载力15000kN。采用梅花形布桩，塔楼桩基布置见图2.4-13。底板厚度5m，混凝土强度等级C50，底板面标高-21.0m。

除对单桩承载力进行复核外，由于单桩承载力取值较高，还需考虑群桩效应按实体深基础理论复核桩端平面地基承载力。参考《建筑桩基技术规范》JGJ 94-2008，偏保守地不考虑桩群外周圈侧阻力的有利影响，对群桩桩端持力层进行地基承载力验算，见图2.4-14，标准组合下底板底面平均压力约2000kPa。考虑浮重度的影响，桩端等效实体深基础底面土压应力约2690kPa。桩端地基承载力按规范进行深度修正，偏保守地仅考虑桩长范围的深度影响，桩端持力层为中粗砂，按《建筑地基基础设计规范》GB 50007-2011取承载力深度修正系数$\eta_d = 4.4$。修正前地基承载力特征值为340kPa，修正后地基承载力特征值为3354kPa大于2690kPa，即群桩桩端平面地基承载力满足要求。

图2.4-13 塔楼桩基布置图　　　图2.4-14 桩基承载力验算考虑群桩效应影响

4. 底板承载力分析

按照《建筑桩基技术规范》JGJ 94-2008相关公式，在荷载基本组合下对核心筒周围底板进行冲切承载力验算。经复核，5m厚底板满足冲切验算要求。

分析桩端平面以下地基土附加应力采用考虑桩径影响及桩之间相互作用的Mindlin应力解，沉降计算采用单向压缩分层总和法。

采用桩基变刚度调平设计，底板整体变形见图2.4-15，底板变形较为均匀，外框柱下变形约60mm，核心筒外边变形约85mm，底板中心最大变形约94mm；筏板整体挠度值不大于0.05%。核心筒边与角部外框柱差异沉降量为24mm（相对差异沉降比例为0.165%），核心筒边与中间外框柱差异沉降量为9.6mm（相对差异沉降比例为0.097%），具体见图2.4-16。底板板顶及板底双向分布钢筋配筋率按0.32%，核心筒外圈剪力墙下方局部附加垂直于外圈墙体方向的板底附加钢筋，板底配筋率按0.64%。

5. 底板刚度折减

塔楼基础底板厚5m，底板混凝土同样存在长期效应影响，底板刚度会有所降低。参照《混凝土结构设计规范》GB 50010-2010（2015年版），底板考虑长期作用影响的刚度与短期刚度之比取1:1.8进行受力分析。结果表明：底板刚度折减后，底板中心变形由93.8mm增加至95.6mm，底板边缘变形由50.5mm减小至48.0mm，底板核心筒与外框柱之间变形差异比不考虑刚度折减情况增加约3mm。但由于底板刚度折减程度较大，虽然底板差异变形增大，但是底板最大弯矩比不考虑底板刚度折减影响情况仍有所减小，底板配筋可以满足刚度折减后的受力要求。

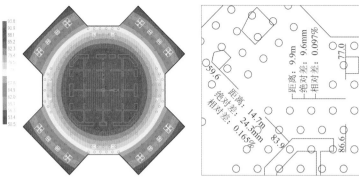

图 2.4-15　桩基变刚度调平设计底板变形云图　　图 2.4-16　外框与核心筒底板差异沉降

6. 底板变形对核心筒内力影响

超高层塔楼底板中心与外侧存在变形差异，核心筒会由于底板变形而产生内力，核心筒及外框部分设计需考虑此影响。采用桩筏基础与上部结构共同作用的三维整体模型分析地下室核心筒墙体受力情况，考虑底板变形情况的核心筒墙肢内力见图 2.4-17，由图可知：

（1）底板变形引起的墙肢剪力从底往上逐渐减小，核心筒内墙墙肢较长，墙底底板变形差异比外墙更大，底板变形引起剪力比外墙更为明显。底板变形引起墙肢内力变化主要集中在底板以上 4～5 层范围内。以核心筒内墙为例，地上 2 层剪力已减小至约底部剪力的 13%。

（2）就位于同一平面的墙肢，位于核心筒中间墙肢墙底变形基本对称，墙肢水平剪力不大；而两侧墙肢由于墙底变形差原因，剪力较大。核心筒墙肢钢筋及钢骨配置均需考虑底板变形。

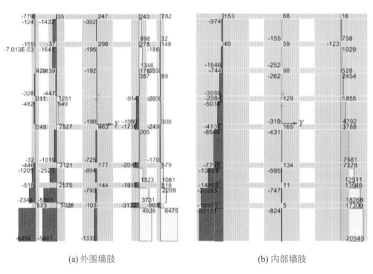

(a) 外围墙肢　　　　　　　　　　　(b) 内部墙肢

图 2.4-17　考虑底板变形后核心筒墙肢剪力分布（图中数值单位为 kN）

7. 小结

（1）地下室翼墙布置与否对结构自振周期及地震工况最大层间位移角等整体指标影响很小。布置地下室翼墙可显著改善底板差异沉降，但对建筑功能布局影响较大，翼墙造价高且施工复杂。

（2）取消地下室翼墙，采用考虑桩基-底板和上部结构共同作用的变刚度调平设计，外框柱下桩长由 69m 缩短至 61m 时，底板整体差异沉降减小 20%，底板整体挠曲及差异变形满足规范要求。

（3）上部结构收缩徐变及底板长期刚度折减对基础底板变形影响较小，考虑长期非荷载效应外圈核心筒墙下底板弯矩有所降低。

（4）基础底板变形引起核心筒墙肢内力不可忽略，相关楼层范围内墙肢设计需考虑底板变形影响。

（5）编制相应的桩基变刚度调平程序，并成功应用于本项目，为国内非岩石地基上 500m 左右超高层项目取消地下室翼墙的首个工程案例。

2.4.3 考虑非荷载效应的施工过程模拟分析

1. 分析模型

采用 ETABS18.0.2 软件进行考虑非荷载效应下竖向变形的对比分析。剪力墙、楼板采用 SHELL 单元模拟，梁、柱、支撑构件用 FRAME 单元模拟，且考虑内置型钢。

一般项目在进行非荷载效应下竖向变形的分析时，往往不考虑基础沉降的影响。而本项目为较为准确的考虑基础沉降、非荷载效应下竖向构件差异变形的相互影响，考虑将桩基作为点弹簧建入含地下室的 ETABS 整体模型，弹簧刚度取沉降计算迭代终止后的桩基竖向刚度，基础底板按壳单元模拟。为进一步研究是否设置地下室翼墙对非荷载效应下竖向差异变形的影响，本章分别建立了考虑基础沉降的地下室无翼墙和地下室有翼墙的计算分析模型，进行施工模拟的对比分析。

根据上述的分析模型和计算假定，对不同情况下的塔楼分析模型进行施工模拟，选取角部巨柱 C1-4、中柱 C2-5、核心筒外墙 W4 共 3 个控制点，分析不考虑收缩徐变（模型 1）、考虑收缩徐变施工完成时（模型 2-1）、考虑收缩徐变 10000d 时（模型 2-2）的施工模拟下，竖向变形、竖向构件反力变化以及关键构件内力变化等情况，如图 2.4-18 所示。

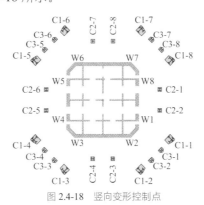

图 2.4-18　竖向变形控制点

2. 是否考虑基础沉降计算结果及分析

表 2.4-6 列出了角部巨柱 C1-4 和核心筒墙体 W4 两点柱墙间沿楼层高度分布的竖向变形及竖向差异变形。可以看出，相比于不考虑基础沉降，考虑基础沉降后，由于外框柱与核心筒之间的基础沉降差异，底部楼层的竖向差异变形在各模型、各时段下均相应增加；上部楼层的竖向差异变形受基础沉降的影响较小，差别不大。

对比表 2.4-7、表 2.4-8 可知，相比于不考虑基础沉降，考虑基础沉降后，在模型 1（不考虑收缩徐变）、模型 2-1（考虑收缩徐变施工完成）、模型 2-2（考虑收缩徐变 10000d）下，塔楼外框柱所占反力比值略有减小，分别减小约为 1.02%、0.70%、0.67%。以上对比说明，考虑基础沉降与否，对外框柱和核心筒的竖向反力分布的变化影响很小；并且在考虑收缩徐变的非荷载效应后，内力分布的变化幅度进一步减小。

是否考虑基础沉降下塔楼核心筒墙体 W4 与角部巨柱 C1-4 竖向变形差　　　　　　　表 2.4-6

楼层	无基础沉降			有基础沉降		
	模型 1	模型 2-1	模型 2-2	模型 1	模型 2-1	模型 2-2
首层变形差/mm	−0.1	1.9	2.1	27.1	33.1	33.9
顶层变形差/mm	3.1	21.0	42.1	4.3	22.0	43.2
最大变形差/mm	4.6	36.1	43.5	27.1	36.1	44.6
所在楼层	L099.5	L098	L100.5	L001	L024	L042

塔楼基底竖向反力分析（不考虑基础沉降）　　　　　　　　　　　　表 2.4-7

	模型 1	模型 2-1	模型 2-2
总反力/MN	5449.1	5446.9	5446.9
外框柱反力/MN	2112.2（38.76%）	2249.3（41.29%）	2324.7（42.60%）
核心筒反力/MN	3336.9（61.24%）	3197.6（58.71%）	3112.1（57.40%）
外框柱反力比值	—	106.48%	111.06%
核心筒反力比值	—	95.82%	93.56%

注：表中反力比值指考虑与不考虑收缩徐变的反力比值。

塔楼基底竖向反力分析（考虑基础沉降）　　　　　　　　　　　　表 2.4-8

	模型 1	模型 2-1	模型 2-2
总反力/MN	5449.2	5446.9	5446.9
外框柱反力/MN	2167.6（39.78%）	2286.9（41.99%）	2356.8（43.27%）
核心筒反力/MN	3281.7（60.22%）	2356.8（58.01%）	3090.2（56.73%）
外框柱反力比值	—	105.51%	108.73%
核心筒反力比值	—	96.29%	94.16%

注：表中反力比值指考虑与不考虑收缩徐变的反力比值。

3．是否考虑地下室翼墙计算结果及分析

后续进行地下室有翼墙和地下室无翼墙情况下对非荷载效应下的竖向差异变形的对比分析，均同时考虑了基础沉降的影响。

1）外框柱与核心筒之间竖向变形分析

表 2.4-9、表 2.4-10 列出了角部巨柱 C1-4 和核心筒墙体 W4 两点柱墙间沿楼层高度分布的竖向变形及差异变形。可以看出，考虑收缩徐变的非荷载效应后，竖向构件竖向变形有较大幅度的增加。对比模型 2-1、模型 2-2，随着时间推移，由于混凝土收缩徐变变形逐步增加，上部楼层由于累积效应，变形增长较快，最大变形楼层位置向上推移。

从表 2.4-9 可知，相比于地下室无翼墙情况，有翼墙情况下，角部巨柱的竖向变形在底部楼层时有所增加，在上部楼层基本相当；而核心筒的竖向变形在底部楼层时有所减小，在上部楼层基本相当。究其原因，底部楼层主要是由于地下室翼墙的存在，有效调节了角部巨柱与核心筒之间的基础差异沉降，从而使底部楼层的角部巨柱与核心筒的竖向变形产生相互靠近的变化。而到了上部楼层，地下室翼墙的作用明显减弱，无、有地下室翼墙时，角部巨柱与核心筒分别在各模型和时段下的竖向变形和最大竖向变形基本相当。

有无翼墙下塔楼核心筒 W4 与角部巨柱 C1-4 竖向变形　　　　　　　表 2.4-9

构件	楼层	无翼墙			有翼墙		
		模型 1	模型 2-1	模型 2-2	模型 1	模型 2-1	模型 2-2
外框角部巨柱 C1-4	首层变形/mm	60.4	64.6	70.4	67.0	70.7	75.2
	顶层变形/mm	14.8	37.2	176.6	14.8	37.0	175.9
	最大变形/mm	78.5	126.2	218.0	80.2	125.5	216.8
	所在楼层	L036	L055	L072	L032	L055	L072
核心筒 W4	首层变形/mm	87.5	97.7	104.2	78.8	88.1	94.6
	顶层变形/mm	19.1	59.2	219.8	18.9	59.0	219.3
	最大变形/mm	95.8	154.0	246.5	88.4	151.1	245.7
	所在楼层	L024	L055	L092	L024	L055	L092

经典回眸　同济大学建筑设计研究院（集团）有限公司篇

有无翼墙下塔楼核心筒墙体 W4 与角部巨柱 C1-4 竖向变形差 表 2.4-10

楼层	无翼墙			有翼墙		
	模型 1	模型 2-1	模型 2-2	模型 1	模型 2-1	模型 2-2
首层变形差/mm	27.1	33.1	33.9	11.9	17.4	19.4
顶层变形差/mm	4.3	22.0	43.2	4.2	22.0	43.4
最大变形差/mm	27.1	36.1	44.6	11.9	26.3	44.7
所在楼层	L001	L024	L042	L001	L032	L100.5

由表 2.4-10 可以看出,在考虑收缩、徐变的非荷载效应后,角部巨柱与核心筒之间的竖向差异变形均有增加,且上部楼层增加幅度大于底部楼层,这主要是由于上部楼层累计了更多的收缩徐变变形所造成的。随着时间推移,竖向差异变形进一步增加。地下室无翼墙时,模型 2-1(施工完成)、模型 2-2(10000d)最大竖向差异变形分别达到了 36.1mm、44.6mm,分别位于 L024、L042 层。

从表 2.4-10 可知,相比于地下室无翼墙情况,有翼墙情况下,有效调节了角部巨柱与核心筒之间的基础沉降差异,因此底部楼层的竖向差异变形在各模型、各时段下均相应减小;而上部楼层的竖向差异变形,受地下室翼墙的影响较小,在地下室有无翼墙情况下,基本不变。

模型 1(不考虑收缩徐变)角部巨柱与核心筒的最大竖向差异变形位于首层,相比于地下室无翼墙情况,有翼墙情况下,最大竖向差异变形变小。而考虑收缩徐变的非荷载效应下,模型 2-1(施工完成)相比于地下室无翼墙情况,有翼墙情况下,最大竖向差异变形也变小,但变化幅度小于模型 1(不考虑收缩徐变);随着时间推移,模型 2-2(10000d)最大竖向差异变形基本趋同。以上分析表明,由于非荷载效应的存在,地下室翼墙对于最大竖向差异变形的调节作用在一定程度上有所减小。

2)外框柱间竖向变形分析

根据本结构体系特点,不仅外框柱与核心筒之间存在竖向差异变形,而且由于截面大小、钢骨及钢筋配筋、轴压力水平等的差异,不同的外框柱之间也存在竖向差异变形。表 2.4-11 列出了角部巨柱 C1-4 和中柱 C2-5 两个外框柱间竖向变形及差异变形。可以看出,除顶部个别楼层外,中柱竖向变形普遍大于角部巨柱。在考虑收缩徐变的非荷载效应后,中柱与角部巨柱之间的竖向差异变形均有增加。

由于下部楼层角部巨柱的柱体表比大于中柱、配钢率与中柱基本相当,而上部楼层角部巨柱的柱体表比与中柱基本相当、配钢率小于中柱,故两柱之间的竖向差异变形随楼层数的增加,逐渐减小。因此,对于外框柱柱截面存在较大差别的情况,本工程通过适当增加中柱配钢率的方式协调、控制柱间的竖向差异变形,避免竖向差异变形过大在柱间的外框梁之间产生较大的附加内力。

有无翼墙下塔楼中柱 C2-5 与角部巨柱 C1-4 竖向变形差 表 2.4-11

楼层	无翼墙			有翼墙		
	模型 1	模型 2-1	模型 2-2	模型 1	模型 2-1	模型 2-2
底层变形差/mm	14.4	16.0	15.8	7.3	9.7	11.0
顶层变形差/mm	0.2	−1.1	−1.6	0.2	−1.1	−1.6
最大变形差/mm	17.0	20.0	21.5	13.7	17.2	19.6
所在楼层	L020	L020	L020	L024	L024	L020

相比于地下室无翼墙情况,有翼墙情况下,由于角部巨柱与核心筒之间通过地下室翼墙相连,角部巨柱的竖向变形在底部楼层时有所增加,在上部楼层基本相当;而中柱并未与地下室翼墙相连,竖向变形基本不发生变化。因此,从表 2.4-11 可知,设置地下室翼墙后,中柱与角部巨柱在底部楼层的竖向差异变形,在各模型、各时段下均相应减小;而上部楼层的竖向差异变形,受地下室翼墙的影响较小;最大竖向差异变形略有减小。

3）塔楼竖向反力分析

表 2.4-12、表 2.4-13 给出了塔楼首层外框柱和核心筒反力变化的分析结果。

从表 2.4-12 可知，地下室无翼墙时，是否考虑收缩徐变的施工模拟分析相比较，模型 2-1（施工完成）外框柱柱底反力总和增加了 5.85%，核心筒反力减少了 3.91%；模型 2-2（10000d）外框柱柱底反力总和增加了 9.29%，核心筒反力减少了 6.17%。由于随着时间的推移，核心筒和外框柱之间的竖向差异变形逐渐增大，导致竖向构件的反力通过核心筒与外框柱之间的水平构件，更多地从核心筒向外框柱转移，结构设计时应予以适当考虑。

对比表 2.4-12、表 2.4-13 可知，相比于地下室无翼墙情况，有翼墙情况下，模型 1（不考虑收缩徐变）塔楼外框柱所占反力比值略有减小，约减小 0.59%；模型 2-1（考虑收缩徐变施工完成）、模型 2-2（考虑收缩徐变 10000d），地下室无、有翼墙情况下，塔楼外框柱所占反力比值均基本相当，差异很小。以上对比说明，设置地下室翼墙与否，对非荷载效应下外框柱和核心筒的竖向反力分布的变化影响很小。

塔楼首层竖向反力分析（地下室无翼墙）　　　　　　　　　　　　表 2.4-12

	模型 1	模型 2-1	模型 2-2
总反力/MN	5081.7	5079.5	5079.5
外框柱反力/MN	2012.5（39.60%）	2130.2（41.94%）	2199.5（43.30%）
核心筒反力/MN	3069.2（60.40%）	2949.3（58.06%）	2880.0（56.70%）
外框柱反力比值	—	105.85%	109.29%
核心筒反力比值	—	96.09%	93.83%

注：表中反力比值指考虑与不考虑收缩徐变的反力比值。

塔楼首层竖向反力分析（地下室有翼墙）　　　　　　　　　　　　表 2.4-13

	模型 1	模型 2-1	模型 2-2
总反力/MN	5081.7	5079.6	5079.6
外框柱反力/MN	1982.6（39.01%）	2117.3（41.68%）	2194.2（43.20%）
核心筒反力/MN	3099.2（60.99%）	2962.3（58.32%）	2885.4（56.80%）
外框柱反力比值	—	106.79%	110.67%
核心筒反力比值	—	95.58%	93.10%

注：表中反力比值指考虑与不考虑收缩徐变的反力比值。

4）伸臂桁架附加内力分析

分析结果表明：考虑收缩徐变的非荷载效应后，角部巨柱与和核心筒的竖向变形逐渐增大，竖向差异变形也进一步增大，除第二道伸臂下斜杆外，其余伸臂斜杆的附加内力均随之增大，且第一道伸臂的附加内力均大于第二道伸臂。对于本工程，地下室无翼墙时，模型 2-1 和模型 2-2 的伸臂斜杆最大附加应力分别为 21.2MPa、31.5MPa，为第一道伸臂上斜杆。收缩徐变非荷载效应下竖向差异变形产生伸臂附加内力，设计时应重点关注。

相比于地下室无翼墙情况，有翼墙情况下，刚性伸臂斜杆附加内力，除第一道伸臂上斜杆变大外，其余位置伸臂杆件均变小，且变化幅度均不大。模型 2-1 和模型 2-2 的伸臂斜杆最大变化值分别为 4.4MPa、6.6MPa，为第一道伸臂上斜杆。

4．小结

对中国国际丝路中心大厦在非荷载效应下的竖向变形进行分析，主要结论如下：

（1）考虑收缩徐变的非荷载效应后，核心筒与外框柱竖向变形有较大幅度的增加，核心筒竖向变形

经典回眸
同济大学建筑设计研究院（集团）有限公司篇

大于外框柱。随着时间推移，由于混凝土收缩徐变变形逐步增加，上部楼层由于累积效应，变形增长较快，最大变形楼层位置向上推移。

（2）考虑收缩徐变的非荷载效应后，角部巨柱与核心筒之间的竖向差异变形均有所增加，且上部楼层增加幅度大于底部楼层，这主要是由于上部楼层累计了更多的收缩徐变变形所造成。随着时间推移，竖向差异变形进一步增加。

（3）考虑收缩徐变的非荷载效应后，外框柱柱底反力增加，核心筒反力减少。随着时间的推移，核心筒和外框柱之间的竖向差异变形进一步增大，导致竖向构件的反力更多地从核心筒向外框柱转移，结构设计时应予以适当考虑。

（4）由于截面大小、轴压力水平以及配钢率等的差异，不同的外框柱之间也存在竖向差异变形，中柱竖向变形普遍大于角部巨柱。考虑收缩徐变的非荷载效应后，中柱与角部巨柱之间的竖向差异变形均有所增加。本工程通过适当增加中柱配钢率的方式协调、控制柱间竖向差异变形，避免竖向差异变形过大。

（5）考虑收缩徐变的非荷载效应后，角部巨柱和核心筒竖向差异变形引起的伸臂附加内力不可忽略，设计中应重点关注。

（6）相比于不考虑基础沉降，考虑基础沉降后，对核心筒、外框柱的底部楼层的竖向差异变形有所影响，而对上部楼层的竖向差异变形影响很小；对外框柱和核心筒的竖向反力分布的变化影响很小。

（7）相比于地下室有翼墙情况，无翼墙情况下，对核心筒、外框柱的底部楼层竖向差异变形有所影响，设计中需要关注，而对上部楼层的竖向差异变形影响很小；对外框柱和核心筒的竖向反力分布的变化影响很小；对伸臂桁架杆件的附加内力变化较小。总体而言，影响较小。

2.4.4 核心筒斜墙转换收进设计

1. 斜墙转换区设计准则

斜墙转换区的构件包括斜墙起止位置的楼板、核心筒倾斜翼墙及连梁、核心筒腹墙及连梁。核心筒斜墙转换区域构件设计的关键在于保证斜墙水平力能有效且直接地传递。本项目斜墙设计主要遵循以下6个原则：

（1）斜墙范围内楼层刚度变化均匀，不出现软弱层。

（2）斜墙指定为关键构件，满足中震弹性的性能目标要求。在6片腹墙、外墙及连梁中埋置贯通的水平型钢梁，斜墙产生的水平拉力全部由型钢梁承担。

（3）为考虑楼板在地震下因开裂而造成内力重分布的情况，在设计内埋型钢梁时不考虑楼板刚度贡献，以确保斜墙水平力在楼板开裂后仍能有效传递。

（4）斜墙区域楼板满足竖向荷载组合弹性和中震弹性要求。应力分析时，楼板采用全截面刚度。忽略混凝土的抗拉作用，楼板内力全部由楼板钢筋承担。

（5）第39层和第45层楼板厚度增加至200mm，斜墙区域其他楼层板厚增加至150mm。楼板采用双层双向配筋，第39层楼板配筋率增大至1.2%，斜墙区域其余楼层楼板配筋率增加至0.75%。

（6）第39层4片腹墙上的对拉钢骨连梁指定为关键构件，满足中震弹性，大震不屈服的性能目标。

2. 斜墙转换区关键构件设计

1）有限元模型

采用ETABS软件进行结构整体建模，核心筒剪力墙（包括斜墙）和斜墙区域的楼板采用壳单元，其他楼层的楼板采用膜单元。斜墙区域的墙体单元网格细分，单元尺寸不大于0.5m。

2）剪力墙、连梁内埋钢骨设计

斜墙区域典型内墙、腹墙、外墙和转角斜墙在中震弹性包络工况下的内力云图如图 2.4-19 所示。

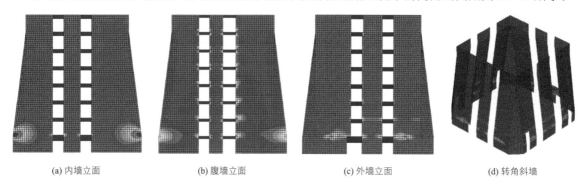

(a) 内墙立面　　　　　(b) 腹墙立面　　　　　(c) 外墙立面　　　　　(d) 转角斜墙

0.0　1.8　3.6　5.4　7.2　9.0　10.8 12.6　14.4 16.2 18.0　19.8 21.6　23.4E+3

图 2.4-19　典型墙肢内力图（X 方向，单位：kN/m）

由图 2.4-19 可知，在中震弹性包络组合下，斜墙区域在起始楼层处出现较大的拉力，尤其是与内墙、腹墙连接位置出现应力集中。根据拉应力分布配置水平型钢梁，斜墙产生的水平拉力全部由型钢梁承担。

3）楼板设计

对斜墙所在楼层位置的楼板进行面内应力分析。竖向荷载组合（1.3D + 1.5L）以及中震弹性包络组合下斜墙起止楼层位置的楼板内力如图 2.4-20、图 2.4-21 所示。图中 F11、F22 分别表示沿楼板局部坐标 1 轴、楼板局部坐标 2 轴单位宽度的面内轴力值，其值除以楼板厚度即得到楼板面内应力。

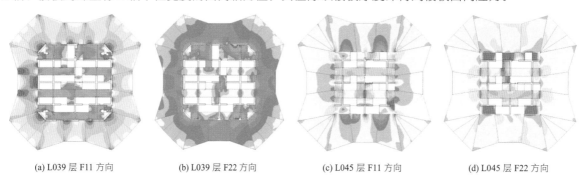

(a) L039 层 F11 方向　　　(b) L039 层 F22 方向　　　(c) L045 层 F11 方向　　　(d) L045 层 F22 方向

-500　-423　-346　-269　-192　-115　-38　38　115　192　269　346　423　500

图 2.4-20　竖向荷载组合楼板内力（单位：kN/m）

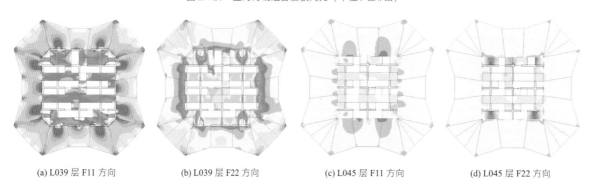

(a) L039 层 F11 方向　　　(b) L039 层 F22 方向　　　(c) L045 层 F11 方向　　　(d) L045 层 F22 方向

-2.00 -1.69 -1.38 -1.08 -0.77 -0.46 -0.15　0.15　0.46　0.77　1.08　1.38　1.69　2.00 E+3

图 2.4-21　中震弹性包络组合楼板内力（单位：kN/m）

由图 2.4-20、图 2.4-21 可以看出，在竖向荷载组合和中震弹性包络组合下，斜墙起始楼层（第 L039

层）楼板应力大于斜墙终止楼层（第 L045 层）楼板应力。在竖向荷载组合下 L039 层核心筒内侧楼板受压，核心筒外侧楼板径向受压，环向受拉。环向最大拉力为 296kN/m，小于 C35 混凝土抗拉强度设计值（1.57MPa × 200mm = 314kN/m）。中震弹性包络组合下 L039 层楼板应力与竖向荷载组合下的楼板应力分布规律大致相当，不同之处在于核心筒外侧楼板在伸臂桁架连接处的局部区域出现沿径向的拉应力集中。考虑到拉应力集中区域紧接着压应力区，拉应力范围没有扩散，结构设计时通过增加楼板配筋进行局部加强。中震弹性包络组合下核心筒外侧楼板沿环向的最大拉力为 1165kN/m，通过配置 1.2% 的楼板钢筋可满足要求。

2.4.5 非对称翼缘 H 型钢组合梁设计

在钢结构体系中，尤其是超高层结构，楼层数多且平面布置基本对称，通常采用径向钢次梁作为连接外框架和核心筒的重力传递系统，径向钢次梁的排布具有规则性和重复性，且其在总体工程量中占有较大比重。相比传统对称翼缘的标准热轧 H 型钢，非对称翼缘 H 型钢可以进一步提高组合梁的截面抗弯效率，可以将 H 型钢做成上下翼缘厚度不等的形式，通过公式推导得到效率最高的截面形式。因此，对径向钢次梁采用非对称翼缘 H 型钢组合梁将产生显著的经济效益。

非对称翼缘 H 型钢组合梁截面设计有两个关键要素：其一，组合梁使用阶段抗弯承载力最大化；其二，组合梁施工阶段与使用阶段的抗弯承载力比值大于施工阶段与使用阶段的荷载作用效应比值。非对称翼缘 H 型钢组合梁截面设计步骤如图 2.4-22 所示，首先，根据施工阶段与使用阶段的荷载作用效应比值确定组合梁两阶段承载力比值的限值（图中水平虚线），大于此限值的区域即为满足组合梁两阶段承载力比值要求的上翼缘厚度百分比范围（图中阴影区域）；然后查找组合梁使用阶段抗弯承载力曲线在阴影区域内的极大值点，该极值点即为设计控制点，设计控制点的横坐标为上下翼缘厚度分布比例，设计控制点的纵坐标为非对称翼缘 H 型钢组合梁的抗弯承载力。在满足两阶段承载力比值要求的区间内，抗弯承载力曲线一般情况下是单调递减的，因此设计控制点基本出现在区间的最左侧。

根据上述方法申请发明专利并获得授权（专利号：ZL202110306389.2）。同时二次开发了非对称翼缘 H 型钢组合梁截面设计软件，并已获得软件著作权，可快速实现非对称翼缘 H 型钢组合梁截面的精准量化设计。

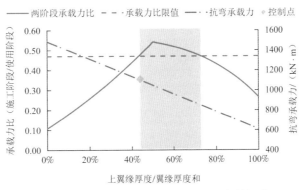

图 2.4-22 非对称翼缘 H 型钢组合梁截面设计关键要素

本项目典型办公楼层和酒店楼层次梁布置示意图见图 2.4-23，次梁截面规格对比见表 2.4-14。本项目采用非对称翼缘组合梁设计技术可以进一步发挥组合梁抗弯承载力潜能，降低用钢量，具有技术经济优越性。采用该技术后，单位面积用钢量减少 3.3kg/m²，取得良好经济效益。

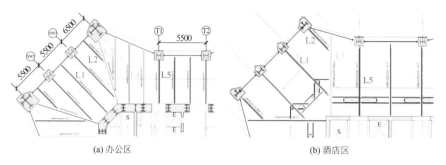

(a) 办公区   (b) 酒店区

图 2.4-23 典型楼层次梁布置示意图

次梁截面规格对比   表 2.4-14

区段	次梁编号	等翼缘（$h \times b \times t_w \times t_f$）	非对称翼缘（$h \times b \times t_w \times t_{f_1} \times t_{f_2}$）
典型办公层	L3 = 13.8m	HN792 × 300 × 14 × 22	H700 × 250 × 12 × 14 × 22
	L4 = 13.3m	HN600 × 200 × 11 × 17	H600 × 200 × 10 × 12 × 14
典型酒店层	L1 = 9.7m	HN600 × 200 × 10 × 15	H550 × 180 × 10 × 10 × 12
	L3 = 12.2m	HN800 × 300 × 14 × 22	H700 × 250 × 12 × 14 × 22
	L5 = 11.0m	HN600 × 200 × 11 × 17	H600 × 200 × 10 × 12 × 18

2.4.6 复杂连接节点有限元分析

由于伸臂桁架连接核心筒和外框架，因此其受力较大，节点构造复杂，现有常规结构软件对其进行分析较为困难，故采用通用有限元软件 ABAQUS 对伸臂桁架节点进行建模分析。

结合构件布置情况和节点构造特点，在有限元软件 ABAQUS 中，采用 8 节点实体单元 C3D8R 对桁架杆件及其连接构造进行建模，钢材材料本构采用双折线模型，混凝土按损伤塑性模型考虑。伸臂桁架的抗震性能目标如表 2.4-15 所示。

伸臂桁架的抗震性能目标   表 2.4-15

桁架类别	多遇地震	设防地震	罕遇地震
刚性伸臂桁架	弹性	不屈服	可屈服
阻尼伸臂桁架	弹性	弹性	不屈服

基于以上性能目标，对刚性伸臂与框架柱节点、刚性伸臂与剪力墙节点、阻尼伸臂与框架柱节点以及阻尼伸臂与剪力墙节点 4 类节点进行受力分析。

1. 刚性伸臂与框架柱节点

刚性伸臂与框架柱的连接节点如图 2.4-24 所示，在伸臂桁架外侧设置双节点板，节点板与柱内钢骨翼缘或腹板相连。在设防地震不屈服组合下，节点应力云图如图 2.4-25 所示。

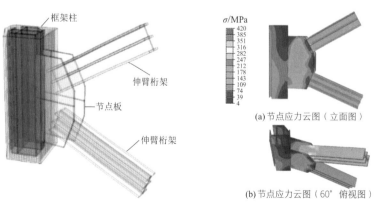

图 2.4-24 刚性伸臂与框架柱连接节点   图 2.4-25 刚性伸臂与框架柱连接节点应力云图

由图 2.4-25 可见，伸臂桁架轴力通过节点板向框架柱内传递，在节点区内传递路径清晰，仅在桁架与节点板相交边缘有应力集中现象，其中最大应力为 300MPa，大部分区域钢材应力在 200MPa 以内，小于材料屈服强度 420MPa，伸臂桁架与框架柱连接节点满足抗震性能目标要求。

2. 刚性伸臂与剪力墙节点

刚性伸臂与核心筒剪力墙的连接节点如图 2.4-26 所示，伸臂桁架通过单插板与剪力墙内的钢骨相连，并在节点板处设置加劲肋，保证板件的稳定性。在设防地震不屈服荷载组合下，刚性伸臂与剪力墙连接节点应力云图如图 2.4-27 所示。

由图 2.4-27 可见，伸臂桁架轴力通过节点板向核心筒内钢骨传递，设防地震不屈服荷载组合下，局部最大应力为 330MPa，大部分区域钢材应力约为 200MPa，小于材料屈服强度 420MPa，伸臂桁架与框架柱连接节点满足抗震性能目标要求。

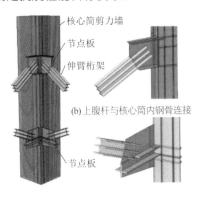

(a) 整体三维模型 (c) 下腹杆与核心筒内钢骨连接

图 2.4-26　刚性伸臂与剪力墙连接节点

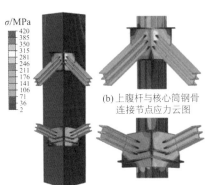

(a) 整体应力云图　(c) 下腹杆与核心筒钢骨连接节点应力云图

图 2.4-27　刚性伸臂与剪力墙连接节点应力云图

3. 阻尼伸臂与框架柱节点

阻尼伸臂与框架柱的连接节点如图 2.4-28 所示，每个连接节点处沿竖直方向配置 2 个黏滞阻尼器，阻尼器连接耳板通过牛腿与框架柱内钢骨相连，在罕遇地震不屈服荷载组合下，考虑 1.25 倍内力冗余，单个阻尼器最大出力 2650kN，节点应力云图如图 2.4-29 所示。

由图 2.4-29 可见，相对刚性伸臂，阻尼器出力较小，阻尼伸臂节点应力水平较低，大部分区域钢材应力低于 200MPa，满足抗震性能目标要求。

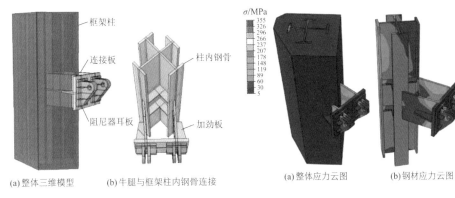

(a) 整体三维模型　　(b) 牛腿与框架柱内钢骨连接

图 2.4-28　刚性伸臂与框架柱连接节点

(a) 整体应力云图　　(b) 钢材应力云图

图 2.4-29　刚性伸臂与框架柱连接节点应力云图

4. 阻尼伸臂与剪力墙节点

阻尼伸臂与核心筒剪力墙的连接节点如图 2.4-30 所示，此处按整体模型建模，考察阻尼伸臂及节点的受力情况。在连接耳板处施加阻尼力，节点应力云图如图 2.4-31 所示。由图 2.4-31 可见，整个阻尼伸臂桁架受力不大，应力水平较低，大部分区域钢材应力不超过 200MPa，满足抗震性能目标要求。

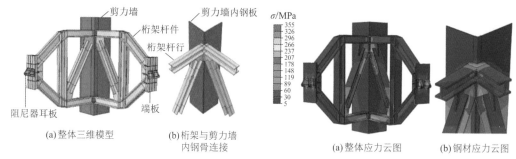

图 2.4-30 阻尼伸臂与核心筒剪力墙连接节点   图 2.4-31 阻尼伸臂与剪力墙连接节点应力云图

2.5 振动台试验

振动台试验在中国建筑科学研究院振动台实验室进行。

2.5.1 试验设计

试验中采用微粒混凝土模拟混凝土，细铁丝模拟钢筋，用黄铜模拟钢结构和型钢混凝土结构中的钢材。本项目原型建筑高度 498m，塔楼平面尺寸约 60m×60m，重力荷载代表值为 51.9 万 t。根据振动台尺寸，模型长度相似比（缩尺比例）为 1/40。振动台试验模型的加工与结构实际施工过程相似，也是采用逐层施工的方法。型钢构件均采用黄铜板焊接而成。每层先安装型钢构件（型钢混凝土柱是若干层一次安装的），绑扎竖向构件钢筋，浇筑竖向构件，然后施工水平构件。模型外框柱采用钢制模板，核心筒及楼板采用木质及聚苯材料模板。模型安装加载完成后，最后进行阻尼器的安装。

2.5.2 试验加载结果

试验模型经历有无阻尼器两种工作形态并从 8 度小震到 8 度大震的地震波输入过程，峰值加速度从 132Gal（相当于 8 度小震）开始，逐渐增大直到 754Gal（相当于 8 度大震），其中包含一次 8 度中震及一次大震作用下有无阻尼器形态的对比试验。各级地震作用下模型结构反应现象及动力响应简述如下：

（1）8 度小震后模型（有阻尼器）情况

本级输入共包括 21 次地震动。试验过程中，整体结构振动幅度小，模型其他反应亦不明显，未听到构件破坏响声。输入结束后，模型各方向频率基本未降低，主要构件未出现地震造成的损伤，达到了小震不坏的要求。

（2）8 度中震后模型（有阻尼器）情况

本级输入包括 4 次地震动。试验中模型振动幅度较大，位移为整体平动，结构未发现扭转效应。模型频率相较于第 1 次白噪声扫描，X 向一阶频率降低 1.87%、Y 向一阶频率降低 2.94%，说明 8 度中震后结构存在轻微损伤；输入结束后对模型下部进行观察，模型底部的框架柱与核心筒均未观测到破坏。

（3）8 度大震三向输入后模型（有阻尼器）情况

本级输入为 1 次三向地震动。试验过程中模型振动幅度剧烈并伴随明显构件破坏声，位移仍以整体双向平动为主，未发现明显扭转效应。较试验前，模型频率 X 向一阶降低 7.48%、Y 向一阶降低 10.78%。在 8 度大震作用后，模型结构主要抗侧力构件虽然出现一定损伤，但是仍保持良好整体性未倒塌，结构满足大震不倒的抗震设防要求。

（4）8度大震Y向及8度中震Y向输入后模型（有阻尼器）情况

本级输入共包括2次Y向地震动。试验中模型振动幅度明显，无可视明显差异。本工况技术后，X向一阶频率无变化，Y向一阶频率较试验前降低12.75%，说明结构Y向抗侧力构件损伤增加。

（5）8度中震Y向、8度大震Y向输入后模型（无阻尼器）情况

本级输入共包括2次Y向地震动，结束后模型X向、Y向一阶频率较试验前，分别降低9.35%、16.67%。

图2.5-1、图2.5-2给出了试验模型（含阻尼器/无阻尼器）在8度中震和8度大震Y向地震输入下的层间位移角响应对比，可以看出有阻尼器模型的动力响应明显小于无阻尼器模型。

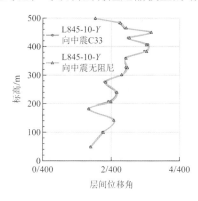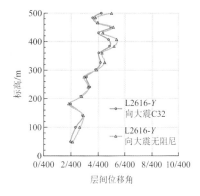

图2.5-1　8度中震Y向层间位移角响应包络图　　图2.5-2　8度大震Y向层间位移角响应包络图

2.5.3　主要结论

（1）在弹性阶段，模型的动力特性与原型计算结果符合较好，能满足本次振动台试验设计相似比关系。

（2）8度小震作用下，结构反应较小，结构刚度未下降，主要构件未出现损伤。两个方向层间位移角均在结构上中部较大，各组地震波作用下，X向平均最大层间位移角出现在结构中上部，为1/566；Y向7条波平均最大层间位移角也出现在顶部，为1/544，满足小震下层间位移角限值要求。

（3）8度中震作用后，模型X、Y方向频率略下降，表明结构发生一定损伤。试验现象及动应变的测试结果表明，结构的关键构件基本保持弹性。

（4）8度大震作用后，模型X、Y方向一阶平动频率分别下降至弹性阶段的90.7%、89.2%；结构发生了较多损伤，但损伤分布均匀、损伤程度不严重、结构仍保持较好的整体性。X方向及Y方向最大层间位移角分别为1/108及1/86，虽然个别测点层间位移角略超抗震设计目标限值，但是综合考虑到试验的偶然因素、模型中小比例黏滞阻尼器模拟误差及前述层间位移角数据采集的特殊性，结合试验现象，认为结构总体上满足大震下层间位移角的限值要求。

（5）试验结果表明，伸臂桁架设置的黏滞阻尼器在地震作用下能够起到耗能作用，结构的减震措施有效。

（6）构件的应变测试结果及损伤情况表明，结构主要抗侧力构件可以满足构件性能目标的要求。

综上所述，外框柱、空腹环带桁架、黏滞阻尼器等组成的多重抗侧力体系，具有良好的侧向刚度和抗扭刚度；结合结构的损伤情况，认为中国国际丝路中心大厦主塔楼工程结构设计合理，总体可达到预设的抗震设计性能目标。

2.5.4　对施工图设计的局部改进

（1）试验结果表明，结构顶部鞭梢效应明显，标高406.150m以下各层动力放大系数变化不大，以上

动力放大系数迅速增加，最大值均出现在顶层。加速度放大系数相应于幕墙地震作用计算公式中的位置系数，小震作用下结构标高 406.150m 以上测点加速度放大系数均值介于 1.2～4.3 之间，最大值达到 5.17，普遍大于规范规定统一取值 2.0。因此，依据试验结果建议结构顶部 406.150m 至顶部范围幕墙设计时，位置系数取 3.0。

（2）型钢混凝土外框柱在结构顶部 102 层至 VIP 层及 80 层加强层以上位置损伤较多（图 2.5-3、图 2.5-4）。针对上述两个部位，提出以下设计建议：对 102 层至 VIP 层、80～83 层外框柱适当局部加强，加强方式可采取增大配筋率的方式。

以上建议已经在结构设计中予以落实或提请幕墙设计单位落实。

图 2.5-3　顶部型钢混凝土柱损伤情况　　　　图 2.5-4　80 层加强层以上型钢混凝土柱损伤情况

2.6　结语

中国国际丝路中心大厦作为"大西安"建设的城市新名片，与古西安的地标大雁塔遥相呼应。大厦既是古丝绸之路上一座现代城市崛起的文化符号，更是"一带一路"成为新时代国际贸易与合作的象征。

在结构设计过程中，主要完成了以下几方面的创新性工作：

1．建筑-结构一体化设计

基于建筑-结构一体化设计思想，确定塔楼结构体系、结构布置和节点构造，确保建筑功能和效果的实现。

2．组合伸臂桁架技术的应用

采用组合伸臂桁架技术，通过详尽的计算分析从结构指标、减震效果、构件内力、经济性等方面，确定了下部设置两道刚性伸臂桁架，上部设置两道黏滞阻尼伸臂桁架的较优布置方案，既节约了工程造价又提升了建筑抗震性能。

3．基于差异沉降控制的地下结构设计

采用考虑桩基-底板和上部结构共同作用的桩基变刚度调平设计，满足对沉降和差异沉降的控制。同时全面考虑无翼墙地下结构可能产生的不利影响，提出针对性的设计方法和加强措施，最终实现取消地下室翼墙，大幅提高了建筑地下空间使用品质。

4．核心筒斜墙转换收进

核心筒斜墙转换收进有利于减小结构竖向刚度突变，降低地震作用下的核心筒塑性损伤。基于斜墙的传力途径和关键构件的设计原则，设定合理的抗震性能目标进行全面计算和分析，并针对性采取加强措施，保证斜墙转换区结构安全可靠。

5．非对称翼缘 H 型钢组合梁的应用

本项目除外框梁外，其余楼面钢梁均采用两端铰接的组合梁。对两端铰接组合梁进行专项研究，楼面梁采用非对称翼缘组合梁，通过软件二次开发实现非对称翼缘组合梁精细化设计，节省用钢量。

参考资料

[1] Skidmore, Owings & Merrill LLP, 同济大学建筑设计研究院(集团)有限公司. 沣东新城中国国际丝路中心大厦项目(A1 地块)超限高层抗震设防专项审查报告[R]. 2019.

[2] 建研科技股份有限公司. 中国国际丝路中心 A1 地块超高层建筑风振响应及等效静力风荷载研究报告[R]. 2019.

[3] 建研科技股份有限公司. 中国国际丝路中心 A1 地块超高层风洞测压试验报告[R]. 2019.

[4] 建研科技股份有限公司. 沣东新城中国国际丝路中心大厦塔楼模拟地震振动台模型试验研究报告[R]. 2020.

[5] 虞终军, 王建峰, 邹智兵. 中国国际丝路中心大厦地下室结构设计[J]. 建筑结构学报, 2021, 42(S1): 481-491.

[6] 虞终军, 王建峰, 鄢兴祥. 中国国际丝路中心大厦非荷载效应研究[J]. 建筑结构, 2021, 51(S2): 97-106.

[7] 丁洁民, 虞终军, 吴宏磊, 等. 中国国际丝路中心超高层结构设计与关键技术[J]. 建筑结构学报, 2021, 42(2): 1-14.

[8] 段炼, 邓杰, 王建峰, 等. 498m 超高层建筑核心筒斜墙转换区设计研究[J]. 建筑结构, 2021, 51(S1): 164-169.

[9] 王建峰, 虞终军, 华怀宇. 非对称翼缘 H 型钢组合梁设计的若干关键因素[J/OL]. 建筑结构: 1-9[2023-03-08]. DOI:10.19701/j.jzjg.LS210138.

设计团队

结构设计单位：同济大学建筑设计研究院（集团）有限公司（设计咨询、部分初步设计及全部施工图设计、施工配合）
　　　　　　　SOM 建筑设计事务所（概念设计、方案设计、初步设计）

结构设计团队：丁洁民，虞终军，王建峰，吴宏磊，段炼，邹智兵，华怀宇，刘博，鄢兴祥，巢斯

执　　笔　人：虞终军，王建峰，段炼

本章部分图片由 SOM 建筑设计事务所和建研科技股份有限公司提供。

第 3 章

郑州绿地中央广场

3.1 工程概况

3.1.1 建筑概况

绿地中央广场项目位于郑州市金水区东风南路与创业路交叉口，东侧为高铁郑州东站，项目分为北、中、南三区域，总建筑面积约75万 m^2，含两栋超高层塔楼（南、北塔楼），两栋裙楼（南、北裙楼）和地下室（地下4层）。南北塔楼及裙楼按高铁郑州东站主厅东西轴线为轴对称布置，见图3.1-1。本项目于2011年6月通过全国超限高层建筑工程抗震设防审查，并于2016年竣工。项目建成实景照片和塔楼剖面如图3.1-2所示，建筑标准层平面见图3.1-3。

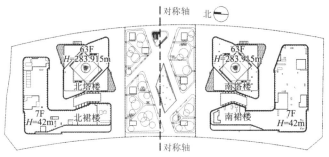

图3.1-1　郑州绿地中央广场项目总图

南北塔楼建筑功能主要为办公及商业，地上63层，地下4层，建筑高度约283.90m，单栋塔楼地上建筑面积约25万 m^2。南北裙楼地上7层，主要建筑功能为商业，地下室主要功能为商业、机电后勤用房及地下停车库，其中地下4层局部为战时人防区域。塔楼采用1000mm直径后注浆钻孔灌注桩基，桩端持力层为细砂层，基础底板埋深约22.30m。

(a) 建成实景照片　　　　　(b) 塔楼剖面图

图3.1-2　实景照片和塔楼剖面图

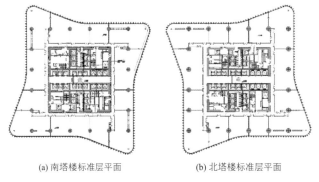

(a) 南塔楼标准层平面　　　　　(b) 北塔楼标准层平面

图3.1-3　塔楼标准层建筑平面

3.1.2　设计条件

1. 主体控制参数

主体结构设计参数

表 3.1-1

结构设计基准期	50 年	建筑抗震设防分类	重点设防类（乙类）
建筑结构安全等级	二级	抗震设防烈度	7 度（0.15g）
地基基础设计等级	一级	设计地震分组	第二组
建筑结构阻尼比	0.04（小震）/0.05（大震）	场地类别	Ⅲ类

2. 结构抗震设计条件

塔楼核心筒剪力墙抗震等级为特一级，框架抗震等级为一级。地下一层嵌固刚度满足要求，采用地下室顶板作为上部结构的嵌固端。

3. 风荷载

场地粗糙度类别为 C 类，结构变形验算时，按 50 年一遇取基本风压为 0.45kN/m²，承载力验算时按基本风压的 1.1 倍。本项目两栋塔楼具有体形超高、双塔间距较近存在相互影响等特点，为了保证抗风设计的可靠性及准确性，委托同济大学土木工程防灾国家重点实验室进行了风洞试验及风致响应分析。

3.2　项目特点

3.2.1　风车形建筑平面

塔楼主要屋面结构标高约为 279.65m（南塔楼）、278.35m（北塔楼），沿外围共布置 20 根外框柱，外框柱中心距为 10.5m。塔楼建筑平面呈风车形布置，楼板最外边平面尺寸约 75.5m×75.5m，4 个角部各向外局部凸出约 11.6m，塔楼标准层平面相关尺寸见图 3.2-1。

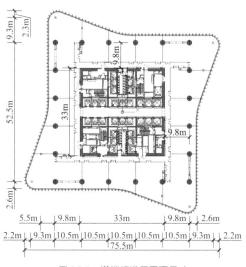

图 3.2-1　塔楼标准层平面尺寸

3.2.2　角部空中露台上层悬挑

塔楼沿立面角部每隔 7 层设置一处空中露台，各区段露台按风车外形旋转 90°交错在核心筒两侧对称布置，提供多方位高空观景体验。按照建筑要求，露台角部不设柱，见图3.2-2。

图3.2-2 塔楼空中露台实景图

露台上方各楼层竖向荷载通过悬挑桁架向内传递，与悬挑方向相同的外框柱因承担悬挑部分竖向荷载引起的弯矩而发生变形，见图3.2-3（a）。4个角部同时产生该变形，使得整体结构在竖向荷载下发生扭转变形。外框柱上下连续，自顶部悬挑楼层至底部楼层无论该楼层是否存在角部悬挑情况，均存在此整体扭转。通过楼板协同作用，各层核心筒内均会因扭转变形而产生内力。

另外，空中大堂位于核心筒对角方向，竖向荷载作用下，悬挑桁架上弦会对所在楼面产生拉力，此拉力对楼面产生扭矩，见图3.2-3（b）；悬挑桁架下弦会对所在楼面产生压力，此压力对楼面产生反方向扭矩，并与上弦水平力产生的扭矩基本抵消。悬挑桁架上弦与下弦之间楼层由于该扭矩的存在而发生层间扭转变形。该层间扭转变形与前述整体扭转变形不同，仅存在于悬挑桁架上下弦楼层范围内。

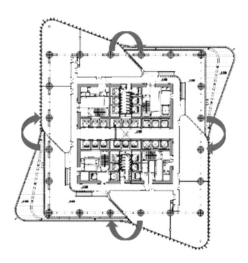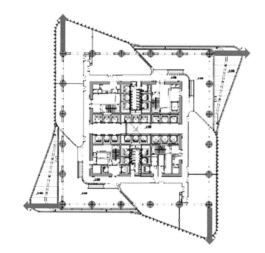

(a) 角部悬挑竖向荷载引起塔楼扭转示意　　　　　(b) 角部悬挑桁架水平力引起塔楼扭转示意

图3.2-3 角部平面悬挑引起塔楼扭转受力机理

3.2.3 核心筒布置

单层建筑面积约4000m²，塔楼核心筒平面尺寸为33m×33m，核心筒面积约1089m²，核心筒面积占楼面面积约比约27.2%，比例较高。塔楼整体高宽比约为5.1，核心筒高宽比为8.5。结构整体高宽比及核心筒高宽比均较小。

由于本项目核心筒尺寸情况，采用常规框架-核心筒结构体系，外框结构承担的层剪力百分比不能满足8%的要求。为进一步提高外框结构的抗侧刚度，从而提高外框结构承担的地震剪力，在外框中增加了柱间支撑。增加柱间支撑后，外框承担的层剪力可以达到占基底总剪力的8%以上。塔楼采用带支撑的框架-核心筒-环带桁架混合结构体系，提供多道抗震防线，保证结构具有较高的安全性。

3.2.4 高性能钢应用

施工图设计后期，配合高性能钢研究课题，在塔楼高区采用等级为Q460GJ、Q550GJ、Q690GJ的高性能钢材替换等级为Q345GJC、Q345B的普通钢材，具体为：将塔楼53~54层所有框架柱内十字钢骨由Q345GJC改为Q550GJC；将53~54层悬挑桁架构件（包括悬挑斜腹杆和悬挑弦杆）由Q390GJC和Q345GJC改为Q460GJC；将55~64层所有框架柱内十字钢骨由Q345GJC改为Q460GJC；将54~60层框架梁由Q345B改为Q690GJC。

经对比分析，钢材代换对结构整体指标基本无影响，采用高性能钢材后共节约用钢量约137t，经济效益与环保效益良好，是对高性能钢材在超高层结构中应用进行的有益探索。

3.3 体系与分析

3.3.1 方案对比

1. 抗侧力体系选型

方案阶段，对塔楼抗侧力结构体系进行了多方案对比，抗侧力体系选型综合考虑了以下内容：

（1）提高外框结构承担地震水平剪力的能力，满足二道防线要求。外框承担的层剪力在塔楼中、下部楼层（58层以下）满足不小于8%基底总剪力的要求。

（2）控制整体扭转变形：由于塔楼风车形的独特造型，在竖向荷载作用下，结构会发生整体扭转变形，该扭转变形会对外框柱及核心筒产生额外内力。

（3）与建筑的外立面相统一，减小结构对建筑造型和空间功能的影响。

（4）合理控制结构受力和变形，降低结构造价以及缩短施工周期。

基于以上设计原则，选择了三种抗侧力结构体系进行比较：

（1）框架-核心筒结构体系［图3.3-1（a）］。

（2）带半跨剪力墙的框架-核心筒结构体系［图3.3-1（b）］。

（3）带全跨支撑的框架-核心筒结构体系［图3.3-1（c）］。

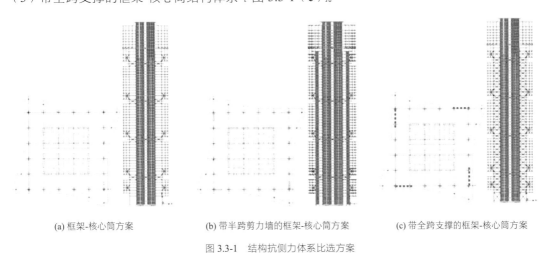

(a) 框架-核心筒方案　　(b) 带半跨剪力墙的框架-核心筒方案　　(c) 带全跨支撑的框架-核心筒方案

图 3.3-1　结构抗侧力体系比选方案

比较三个方案在小震作用下外框承担的层剪力百分比可知，全跨支撑方案可以有效地提高外框部分承担的层剪力，增加外框结构的抗侧刚度。框架核心筒方案及带半跨剪力墙方案中外框部分承担层剪力比例均较低，无法满足二道抗侧防线要求。

在竖向荷载作用下，三种方案结构均会发生整体扭转变形，但整体扭转变形不大，采用框架核心筒结构体系顶部扭转角度最大约 0.1°，设置半跨剪力墙方案塔楼顶部最大扭转角度约 0.08°。对于 40 层以下相关楼层，设置全跨柱间支撑方案及带半跨剪力墙方案控制整体扭转变形效果接近，扭转变形可减少 15%～20%；40 层以上设置柱间支撑方案扭转变形控制效果不及带半跨剪力墙方案。带半跨剪力墙方案中，增加的剪力墙对建筑室内布置及建筑空间通透性影响较大，不为建筑师及业主所接收。

综合考虑结构体系需满足多重抗侧力防线要求及建筑室内效果要求，塔楼结构采用带全跨支撑的框架-核心筒方案。

2. 环带道数比选

为进一步提高外框结构抗侧刚度和整体性，结合建筑竖向功能，对比了不同数量环带桁架布置方案对塔楼抗侧刚度和受力的影响。具体不同环带桁架布置方案如图 3.3-2 所示。

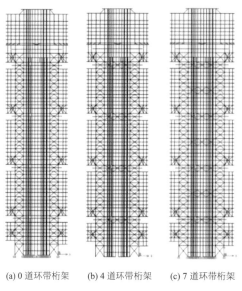

(a) 0 道环带桁架　　(b) 4 道环带桁架　　(c) 7 道环带桁架

图 3.3-2　环带桁架布置方案

对不同道数的环带桁架方案进行比较，结果表明：

（1）环带桁架增加了外框部分的抗侧刚度，有效提高中、上部塔楼的外框部分承担的层剪力；

（2）增加环带桁架使外框部分承担更多倾覆力矩，减小了核心筒底部的倾覆力矩，减小核心筒剪力墙在地震作用下的墙肢拉应力，对核心筒的延性和构件设计有利；

（3）当环带桁架的道数超过 4 道时，外框的抗侧刚度提高变化不大。

综合考虑结构受力、造价以及施工周期，塔楼采用 4 道环带桁架的方案。

3.3.2　结构布置

由上述分析，最终塔楼结构采用支撑框架-核心筒-环带桁架混合结构体系，图 3.3-3 为塔楼的结构体系构成图。其中，外框架由型钢混凝土柱、柱间支撑及钢梁组成。外围框架柱采用均匀布置的型钢混凝土柱，柱间支撑沿着外框边跨布置。考虑到建筑效果，柱间支撑在第 4 道环带桁架处（58 层）停止。核心筒外墙和内墙按设计要求合理开洞，墙体截面和混凝土强度等级从下向上逐渐减小，保证了抗侧刚度的连续性。

沿外框边跨设置的框架支撑可显著提高框架部分的抗侧刚度和承担的地震剪力比例，保证了多重抗侧力体系的充分发挥。根据结构布置敏感性分析，结合建筑设备层、避难层布置了 4 道环带桁架。每道环带桁架位置，两层楼高的环带桁架将外围框架柱连接在一起，增加了外框结构的整体性，有效地提高结构刚度，减小结构层间位移角，并且改善了框架与核心筒之间的倾覆力矩分配比例。

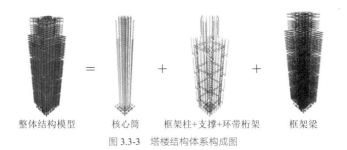

整体结构模型 = 核心筒 + 框架柱+支撑+环带桁架 + 框架梁

图 3.3-3　塔楼结构体系构成图

1．核心筒布置

塔楼核心筒平面规整，外形为正方形，边长约 33m；核心筒内结合建筑功能分区，呈九宫格布置，核心筒平面布置见图 3.3-4。底部外墙厚度为 1100mm，腹墙厚度为 600mm。底部加强区核心筒外墙边缘构件内均设置型钢钢骨，底部加强区以上核心筒仅角部设置型钢。高区核心筒外墙墙厚变为 500mm，内墙厚 300mm。

2．外框柱布置

塔楼共 20 根外框柱，沿四边均匀布置，框架柱距约 10.5m。外框柱采用圆形截面，内置十字形钢骨，直径从底部 2.4m 逐渐减小至顶部 1.2m，含钢率从 8% 变化至 4%。

3．柱间支撑、环带桁架

柱间支撑、环带桁架立面布置见图 3.3-4。

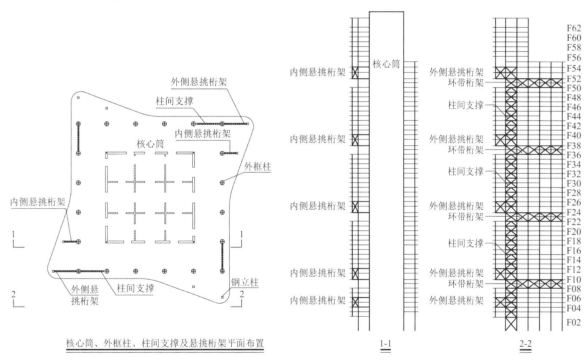

图 3.3-4　核心筒、外框柱、柱间支撑、悬挑桁架及环带桁架布置

3.3.3　超限情况判别和抗震性能目标

1．结构超限判别

根据《高层建筑混凝土结构技术规程》JGJ 3-2010，在抗震设防烈度为 7 度地区，型钢混凝土框架-钢筋混凝土核心筒结构最大适用高度为 190m。本项目塔楼地面以上至结构屋面高度约为 279m，超过了规范限值。同时，塔楼还存在扭转不规则、尺寸突变、加强层、穿层柱等多项一般不规则。

2. 针对超限情况的结构设计和相应措施

（1）调整结构竖向构件布置，优化抗侧刚度，确保楼层质心与刚心接近。

（2）设置悬挑桁架支撑外挑的楼板，悬挑桁架相关构件考虑性能化设计并与柱间支撑相连，保证可靠传力并进行关键节点有限元分析。

（3）穿层柱考虑楼面支撑实际情况，分析确定柱计算长度并进行相关设计。

（4）沿外框边跨设置连续的柱间支撑，提高框架的抗侧刚度及框架柱承担地震剪力百分比，保证多重抗侧力体系。进行弹性时程分析和弹塑性时程分析，弹塑性时程分析采用 Perform-3D 和 ABAQUS 两种软件进行，对薄弱位置进行针对性加强，保证大震下结构的抗震性能。

3. 结构抗震性能目标

根据抗震性能化设计方法，确定了主要结构构件的抗震性能目标，如表 3.3-1 所示。

构件抗震设计指标　　　　　　　　　　　　　　　　表 3.3-1

构件类型		设防地震	罕遇地震
核心筒	非底部加强区	抗弯不屈服、抗剪不屈服 钢筋（钢材）应力<屈服强度（85%以下）	允许进入塑性（LS） 满足大震下抗剪截面控制条件
	筒体立面缩进处及相邻层	抗弯不屈服，抗剪弹性	允许进入塑性（IO） 满足大震下抗剪截面控制条件
	底部加强区	抗弯不屈服，抗剪弹性 核心筒底部拉应力标准值<$1.5f_{tk}$	
核心筒连梁		允许进入塑性（IO），可轻微开裂	允许进入塑性（LS） 塑性铰的转角<1/50
框架柱		支撑框架柱中震抗弯弹性 其他柱抗弯不屈服，抗剪弹性	钢材应力小于 300MPa
框架梁		允许进入塑性（IO）	允许进入塑性（LS） 钢材应力<极限强度
柱间支撑		抗弯不屈服 钢材应力<屈服强度（85%以下）	钢材应力小于 300MPa
环带桁架			允许进入塑性（LS） 钢材应力<极限强度
悬挑桁架		抗弯弹性	钢材应力比小于 0.9
转换斜柱		抗弯及抗剪均按弹性设计	允许进入塑性（LS） 钢筋（钢材）应力<极限强度
转换梁			
重要节点		不低于相应构件设计指标	

3.3.4　结构分析

1. 小震弹性计算分析

采用 ETABS、SATWE 对结构进行多遇地震下的弹性分析。结构整体分析指标详见表 3.3-2 及表 3.3-3，各软件周期、重量基本一致，表明了模型分析结果准确可信。主要弹性指标均满足规范限值要求，且留有一定量富余，结构前 3 阶振型图如图 3.3-5 所示。

周期与质量　　　　　　　　　　　　　　　　表 3.3-2

		ETABS	SATWE
周期/s	T_1	6.05	6.08
	T_2	6.01	6.03
	T_3	4.56	4.39
T_3/T_1		0.75	0.72
重力荷载代表值/kN		3.29×10^6	3.29×10^6

经典回眸　同济大学建筑设计研究院（集团）有限公司篇

(a) 第 1 振型（X向平动）　　(b) 第 2 振型（Y向平动）　　(c) 第 3 振型（扭转振动）

图 3.3-5　结构自振周期

主要弹性指标 　　　　　表 3.3-3

项目	X向	Y向
地震作用基底剪力/kN	6.25×10^4	6.27×10^4
地震作用倾覆力矩/（kN·m）	9.88×10^6	9.90×10^6
剪重比	1.90%	1.90%
剪重比限值	1.80%	1.80%
最大层间位移角	1/560	1/565
层间位移角限值	1/500	1/500
扭转位移比	1.25	1.22
扭转位移比限值	1.40	1.40
刚重比	1.76	1.79
刚重比限值	1.40	1.40

2．动力弹塑性时程分析

动力弹塑性时程分析采用基于显示积分的动力弹塑性分析方法，分析中考虑了如下非线性：

（1）几何非线性：结构的动力平衡方程建立在结构变形后的几何状态上，可以精确考虑"$P\text{-}\Delta$"效应、非线性屈曲效应等非线性影响因素。

（2）材料非线性：直接在材料应力-应变本构关系的水平上进行模拟，反映了材料在反复地震作用下的受力与损伤情况。

为保证模型的正确性，采用 ETABS、ABAQUS、Perform-3D 三种软件进行对比。三种软件的重力荷载代表值和前 3 阶周期的比较见表 3.3-4，各软件计算结果均较接近。

重力荷载代表值和周期比较 　　　　　表 3.3-4

	ETABS 结果	ABAQUS 结果	Perform-3D 结果
重力荷载代表值/t	3.29×10^5	3.31×10^5	3.34×10^5
周期/s			
1	6.05	5.88	5.91
2	6.01	5.83	5.82
3	4.56	4.50	4.52

3．ABAQUS 分析结果

图 3.3-6、图 3.3-7 给出了核心筒剪力墙墙肢的混凝土受压损伤因子分布情况，罕遇地震作用下，大部分连梁混凝土受压损伤因子超过 0.7，发挥了屈服耗能的作用；主要剪力墙墙肢基本完好，仅局部轻微损伤。

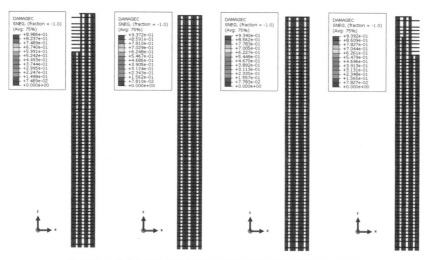

图 3.3-6　X方向为输入主方向时X向墙肢与连梁受压损伤因子分布图

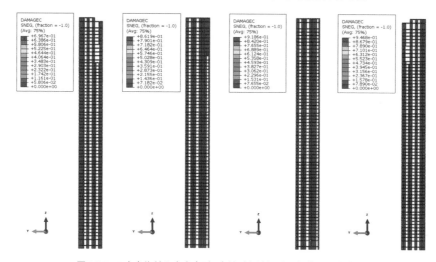

图 3.3-7　X方向为输入主方向时Y向墙肢与连梁受压损伤因子分布图

图 3.3-8 给出了罕遇地震作用下型钢混凝土柱的受力包络分布图，框架柱混凝土受压最大塑性应变为 0.00125，远小于混凝土极限压应变；混凝土受拉最大塑性应变为 0.000134，说明框架柱混凝土出现轻微的开裂。钢骨部分保持弹性，最大应力为 292MPa，小于 300MPa，塔楼外框柱可以达到大震不屈服性能目标。框架梁部分构件进入塑性，构件最大塑性应变为 0.0001，远小于钢材极限应变。

(a) 外框柱混凝土　　　　　　　　　　(b) 外框柱钢骨　　　　　　　　　　(c) 框架梁

图 3.3-8　外框柱及框架梁受力分布

图 3.3-9 给出了柱间支撑、环带桁架及悬挑桁架在罕遇地震作用下的受力，柱间支撑构件最大应力为 291MPa，小于 300MPa，满足大震不屈服性能目标。环带桁架构件部分进入塑性，最大塑性应变为0.0087，远小于钢材极限应变。悬挑桁架构件在大震下均不屈服，保证了悬挑楼面竖向荷载的有效传递。构件最大应力为 225MPa，应力比为 0.65，小于 0.9。

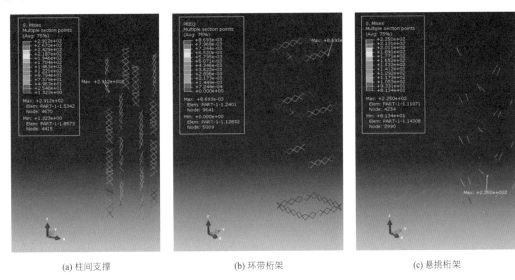

(a) 柱间支撑   (b) 环带桁架   (c) 悬挑桁架

图 3.3-9 柱间支撑、环带桁架及悬挑桁架损伤情况

图 3.3-10 给出了加强层楼板在大震下的损伤情况，最大受拉损伤因子为 0.933，说明此部分楼板出现裂缝；从楼板钢筋应变分布图可见，钢筋最大塑性应变仅 0.0013，适当加强楼板配筋，可使楼板抗拉承载力满足要求。

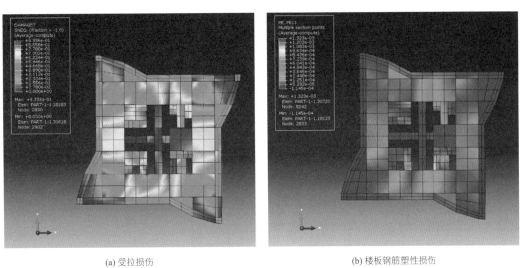

(a) 受拉损伤   (b) 楼板钢筋塑性损伤

图 3.3-10 加强层楼板损伤分布图

小结：

（1）塔楼在 7 组地震波作用下的最大层间位移角为 1/136，满足规范 1/100 的限值要求。计算过程结束后，塔楼保持直立，满足"大震不倒"的要求。

（2）核心筒是本结构主要的抗侧力组成部分，对核心筒每片墙肢进行详细研究，表明：核心筒墙体受压基本上处于弹性状态，未发生压碎的现象；墙体在底部、加强层附近以及顶部区域墙体削弱处出现了局部受拉开裂现象，该区域墙体内钢骨最大应力为 286MPa，小于 300MPa，保证了墙肢在大震下的抗拉承载力。

（3）核心筒连梁是本结构主要的耗能构件，大震下大部分连梁形成塑性铰。考虑到连梁的延性性能至关重要，混凝土受压损伤较高的连梁采取了严格的纵筋锚固和箍筋加密，增设部分钢骨暗梁和暗撑，保证连梁在塑性铰充分形成后的良好延性和耗能能力。

（4）框架柱基本上保持不屈服状态，仅在加强层处出现轻微的受压塑性应变，框架柱混凝土受拉出现轻微开裂现象，框架柱内型钢最大应力 292MPa，小于 300MPa。

（5）框架梁部分构件进入塑性，构件最大塑性应变为 0.0001，远小于钢材的极限应变。

（6）柱间支撑基本上保持不屈服状态，最大应力为 291MPa。

（7）环带桁架部分构件进入塑性，最大塑性应变 0.0087，远小于钢材的极限应变。

（8）悬挑桁架构件保持不屈服状态，最大应力比 0.65，小于 0.9，保证悬挑端竖向荷载的传递。

（9）加强层楼板角部受力较大的区域出现轻微的受拉开裂现象，对该区域进行了楼板钢筋的加强，该区域楼板钢筋塑性应变很小，可以满足受拉承载力要求。

4．Perform-3D 分析结果

图 3.3-11 给出了罕遇地震下核心筒构件损伤情况，由核心筒混凝土压应变图可知，底层墙体压应变最大，但所有混凝土均未达到峰值压应变（2000με）。混凝土压应力水平不高，不会出现混凝土压溃等严重破坏现象。在 7 组地震波的激励下，核心筒连梁约有 50% 以上产生塑性变形，充分形成塑性铰；约 5.06% 的连梁超过"生命安全（LS）"性能水平，约 2.06% 的连梁超过"防止倒塌（CP）"性能水平。连梁抗震性能总体上满足"生命安全（LS）"性能目标。

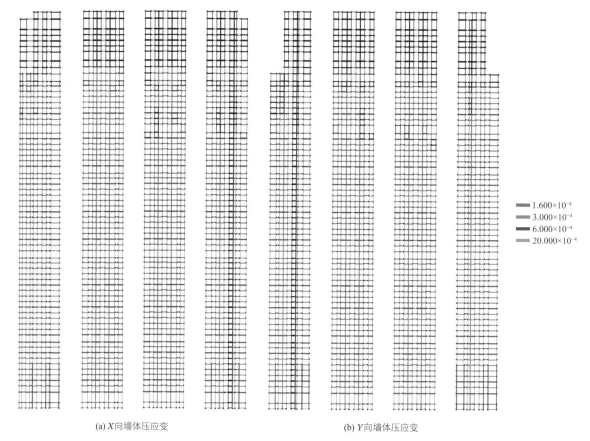

1.600×10⁻⁴
3.000×10⁻⁴
6.000×10⁻⁴
20.000×10⁻⁴

(a) X 向墙体压应变　　　　　　　　　(b) Y 向墙体压应变

图 3.3-11　核心筒混凝土压应变

图 3.3-12 给出了 7 组地震波的激励下型钢混凝土柱损伤情况，柱钢骨总体表现弹性，最大拉应变在 750με 以下。部分混凝土受拉出现了开裂情况。混凝土最大压应变在 750με 以下，不至于出现混凝土压溃等严重破坏现象。

经典回眸　同济大学建筑设计研究院（集团）有限公司篇

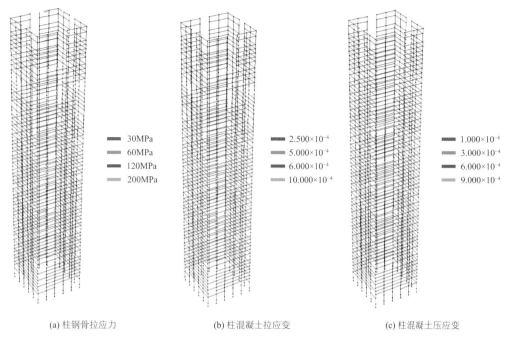

| (a) 柱钢骨拉应力 | (b) 柱混凝土拉应变 | (c) 柱混凝土压应变 |

30MPa
60MPa
120MPa
200MPa

2.500×10^{-4}
5.000×10^{-4}
6.000×10^{-4}
10.000×10^{-4}

1.000×10^{-4}
3.000×10^{-4}
6.000×10^{-4}
9.000×10^{-4}

图 3.3-12　罕遇地震作用下外框柱钢骨拉应力、混凝土拉应变及压应变分布

在 7 组地震波的激励下，柱间支撑与环带桁架最大应力比见表 3.3-5。环带桁架总体上处于弹性状态，极小数最大拉、压应力比达到 1.0，进入塑性，最大塑性应变为 0.00516，小于极限应变，能满足"立即入住（IO）"性能水准。柱间支撑均处于弹性状态，能满足"立即入住（IO）"性能水准

柱间支撑与环带桁架应力比　表 3.3-5

地震工况		天然波 1	天然波 1	天然波 1	天然波 1	天然波 1	人工波 1	人工波 2
F42～F55 柱间支撑	拉	0.512	0.398	0.355	0.411	0.491	0.363	0.338
	压	0.588	0.472	0.425	0.459	0.533	0.382	0.408
F12～F39 柱间支撑	拉	0.356	0.322	0.368	0.454	0.471	0.365	0.339
	压	0.511	0.440	0.458	0.613	0.603	0.476	0.449
F1～F9 柱间支撑	拉	0.422	0.315	0.346	0.547	0.377	0.541	0.334
	压	0.551	0.434	0.466	0.674	0.473	0.637	0.481
自下往上第 1～2 道环带桁架	拉	0.901	0.845	0.841	1.000	1.000	0.921	0.866
	压	0.962	0.925	0.943	1.000	1.000	1.000	0.946
自下往上第 3 道环带桁架	拉	0.830	0.662	0.438	0.811	1.000	0.478	0.416
	压	0.929	0.746	0.509	0.879	1.000	0.662	0.441
自下往上第 4 道环带桁架	拉	0.851	0.657	0.644	0.708	0.873	0.621	0.533
	压	0.872	0.708	0.673	0.739	0.927	0.657	0.572

小结：

（1）结构在罕遇地震作用下的最大层间位移角为 1/147，满足《建筑抗震设计规范》GB 50011-2010 关于该类结构体系层间位移角 1/100 的限值要求。

（2）核心筒是本结构的主要抗侧力构件组成部分，核心筒内钢筋仅个别出现塑性，绝大多数处于弹性状态；底部加强区内配钢骨无塑性变形；混凝土处于受压状态，压应力水平一般处于 0.65 倍的混凝土

峰值强度内；有相当一部分核心筒墙体出现了开裂，环带桁架附近上下层的墙体开裂较大。核心筒剪力墙总体上满足"立即入住（IO）"性能水平。

（3）本结构主要耗能构件为核心筒连梁。在罕遇地震作用下有 50% 以上产生塑性变形，形成塑性铰，少部分连梁接近"防止倒塌（CP）"性能水平。连梁总体上满足"生命安全（LS）"性能水平。

（4）环带桁架在罕遇地震下总体上未出现明显的塑性变形，仅个别杆件最大拉、压应力比达到 1.0，但塑性变形远小于钢材的极限应变。

（5）绝大多数型钢混凝土柱处于弹性范围，钢骨均未产生塑性变形。有少部分混凝土受拉开裂，混凝土最大压应变在 750με 以下，不至于出现混凝土剥落甚至压溃等严重破坏现象，满足"立即入住（IO）"性能水平。

（6）框架钢梁部分出现塑性变形并产生塑性铰，但塑性程度不高，均未达到 LS 限值，即满足"生命安全（LS）"性能水平。

5．结论

在 7 组地震波的激励下，ABAQUS 与 Perform-3D 软件弹塑性损伤分析结果比较接近：

（1）塔楼结构在大震作用下，最大层间位移角均不大于 1/100，满足规范要求。整个计算过程中，结构始终保持直立，能够满足规范的"大震不倒"要求。

（2）大部分连梁混凝土发生受压损伤，破坏较重，充分发挥了屈服耗能作用。

（3）核心筒剪力墙基本完好，仅局部轻微损伤。

（4）钢骨混凝土外框柱和钢柱均未出现明显塑性；部分钢梁进入塑性阶段。

（5）柱间支撑构件可以保持弹性，满足大震不屈服性能目标。环带桁架构件部分进入塑性，最大塑性应变远小于钢材极限应变。悬挑桁架构件在大震下均不屈服，保证了悬挑楼面竖向荷载的有效传递。

分析结果表明整体结构在大震下是安全的，达到了预期的抗震性能目标。

3.4 专项分析与设计

3.4.1 悬挑桁架对核心筒的影响分析

空中露台上方悬挑桁架三维模型示意见图 3.4-1，靠外侧悬挑桁架负担楼面荷载更多，受力更大，与各层设置的柱间支撑相连；靠内侧悬挑桁架受力比外侧桁架小，悬挑桁架与框架柱相连。悬挑桁架上下弦兼做楼面梁，轴力传递给上下层楼面。内侧悬挑桁架内跨不设斜撑，提供了更灵活的建筑使用空间。

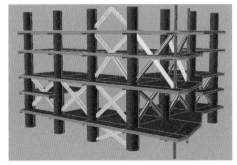

图 3.4-1 悬挑桁架三维模型示意

悬挑桁架在竖向荷载和水平荷载作用下，会增加核心筒承担的水平剪力，如图 3.4-2 所示。表 3.4-1 为各区段悬挑桁架产生的水平力占核心筒内力的百分比。

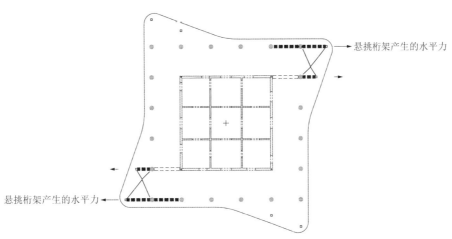

图 3.4-2 悬挑桁架产生的水平力示意图

从表 3.4-1 可见，悬挑桁架引起的水平力占核心筒层剪力在 10% 以内，对核心筒整体受力影响较小。

悬挑桁架引起水平力占核心筒内力的比例 表 3.4-1

楼层	楼层层剪力/kN	核心筒层剪力/kN	悬挑端水平分力/kN	悬挑端水平分力占核心筒层剪力的百分比/%
61	17114	16031	1477	9.30
45	31831	26969	2284	8.55
30	41633	35919	2908	8.18
15	50818	45246	1043	2.33

核心筒剪力墙肢编号见图 3.4-3。由图 3.4-4，通过分析核心筒角部剪力墙肢水平剪力沿竖向分布情况可知：

（1）悬挑桁架布置对核心筒局部墙肢水平剪力分布有较大影响，其中对同向墙肢影响更为明显，对垂直方向墙肢影响稍小。

（2）对比墙肢 FS1、FS4 及墙肢 FN1、FN4 水平剪力分布可知，悬挑桁架对近端同向墙肢（FS1 及 FN4）内力影响最大，对远端的同向剪力墙肢（FS4 及 FN1）影响稍小。

（3）对比设置连续柱间支撑与不设置连续柱间支撑计算结果可知，外框布置竖向支撑可明显减少核心筒墙肢受悬挑桁架影响引起的水平剪力，减小比例约 15%。

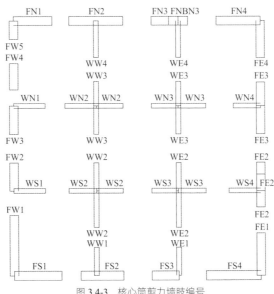

图 3.4-3 核心筒剪力墙肢编号

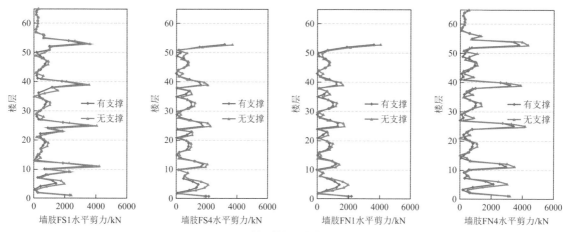

图 3.4-4　核心筒典型墙肢剪力分布

3.4.2　楼板振动舒适度分析

对塔楼典型楼面体系振动舒适度特性进行分析与评估。依据《组合楼板设计与施工规范》CECS 273:2010 第 4.2.4 节，组合楼盖在正常使用时，其自振频率 f_n 不宜小于 3Hz，亦不宜大于 8Hz，且振动峰值加速度 a_p 与重力加速度 g 之比不宜大于表 3.4-2 中的限值。

振动峰值加速度限值　　　　　　　　　　　　表 3.4-2

房屋功能	住宅、办公	商场、餐饮
a_p/g	0.005	0.015

通过对典型楼盖梁板体系进行有限元划分，计算其在不同主模态下的楼盖竖向振动频率及模态，具体如图 3.4-5 所示，结果显示，典型楼盖的振动频率处在 3～8Hz 间，满足要求。

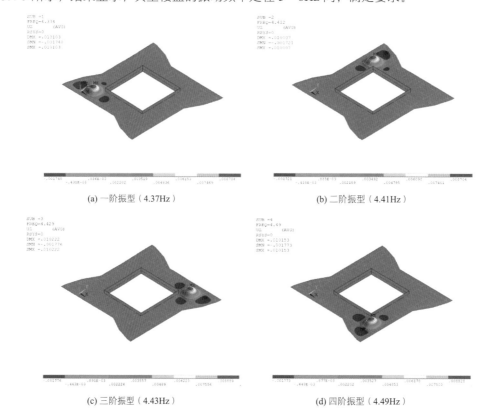

(a) 一阶振型（4.37Hz）　　　　　　　　(b) 二阶振型（4.41Hz）

(c) 三阶振型（4.43Hz）　　　　　　　　(d) 四阶振型（4.49Hz）

图 3.4-5　频率及振型

在给定人行激励下，各取两条行走路线上的 4 个节点，分析所得到楼板峰值加速度约为 4.3cm/s² 和 4.0cm/s²，均小于《组合楼板设计与施工规范》CECS 273:2010 中住宅办公环境组合楼盖竖向振动加速度限值，舒适度满足要求。

3.4.3 风荷载分析

由于本项目两幢塔楼相距较近，且高度相近，风力相互干扰的群体效应不可忽略。按《建筑结构荷载规范》GB 50009-2012（简称规范），考虑群体效应的计算方法为：将单体结构的风荷载乘以相互干扰系数。相互干扰系数定义为受扰后的结构风荷载和单体结构风荷载的比值。

单个施扰建筑作用的顺风向与横风向风荷载相互干扰系数见图 3.4-6。其中，b 为受扰建筑的迎风面宽度，x 和 y 分别为施扰建筑离受扰建筑的纵向和横向距离。对应 X 向来风与 Y 向来风情况，施扰建筑与受扰建筑的相对位置以及对应的干扰系数取值见表 3.4-3。

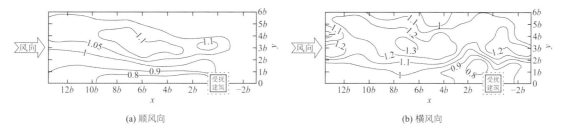

图 3.4-6　单个施扰建筑作用的风荷载相互干扰系数

施扰建筑与受扰建筑的相对位置以及对应的相互干扰系数　　　　　　表 3.4-3

相对位置	相互干扰系数	
	顺风向	横风向
X 向来风：$x/b = 0$，$y/b = 2.5$	1.05	1.20
Y 向来风：$x/b = 2.5$，$y/b = 0$	0.80<1.00	0.85<1.00

考虑群体效应后，主轴 X 向来风（东、西风）时，顺风向与横风向风荷载分别乘以 1.05 与 1.20 的相互干扰系数；主轴 Y 向来风（北风）时，风荷载减小，偏于安全地取相互干扰系数为 1.00；主轴 Y 向来风（南风）时，北楼为施扰建筑，不考虑风荷载变化。考虑群体效应的规范风荷载见图 3.4-7。

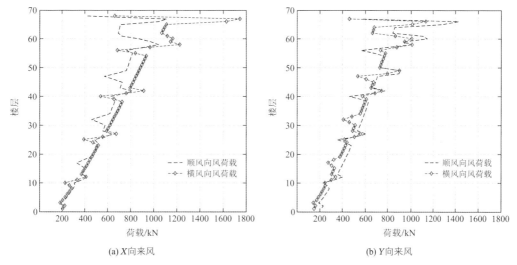

图 3.4-7　X 向及 Y 向考虑群体效应规范风荷载

由此可以看出，通过规范计算得到的横风向等效风荷载与顺风向风荷载值在不考虑群体效应时，二者较为接近；而考虑群体效应影响后，在特定方向的来风作用下（如东、西风），风荷载将会明显增大，该方向来风引起的风荷载对建筑更为不利。表 3.4-4、表 3.4-5 分别列出了X向及Y向来风时，考虑群体效应前后的顺风向及横风向风荷载作用下的基底反力。

X向来风时的基底反力 表 3.4-4

基底反力	不考虑群体效应		考虑群体效应	
	顺风向	横风向	顺风向	横风向
基底剪力/kN	3.78×10^4	3.76×10^4	3.97×10^4	4.52×10^4
基底倾覆力矩/（kN·m）	6.76×10^6	7.08×10^6	7.10×10^6	8.50×10^6

Y向来风时的基底反力 表 3.4-5

基底反力	不考虑群体效应		考虑群体效应（干扰系数 1.0）	
	顺风向	横风向	顺风向	横风向
基底剪力/kN	3.95×10^4	3.59×10^4	3.95×10^4	3.59×10^4
基底倾覆力矩/（kN·m）	7.22×10^6	6.61×10^6	7.22×10^6	6.61×10^6

在上述比较中发现，横风向等效风荷载与顺风向荷载较为接近，甚至在特定情况下，横风向风荷载会更大。因此，在结构设计中，应同时考虑顺风向与横风向风荷载的作用。由于两个方向的风荷载不会同时达到最大，应根据二者的相关性考虑折减系数并进行组合。

按规范计算得到的最大风荷载（东、西风）与风洞试验风荷载的比较，见图 3.4-8。其中，基本风压按 100 年回归期取 $0.5 \mathrm{kN/m^2}$，结构阻尼比取 2%。

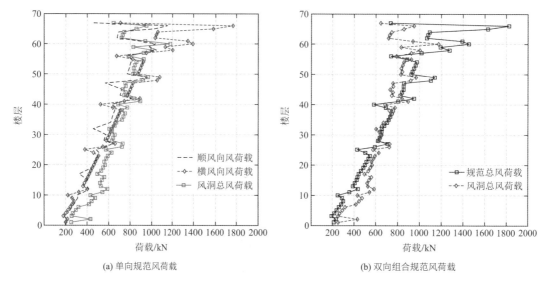

(a) 单向规范风荷载　　　　　　　(b) 双向组合规范风荷载

图 3.4-8　规范总风荷载与风洞总风荷载比较

规范风荷载作用下与风洞试验得到的基底反力以及小震作用下的基底反力，见表 3.4-6。

风荷载与地震作用基底总反力 表 3.4-6

基底反力	总剪力/kN	总倾覆力矩/（kN·m）
规范风荷载	4.80×10^4	8.90×10^6
风洞风荷载	4.64×10^4	7.89×10^6
小震作用	6.25×10^4	9.89×10^6

对比分析：

由图 3.4-8（a）可以看出，整体上风洞试验得到的总风荷载要大于规范得到的顺风向与横风向的风荷载，因此同时考虑两个方向风荷载的作用是合理而且必要的。

经典回眸 同济大学建筑设计研究院（集团）有限公司篇

由图 3.4-8（b）可以看出，考虑折减组合后的规范总风荷载与风洞试验得到的结果比较接近，其中规范计算得到的结果要略大一点。这一结果既验证了风洞试验结果的准确性，也表明了规范风荷载考虑群体效应与两个方向风荷载的相关性是合理的，该组合方式计算得到的规范风荷载是偏于保守的。

由表 3.4-6 可以看出，小震作用下的基底反力要大于风荷载作用下的基底反力，即水平方向的控制荷载是地震作用。

分析结论：

（1）通过《建筑结构荷载规范》GB 50009-2012 计算得到了顺风向及横风向的风荷载，通过比较发现，二者大小接近，故而在设计中横风向风荷载的作用不可忽视。

（2）规范及风洞试验得到风荷载比较结果说明，同时考虑顺风向及横风向的风荷载的作用，并根据二者的相关性考虑一定的折减是合理的。

（3）由于塔楼超高，且两塔楼相距较近，应考虑相互干扰效应影响。

同济大学土木工程防灾国家重点实验室结构风效应研究室提供的塔楼结构对应不同阻尼比的十年一遇风荷载作用下的最大加速度如表 3.4-7 所示，根据规范，办公楼和酒店的十年一遇加速度限值为 $0.25\mathrm{m/s^2}$。结果表明，塔楼的风振舒适度满足规范要求。

十年一遇风荷载作用下建筑顶点最大加速度　　　　　　　　　　　　　　表 3.4-7

阻尼比	顶点最大加速度/（$\mathrm{m/s^2}$）
2%	0.086
1%	0.121

3.4.4　关键节点构造及受力分析

塔楼框架角柱与环带桁架及悬挑桁架斜腹杆连接节点杆件交叉较多，为受力关键节点。采用通用有限元分析程序 ANSYS 对该节点进行分析。考虑到计算效率及精度要求，不考虑混凝土材料贡献，采用 shell181 壳单元模拟钢骨混凝土柱的内嵌钢骨及外伸钢结构，包括环带桁架、悬挑桁架和楼面钢梁等。模型中构件尺寸与 ETABS 整体模型中的尺寸一致，构件内力取大震不屈服组合。钢材强度等级 Q345GJ。节点有限元模型见图 3.4-9。

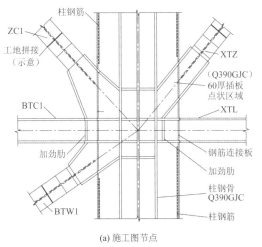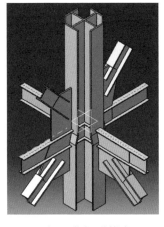

(a) 施工图节点　　　　　　　　(b) 有限元节点三维轴测图　　　　　　　(c) 节点网格划分

图 3.4-9　关键节点构造及有限元模型

大震不屈服组合下，节点 Mises 应力云图见图 3.4-10，可以看出，所有构件部分钢材应力均未达到屈服强度，节点域大部分区域钢材不屈服，仅在局部应力集中区域钢材应力稍高。可以认为，该节点满足大震不屈服的承载力要求。

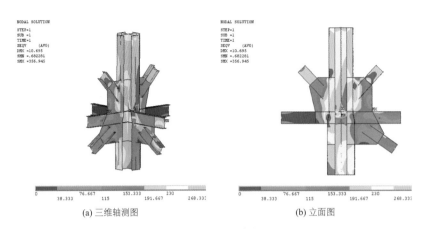

| (a) 三维轴测图 | (b) 立面图 |

图 3.4-10 节点 Mises 应力云图

3.5 结语

郑州绿地中央广场项目于 2016 年竣工，是当时国内已建成的建筑面积最大的双子塔楼项目，建筑平面采用独特的风车形布置，垂直方向每隔数层设置一处空中露台，形成独特而富有韵律的立面造型，充满现代感。结合建筑造型及效果要求，结构体系选用了支撑框架-核心筒-环带桁架混合结构体系，形成多重抗侧力防线，合理布置结构支撑构件，结构受力体系与建筑立面造型和谐统一。

结构设计过程中，针对风车形平面及空中大堂上方多层数的悬挑引起竖向荷载及水平荷载传递机理进行充分研究，通过合理布置柱间支撑，减小了竖向荷载作用下结构整体扭转效应及核心筒剪力墙肢水平剪力水平。柱间支撑与悬挑桁架协同作用，结构受力更加合理。

根据构件重要性不同，合理确定抗震性能目标，采用 ABAQUS 及 Perform-3D 软件进行动力弹塑性时程分析，详细分析了核心筒、外框柱及环带桁架、悬挑桁架在罕遇地震下受力及损伤情况，对薄弱部位进行针对性加强，保证结构抗震性能目标实现。

对于本工程特殊的双子塔布置情况，设计过程中认真研究了塔楼之间风荷载相互影响，采用规范计算公式与风洞试验结论相佐证，为今后类似项目提供了可靠经验。

结构设计过程中对楼板振动舒适度、施工模拟及关键节点设计等内容也进行了细致分析与研究，保证了项目顺利实施与落地，得到了业主及建筑师的广泛好评。

参考资料

[1] 同济大学建筑设计研究院(集团)有限公司. 绿地·中央广场南地块 超限高层抗震审查报告[R]. 2011.

[2] 同济大学建筑设计研究院(集团)有限公司. 绿地·中央广场北块 超限高层抗震审查报告[R]. 2011.

[3] 同济大学土木工程防灾国家重点实验室结构风效应研究室. 绿地·中央广场项目风洞试验报告[R]. 2011.

[4] 虞终军, 丁洁民, 阮永辉, 等. 超高层建筑办公楼面竖向振动舒适度分析[J]. 结构工程师, 2012, 28(1): 14-20.

[5] 虞终军, 丁洁民, 林祯杉, 等. 绿地中央广场双塔结构抗风设计[J]. 建筑结构, 2013, 43(9): 42-46.

[6] 虞终军, 孙华华, 阮永辉. 郑州绿地·中央广场核心筒超前施工的结构分析[J]. 结构工程师, 2015, 31(2): 213-219.

[7] 逄靖华, 吴宏磊, 邱林波. 高强度钢材在郑州绿地中央广场中的应用分析[J]. 工业建筑, 2014, 44(3): 43-47.

设计团队

结构设计单位：同济大学建筑设计研究院（集团）有限公司（设计咨询、初步设计（除建筑专业）及全部施工图设计、施工配合）

结构设计团队：丁洁民，虞终军，阮永辉，吴宏磊，邹智兵，孙华华，陈　侃，陆　燕，赵　昕，郑毅敏

执　笔　人：虞终军，邹智兵

获奖信息

2015—2016 年度第十二届中国钢结构金奖

2017—2018 年度中国建筑学会建筑设计奖 结构专业 二等奖

2019 年度中国勘察设计协会优秀勘察设计 二等奖

2019 年度上海市优秀工程设计 一等奖

腾讯滨海大厦

4.1 工程概况

4.1.1 建筑概况

　　腾讯滨海大厦位于深圳市南山区滨海大道与白石路交界处，处于深圳市高新区填海六区的西南角。本项目建设年限为2011—2016年，于2015年2月5日封顶，2017年11月28日正式投入使用。项目由两栋塔楼、四层裙房和四层地库组成。地上部分为研发大楼，地下室为研发配套停车场，两栋塔楼由三道连接体相连。南塔50层，主屋面高度243.7m，北塔39层，主屋面高度192.75m，标准层层高均为4.35m，地库深度约为20m。南塔外包尺寸为96m×（30.5～37）m，其北侧边线随高度变化，北塔楼外包尺寸为78m×（30.5～34）m，其南侧边线随高度变化。塔楼间三道连体分别位于3～6层、21～26层和34～38层。两塔楼呈约18°夹角，两栋塔楼连接体的跨度由西往东在24～45m范围内变化。建筑建成照片和主楼剖面图如图4.1-1所示，建筑典型平面图如图4.1-2所示。

(a) 腾讯滨海大厦建成照片

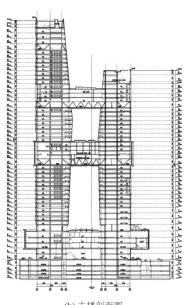

(b) 主楼剖面图

图 4.1-1　腾讯滨海大厦建成照片和主楼剖面图

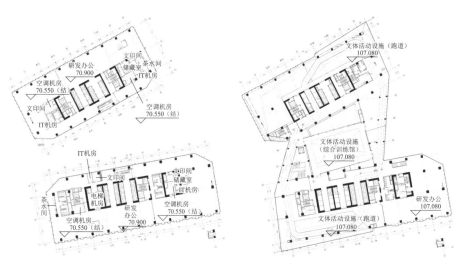

(a) 标准层平面图　　　　　　　　　　　　　(b) 连体层平面图

图 4.1-2　建筑典型平面图

4.1.2 设计条件

1．主体控制参数

控制参数见表 4.1-1。

控制参数表   表 4.1-1

结构设计基准期	50 年	建筑抗震设防分类	重点设防类（乙类）
建筑结构安全等级	一级（结构重要性系数 1.0）	抗震设防烈度	7 度
地基基础设计等级	甲级	设计地震分组	第一组
建筑结构阻尼比	0.04（多遇地震）/0.05（罕遇地震）	场地类别	Ⅲ类

2．抗震设计条件

核心筒剪力墙抗震等级特一级，框架抗震等级一级。嵌固层定为首层，地下室四周土体可以产生有效约束，且首层楼板的完整性较好，满足塔楼的嵌固要求。

3．风荷载

结构变形验算时，按 50 年一遇取基本风压为 $0.75kN/m^2$；结构强度验算时，按 100 年一遇取基本风压为 $0.90kN/m^2$；场地粗糙度类别为 C 类。鉴于项目塔楼高度均大于 150m，且两栋塔楼间含 3 道连体，周边有不少已建和待建的高层建筑，项目开展了风洞试验，模型缩尺比例为 1∶400。设计中采用了规范风荷载和风洞试验结果进行位移和强度包络验算。

4.2 项目特点

4.2.1 不等高双塔建筑

腾讯滨海大厦由南北两个塔楼建筑组成，且双塔为不等高的超高层建筑，如图 4.2-1 所示。南塔 50 层，主屋面高度 243.7m，北塔 39 层，主屋面高度 192.75m，通过建筑造型设计与建筑功能定位，突显腾讯企业文化与内涵。两个塔楼不等高，通过三道连体连接，给连体结构设计带来挑战，结构设计中应重点关注两个塔楼结构体系的选择问题。

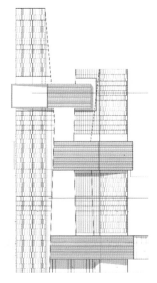

图 4.2-1　不等高双塔建筑

4.2.2　非平行布置双塔建筑

区别于传统的双塔建筑平面平行布置，南北两个塔楼平面夹角约为18°，如图 4.2-2 所示。两个塔楼平面尺寸不同，且呈 18°夹角的非平行布置，连体的设计难度明显增加，结构设计中应重点关注塔楼变形与连体连接形式的问题。

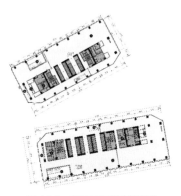

图 4.2-2　非平行布置双塔建筑

4.2.3　建筑功能复杂的三道连体

两个塔楼通过三道连体连接，三道连体分别位于3～6 层、21～26 层和34～38 层。三个互连楼层分别为文化连接层、健康连接层、知识连接层，涵盖了南北塔楼的共享功能，如图 4.2-3 所示。低区文化长廊直接通向公共区域和地面，内设多种活动体验和多个公共空间，包括大堂、接待区、展厅、多功能厅和餐厅。中区健康长廊包含跑道、篮球场、羽毛球场、健身中心和位于北楼顶层的游泳池。知识长廊设有屋顶花园、会议室、餐厅、培训中心、冥想室和图书馆。三道连体建筑功能复杂多样，包括展厅、运动场地、书库等竖向荷载大的区域，并且跨度大、连体主方向不一，大大增加连体的设计难度，结构设计中应重点关注连体结构形式、连接方式以及连体施工的问题。

图 4.2-3　三道连体

4.3 体系与分析

4.3.1 方案对比

两个单塔已形成超限高层建筑，且高宽比分别达到 8.0 和 6.4，自身抗侧刚度较弱，需要连体结构协同受力以抵抗水平荷载。鉴于以上特点，提出两种方案的结构设计思路。

1. 方案一：强化连体刚度，弱化双塔刚度，通过较强的连接体将两侧塔楼连为整体，共同受力。双塔均采用框架-核心筒结构体系，不设置加强层，如图 4.3-1 所示。

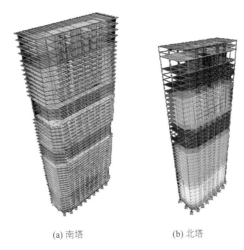

(a) 南塔　　　　　(b) 北塔

图 4.3-1　方案一塔楼结构模型

2. 方案二：调整两个单塔的抗侧刚度，保证单塔成立，协调双塔变形，平衡连体结构与双塔刚度，减小连体受力。南塔采用带支撑的框架-核心筒结构体系，并在顶部连体位置增设加强层（伸臂桁架、环带桁架），北塔采用带支撑的框架-核心筒结构体系，不设置加强层，如图 4.3-2 所示。

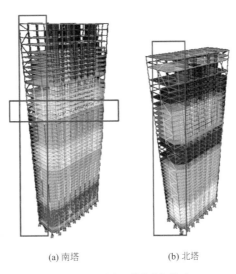

(a) 南塔　　　　　(b) 北塔

图 4.3-2　方案二塔楼结构模型

3. 方案综合对比

1）自振周期

由表 4.3-1 可知，通过在结构外立面布置支撑，结构的抗侧刚度和抗扭刚度均有明显提高，扭转效应有所降低。

振型	南塔		北塔	
	方案一	方案二	方案一	方案二
T_1/s	7.77（Y向平动）	6.18（Y向平动）	6.00（Y向平动）	5.50（Y向平动）
T_2/s	5.88（扭转）	4.57（扭转）	4.74（扭转）	4.08（扭转）
T_3/s	4.34（X向平动）	3.82（X向平动）	4.02（X向平动）	3.53（X向平动）
T_t/T_1	0.76	0.74	0.79	0.74

2）楼层剪力

风荷载作用下结构剪力分配如图 4.3-3 所示，连体结构楼层剪力如表 4.3-2 所示。由图表可知，通过加强主结构，可有效降低连体结构传递的地震剪力，同时通过调节两塔楼刚度，双塔楼层剪力相互差别较小，避免了连体结构内力集中。

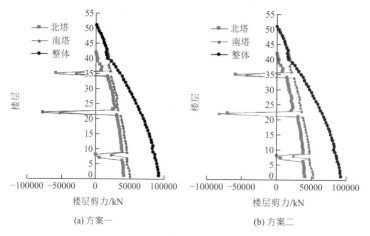

图 4.3-3　风荷载作用下楼层剪力分配

风荷载作用下连体结构楼层剪力　　　　　　　　表 4.3-2

方案		方案一	方案二
楼层剪力/kN	高区连体	8211	4000
	中区连体	1554	2950
	低区连体	2016	1662
高区连体：中区连体：低区连体		5.3：1：1.3	2.4：1.8：1

3）倾覆力矩

由表 4.3-3 可知，连体结构对结构整体倾覆力矩有较大贡献，连接体为刚性连接中的强连接。

倾覆力矩结果　　　　　　　　　　　　　　　　表 4.3-3

方案		方案一	方案二
倾覆力矩/（kN·m）	南塔楼M_1	3028454	3622974
	北塔楼M_2	1936622	2107621
	整体结构M_T	7210611	7865537
$(M_1+M_2)/M_T$		69%	73%

4）连体桁架构件内力

选择高区相同位置的连体桁架构件进行比较，对比结果如表 4.3-4 所示。重力荷载作用下，两方案内力较为接近；风荷载以及地震作用下，方案一构件内力远大于方案二。

	1.0D + 1.0L	Y向风荷载	Y向地震作用
方案一	11500	6400	4100
方案二	10500	3900	2100
比值	1.10：1	1.64：1	1.95：1

5）连体楼板应力

图 4.3-4 为两种方案高区连体楼板拉应力分析结果，由图可知，方案二的楼板拉应力大幅度减小。

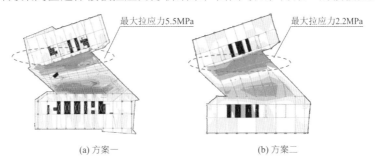

最大拉应力5.5MPa   最大拉应力2.2MPa

(a) 方案一   (b) 方案二

图 4.3-4 高区连体楼板拉应力

综合以上比较，塔楼最终采用框架 + 支撑-核心筒结构体系，并于南塔设置加强层，能提升结构的整体力学性能，可降低连体结构的受力，是更为合理的结构方案。

4.3.2 结构布置

塔楼抗侧力体系为型钢混凝土柱 + 钢梁 + 钢筋混凝土核心筒，南塔在 21 层设置 1 道加强层，北塔不设加强层。两栋塔楼由三道连接体相连，分别位于 3～6 层、21～26 层和 34～38 层，低区连体为单层桁架刚接、悬挂三层，中区为单层桁架刚接、承托五层，高区为单层桁架刚接、承托四层。塔楼楼盖和屋盖体系均采用组合楼盖体系，即梁采用钢梁，板采用压型钢板和现浇钢筋混凝土组合楼板，在连体层为保证连体楼盖的刚度，采用钢筋桁架板。结构体系和平面布置组成如图 4.3-5 所示。

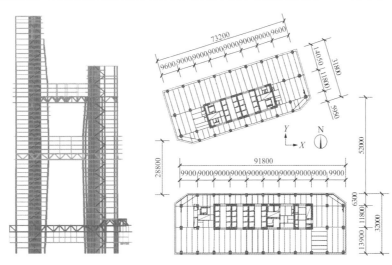

图 4.3-5 结构体系和平面布置

1. 主要构件截面

塔楼钢筋混凝土核心筒墙厚自底部的 1600mm（外墙）+ 600mm（内墙）过渡到 600mm（外墙）+ 600mm（内墙）。塔楼方钢管柱的截面由底部的 B1500mm × 1500mm、B1400mm × 2300mm 逐渐过渡至顶部

B1000mm×1000mm、B1000mm×1000mm。外框架梁采用焊接 H 型钢梁，外框梁截面规格为 H700mm×400mm×18mm×30mm，楼面梁截面规格为 H450mm×250mm×12mm×16mm，框架梁柱之间为刚接，与核心筒之间为铰接。连接体桁架构件截面采用方钢 B800mm×500mm。

2．基础结构设计

塔楼桩基础持力层选择微风化花岗岩（⑤₄层），裙楼桩基础持力层选择强风化及以下岩层，桩型均选用钻（冲）孔灌注桩，桩径选择 1.1～2.0m，裙房桩基础需考虑抗拔。

塔楼筏板厚度：南塔塔楼筏板取 3.5m 厚，北塔塔楼筏板取 3.2m 厚，裙房筏板厚度取 1m，柱下承台高度则视需要加高。

4.3.3 性能目标

1．抗震超限分析和采取的措施

本项目的超限情况总结如表 4.3-5 所示。

项目超限情况总结 表 4.3-5

界定项目		现值	限值	是否超限
建筑高度/m		243.7（南塔） 192.75（北塔）	190	超限
高宽比		8.0（南塔） 6.4（北塔）	7	南塔超限
楼层最大水平位移/楼层水平位移平均值		X = 1.36 Y = 1.57（层间位移角小于40%允许值）	1.2	超限，但≤1.4 或≤1.6（位移角不大于规范限值40%楼层）
突出尺寸/投影尺寸		49%	35%	超限
楼板有效宽度与楼板典型宽度比值		<50%	>50%	超限
楼板开洞面积与楼面面积比值		>30%	<30%	超限
不规则类型判断	平面规则性	平面不规则、扭转不规则		
等效剪切刚度与相邻上层比值		<70%	>70%	连体层超限
等效剪切刚度与其上相邻三层平均值比值		<80%	>80%	连体层超限
下部楼层水平尺寸小于上部楼层水平尺寸		<0.9	>0.9	底部裙房大悬挑楼层超限
上部楼层整体外挑尺寸/m		29.6	<4	超限
转换层		连体层局部转换托柱、但主体竖向构件基本连续	局部转换	
层间受剪承载力与相邻上层比值		<80%	>80%	连体层超限
其余不规则类型		含 3 道连体，南塔有 1 道加强层，斜柱，局部跃层柱，大悬挑		

针对超限问题，设计中采取了如下应对措施：

（1）考虑连体结构剪力墙承受的水平力比例较大，对剪力墙的抗震性能指标提出较高的要求，在中震条件下，需满足弹性的要求。

（2）因连体层剪力墙协调两栋塔楼变形的原因，剪力墙所受到的剪力明显比其他楼层大，因此连体层及上下一层暗柱增加型钢含钢率，以提高此位置剪力墙的延性及大震下的受剪承载力。在 34 层东侧剪力墙中增设钢板，以保证中震和大震的斜截面承载力满足性能要求。

（3）对中区和高区部分受力较大，且相交杆件较多的节点，采用铸钢节点，以保证此区域节点强度满足要求。

（4）连体层的桁架弦杆伸入剪力墙，在伸入的斜腹杆承受较大的力时，墙体中增设斜撑杆（墙体中增设钢板墙除外），以保证桁架的力可以可靠地传到核心筒，同时减小墙体和桁架相交处应力集中的影响，防止墙体局部破坏。

（5）对连接体的楼板厚度进行加厚，这些楼层楼板均采用钢筋桁架板，双层双向拉通配筋。楼板应力需满足多遇地震下不开裂，设防烈度地震下楼板钢筋不屈服的要求。局部应力很大位置，增设平面内交叉钢支撑，必要时采用钢板加强。

2. 抗震性能目标

根据抗震性能化设计方法，确定了主要结构构件的抗震性能目标，如表 4.3-6 所示。

主要构件抗震性能目标 表 4.3-6

部位	构件	构件所在部位	小震及百年一遇风	中震	大震	备注
单体	框架梁	连接体及其上、下层外围框架梁	弹性	弹性	不屈服	关键构件
		其余框架梁	弹性	不屈服	部分屈服	一般构件
	框架柱	底层及连接体处及其上、下层	弹性	弹性	不屈服	关键构件
		其余层	弹性	弹性	不屈服	一般构件
	剪力墙	底部加强区及连接体处及其上、下层	弹性	弹性	不屈服	关键构件
		其余位置	弹性	弹性	不屈服	一般构件
	连梁	连接体处及其上、下层	弹性	部分屈服	部分屈服	耗能构件
	大悬挑桁架	上、下弦杆	弹性	弹性	不屈服	关键构件
		斜向腹杆	弹性	弹性	不屈服	
		竖向腹杆	弹性	弹性	不屈服	
	钢伸臂桁架	所有构件	弹性	弹性	不屈服	关键构件
	腰桁架	所有构件	弹性	弹性	不屈服	关键构件
	两边的斜撑	所有构件	弹性	弹性	不屈服	关键构件
连体处	连接体桁架	上、下弦杆	弹性	弹性	不屈服	关键构件
		斜向腹杆	弹性	弹性	不屈服	
		竖向腹杆	弹性	弹性	不屈服	
		节点	弹性	弹性	不屈服	
	吊柱及钢框架	吊柱	弹性	弹性	不屈服	关键构件
		框架梁	弹性	弹性	不屈服	一般构件

4.3.4 结构分析

1. 小震弹性计算分析

采用 ETABS、MIDAS 和 SATWE 分别计算，计算结果见表 4.3-7 和表 4.3-8。三种软件计算的结构总质量、周期、基底剪力、层间位移角等均基本一致，可以判断模型的分析结果准确、可信。

质量与周期 表 4.3-7

周期		ETABS	MIDAS	SATWE	说明
总质量/t		4.94×10^5	5.07×10^5	5.01×10^5	
周期/s	T_1	4.96	5.04	5.06	Y向平动
	T_2	4.36	4.54	4.61	X向平动
	T_t	4.13	4.21	4.17	扭转振

		荷载工况	ETABS	MIDAS	SATWE
基底剪力/kN	南塔	E_X	3.66×10^4	3.62×10^4	2.79×10^4
		E_Y	3.73×10^4	3.54×10^4	2.91×10^4
	北塔	E_X	2.51×10^4	2.29×10^4	2.79×10^4
		E_Y	2.58×10^4	2.47×10^4	2.91×10^4
最大层间位移角	南塔	E_X	1/1304	1/1335	1/1256
		E_Y	1/821	1/813	1/825
	北塔	E_X	1/1381	1/1217	1/1214
		E_Y	1/1022	1/948	1/1009
	南塔	Wind X	1/2500	1/2450	1/2671
		Wind Y	1/660	1/691	1/700
	北塔	Wind X	1/1812	1/1663	1/1605
		Wind Y	1/882	1/846	1/909

2. 动力弹塑性时程分析

采用 ABAQUS 进行大震下结构的弹塑性时程分析。

1）构件模型及材料本构关系

本工程中的结构构件类型主要有梁、柱、剪力墙和楼板。采用塑性铰模型模拟混凝土梁在主轴方向受弯的非线性行为，钢梁可直接计算其应力应变；采用弹塑性纤维模型模拟柱的屈服及塑性发展状态；采用非线性分层壳模型模拟墙、板的非线性行为。

本工程中主要有两类基本材料，即钢材和混凝土。计算中钢材的本构模型采用双折线弹塑性模型。混凝土材料模型为塑性损伤模型，混凝土进入塑性后刚度的变化可用混凝土的损伤模拟，即损伤是判断混凝土破坏程度的主要指标。

2）地震波输入

根据规范对小震时程分析选波的要求，选择了 3 条波进行大震弹性反应分析，并选择其中反应最大的一条波进行大震下的弹塑性反应分析。

3）动力弹塑性分析结果

（1）罕遇地震分析参数

地震波的输入方向，依次选取 0°（南塔主轴方向）或 18°（北塔主轴方向）作为主方向，另两方向为次方向，分别输入 3 组地震波的两个分量记录进行计算。每个工况地震波峰值按水平主方向：水平次方向：竖向 = 1：0.85：0.65 进行调整。

（2）基底剪力响应

0°为主输入方向时，最大基底剪力为 246MN（X）、210MN（Y）；18°为主输入方向时，最大基底剪力为 236MN（X）、210MN（Y）。

（3）楼层位移及层间位移角响应

罕遇地震下楼层位移和层间位移角响应如表 4.3-9 所示。

楼层位移和层间位移角   表 4.3-9

地震波主输入方向		方向	最大顶点位移/mm	最大层间位移角
0°	南塔	X	503	1/243
		Y	732	1/195
	北塔	X	511	1/215
		Y	569	1/233

地震波主输入方向		方向	最大顶点位移/mm	最大层间位移角
18°	南塔	X	495	1/281
		Y	708	1/222
	北塔	X	497	1/233
		Y	540	1/254

（4）罕遇地震下结构构件损伤情况分析

图 4.3-6～图 4.3-8 给出了剪力墙、框架柱和连体桁架的损伤分布情况。

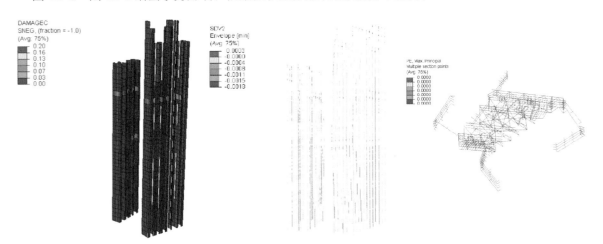

图 4.3-6　剪力墙受压损伤　　　　图 4.3-7　柱混凝土压应变　　　　图 4.3-8　连体桁架的损伤：塑性应变

罕遇地震下结构构件的抗震性能评价如表 4.3-10 所示。

罕遇地震结构构件抗震性能评价　　　　　　　　表 4.3-10

结构构件	抗震性能评价
剪力墙	大部分墙损伤很小。连体所在楼层的墙损伤明显大于普通层，以上部连体最为明显。但墙受压损伤最大值小于 0.2，属较轻的损伤，剪力墙不屈服
框架柱	框架柱的最大压应变为 0.0018，应力未超过混凝土抗压强度标准值。柱内型钢未屈服，大震下柱未屈服
连体桁架	连廊基本未出现塑性应变，连体桁架不屈服
连梁	连梁有较多屈服，特别是下部楼层连梁屈服数量多，屈服程度大，但不超过 CP 水平，大部分连梁屈服程度在 LS 水平
框架梁	框架梁包括外框梁和内框梁，基本未出现塑性应变，框架梁部分屈服

（5）结论

由上述分析结果可知，本结构在大震作用下，最大层间位移角均不大于 1/100，满足规范要求；连体所在楼层墙有较轻损伤，框架柱未屈服；连体钢结构基本未出现塑性应变。分析结果表明，大震下全楼损伤较小，较多连梁屈服，能起到耗能的作用，本结构满足大震不倒的抗震性能目标。

4.4　专项设计

4.4.1　竖向构件收缩徐变分析

选取高区连体中具有代表性的墙柱，如图 4.4-1 所示，进行塔楼主体施工阶段、连体提升后阶段、正常使用阶段的变形分析，以评估收缩徐变的变形趋势及竖向构件变形差异对关联构件产生的影响。

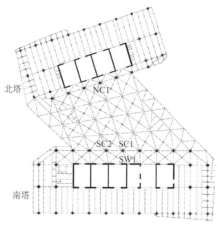

图 4.4-1　高区连体平面及目标墙柱编号图

1. 主体施工阶段变形分析

将施工阶段变形分为两部分：楼层施工前变形。指楼层施工完毕时刻，该层及以下各层在自身荷载作用下产生的累计变形；楼层施工后变形。指楼层以上各层继续施工至主体结构封顶时刻，其上部各层荷载作用产生的累积变形。这些变形同时包括了弹性变形、基本徐变变形、干燥徐变变形及收缩变形四项内容。

以南塔 SC1 及 SW1 为例，计算分析得到各楼层施工前及施工后各类变形结果如图 4.4-2 所示。

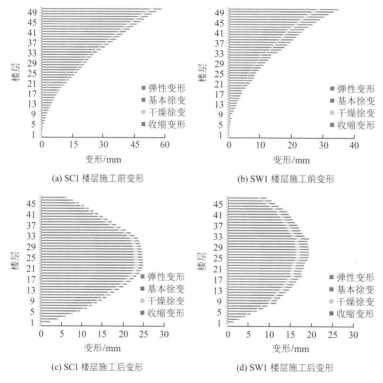

图 4.4-2　楼层施工前及施工后累积变形

由图 4.4-2（a）、图 4.4-2（b）可以看出楼层施工前累积变形总量随着楼层增高而增大。对任何墙柱，分析显示其顶部累积变形量可达 30~60mm，且墙体的变形均小于柱构件。对于实际结构，楼层施工前变形为理论分析值，在施工中按每层绝对标高进行找平，可使墙柱施工前累积变形受到自然补偿和控制。

而楼层施工后变形则是实际存在的变形，施工过程中无法找平消除。图 4.4-2（c）、图 4.4-2（d）显示了这一阶段的变形值。此阶段墙柱变形趋势一致，呈现中间大、顶底小的形状，墙柱变形差异相对于楼层施工前变形较小，最大仅为 6.6mm。位于连体标高的代表性墙柱在主体封顶后的变形，如表 4.4-1 所示。

楼层	SC1/mm	SC2/mm	SW1/mm	NC1/mm
封顶后墙柱变形				表 4.4-1
低区连体（5 层）	9.5	8.8	7.2	5.4
中区连体（21 层）	24.8	22.2	18.2	10.4
高区连体（34 层）	21.8	18.1	17.8	3.3

2. 连体提升后变形分析

主体结构封顶后，高、中、低三道连体依次施工，分别在地面完成拼装后整体提升固定，持续时间约为 160d。由于连体重量大，施工时间较长，此阶段引起的墙柱变形将影响已施工的水平构件、连体桁架及伸臂桁架杆件内力。以下选取 SC1-SC2（影响外框架）、SC1-NC1（影响连体桁架）、SC1-SW1（影响伸臂）的变形曲线对比，进行评估。连体提升之后的变形分布如图 4.4-3 所示。

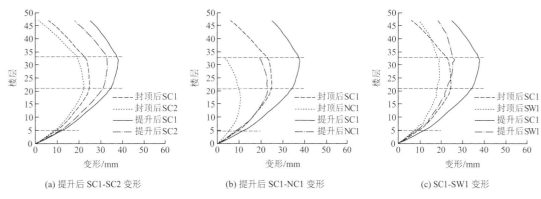

(a) 提升后 SC1-SC2 变形　　(b) 提升后 SC1-NC1 变形　　(c) SC1-SW1 变形

图 4.4-3　连体提升后竖向构件变形对比

从图 4.4-3 中可以看出，连体提升后，SC1、SC2、SW1、NC1 变形均有所增加，随楼层高度变形增量加大。其中柱构件变形增加较大，墙构件变形增加较小，各构件在连体提升前后变形增量见表 4.4-2。

楼层	SC1/mm	SC2/mm	SW1/mm	NC1/mm
连体提升前后墙柱变形增量				表 4.4-2
低区连体（5 层）	2.6	2.4	1.3	3.4
中区连体（21 层）	9.8	8.9	4.7	13.2
高区连体（34 层）	14.9	13.8	7.1	16.0

从表 4.4-2 中可看出，连体提升后，南塔柱构件之间的变形基本一致，增量约为墙构件的 2 倍。由于截面尺寸较小，北塔柱构件在关键楼层的变形增量与南塔相比也相对较大。连体提升后塔内柱与柱之间的变形差异小，引起外圈水平构件的次内力较小；柱墙构件之间变形差异较大，相应引起的伸臂桁架杆件次内力也相对较大，施工时可采用滞后固定的方式减小此影响；连体桁架两端差异变形增量较小。

3. 正常使用阶段变形分析

连体提升完成后，结构开始投入使用，施加附加恒荷载及活荷载，随着时间增加竖向构件的变形仍逐渐增加。通过分析计算得连体提升后各构件 1 年、5 年、10 年、20 年的变形结果，如图 4.4-4 所示。竖向构件随时间增长，变形仍不断增加，柱构件变形大于墙构件。但总体增加速率降低，主要变形发生于连体提升后 1 年内。

两栋塔楼考虑施工加载和收缩徐变，对不同部分和不同楼层的影响存在差别，需要区别对待。在构件设计时考虑施工加载和收缩徐变的影响，按最不利情况进行设计。

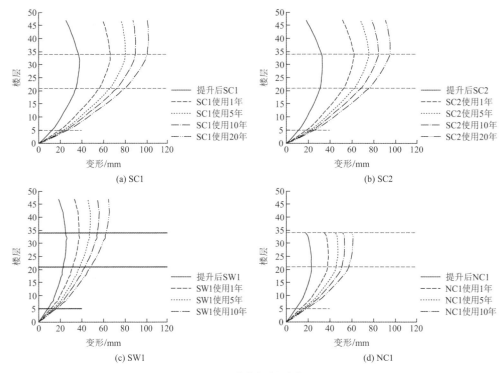

(a) SC1

(b) SC2

(c) SW1

(d) NC1

图 4.4-4　构件各时间点变形

4.4.2　连接体楼板刚度影响分析

　　连体部分楼板面内刚度大，在水平荷载工况或水平荷载主导的组合工况下，楼板将成为连体部分的主要受力构件，随着荷载的逐步加大，连体楼板将产生裂缝，连体部分的构件发生内力重分布。以中高区连体为研究对象，讨论不同楼板刚度下，结构的整体性能变化及内力重分布的情况。

1．结构整体性能

1）周期

如表 4.4-3 所示，连体部分楼板刚度对结构整体刚度影响很小。

楼板刚度对结构周期的影响　　　　　　　　　　　　　　　　　表 4.4-3

	T_1	T_2	T_3	T_4	T_5	T_6
100%刚度	4.97	4.21	3.91	1.60	1.44	1.34
75%刚度	5.00	4.21	3.92	1.60	1.45	1.34
50%刚度	5.03	4.22	3.92	1.61	1.46	1.34
25%刚度	5.08	4.23	3.93	1.62	1.47	1.34
0%刚度	5.17	4.24	3.94	1.64	1.49	1.34

2）层剪力和基底剪力

基底剪力和楼层剪力如图 4.4-5 所示，连体楼板的刚度退化对楼层剪力和基底剪力影响不大。

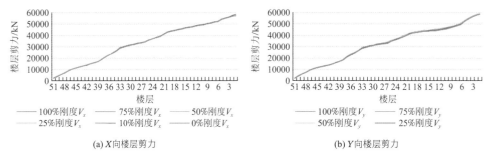

(a) X 向楼层剪力

(b) Y 向楼层剪力

经典回眸　同济大学建筑设计研究院（集团）有限公司篇

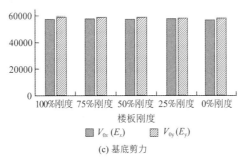

(c) 基底剪力

图 4.4-5 楼层剪力图和基底剪力图

3）层间位移

在 X 向和 Y 向地震作用下（E_X 和 E_Y），X 向和 Y 向的各楼层平均侧移图见图 4.4-6，楼板刚度退化后，X 向的楼层平均侧移变化不大，高区楼层 Y 向的楼层平均侧移略有增加。

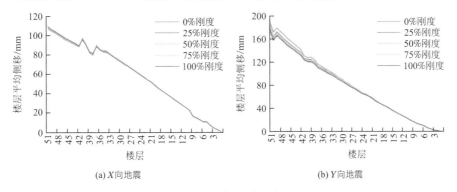

(a) X 向地震　　　　　　　(b) Y 向地震

图 4.4-6　楼层平均侧移

两栋塔楼与连体形成"巨型结构"，连体可视为"巨型结构"中的"巨梁"，连体的底部楼层采用钢桁架，中、高区连体的层数分别为 6 层和 5 层，连体的跨高比较小，类似于刚度很大的"深梁"，因此，连体楼板刚度退化对结构的刚度减小有限，结构整体性能变化不明显。

2．楼板刚度对连体构件内力重分布的影响

1）连体结构整体层面内力重分布影响

在百年重现期风荷载参与的荷载组合下或设防地震（中震）作用下，连体部分楼板的应力较大，超过了混凝土的抗拉强度标准值，连体楼板将出现开裂。

在水平荷载工况或水平荷载主导的组合工况下，楼板因其面内刚度较大，成为连体部分的主要受力构件，楼板刚度退化后，连体部分构件将发生内力重分布。

以南塔与连体连接面为研究对象，分析在常遇地震 X 向和 Y 向水平力（简称 E_X 和 E_Y）作用下，考虑楼板的不同刚度下，连体各层的 X 向和 Y 向合力变化情况。如图 4.4-7 所示，在 X 向水平荷载作用下，连体桁架楼层和高区连体顶层的合力随着楼板刚度退化而减小，其他楼层的合力略有增加。在 Y 向水平荷载作用下，连体各层的合力随着楼板刚度退化而减小。

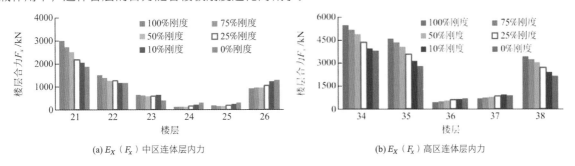

(a) E_X（F_x）中区连体层内力　　　　　　　(b) E_X（F_x）高区连体层内力

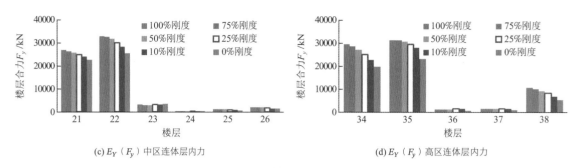

(c) E_Y（F_y）中区连体层内力　　　　　　　　　(d) E_Y（F_y）高区连体层内力

图 4.4-7　中高区连体各层合力

以上分析了楼板刚度退化对连体楼层合力变化的影响，下面将从构件层面分析连体楼板刚度退化后，各层各类水平构件的内力变化情况。

2）连体结构构件层面内力重分布影响

在水平荷载作用下，桁架层是连体的主要受力层，对连体层进一步分析。如图 4.4-8 所示，楼板刚度完好的情况下，楼板是桁架层的主要受力构件，桁架、水平支撑等构件的受力基本可忽略不计；当楼板刚度退化后，桁架层各类构件发生内力重分布，楼板的受力随刚度退化而减小，基本呈二折线的线形下降趋势，楼板刚度退化至 50% 左右为拐点。随着楼板刚度退化，桁架、水平支撑等构件的受力上升，但其受力特点与水平荷载方向有关，在 X 向水平荷载作用下，桁架与水平支撑的受力相当；在 Y 向水平荷载作用下，随着楼板刚度退化，桁架构件的受力快速增长，但水平支撑的受力增长非常缓慢，基本保持不变。

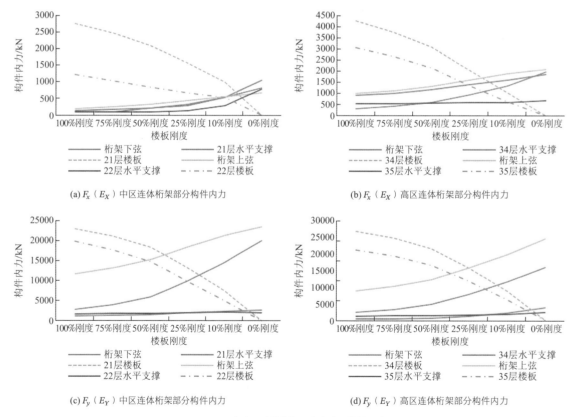

(a) F_x（E_X）中区连体桁架部分构件内力　　　(b) F_x（E_X）高区连体桁架部分构件内力

(c) F_y（E_Y）中区连体桁架部分构件内力　　　(d) F_y（E_Y）高区连体桁架部分构件内力

图 4.4-8　中高区连体桁架层各类水平构件合力

如图 4.4-9 所示，楼板刚度退化后，非桁架层的各类构件内力重分布趋势与桁架层相似，但各层的受力不同，23 层、中高区连体顶层因具有完整的楼面，此部分楼层受力较其他非桁架楼层受力大很多。

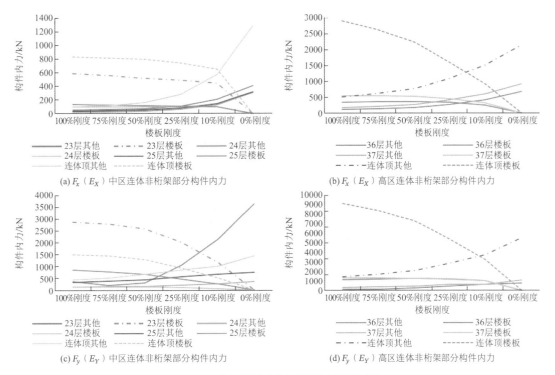

图 4.4-9　中高区连体非桁架层各类水平构件合力

由上述分析可知，连体楼板刚度退化后，连体构件发生内力重分布，桁架构件受力有明显的变化，在设计时，适当考虑连体楼板刚度退化，对桁架构件采取包络设计，提高桁架构件的安全储备。在连体区域近南北塔各设置一道应力释放后浇带，在楼板合拢前释放掉部分重力荷载引起的楼板应力，减小楼板的初始状态应力水平，减缓楼板刚度退化速度。在楼板设计的时候，针对性的加厚桁架上下弦楼层的楼板厚度，并根据性能目标下的应力分析结果对连体桁架上下弦楼板的配筋进行针对性加强。

4.4.3　汇交过渡节点

以中区连体桁架下弦处（第 21 层）某汇交节点为例。该节点为两榀钢桁架与北塔框架柱的交点，节点杆件编号如图 4.4-10 所示。

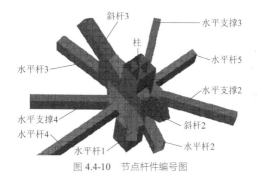

图 4.4-10　节点杆件编号图

各杆件截面尺寸如表 4.4-4 所示。

汇交节点杆件尺寸 表 4.4-4

杆件编号	杆件类型	截面尺寸/mm
柱	钢管混凝土柱	1200 × 1200 × 80
水平杆 2、水平杆 3、斜杆 2、斜杆 3、水平杆 1	连体桁架下弦与斜腹杆	矩形管 600 × 800 × 80
水平杆 4、水平杆 5	框架主梁	矩形管 400 × 800 × 60
水平支撑 2~4	平面内支撑	矩形管 400 × 800 × 40

1. 节点设计

节点上下连接的钢骨混凝土柱，截面只有 1.2m × 1.2m，如节点处仍采用钢骨混凝土柱，节点的连接无法实现，因为汇交的杆件几乎将钢骨柱的混凝土和钢筋完全切断。经过多方案比较后，选择在节点处将钢骨混凝土（SRC）柱渐变过渡为钢管混凝土（CFT）柱，如图 4.4-11 所示。

(a) 示意图　　　　　　(b) 现场照片

图 4.4-11　柱过渡节点

SRC 柱过渡为 CFT 柱后，连接面加大，为多杆件汇交提供了条件。杆件与柱连接时，采取受力大的杆件优先贯通原则，首先保证主桁架杆件连接，如图 4.4-12 所示；其次保证次要桁架和框架梁的连接，如图 4.4-13 所示；最后保证其他水平支撑杆件的连接，如图 4.4-14 所示。

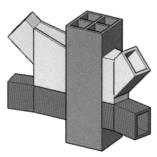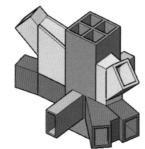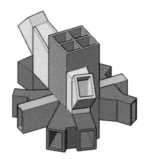

图 4.4-12　主桁架连接　　　图 4.4-13　次桁架及框架梁连接　　　图 4.4-14　水平支撑连接

杆件翼缘与节点相交处，在节点内部设置加劲肋，加劲肋厚度大于等于翼缘厚度，如图 4.4-15 所示。

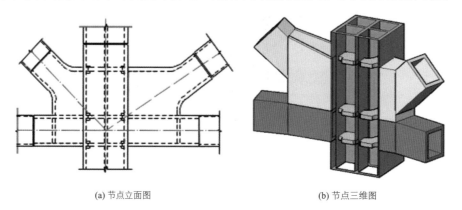

(a) 节点立面图　　　　　　(b) 节点三维图

图 4.4-15　节点加劲肋

2. 节点分析

1）中震验算结果

采用 ABAQUS 及 ANSYS 的中震计算结果如图 4.4-16 和图 4.4-17 所示。

经典回眸　同济大学建筑设计研究院（集团）有限公司篇

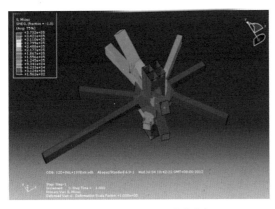

图 4.4-16 ABAQUS Mises 等效应力图　　　　　　　　图 4.4-17 ANSYS Mises 等效应力图

117

除少量应力集中处外，杆件最大等效应力为 140MPa，低于钢材（Q345GJ 钢）屈服强度标准值（325MPa），杆件不屈服。节点域的等效应力大部分为 40～80MPa，局部达到 110MPa，低于钢材（Q345GJ 钢）屈服强度设计值（295MPa），节点域保持弹性。节点满足性能目标的要求。

2）"强节点、弱构件"验算结果

保持重力荷载代表值不变，放大 Y 向地震作用到 3.5 倍，ABAQUS 软件计算结果如图 4.4-18 所示。

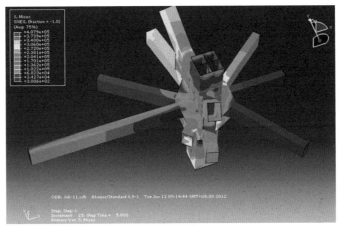

图 4.4-18 Mises 等效应力图

由图 4.4-18 可知，水平杆 3 及斜杆 3 处的 Mises 等效应力最大，水平杆 3 约 330MPa，超过钢材屈服强度标准值（325MPa）；斜杆 3 为 280～300MPa，接近钢材屈服强度标准值。节点域等效应力大部分为 130～210MPa，局部达到 250MPa，低于钢材屈服强度设计值（295MPa）。当水平杆 3（桁架内伸下弦杆）大部分区域进入屈服时，节点域仍保持弹性，节点满足"强节点、弱构件"要求。

4.4.4　连体施工方案

本工程结构体系复杂且连廊平面为不规则异形结构，三道钢连廊结构竖向投影不重合，塔式起重机吊装时呈现三道钢连廊结构相互遮挡情况，且地下室顶板荷载承载能力不足，连廊地面拼装受限。

按传统的吊装方案，通常采用大型塔式起重机高空散拼钢连廊完成，对主体结构施工影响大，且所有作业均在高空进行，施工安全隐患大，安装精度难以得到保证。项目采用"钢结构连廊液压同步整体提升技术"对钢连廊进行施工。

南、北塔楼主体施工完毕后，进行钢结构连廊安装。

顺序依次为：（1）上部钢结构连体；（2）中部钢结构连体；（3）下部钢结构连体。

具体连体施工方案如表 4.4-5 所示。

第 4 章　腾讯滨海大厦

第一步： ①在高区连体两侧采用悬臂法安装部分钢桁架段。 ②在地下室顶板混凝土面找平后，设置拼装胎架及高区提升设备	第二步： 利用塔式起重机，拼装高区连体 34~45 层桁架，并连接其间的联系杆件	第三步： 提升高区连体桁架

第四步： ①高区桁架提升就位后，吊装桁架后装斜腹杆，依次焊接桁架斜腹杆、下弦杆、上弦杆。 ②调整拼装胎架，利用汽车起重机拼装中区连体桁架。 ③设置中区提升设备	第五步： ①利用塔式起重机，依次安装高区连体 36~38 层结构。 ②待中区连体桁架拼装完毕后，提升 2~3cm，使地下室顶板卸载后，利用汽车起重机安装中区连体桁架上部结构	第六步： ①待高区连体上部钢构件全部安装完成后，提升中区连体，就位后，吊装桁架后装斜腹杆，依次对中区连体桁架的斜腹杆、下弦杆、上弦杆进行焊接。 ②调整拼装胎架，利用汽车起重机拼装低区连体桁架。 ③设置低区提升设备

第七步： ①依次安装中区连体 23~26 层后装杆件。 ②提升低区连体桁架，就位后，依次对低区连体桁架的斜腹杆、下弦杆、上弦杆进行焊接	第八步： 利用汽车起重机、高空作业车、葫芦等工具，采用逆装的方式进行低区连体桁架下部吊挂结构的安装	

连体提升如图 4.4-19 所示。

图 4.4-19　连体提升

4.5　结语

（1）调整两个单塔的抗侧刚度，协调双塔变形，平衡连体结构与双塔刚度，减小连体受力。南塔采用带支撑的框架-核心筒结构体系，并在顶部连体位置增设加强层（伸臂桁架、环带桁架），北塔采用带支撑的框架-核心筒结构体系，不设置加强层。

（2）三道连体建筑功能复杂多样，包括展厅、运动场地、书库等竖向荷载大的区域，经过连体结构体系与刚度选择分析对比，最终选择低区连体为单层桁架刚接、悬挂三层，中区为单层桁架刚接、承托五层，高区为单层桁架刚接、承托四层的连体模式。

（3）构件设计考虑施工加载和收缩徐变的影响，连体楼板设计考虑楼板开裂带来的刚度退化、内力重分布影响。连体桁架与塔楼斜交汇节点采用钢骨过渡到钢管再过渡到钢骨的节点方案，使钢筋与混凝土均能上下贯通，保证了受力材料的连续性。连体采用整体提升施工工艺。

（4）本工程采用了较严格的抗震构造措施，并对结构整体及构件性能提出明确的要求。通过对剪力墙、桁架及其节点和型钢混凝土柱等结构关键构件的加强，可以提高相应构件的延性，从而使结构整体抗震性能得到有效保证。

参考资料

[1]　艾奕康咨询(深圳)有限公司, 同济大学建筑设计研究院(集团)有限公司, 深圳市同济人建筑设计有限公司, NBBJ. 腾讯滨海大厦结构抗震设防专项审查报告[R]. 2012.

[2]　广东省建筑科学研究院. 腾讯滨海大厦风洞测压试验报告[R]. 2011.

[3]　孙平, 王文宇. 腾讯滨海大厦竖向构件收缩徐变分析[J]. 建筑结构, 2019, 49(21): 16-21.

[4] 邓华东, 孙平, 何志军. 腾讯滨海大厦连接体楼板刚度的影响研究[J]. 建筑结构, 2019, 49(21): 5-10.

[5] 孙平, 莫文峰, 王喜堂. 腾讯滨海大厦汇交过渡节点设计[J]. 建筑结构, 2019, 49(21): 11-15.

[6] 孙平, 丁洁民, 莫文峰, 等. 腾讯滨海大厦连体建筑的工程实践[J]. 建筑结构, 2019, 49(21): 1-4+21.

[7] 吴宏磊, 丁洁民, 刘博. 连体结构受力性态分析与工程实践[J]. 建筑结构, 2022, 52(14): 7-16.

设计团队

结构设计单位：同济大学建筑设计研究院（集团）有限公司（方案 + 初步设计）
　　　　　　　深圳市同济人建筑设计有限公司（初步设计 + 施工图设计）

结构设计团队：丁洁民，何志军，吴宏磊，孙　平，王文宇，于　涛，邓华东

执　　笔　人：王世玉，黄德键

本章部分图片由深圳市同济人建筑设计有限公司提供。

获奖信息

2018 Best Tall Building Asia & Australia Award of Excellence（CTBUH）

2018 The Award for Tall or Slender Structures Shortlisted（IStructE）

2018 年中国建筑学会建筑结构设计奖·二等奖

2019 年广东省优秀工程勘察设计奖（建筑结构）一等奖

第 5 章

新江湾城 F 区 F1-E 地块商办项目

5.1 工程概况

5.1.1 建筑概况

新江湾城 F1E 商办项目位于上海市杨浦区新江湾城，该地块包括 F1D 及 F1E 两栋超高层，地块信息如图 5.1-1 所示，本案例主要为 F1E 超高层的结构设计。本项目设计时间为 2019—2021 年。F1E 商办项目包括一栋 250m 高的塔楼、四层商业裙房及地下室，塔楼主要建筑功能为办公及酒店，裙房主要建筑功能为商业。塔楼和裙房在地上部分设缝断开。塔楼地上 50 层，结构高度 238.4m，结构高宽比 5.8，标准层层高 4.5m，沿竖向设置 4 个避难层，其中 1～19 层及 49～50 层主要建筑功能为酒店，20～48 层主要建筑功能为办公。地下室 3 层，基础埋深 17.75m。塔楼为超限高层建筑，建筑效果图和剖面图如图 5.1-2 所示，建筑典型平面图如图 5.1-3 所示。

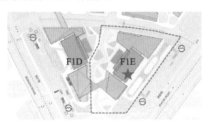

图 5.1-1 新江湾城 F 地块

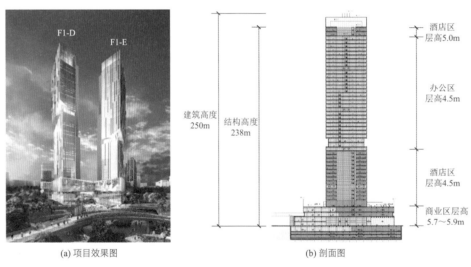

(a) 项目效果图　　　　　　(b) 剖面图

图 5.1-2 塔楼效果图和剖面图

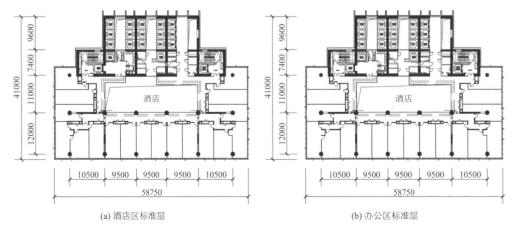

(a) 酒店区标准层　　　　　　(b) 办公区标准层

图 5.1-3 塔楼平面图

5.1.2 设计条件

1. 主体控制参数

控制参数表　　　　　　　　　　表 5.1-1

结构设计基准期	50 年	建筑抗震设防分类	重点设防类（乙类）
建筑结构安全等级	一级	抗震设防烈度	7 度（0.1g）
结构重要性系数	1.1	设计地震分组	第二组
地基基础设计等级	甲级	场地类别	Ⅳ类
建筑结构阻尼比	0.04（多遇地震）/0.05（罕遇地震）		

2. 抗震设计条件

塔楼构件抗震等级　　　　　　　　表 5.1-2

构件	部位	抗震等级
钢筋混凝土剪力墙	底部加强区	特一级
	非加强区	特一级
钢管混凝土柱	加强层及相邻层	特一级
	非加强区域	一级
钢框梁	塔楼范围	二级

3. 风荷载

本项目风荷载按照上海市 50 年一遇取基本风压 0.55kN/m²，场地粗糙度类别为 C 类。承载力验算时，按基本风压的 1.1 倍。项目开展了风洞试验，模型缩尺比例为 1∶300。设计中采用了规范风荷载和风洞试验结果进行位移和强度包络验算。

5.2 项目特点

5.2.1 核心筒完全偏置

塔楼采用双子塔的建筑设计，打破高层楼宇的常规设计理念，创造性地采用建筑核心筒及电梯厅外置手法，以最大限度地提供办公大开间及空间规划的灵活性（图 5.2-1）。结构上核心筒完全偏置于结构的一侧，塔楼偏心比例达到 28%，结构刚度分布不均匀为结构设计带来诸多挑战，设计中应重点关注竖向荷载作用下的结构侧向变形、结构扭转效应、墙肢拉应力等问题。

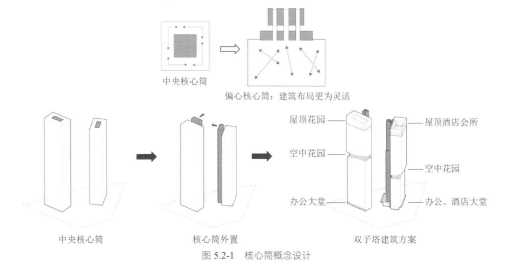

图 5.2-1　核心筒概念设计

5.2.2 酒店通高中庭

　　酒店区（6～19 层）独创性的在平面中央设置通高的酒店中庭空间，视觉效果开阔壮观，为旅客带来愉悦的居住体验（图 5.2-2）。通高的酒店中庭使得中间两根框架梁不能直接与核心筒连接，水平荷载传力不直接，且酒店区的楼板开洞面积约为 25%，开洞面积较大，导致框架与核心筒的连接更为薄弱，设计中应重点关注楼板有效传力问题。

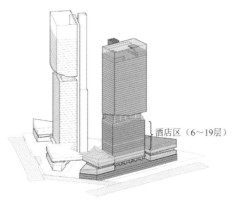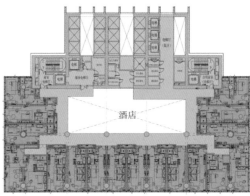

图 5.2-2　酒店区中庭

5.2.3 立面"空中之眼"

　　塔楼高区建筑功能主要为办公，低区建筑功能主要为酒店及商业，在 20～21 层立面建筑效果"断开"，中间以小蛮腰般的空中露台相连，立面上宛如睁开的双眼（图 5.2-3）。"空中之眼"的建筑造型导致 18～21 层南侧部分楼板缺失，南侧 6 根框架柱成为跃层柱，跃层高度 15.5～24.5m，最大跃层柱接近 5 层楼高度。设计中，应重点关注跃层柱的稳定性及承载力。

图 5.2-3　"空中之眼"效果图

5.3 体系与分析

5.3.1 方案对比

　　方案设计阶段，针对核心筒完全偏置于结构一侧的建筑造型，考虑了钢结构方案和混合结构方案两种方案，从建筑效果、结构布置及经济指标等方面对两种方案进行综合对比。

1. 方案 1：钢结构方案

由于电梯厅在结构的外端，可将电梯筒体部分设计为仅承受重力荷载的竖向传力体系，不参与结构抗侧，抗侧力体系主要由框架部分承担。结构体系具体组成为钢管混凝土框架＋斜撑＋加强层（方案 1A），如图 5.3-1 所示。

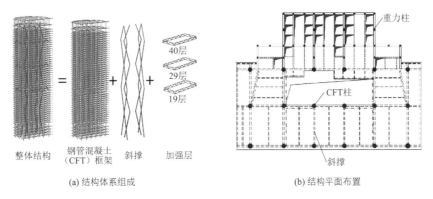

(a) 结构体系组成　　　(b) 结构平面布置

图 5.3-1　方案 1A 结构体系组成

由于方案 1A 立面支撑对下部酒店区及上部办公区建筑功能有一定影响，进而提出密柱结构方案（方案 1B），方案 1B 具体组成为钢管混凝土密柱框筒＋加强层，如图 5.3-2 所示。此方案柱距较方案 1A 加密，密柱间距为 5.4m，过密的柱距对高区办公区的使用功能有一定影响。

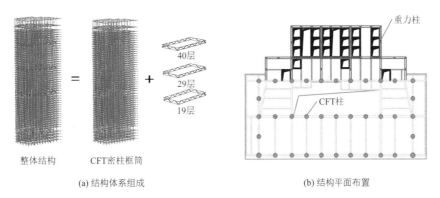

(a) 结构体系组成　　　(b) 结构平面布置

图 5.3-2　方案 1B 结构体系组成

2．方案 2：混凝土结构方案

混合结构由钢筋混凝土核心筒＋钢管混凝土框架＋支撑＋加强层组成，如图 5.3-3 所示。

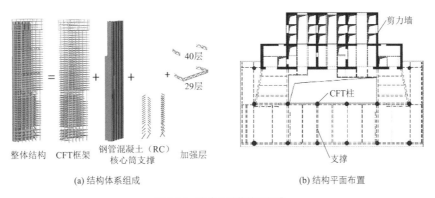

(a) 结构体系组成　　　(b) 结构平面布置

图 5.3-3　方案 2 结构体系组成

塔楼北侧为剪力墙，南侧为框架，结构刚度分布不均匀，通过设置钢支撑减小结构平面的偏心，控制结构扭转。结合低区酒店高区办公的建筑特点，在低区酒店区隔墙位置布置钢支撑，不影响酒店及办公的使用功能。在偏心支撑平面位置选型上，越靠近南侧外立面对控制扭转越有利，但钢支撑若布置于外立面对酒店区的使用有一定影响，将钢支撑内移一跨，布置位置如图 5.3-4 所示。偏心支撑避让洞口的做法示意如图 5.3-5 所示。

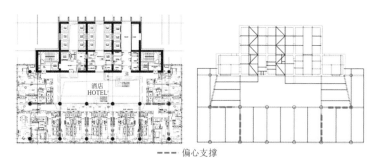

(a) 酒店区典型层建筑平面图　　　　　　(b) 支撑布置平面图

图 5.3-4　偏心支撑布置平面图

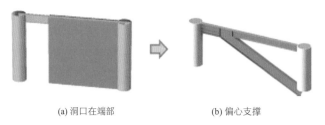

(a) 洞口在端部　　　　　　　　(b) 偏心支撑

图 5.3-5　偏心支撑避让洞口示意

3. 方案综合对比

1）建筑效果

方案综合对比			表 5.3-1
对比方案	钢结构方案		混合结构方案
	方案 1A	方案 1B	方案 2
建筑功能	斜撑对建筑功能影响较大	密柱影响办公区建筑功能	影响较小

2）结构动力特性

对各方案进行初步分析，得到周期计算结果，如表 5.3-2 所示。钢结构方案结构周期较长，第一自振周期在 7.1～8.1s 之间。混合结构方案第一自振周期在 6s 左右。3 种方案扭转周期比均可满足《高层建筑混凝土结构技术规程》JGJ 3-2010 要求，混合结构方案扭转周期比较小。

结构体系方案周期对比						表 5.3-2
对比方案	钢结构				混合结构	
	方案 1A		方案 1B		方案 2	
振型	T/s	模态	T/s	模态	T/s	模态
1	7.13	X平动	8.13	Y平动	6.39	X平动
2	6.37	Y平动	6.51	X平动	5.84	Y平动
3	5.89（0.83）	扭转	5.83（0.72）	扭转	3.16（0.49）	扭转

注：括号中数值为第 1 阶与第 3 阶周期比值。

3）经济指标对比

为控制建造成本，对各方案的材料用量进行对比，如表 5.3-3 所示。可以看出，混合结构方案钢材用量约为钢结构方案的 60%，经济性较优。

材料用量对比			表 5.3-3
方案编号	混凝土用量/（m³/m²）	钢材用量/（kg/m²）	钢筋用量/（kg/m²）
方案 1A	0.14	207	—
方案 1B	0.15	228	—
方案 2	0.45	139	68

综上，混合结构方案为最优方案，设计最终在此方案基础上进行深化设计。

5.3.2 结构布置

塔楼抗侧力体系为钢管混凝土柱＋钢梁＋钢筋混凝土核心筒＋偏心支撑＋加强层，框架楼面采用钢梁＋钢筋桁架楼承板楼盖，核心筒内采用混凝土梁＋现浇混凝土楼板楼盖。结构体系和平面布置组成，如图 5.3-6 所示。

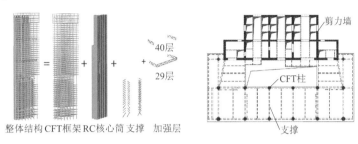

图 5.3-6 塔楼结构组成和平面布置

1. 主要构件截面

为确保框架柱延性，外框架柱采用 CFT 柱，直径在 1000～1400mm 之间。为调整结构刚度，控制结构扭转，X 向墙肢的厚度应尽可能地小，墙肢 1 厚度在 450～650mm 之间，墙肢 2 厚度在 400～800mm 之间，墙肢 3 厚度在 500～800mm 之间；Y 向墙肢厚度在 600～800mm 之间，其中墙肢 3 的厚度应尽可能地加大，截面为 800mm。剪力墙编号如图 5.3-7 所示。外框架梁采用焊接 H 型钢梁，钢材牌号为 Q355，外框梁截面规格为 H800mm × 400mm × 15mm × 30mm，楼面梁截面规格为 H650mm × 300mm × 12mm × 20mm，框架梁柱之间为刚接，与核心筒之间为铰接。偏心支撑的支撑段尺寸为 H950mm × 500mm × 20mm × 50mm，耗能段为 H800mm × 500mm × 20mm × 40mm。

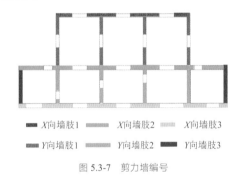

| ■ X向墙肢1 | ▨ X向墙肢2 | ▦ X向墙肢3 |
| ▨ Y向墙肢1 | ▨ Y向墙肢2 | ■ Y向墙肢3 |

图 5.3-7 剪力墙编号

2. 基础结构设计

塔楼范围柱下恒荷载重量大于水浮力，不需要进行整体抗浮设计，塔楼附属裙房及纯地下室区域恒荷载重量小于水浮力，需要进行抗浮设计。结合上海地区土质情况，本工程采用桩基，桩型采用钻孔灌注桩，考虑周边环境影响，塔楼范围采用⑨₁层灰色粉砂作为桩基持力层，桩径 850mm，有效桩长 60m，桩端后注浆，单桩竖向抗压承载力特征值为 6000kN；裙房及纯地下室选用⑧₁b 层灰色粉质黏土作为桩基持力层，桩径 600mm，有效桩长 35m，单桩竖向抗压承载力特征值为 1700kN，竖向抗拔承载力特征值为 1200kN。主楼中心沉降量控制在 65mm 内，南侧地下室外墙沉降量为 16mm 左右。

5.3.3 性能目标

塔楼存在如下超限：（1）高度超限：结构高度 238.4m，超过钢管混凝土外框架-钢筋混凝土核心筒结构适用的最大高度 190m；（2）扭转不规则：扭转位移比最大值 1.37，大于 1.2，小于 1.4；（3）楼板局部不连续：酒店区（6～19 层）开洞面积为本层面积的 23.7%，小于 30%；楼板有效宽度为本层宽度的 48%，小于 50%;(4)侧向刚度不规则:首层与上一层的侧向刚度比为 0.52,5 层(酒店大堂层)与上一层的侧向刚度比为 0.53;(5)29 层、40 层设置加强层。

针对超限的不规则项,除常规加强措施以外,该项目设计相应采取了如下措施:

(1)对于塔楼偏置带来的扭转影响,通过调整筒体剪力墙墙厚、设置支撑、增设加强桁架等方法,尽量使刚度中心和质量中心靠近,将第一扭转周期和第一平动周期比控制小于 0.85,同时限制位移比;

(2)建立多道传力路径以及多道抗震防线,由筒体、斜撑框架、混合框架、加强桁架及环桁架协同工作提供抗侧;

(3)为了保证偏置的筒体与南侧框架整体工作,在加强层及其相邻层,以及在 1~33 层每 3 层设置水平斜撑,将北侧筒体墙体与塔楼整体结构紧密联系,整体工作;

(4)对楼板应力做仔细分析,保证楼板传力的有效性,同时对连系筒体和框架的水平撑保证中震以及大震不屈服,有效将筒体和框架连成整体;

(5)对塔楼中部建筑造型处的穿层柱进行独立的强度、刚度与屈曲分析,保证框架柱的安全。

抗震性能目标

本项目结构抗震性能目标定位 C 级,根据结构构件重要程度的不同,结合结构抗震性能目标,对塔楼构件的抗震性能目标进行了细化,如表 5.3-4 所示。

关键构件和耗能构件抗震性能设计目标　　　　　　　　　　　　　　　　表 5.3-4

构件类型		多遇地震	设防烈度地震	罕遇地震	备注
层间位移角限值		1/523 (首层 1/2000)	—	1/100	—
核心筒墙肢		弹性	加强层及相邻层: 抗弯不屈服;抗剪承载力弹性	抗弯不屈服; 大震下抗剪截面控制条件,$V \le 0.15 f_c k_b h_0$	关键构件
			底部加强区: 抗弯不屈服;抗剪承载力弹性	大震下抗剪截面控制条件,$V \le 0.15 f_c k_b h_0$	关键构件
			一般区域: 抗弯不屈服;抗剪承载力弹性		一般构件
核心筒连梁		弹性	底部加强区:抗弯部分屈服,允许进入塑性;抗剪截面不屈服	允许进入塑性,不得脱落,最大塑性角在 CP 以内	耗能构件
			一般区域:抗弯较多屈服,允许进入塑性;抗剪截面不屈服		
框架柱		弹性	加强层及相邻层、与偏心支撑相连框架柱:抗弯不屈服、抗剪截面弹性	抗弯、抗剪不屈服	关键构件
			一般区域:抗弯不屈服、抗剪截面弹性	抗弯承载力允许进入塑性(IO 以内),抗剪满足截面条件	一般构件
钢框架梁		弹性	正截面允许进入塑性,受剪不屈服	允许进入塑性,控制塑性转角在 LS 以内	耗能构件
加强层桁架		弹性	弹性	不屈服	关键构件
偏心支撑	耗能梁段	弹性	允许进入塑性	允许进入塑性,控制塑性转角在 LS 以内	耗能构件
	支撑段		不屈服	不屈服	普通构件

5.3.4　结构分析

1. 小震弹性计算

采用 ETABS 和 YJK 分别计算,振型数取 60 个,周期折减系数取 0.9。计算结果见表 5.3-5~表 5.3-7。两种计算软件的结构总质量、振型、周期、基底剪力、层间位移角等均基本一致,表明分析结果准确、可信。同时,进行了小震弹性时程补充分析,计算结果表明,反应谱法的结果能够包络时程分析的结果,可以按照反应谱法的结果进行设计。

总质量与基本周期计算结果   表 5.3-5

周期		ETABS	YJK	ETABS/YJK	扭转系数	模态
总质量/t		1.66×10^5	1.68×10^5	0.97	0.17	X向平动
周期/s	T_1	6.33	6.47	0.97	0.17	X向平动
	T_2	6.17	6.22	0.98	0.00	Y向平动
	T_t	4.28	4.33	0.98	0.82	扭转

基底剪力设计结果   表 5.3-6

荷载工况	ETABS/kN	YJK/kN	YJK/ETABS	说明
E_X	19974	20920	105%	X向地震
E_Y	26264	26891	102%	Y向地震
Wind X	15182	15253	100%	X向风荷载
Wind Y	24872	24954	100%	Y向风荷载

层间位移角设计结果   表 5.3-7

荷载工况	ETABS	YJK	YJK/ETABS	说明
E_X	1/587	1/576	102%	X向地震
E_Y	1/645	1/626	103%	Y向地震
Wind X	1/735	1/717	103%	X向风荷载
Wind Y	1/566	1/546	104%	Y向风荷载

由于本项目核心筒偏置于一侧的特殊性，对塔楼的偏心比例进行统计，偏心比例如图 5.3-8 所示，由于在低区设置了偏心支撑，低区偏心比例小于高区。

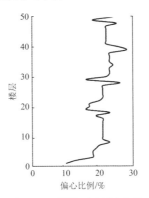

图 5.3-8　塔楼Y方向偏心比例

2．动力弹塑性时程分析

本工程采用 Perform-3D 对结构进行罕遇地震下的弹塑性时程分析。模型中材料、构件本构遵循《混凝土结构设计规范》GB 50010-2010 及美国 ASCE41、FEMA356 规范。考虑材料及几何非线性，阻尼采用模态阻尼，阻尼比为 5%。

3．地震波输入

地震波从上海地区Ⅳ类场地、特征周期为 1.1s 的地震波库中选取，选用 5 组天然波和 2 组人工波，地震波的峰值加速度 200gal。弹塑性时程分析时考虑了每组地震波的二向分量，即各地震分量沿结构抗侧力体系的水平向（X、Y 向）分别输入。水平主向和水平次向的加速度峰值按照《建筑抗震设计规范》GB 50011-2010 中 1.0∶0.85 的比例系数进行调幅。

4．动力弹塑性分析结果

1）基底剪力响应

罕遇地震作用下，作为主方向输入时，结构在 7 组地震波下，X 向剪重比平均值为 4.53%，Y 向剪重比平均值为 5.73%，分别为小震时剪重比的 3.7 倍及 3.6 倍。

2）层间位移角

罕遇地震下层间位移角曲线如图 5.3-9 所示，结构在 X、Y 两个方向的最大层间位移角平均值分别为 1/177、1/127，所有楼层均满足 1/100 限值要求。从层间位移角曲线未发现明显的薄弱层。

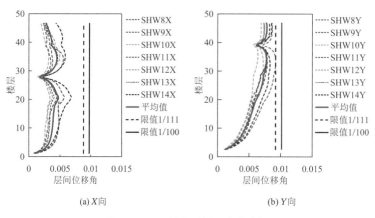

(a) X向   (b) Y向

图 5.3-9 罕遇地震下结构层间位移角

3）构件抗震性能评价

罕遇地震作用下，各结构构件的抗震性能详见表 5.3-8 及图 5.3-10。

结构构件在罕遇地震下的抗震性能   表 5.3-8

结构构件	抗震性能评价
核心筒剪力墙	核心筒墙体大部分处于不屈服状态，部分墙体进入塑性，满足性能目标水平
核心筒连梁	（1）大部分连梁进入塑性状态，符合连梁屈服耗能的抗震工程学概念； （2）大部分连梁充分屈服耗能，结构中间层部分连梁达到 LS 状态，但未超过 CP 性能状态。对于塑性转角较大的连梁，可采用加设斜筋等措施以保证连梁在塑性铰充分形成后的良好延性和耗能能力
外框柱	所有钢管混凝土柱小于 IO 性能状态，框架柱满足性能目标要求
钢框架梁	所有框架梁转角小于 IO 性能状态，部分框架梁转角大于 θ_y，最大转角为 $1.8\theta_y$，小于 $2\theta_y$，大震下满足性能目标要求
偏心支撑	偏心支撑的支撑段最大应力约为 240MPa，小于屈服应力 355MPa，满足大震不屈服的性能目标要求。偏心支撑的耗能段在大震下最大应力约为 390MPa，进入屈服状态耗能
加强层桁架	加强层桁架最大应力约为 300MPa，小于屈服应力 420MPa，满足大震不屈服性能目标要求

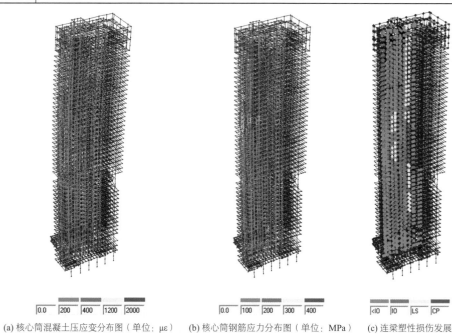

(a) 核心筒混凝土压应变分布图（单位：$\mu\varepsilon$）   (b) 核心筒钢筋应力分布图（单位：MPa）   (c) 连梁塑性损伤发展

经典回眸 同济大学建筑设计研究院（集团）有限公司篇

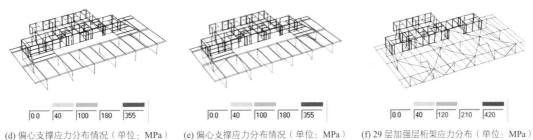

(d) 偏心支撑应力分布情况（单位：MPa）　　(e) 偏心支撑应力分布情况（单位：MPa）　　(f) 29层加强层桁架应力分布（单位：MPa）

图 5.3-10　罕遇地震下构件损伤

5.4　专项设计

5.4.1　墙肢拉应力控制

偏置核心筒结构在风荷载作用下或地震作用下，结构一侧的墙肢内通常产生拉应力（图 5.4-1）。墙肢内轴拉力不仅会降低剪力墙的受剪承载力，还会加大剪力墙受拉、受压时受剪承载力的差异，因此应控制底部剪力墙受拉，控制墙肢拉应力。针对风荷载或地震作用下核心筒北侧墙肢内的拉应力，设计中有 3 种控制方式：（1）增设型钢方式；（2）预应力控制方式；（3）增加配重方式。由于增加配重方式所需配重较多，导致地震作用及墙柱轴压比增大，结构配筋增大，造价增加，设计中对增设型钢及预应力控制两种方式进行分析对比。墙肢编号见图 5.4-2。

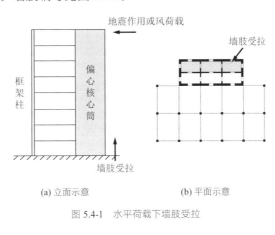

(a) 立面示意　　　　　　　　　　(b) 平面示意

图 5.4-1　水平荷载下墙肢受拉

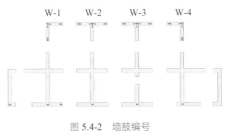

图 5.4-2　墙肢编号

1. 增设型钢方式

为保证剪力墙的延性，进行风荷载及设防地震作用下墙肢拉应力分析。在 100 年一遇风荷载及设防地震作用下，墙肢 W-1～W-4 内产生拉应力，由于结构的对称性，仅对 W-1、W-2 墙肢内拉应力进行分析，剪力墙内型钢布置如图 5.4-3 所示，W-1 墙肢含钢率为 5%，W-2 墙肢含钢率为 6%。墙肢拉应力如表 5.4-1、表 5.4-2 所示。计算结果表明，100 年一遇风荷载作用下墙肢拉应力产生范围为 1～20 层，小于相应的混凝土抗拉强度标准值，墙肢满足不开裂要求；设防地震作用下，墙肢拉应力满足规范要求，保证了剪力墙的延性。

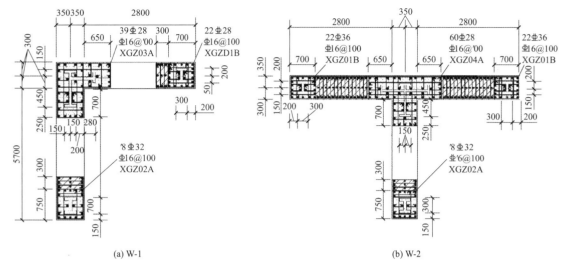

图 5.4-3　型钢排布

风荷载下墙肢拉应力　　　　　　　　　　　　　　　　表 5.4-1

楼层	W-1		W-2	
	σ_{ck}/MPa	ρ/%	σ_{ck}/MPa	ρ/%
20 层	0.3	3	—	—
15 层	0.9	4	0.3	3
10 层	1.4	4	0.5	3
6 层	1.9	5	0.6	3
1 层	2.2	6	0.8	5

注：ρ 为墙肢含钢率。

设防地震不屈服下墙肢拉应力　　　　　　　　　　　　表 5.4-2

楼层	W-1		W-2	
	σ_{ck}/MPa	ρ/%	σ_{ck}/MPa	ρ/%
40 层	—	—	0.7	2
30 层	3.1	2	2.1	2
20 层	4.8	3	4.2	3
15 层	5.7	3	4.8	3
10 层	6.4	4	6.5	3
6 层	7.9	5	7.4	3
1 层	9.7	6	8.5	5

注：（1）当钢骨含钢率为 2.0% 时，中震下拉应力限值采用 $\sigma_{ck} < 1.5f_{tk}$；（2）当钢骨含钢率为 3.0% 时，中震下拉应力限值采用 $\sigma_{ck} < 2.0f_{tk}$；（3）当钢骨含钢率为 4.0% 时，中震下拉应力限值采用 $\sigma_{ck} < 2.5f_{tk}$；（4）当钢骨含钢率为 5.0% 时，中震下拉应力限值采用 $\sigma_{ck} < 3.0f_{tk}$；（5）当钢骨含钢率为 6.0% 时，中震下拉应力限值采用 $\sigma_{ck} < 3.5f_{tk}$（中间数据插值计算，以上数据来源于《我国高层建筑发展概况和超限审查技术要点若干问题》）。

2．预应力控制方式

按二级裂缝控制等级对墙肢施加预应力，墙肢应力应符合式(5.4-1)控制条件。

$$\sigma_{ck} - \sigma_{pc} \leqslant f_{tk} \tag{5.4-1}$$

式中：σ_{ck}——荷载标准组合下抗裂验算边缘混凝土的法向应力；

　　　σ_{pc}——扣除全部预应力损失后，抗裂验算边缘混凝土的预压应力；

　　　f_{tk}——混凝土轴心抗拉强度标准值。

配置公称直径 15.2mm 的钢绞线（抗拉强度标准值 $f_{ptk} = 1860$MPa），张拉控制应力 $\sigma_{con} = 0.7f_{ptk}$，假设预应力损失为 $0.3\sigma_{con}$。扣除预应力损失后，单根钢绞线能够提供的预压力为 $N_{p0} = \sigma_{pe}A_0 = 127.6$kN，

经典回眸·同济大学建筑设计研究院（集团）有限公司篇

其中A_0为换算截面面积，包括净截面面积以及全部纵向预应力筋换算成混凝土的截面面积。钢绞线根数n计算如式(5.4-2)所示，预应力筋排布形式如图 5.4-4 所示。

$$n \geqslant (\sigma_{ck} - f_{tk})A_n/N_{p0} \tag{5.4-2}$$

式中，A_n为扣除孔道、凹槽等的净截面面积。配置预应力筋后墙肢拉应力$\sigma_{ck} = 2.82\text{MPa}$，小于 C60 混凝土抗拉强度标准值（$f_{tk} = 2.85\text{MPa}$），墙肢满足不开裂要求。

墙肢 W-4 内预应力筋排布见图 5.4-4。

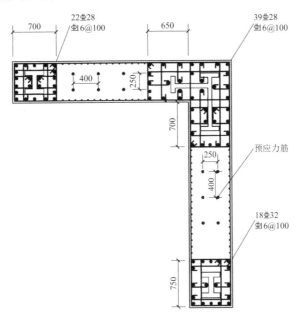

图 5.4-4　墙肢 W-4 内预应力筋排布

3．方案对比

墙肢拉应力控制方式对比　　　　　　　　　　　　　　表 5.4-3

	对比方案	方式特点	存在问题
1	设置型钢	将型钢按弹性模量折算为混凝土，有效控制剪力墙内拉应力水平	用钢量较大
2	设置预应力	通过预应力的方式抵消墙肢拉应力，减少钢骨的含量，可实现混凝土不产生拉应力	预应力筋排布困难、不宜张拉，施工顺序繁琐，增加施工工期，造价增加
3	隔墙配重	结合隔墙配置自重，降低墙肢内拉应力	所需配重较多，地震作用及墙柱轴压比增大，配筋增大，造价增加

综合上述对比因素（表 5.4-3），设置预应力及配重的方式造价增加较多，为控制项目总造价，最终选用设置型钢的方式控制墙肢拉应力，墙肢最大含钢率在 5%～6%。

5.4.2　楼板大开洞分析

塔楼低区酒店区中庭为达到上下通透的建筑效果，楼板存在大开洞，开洞范围为 6～19 层，导致北侧核心筒与南侧框架连接较为薄弱，设计中需对此薄弱部位进行专项分析，确保水平力的可靠传递，保证楼板发挥平面协同作用。

1．楼板抗剪验算

以 6 层为例，塔楼在双向地震作用下剪力分布如图 5.4-5 所示，由于偏心支撑作为框架部分的主要抗侧力构件，承担的侧向荷载较大，楼板在X、Y向地震作用下，均在偏心支撑附近剪力较大。

在剪力较大的部位进行截面切割，即X向地震作用下提取 1-1 截面内剪力，Y向地震作用下提取 2-2 截面剪力（图 5.4-6），计算结果如表 5.4-4 所示。

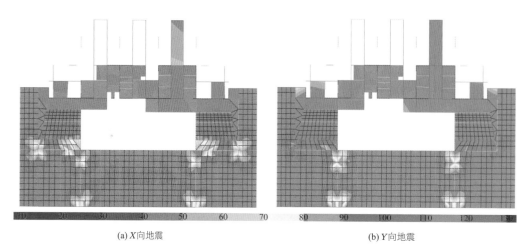

(a) X向地震　　　　　　　　　　　　　(b) Y向地震

图 5.4-5　楼板剪力分布（6 层）

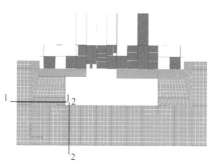

图 5.4-6　截面切割示意

楼板剪力计算结果/kN　　　　　　　　　　　　　　　　　　　　　　表 5.4-4

X向地震（1-1 截面）		Y向地震（2-2 截面）	
小震	大震	小震	大震
161	918	106	604

通过楼板内设置抗剪钢筋来满足水平力的传递要求，参考《高层建筑混凝土结构技术规程》JGJ 3-2010 施工缝抗滑移计算公式，忽略轴力部分，计算公式如下：

$$V = 1/\gamma_{re} \cdot 0.6 f_y A_s \tag{5.4-3}$$

当楼板配筋为双层 Φ12@150 时，配筋形式及对应的承载力如表 5.4-5 所示。

抗剪钢筋承载力计算　　　　　　　　　　　　　　　　　　　　　　表 5.4-5

实配钢筋	小震		大震	
	剪力设计值/kN	抗剪承载力/kN	剪力设计值/kN	抗剪承载力/kN
Φ12@150	161	7660	918	7220

经对比，按照 Φ12@150 配筋计算，楼板内钢筋的抗剪承载力远大于大震下楼板内剪力，楼板抗剪承载力可满足大震下抗剪的需求。

2. 楼板开洞边缘梁承载力验算

楼板大开洞南侧楼板可看作空腹桁架，空腹桁架高度为 12m（图 5.4-7）。梁弯矩最大处位于梁中间位置，在梁弯矩最大处进行截面切割得到截面弯矩（图 5.4-8）。3-3 截面弯矩值为 $M = 527\text{kN} \cdot \text{m}$，忽略楼板的作用，截面弯矩由梁承担，计算得 L1、L2 梁的轴力为 527/12 = 43.9kN（L1 受拉，L2 受压）。对大震下梁的受力进行分析，大震下 L1、L2 梁最大应力为 9.7MPa，远小于钢材屈服强度，梁承载力均可以满足要求。

经典回眸　同济大学建筑设计研究院（集团）有限公司篇

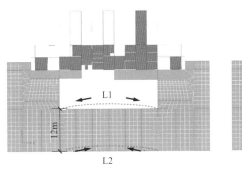

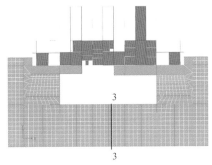

图 5.4-7 深梁受力示意示意   图 5.4-8 3-3 截面切割示意

3. 楼板应力分析

小震弹性工况下，酒店区典型层楼板应力云图如图 5.4-9 所示，除核心筒角部应力集中外，大部分楼板应力小于 1MPa，小于 C35 混凝土抗拉强度标准值 $f_{tk} = 2.20MPa$，可满足小震不开裂要求。偏心支撑附近楼板在小震作用下楼面的最大拉应力接近混凝土抗拉强度标准值，设计时应增大偏心支撑附近楼板配筋。

中震不屈服组合工况下，酒店区典型层楼板应力云图如图 5.4-10 所示，除角部应力集中外，在偏心支撑附近小范围的区域楼板应力较大，最大值为 3.5MPa 左右，此范围应加大楼板配筋。楼板采用 150mm 桁架楼承板，每米板宽内需要的钢筋面积 $A_s > 1312m^2$，双层双向配置楼板配筋Φ12@150，$A_s = 1507m^2$，可满足中震不屈服的性能目标。

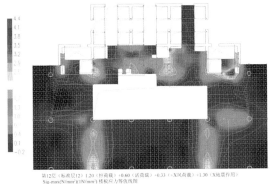

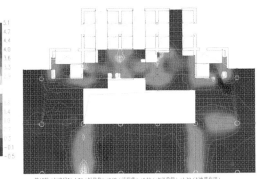

(a) X向   (b) Y向

图 5.4-9 酒店区典型层小震作用下楼板应力云图

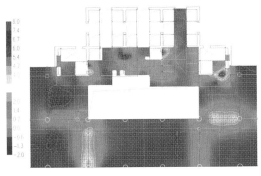

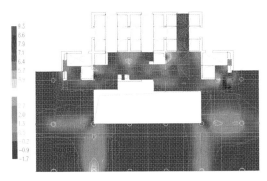

(a) X向   (b) Y向

图 5.4-10 酒店区典型中震不屈服工况下楼板应力云图

4．楼板大开洞加强措施

综合以上分析，为保证楼板传力的可靠，采取了如下加强措施：①楼板厚度采用150mm，保证楼板的平面协同作用；②楼板采用双层双向配筋，每层每向配筋率不小于0.25%，对于偏心支撑处楼板配筋进行加强，采用双层双向配置楼板配筋 ⊈12@150，满足中震不屈服的性能目标，同时加强与支撑相连梁顶栓钉；③加强大开洞洞口周边梁尺寸，梁尺寸从 H650mm×350mm×12mm×28mm 加大至 H650mm×500mm×14mm×34mm；④楼板大开洞形成局部单跨框架，单跨框架的抗震性能提高至中震弹性。

5.4.3 关键节点设计

为提高结构整体刚度，在40层及29层布置2道伸臂桁架，29层布置1道环带桁架。伸臂桁架及环带桁架性能目标为中震弹性、大震不屈服。采用有限元分析软件 ABAQUS 对加强层桁架关键节点的性能目标进行验算。加强层桁架节点中钢管混凝土内布置内环板，钢管可提供对混凝土的约束作用，分析中考虑了混凝土的受压作用。

1．伸臂桁架典型节点

选取29层 Y 向加强桁架节点，节点位置如图5.4-11所示。节点处桁架弦杆及腹杆均采用箱形截面，弦杆截面为□750mm×500mm×20mm×50mm，腹杆截面一侧为□950mm×500mm×40mm×40mm，另一侧为□1100mm×500mm×50mm×75mm。弦杆与腹杆钢材材质均为 Q420。框架柱采用圆钢管混凝土柱，柱截面为 1200mm×40mm，柱钢材为 Q390，混凝土强度等级为 C60。中震弹性组合下钢材等效应力约为310MPa［图5.4-12（a）］，小于材料屈服强度设计值340MPa；大震不屈服组合下钢材等效应力最大值为362MPa［图5.4-12（b）］，小于材料屈服强度标准值380MPa，节点能够满足设计性能目标。

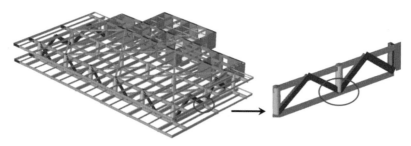

图 5.4-11 加强层验算节点示意（29层）

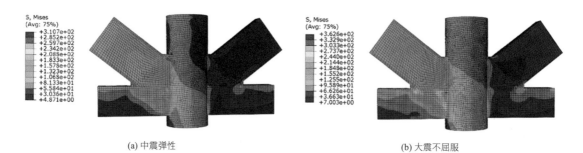

(a) 中震弹性   (b) 大震不屈服

图 5.4-12 Y 向伸臂桁架节点应力云图

2．环带桁架典型节点

选取29层 X 向加强桁架节点，节点位置如图5.4-13所示。节点处弦杆截面为 H750mm×500mm×20mm×50mm，腹杆截面为 H600mm×550mm×30mm×60mm，弦杆与腹杆钢材材质均为 Q420。框架柱采用圆钢管混凝土柱，柱截面为 1200mm×40mm，柱钢材为 Q390，混凝土强度等级为 C60。中震弹性组合下钢材等效应力约为 310MPa［图 5.4-14（a）］，小于材料屈服强度设计值 340MPa；大震不屈服组合下钢材等效应力最大值为 396MPa［图 5.4-14（b）］，小于材料屈服强度标准值 380MPa，节点能够满足设计性能目标。

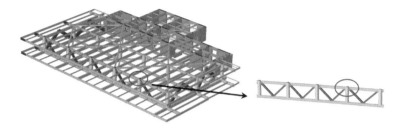

图 5.4-13　加强层验算节点示意（29 层）

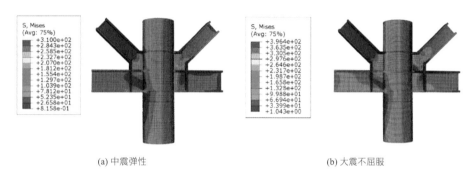

(a) 中震弹性　　　　　　　　　　　　　　　　　　(b) 大震不屈服

图 5.4-14　X 向环带桁架节点应力云图

5.4.4　跃层柱稳定性分析

1. 稳定性分析

"空中之眼"的建筑造型导致结构中部存在跃层柱，如图 5.4-15 所示。跃层柱 Z1 几何长度为 24.5m，跃层柱 Z2 几何长度为 15.5m。为确保跃层柱的稳定性满足要求，对跃层柱进行非线性屈曲分析。根据超限评审专家意见，宜适当加强结构中部穿层部分的框架梁，加强其对跃层柱的有效约束。因此，加强跃层柱柱顶及柱底钢梁截面刚度及楼板厚度，钢梁截面尺寸由 H800mm × 400mm × 16mm × 45mm 提高至 H800mm × 500mm × 20mm × 45mm，同时楼板厚度加厚至 150mm，增强跃层柱端部约束。跃层柱屈曲模态如图 5.4-16 所示，根据屈曲临界荷载得出计算长度系数，计算结果见表 5.4-6，跃层柱长细比满足规范要求。

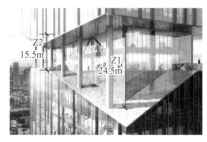

图 5.4-15　跃层柱示意

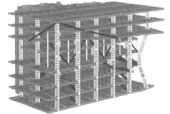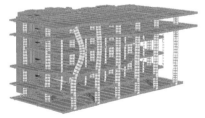

(a) Z1 屈曲模态　　　　　　　　　　　(b) Z2 屈曲模态

图 5.4-16　跃层柱屈曲模态

计算长度计算　　　　　　　　　　　　　　　　　　表 5.4-6

编号	截面尺寸/mm	几何长度/m	计算长度系数	计算长度/m	长细比	长细比限值
Z1	CFT D1400 × 50	24.5	0.54	13.23	43	80
Z2	CFT D1400 × 50	15.5	0.52	8.06	28	80

2．承载力验算

对跃层柱的承载力进行验算，验算结果如表 5.4-7 所示。验算结果表明，跃层柱承载力可满足中震弹性性能目标要求。

跃层柱承载力计算（中震弹性）　　　　　　表 5.4-7

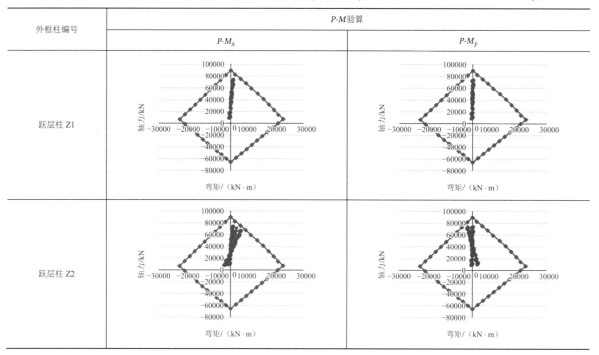

外框柱编号	P-M验算	
	$P\text{-}M_x$	$P\text{-}M_y$
跃层柱 Z1		
跃层柱 Z2		

5.4.5　施工模拟分析与纠偏

1．全过程水平变形分析

在不考虑施工纠偏措施的情况下，计算工况 DL（恒荷载）＋ 0.5LL（活荷载）下结构的顶点位移角随偏置程度的增大而增大。结构顶点水平位移为 345mm，顶点位移角达到 1/725。根据《高层建筑混凝土结构设计规程》JGJ 3-2010，结构高度 230m 时层间位移角限值为 1/528，顶点位移角已达到多遇地震下层间位移角限值的 70%，有必要采用一定的施工纠偏措施，在施工中对结构的水平变形进行控制。

对施工及使用全过程侧向变形进行施工模拟计算。超高层建筑从施工直至使用 50～100 年，自重荷载长期作用下产生的竖向变形主要由两部分组成：（1）重力荷载作用下的弹性压缩变形；（2）混凝土收缩和徐变产生的非弹性变形。施工模拟计算中，考虑了结构的弹性变形及混凝土材料的收缩和徐变。考虑到长期作用下，活荷载折减系数取为 0.5。混凝土徐变和收缩均采用 CEB-FIP（90）模型。CEB-FIP（90）的混凝土收缩徐变应变ε_{cr}计算如式(5.4-4)所示。

$$\varepsilon_{cr} = \varepsilon_e \phi(t, t_0) \tag{5.4-4}$$

式中：ε_e——混凝土弹性应变；

$\quad t_0$——混凝土加载龄期；

$\quad t$——计算龄期；

$\phi(t, t_0)$——混凝土随时间变化的徐变系数。

模型中采用 ACI 209.2R-D8 公式对混凝土弹性模量$E_c(t)$进行估计，公式如下：

$$E_c(t) = 0.043\rho^{1.5}\sqrt{f(t)} \tag{5.4-5}$$

$$f(t) = \left(\frac{t}{4 + 0.85t}\right)f_{cm,28} \tag{5.4-6}$$

式中：$f_{cm,28}$——混凝土圆柱体抗压强度。

剪力墙混凝土的材料相对湿度取70%，CFT柱由于钢管对水分流失的阻碍，相对湿度取100%。CFT柱为复合材料截面模型，分析中采用相同尺寸的混凝土构件等代，并乘以相应的面积放大系数β_A以及抗弯刚度放大系数β_I，以达到面积等效、抗弯刚度等效。

面积放大系数β_A为：

$$\beta_A = (\alpha_E A_s + A_c)/(A_c + A_s) \tag{5.4-7}$$

抗弯刚度放大系数β_I为：

$$\beta_I = (\alpha_E I_s + I_c)/(I_c + I_s) \tag{5.4-8}$$

式中，$\alpha_E = E_s/E_c$，E_c、E_s分别为混凝土及型钢弹性模量；A_c、A_s分别为混凝土及型钢部分面积；I_c、I_s分别为混凝土及型钢部分惯性矩。

在实际施工顺序的基础上进行一定简化，假定施工进度如下：（1）地上结构每7d一层；（2）外框架比核心筒施工晚3层；（3）楼板比外框架部分施工晚3层；（4）幕墙荷载比核心筒施工晚6层；（5）附加恒荷载比楼板施工晚10层；（6）伸臂桁架弦杆先铰接，在所有恒荷载和幕墙荷载施加完成后安装伸臂腹杆，同时刚接弦杆；（7）活荷载在所有结构构件完工后100d加载。

结构的使用阶段可分为结构封顶、活荷载加载、正常使用5年以及正常使用50年4个阶段。结构封顶时塔楼水平变形偏向框架一侧，水平变形为153mm；活荷载加载后水平位移增大至206mm；正常使用5年后水平变形因为混凝土的徐变而增大至222mm；正常使用50年后由于CFT柱中的混凝土在钢管的包裹下，水分无法蒸发，水分流失少，导致CFT柱徐变较小，剪力墙的徐变大于CFT柱徐变，水平位移减小至169mm（表5.4-8）。各阶段结构水平变形如图5.4-17所示，由于计算模型中采用3层加载的方式，加载曲线有一定突变。

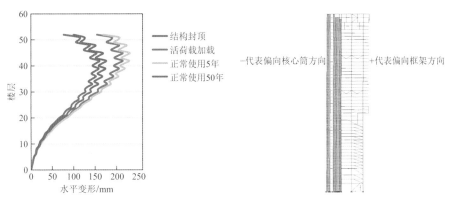

图5.4-17 各阶段结构水平变形

注：正值代表偏向框架方向，负值代表偏向核心筒方向。

结构水平变形 表5.4-8

加载过程	Δd/mm	d/mm	d/H
结构封顶	+153	153	1/1555
活荷载加载	+51	206	1/1155
正常使用5年	+16	222	1/1072
正常使用50年	−53	169	1/1408

注：Δd代表水平位移增量；d代表累计水平位移；H代表结构高度。

2. 结构纠偏

通过预先加长CFT柱长度的方式，减小框架部分及核心筒的竖向变形差，达到减小塔楼水平变形的目的。使活荷载加载后结构保持垂直状态，以满足结构的安全性和正常使用要求。从工程便捷性考虑，每 5 层作为一个区段，以 A、B 轴典型框架柱 A 点及 B 点为例（图 5.4-18），CFT 柱预伸长值如表 5.4-9 所示。

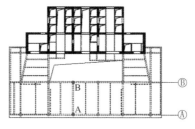

图 5.4-18 侧向变形监测点示意

CFT 柱预伸长值 表 5.4-9

楼层	A 点/mm	B 点/mm	楼层	A 点/mm	B 点/mm
50	0	0	25	14	11
45	6	4	20	14	10
40	9	6	15	16	13
35	10	8	10	17	12
30	12	9	5	18	12

纠偏后结构水平变形，如图 5.4-19 所示。采用预伸长值的方法，可有效控制结构重力荷载下的侧向变形，在结构封顶时结构水平变形偏向核心筒方向，侧向变形为 45mm；活荷载加载时侧向变形为 3mm；正常使用 5～50 年时塔楼水平变形在 ±50mm 以内，塔楼接近于垂直状态，满足电梯井道使用要求。

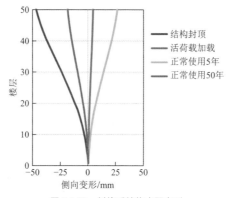

图 5.4-19 纠偏后结构水平变形

注：正值代表偏向框架方向，负值代表偏向核心筒方向。

3. 全过程健康监测

由于本项目核心筒完全偏置于结构的一侧，对塔楼的水平变形应尤为关注。在施工及运营阶段，对塔楼的倾斜采用全过程健康监测，并将健康监测的数据与模拟计算值进行对比分析，即时了解结构施工过程中的结构性态。如监测数据与模拟值偏差较大，应及时查找原因，一方面排查可能造成监测数据异常的因素，并采取相应措施进行及时纠偏，有效控制塔楼侧向变形，保证塔楼的安全及使用性能；另一方面根据实际情况对计算模型进行校核，提高计算模型的精确度。

5.5 结语

（1）对于核心筒完全偏置于一侧的超高层建筑结构，可采用钢结构方案或混合结构方案进行设计，采用混合结构方案进行设计可行且更为经济，钢材用量节约约 40%。

经典回眸
同济大学建筑设计研究院（集团）有限公司篇

（2）偏置核心筒超高层建筑结构扭转效应明显，设计中可通过调整剪力墙厚度、布置支撑等措施调整结构的偏心程度，使得扭转周期比及扭转位移比满足规范要求，达到控制结构扭转的目的。

（3）核心筒偏置超高层结构设计中需对墙肢拉应力进行控制，通过采用增设型钢、预应力控制及增加配重方式，均可控制风荷载及设防地震作用下墙肢拉应力水平，有效保证剪力墙的延性。

（4）核心筒偏置结构竖向荷载下结构水平变形已接近多遇地震下水平变形的 70%，施工中对结构水平变形进行纠偏，采用预伸长框架柱的方式，有效控制水平变形，保证结构正常使用。设计完成后，对塔楼的倾斜采用全过程健康监测，并将健康监测的数据与模拟计算值进行对比分析，控制结构的水平变形，保证塔楼的安全及使用性能。

参考资料

[1] 同济大学建筑设计研究院(集团)有限公司. 新江湾城 F 区 F1-E 地块商办项目超限高层抗震专项审查报告[R]. 2021.

[2] 同济大学土木工程防灾国家重点实验室. 新江湾城 F 区 F1E 地块商办项目风洞试验研究报告-第 3 部分风振分析及主体结构风荷载计算[R]. 2020.

[3] 吴宏磊，丁洁民，王世玉，等. 大偏心核心筒超高层结构受力性态与设计关键技术[J]. 建筑结构学报，2023, 44(1): 154-165.

设计团队

结构设计单位：同济大学建筑设计研究院（集团）有限公司（方案 + 初步设计 + 施工图设计）

结构设计团队：丁洁民，张　涛，吴宏磊，耿耀明，王世玉，杨博雅，邹　诚，胡锡勇，王永伟，杨超一，刘兴能，王　曦

执　笔　人：耿耀明，王世玉，杨博雅

第 6 章

中国银联运营中心

6.1 工程概况

6.1.1 建筑概况

中国银联业务运营中心位于世博会地区 A 片区的东北角，也是 A 片区高度最高的地标性建筑（图 6.1-1、图 6.1-2）。

本工程包括一栋超高层塔楼及东西裙房（图 6.1-3）。塔楼地上 33 层，建筑高度 150m，平面尺寸 46.5m×46.5m，核心筒尺寸 24m×24m，外框柱距 4.2m。裙房地上 5 层，建筑高度 24m。塔楼和裙房之间通过 2 道连廊相连，地上总建筑面积约 9 万 m²。地下室整体为 3 层，建筑面积约 4.7 万 m²。

塔楼的主要建筑功能为办公、业务用房，西侧裙房主要功能为商业及餐饮，东侧裙房主要功能为商业、多功能用房及配套员工餐厅等，地下室主要功能为车库及设备用房（图 6.1-4～图 6.1-6）。

本项目设计时间为 2015—2018 年，主体结构于 2021 年封顶并通过验收。

图 6.1-1　建筑实景图（拍摄于 2022 年 11 月）

图 6.1-2　建筑效果图

图 6.1-3　塔楼与裙房平面位置示意图

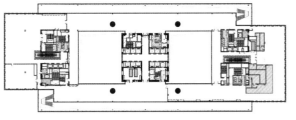

图 6.1-4　裙房典型平面图

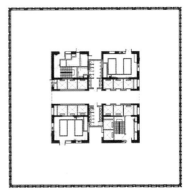

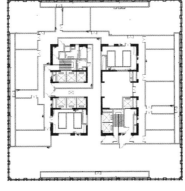

图 6.1-5　塔楼典型平面图（左为标准层，右为避难层）

图 6.1-6　整体剖面图

6.1.2 设计条件

1．主体控制参数

控制参数见表6.1-1。

控制参数表   表6.1-1

结构设计基准期	50年	建筑抗震设防分类	标准设防类（丙类）
建筑结构安全等级	二级	抗震设防烈度	7度
结构重要性系数	1.0	设计地震分组	第二组
地基基础设计等级	一级	场地类别	Ⅳ类
建筑结构阻尼比	0.04（多遇地震）/0.05（罕遇地震），本处不包括附加阻尼		

2．结构抗震设计条件

地上构件抗震等级如表6.1-2所示，地下一层构件抗震等级同地上一层，地下二层及以下构件抗震等级逐层降低。

构件抗震等级   表6.1-2

构件	塔楼核心筒、巨柱	塔楼钢结构转换桁架、裙房核心筒	塔楼及裙房钢框架
抗震等级	特一级	一级	二级

3．风荷载

本项目位于上海市，50年一遇基本风压为0.55kN/m²，场地粗糙度类别为C类。承载力计算时放大1.1倍。

6.2 项目特点

6.2.1 塔楼转换

对塔楼建筑有如下要求：（1）外框架6～33层采用密柱体系，柱间距4.2m；（2）所有外框柱不能落地，在6层通过转换结构将荷载传递到下部4个巨柱上；（3）立面上不能出现斜撑（包括转换结构）；（4）需将外框柱整合到幕墙体系中，外框柱的最大尺寸不能超过700mm×350mm。转换层及楼面收进示意如图6.2-1～图6.2-3所示。

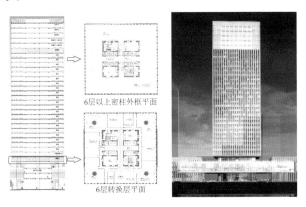

6层以上密柱外框平面

6层转换层平面

图6.2-1 转换示意

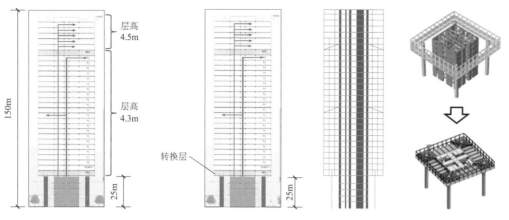

图 6.2-2　转换层立面位置示意图　　　　　　　　　　　图 6.2-3　外框转换示意图

6.2.2　裙房立面桁架

裙房南北外立面有一个两层的无柱空间从巨柱及核心筒悬挑出来，最大悬挑长度达到 13.5m，建筑要求立面上杆件尽量纤细通透（图 6.2-4）。

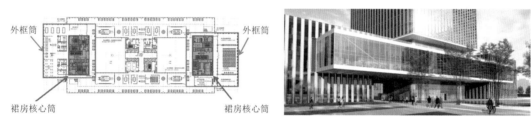

图 6.2-4　裙房南北外立面示意

6.2.3　塔楼采光顶

塔楼采光顶位于 28 层及以上，建筑要求构件尽量纤细通透并采用高精钢。不同于普通方钢管的角部是弧角弯折，高精钢的角部两条边是直角弯折。

经多方调研，最终采用原钢管二次挤压成型工艺，钢管外部为尖角，内部为圆角（图 6.2-5）。

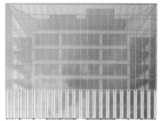

图 6.2-5　屋顶采光顶建筑效果图及高精钢实景照片

6.3　体系与分析

6.3.1　方案对比

前期针对塔楼 6 层转换的情况，考虑 3 种方案进行对比。

1．方案一：整体空腹桁架转换体系

采用整体空腹桁架转换体系（图 6.3-1），上部楼面荷载主要通过 8 根框架柱传递到转换桁架上，框架柱构件应力比过高且钢板厚度 140mm（表 6.3-1），难以加工。

方案一构件截面及计算结果 表 6.3-1

柱截面/mm	材质	柱最大轴力/kN	应力比
H700 × 350 × 140 × 140	Q420GJ	16421	0.89

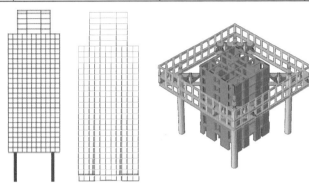

图 6.3-1 方案一：整体空腹桁架转换体系

2．方案二：底部深梁 + 空腹桁架转换体系

底部深梁 + 空腹桁架转换体系（图 6.3-2）通过增大底部两道转换梁的截面，提高转换层桁架的整体刚度，利用转换梁的弯矩和剪力将楼面荷载更加均匀地分布到各根框架柱上，从而减小框架柱构件厚度，同时降低构件应力比（表 6.3-2、表 6.3-3）。

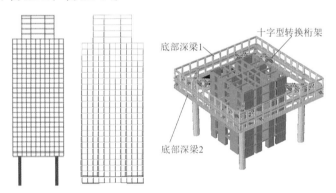

图 6.3-2 方案二：底部深梁 + 空腹桁架转换体系

方案二构件截面 表 6.3-2

	底部深梁 1	底部深梁 2	十字形转换桁架
截面/mm	H1500 × 1500 × 120 × 120	H1000 × 1500 × 120 × 120	H1000 × 1000 × 120 × 120

方案二计算结果 表 6.3-3

柱截面/mm	材质	柱最大轴力/kN	应力比
H700 × 350 × 120 × 120	Q420GJ	12423	0.83

3．方案三：底部伞状转换梁 + 避难层拉索转换体系

通过底部楼层伞状转换梁将外框架荷载更加均匀地传递到底部四颗巨柱上，柱轴力减小 13%（图 6.3-3、图 6.3-4）。

在 17 层和 28 层避难层的角部，共 8 处布置拉索，每处布置 3 根直径 120mm 的拉索，每根拉索施加 2000kN 预应力。

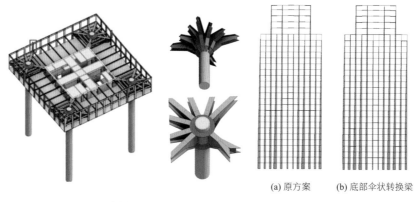

图 6.3-3 底部转换梁布置图　　　　　图 6.3-4　1.0D + 1.0L 下柱轴力对比

(a) 原方案　　　(b) 底部伞状转换梁

通过在 17 层、28 层避难层布置拉索，将部分外框架荷载分段传递至核心筒，从而减小外框架承担的竖向荷载，外框架柱轴力减小 12%（图 6.3-5、图 6.3-6）。

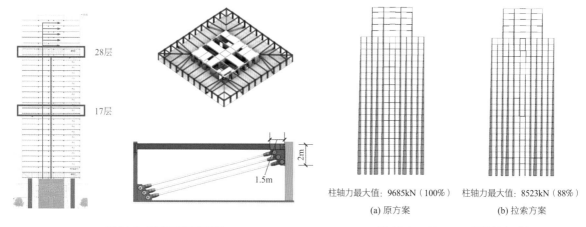

图 6.3-5　避难层拉索布置图

柱轴力最大值：9685kN（100%）　　柱轴力最大值：8523kN（88%）

(a) 原方案　　　　　　(b) 拉索方案

图 6.3-6　1.0D + 1.0L 下柱轴力对比

4. 小结

方案一整体空腹桁架转换体系，框架柱构件应力比过高且钢板厚度 140mm，难以加工。方案二底部深梁 + 空腹桁架转换体系，利用转换梁的弯矩和剪力将楼面荷载更加均匀地分布到各根框架柱上，从而减小框架柱构件厚度，同时降低构件应力比。方案三通过布置底部伞状转换梁和避难层预应力拉索，增加了外框竖向荷载的传力路径，同时将部分外框架荷载分层传递至核心筒，减小外框架柱轴力，从而进一步减小板件厚度。通过对竖向传力体系三种方案的对比（表 6.3-4），最终采用方案三底部伞状转换梁 + 避难层拉索转换体系。

转换方案对比小结　　　　　　　　　　　　　　　　表 6.3-4

方案	方案一 整体空腹桁架转换体系	方案二 底部深梁 + 空腹桁架转换体系	方案三 底部伞状转换梁 + 避难层拉索转换体系
材质	Q420GJ	Q420GJ	Q420GJ
柱截面/mm	H700 × 350 × 140 × 140	H700 × 350 × 120 × 120	BOX700 × 350 × 80 × 80
柱最大轴力/kN	16421	12101	8591
构件最大应力比 （1.2D + 1.4L + 0.84W）	0.89	0.83	0.82

经典回眸　同济大学建筑设计研究院（集团）有限公司篇

6.3.2 结构布置

1. 塔楼结构体系

1）塔楼竖向结构体系

塔楼采用钢筋混凝土核心筒 + 外钢框架 + 转换结构 + 拉索 + 阻尼墙结构体系，详见图 6.3-7。

2）水平抗侧力体系设计思路

（1）由于底部楼层外框承担剪力较小，地震作用主要由混凝土核心筒承担，考虑采用消能减震装置减小底部楼层的地震作用；（2）保证底部 4 根巨柱在中震下达到弹性的性能指标；（3）相关超限指标向规范靠拢。基于以上三点，在不影响建筑造型和功能的前提下，本项目进一步对比了消能减震黏滞阻尼墙方案，详专项设计阻尼墙设计。

3）塔楼构件截面

底部 1~6 层核心筒外巨柱采用圆形钢管混凝土柱（图 6.3-7），构件信息见表 6.3-5，核心筒墙体厚度及混凝土强度等级见表 6.3-6。

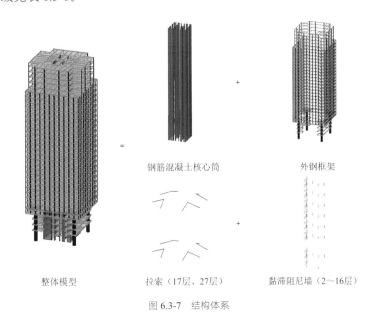

| 整体模型 | 钢筋混凝土核心筒 | 外钢框架 |
| 拉索（17层、27层） | 黏滞阻尼墙（2~16层） |

图 6.3-7 结构体系

巨柱构件信息表　　　　　　　　　　　　　　　　　　　　　　　　表 6.3-5

	楼层	截面尺寸	混凝土强度等级	钢材等级
	1~6	直径 D = 2800mm 壁厚 = 80mm	C60	Q390GJC

塔楼核心筒墙体厚度及混凝土强度等级　　　　　　　　　　　　　表 6.3-6

楼层	混凝土强度等级	外墙厚度/mm	内墙厚度/mm
1~7	C60	800	400
8~18	C50	600	400
19~34	C40	400	300

4）塔楼楼面布置

塔楼楼面布置见图 6.3-8、图 6.3-9。楼面体系由工字形钢框架梁、工字形钢次梁以及组合楼板构成，普通层楼板厚度 125mm，转换层、设备层楼板厚度 150mm。楼面梁尺寸见表 6.3-7。

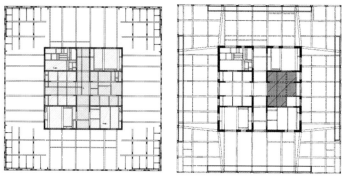

图 6.3-8　塔楼标准层结构布置　　　　　图 6.3-9　塔楼避难层结构布置

楼面梁尺寸　　　　　　　　　　　　　　　　　　　表 6.3-7

梁编号	截面/mm	材质
GL1（边框梁）	H700×300×13×24	Q345B
GL2	H440×300×11×18	Q345B

2. 裙房结构体系

裙房结构体系与塔楼相似，外框采用密柱钢结构框架，内设混凝土筒体。裙房内筒范围如图 6.3-10 红线范围所示。裙房结构体系轴测图见图 6.3-11。

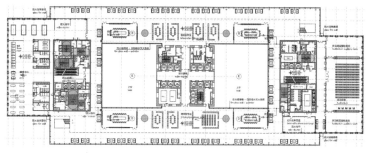

图 6.3-10　裙房内筒范围示意图

图 6.3-11　裙房结构体系轴测图

裙房与塔楼之间在 2～4 层设置连廊，连廊外立面大跨度采用带斜腹杆的桁架结构，满足连廊大跨度的建筑空间要求。

裙房南北外立面各向外悬挑一个两层的无柱空间，悬挑长度 10～13.5m，本项目中建筑师要求结构构件尽量纤细。为了满足建筑要求，最终采用如下方案：中跨采用箱形挑梁，边跨采用悬挑桁架，悬挑梁、悬挑桁架与悬挑端部的立面桁架组成空间作用，协同受力（图 6.3-12、图 6.3-13）。

由于构件截面尺寸较小（表 6.3-8），在施工状态下需要综合考虑各种不利工况，保证结构的稳定性。要求施工胎架直接顶到桁架上弦，避免可能出现拉杆变为压杆的情况。

构件节点采用直径 180～200mm 的销轴连接，销轴材质 40Cr，为了满足建筑要求，在销轴外侧做了装饰性盖板，装饰性盖板与连接板之间间隙极小，经过精确计算满足销轴转动的需求，该节点已经获得专利证书（图 6.3-14、图 6.3-15）。

建筑效果及裙房桁架实景见图 6.3-16、图 6.3-17。

主要构件截面尺寸（单位：mm）　　　　　　　　　　表 6.3-8

竖腹杆	□400×200×40×40	Q420GJC	正立面
斜腹杆 1	□400×200×40×40	Q420GJC	正立面
斜腹杆 2	□600×300×50×40	Q420GJC	边榀桁架处

图 6.3-12 裙房桁架结构在整体结构中的位置

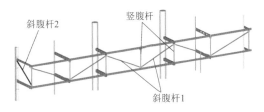

图 6.3-13 裙房桁架结构体系图

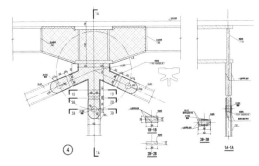

图 6.3-14 销轴节点详图

图 6.3-15 销轴节点实景图

图 6.3-16 建筑效果图

图 6.3-17 裙房桁架实景照片

3．塔楼采光顶结构体系

塔楼采光顶位于 28 层及以上，属于幕墙结构，结合其具体造型、位置、与主体结构连接方式及受力特点，对幕墙与主体结构的受力及变形进行一体化设计（图 6.3-18、图 6.3-19）。最终构件截面控制在□70mm×50mm×8mm～□410mm×85mm×16mm。

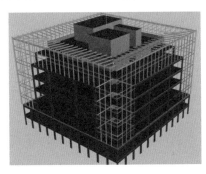

图 6.3-18 包含主体结构的整体模型

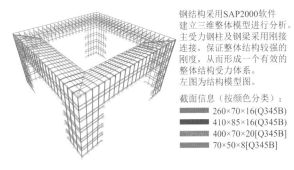

钢结构采用SAP2000软件建立三维整体模型进行分析。主受力钢柱及钢梁采用刚接连接，保证整体结构较强的刚度，从而形成一个有效的整体结构受力体系。
左图为结构模型图。

截面信息（按颜色分类）：
■ 260×70×16(Q345B)
■ 410×85×16(Q345B)
■ 400×70×20[Q345B]
■ 70×50×8[Q345B]

图 6.3-19 单独计算模型

4．地下室及基础结构设计

本工程采用钻孔灌注桩，塔楼核心筒及巨柱下布置直径 800mm 的纯抗压桩（桩端后注浆），桩长 52m，持力层为⑨$_1$ 层粉砂层，单桩抗压承载力特征值 6500kN。裙房剪力墙及部分框架柱下布置直径 650mm 的抗压兼抗拔桩，桩长 36m，持力层⑦$_{2-2}$ 层粉砂层，单桩抗压/抗拔承载力特征值为 2650kN/700kN（为节约桩钢筋用量，抗拔力细分为 200kN、700kN 两种）。纯地下室框架柱及部分裙房框架柱下布置直径 600mm 的抗压兼抗拔桩，桩长 30m，持力层为⑦$_{2-2}$ 层粉砂层，抗压/抗拔特征值为 2150kN/1200kN。在纯地下室区域的板跨中布置直径 600mm 的纯抗拔桩，桩长 30m，持力层为⑦$_{2-2}$ 层粉砂层，抗拔承载力特征值 1200kN。为了降低造价，经审图公司、围护设计单位认可在加强地下连续墙与地下室主体结构连接的前提下，适当利用地下连续墙的竖向承载力。

本工程地下 3 层，底板面结构标高−16.200m，抗浮设计水位取室外地面以下 0.5m。塔楼核心筒区域底板板厚为 2200mm，巨柱下多桩承台厚度为 3100mm，裙房剪力墙下底板厚度为 1700mm，其他区域底板板厚为 1000mm，其他桩基承台厚度为 1400～1800mm 不等。地下室外墙采用"两墙合一"的地下连续墙。

6.3.3　性能目标

1．超限内容

1）竖向传力体系存在转换：塔楼底部 1～4 层外框仅保留 4 根巨柱，通过设置在 6 层的转换结构，将外框荷载传递到底部 4 根巨柱上。

2）抗侧力体系外框架承担剪力比例很低：塔楼底部楼层外框仅保留 4 根巨柱，承担剪力较小，无法实现多重抗侧力体系，地震作用主要由钢筋混凝土核心筒承担，对核心筒和底部 4 根巨柱的要求更严格。

3）其他超限情况：（1）Y 向扭转位移比 1.29；（2）裙房 4 层局部楼板有效宽度小于典型宽度 50%（3）裙房最大悬挑 13.75m；（4）框架柱不连续，内力由转换桁架转换；（5）5 层受剪承载力突变；（6）采用减隔震措施，布置黏滞阻尼墙。

2．针对超限情况的结构设计和相应措施

1）结构体系与布置：（1）采用混合结构，提高结构的抗震延性。（2）调整裙房结构布置，控制塔楼扭转。（3）塔楼核心筒墙厚度和混凝土强度等级从下到上逐渐减小，且内墙和外墙变截面位置错开，保证抗侧刚度和抗剪承载力连续，不发生突变。（4）通过转换桁架方案的比选，采用底部伞状转换梁，使楼面荷载更加均匀地分布到框架柱上。

2）增强核心筒延性的措施：（1）控制墙肢轴压力和剪力水平，确保墙肢在大震下的延性且不发生剪切破坏；（2）核心筒底部加强区墙肢的抗震等级提高到特一级，在约束边缘构件层与构造边缘构件层之间设置 1～2 层过渡层，保证墙肢延性；（3）采用消能减震装置，提高核心筒抗震延性。

3）其他相关措施：（1）严格控制各项指标，塔楼在设计过程中严格按现行国家有关标准的要求进行设计，各类指标尽可能地控制在规范范围内，并留有余量；（2）多程序验算，保证计算结果准确完整；（3）进行弹性及弹塑性时程分析，了解结构在地震时程下的响应过程，并寻找结构薄弱部位以便进行有针对性加强；（4）尽量采用轻质墙体材料，以有效地减轻建筑物的自重，进而减小作用于结构上的地震作用；（5）楼板，采用弹性楼板假定，以考虑楼板的实际刚度。在平面开大洞处、局部楼板缺失处、局部楼面弱连接处，双层双向配筋；在阴角处配置附加双层斜向钢筋，同时洞边梁拉通面筋并加强腰筋配置。

3．抗震性能目标

根据《建筑抗震设计规范》GB 50011-2010（简称《抗规》）和《高层建筑混凝土结构技术规程》JGJ 3-2010（简称《高规》）的要求，同时综合考虑抗震设防类别、设防烈度、结构特殊性、建造费用以及震后损失程度等各项因素，在不同地震水准运动下，塔楼抗震性能目标如表 6.3-9 所示。

塔楼抗震性能目标　　　　　　　　　　　　　表 6.3-9

地震烈度	多遇地震	设防烈度地震	罕遇地震
性能水平定性描述	不损坏	有破坏，可修复损坏	严重破坏
层间位移角限值	1/800	—	1/100

经典回眸　同济大学建筑设计研究院（集团）有限公司篇

地震烈度		多遇地震	设防烈度地震	罕遇地震
塔楼关键构件性能	核心简墙	弹性	受弯不屈服；受剪不屈服	大震下抗剪截面控制条件，$V/f_{ck}bh_0 \leqslant 0.15$
	连梁	弹性	允许进入塑性	允许进入塑性，不得脱落，最大塑性角在 CP 以内
	塔楼框架柱	弹性	弹性	允许进入塑性，控制塑性转角在 LS 以内
	巨柱	弹性	弹性	大震不屈服
	塔楼框架梁	弹性	不屈服	控制塑性转角在 LS 以内
裙房关键构件性能	裙房框架柱	弹性	不屈服	允许进入塑性，塑性转角在 LS 以内
	裙房与塔楼连接处框架梁	弹性	弹性	控制塑性转角在 LS 以内
	裙房一般框架梁	弹性	不屈服	控制塑性转角在 LS 以内
	裙房悬挑拉杆	弹性	弹性	弹性

6.3.4　结构分析

1. 小震弹性分析

小震弹性主要分析结果如表 6.3-10～表 6.3-12 所示。

自振周期（单位：s）　　　　表 6.3-10

振型	ETABS	YJK
1	3.23	3.17
2	3.10	3.10
3	2.63	2.43

基底剪力和基底倾覆力矩　　　　表 6.3-11

软件	荷载作用	X向		Y向	
		剪力/kN	倾覆力矩/（kN·m）	剪力/kN	倾覆力矩/（kN·m）
ETABS	多遇地震	19927	1684835	19402	1625889
	风荷载	10509	965299	10554	969879
YJK	多遇地震	19669	1643880	19320	1602786
	风荷载	11174	1045255	11210	1048909

楼层层间位移角统计　　　　表 6.3-12

软件	多遇地震		风荷载	
	X向	Y向	X向	Y向
ETABS	1/993	1/974	1/2008	1/1842
YJK	1/979	1/980	1/2106	1/2033

2. 动力弹塑性分析

本工程采用 Perform-3D 进行罕遇地震下的弹塑性时程分析。混凝土本构关系简化为折线形，输入关键点的数据。材料参数参照我国现行《混凝土结构设计规范》GB 50010 取值。构件类型主要为：型钢混凝土柱、钢框架梁、钢框架柱、剪力墙、剪力墙连梁、黏滞阻尼墙；材料及几何非线性（$P\text{-}\Delta$效应）均考虑在内；阻尼采用模态阻尼，阻尼比为 5%。

1）基底剪力

结构最大基底剪力与对应剪重比   表 6.3-13

序号	地震波组	X向基底剪力/kN	X向剪重比/%	Y向基底剪力/kN	Y向剪重比/%
1	SHW8X和SHW8Y	55180	6.66	52917	6.39
2	SHW9X和SHW9Y	59060	7.13	51758	6.25
3	SHW10X和SHW10Y	44490	5.37	44884	5.42
4	SHW11X和SHW11Y	53560	6.47	52420	6.33
5	SHW12X和SHW12Y	74460	8.99	73785	8.91
6	SHW13X和SHW13Y	79730	9.63	71963	8.69
7	SHW14X和SHW14Y	68100	8.22	66580	8.04
8	平均值	62083	7.50	59210	7.15

2）最大层间位移角

各组地震波下结构最大层间位移角   表 6.3-14

序号	地震波组	X向层间位移角	Y向层间位移角
1	SHW8X和SHW8Y	1/283	1/265
2	SHW9X和SHW9Y	1/214	1/232
3	SHW10X和SHW10Y	1/362	1/338
4	SHW11X和SHW11Y	1/208	1/227
5	SHW12X和SHW12Y	1/191	1/232
6	SHW13X和SHW13Y	1/150	1/147
7	SHW14X和SHW14Y	1/157	1/154
8	平均值	1/207	1/214

根据罕遇地震动力弹塑性分析，对主体结构的抗震性能作如下综合评价：

（1）塔楼在 2 个方向 7 组地震波作用下的最大层间位移为 1/207、1/214，满足规范 1/100 的限值和"大震不倒"的要求。

（2）核心筒是本结构最主要的抗侧力组成部分，对核心筒每片墙肢进行详细研究，表明：核心筒墙体最大压应变未超过峰值压应变，不会发生压碎的现象；塔楼的底部和顶部，部分墙体出现了受拉开裂现象，最大拉应变 0.0016。

（3）核心筒连梁是本结构主要的耗能构件，大震下大部分连梁形成塑性铰。考虑到连梁的延性性能至关重要，建议对混凝土受压损伤较高的连梁采取箍筋加密或者增配斜向钢筋，保证连梁在塑性铰充分形成后的良好延性和耗能能力。塔楼大部分连梁进入塑性状态，符合屈服耗能的抗震工程学概念；连梁最大转角 0.017，未超过 CP 性能状态。

（4）裙房与主楼的框架柱基本处于不屈服状态，满足性能目标要求。

（5）裙房与主楼的框架梁基本处于不屈服状态，满足性能目标要求。

（6）黏滞阻尼墙滞回曲线饱满，耗能良好，且最大阻尼力为 810kN，未超过阻尼墙最大承载力；最大变形约 39mm，未超过阻尼墙极限变形。

（7）裙房悬挑拉杆处于弹性状态，满足性能目标要求。

综上，通过对本工程结构进行罕遇地震作用下动力弹塑性分析并与性能目标进行对比，说明，本结构能够满足罕遇地震作用下的受力要求。

6.4 专项设计

6.4.1 阻尼体系对比及设计

通过原方案与阻尼方案对比，阐述阻尼方案的优点及必要性。

1．方案介绍

1）原方案：原方案结构体系组成如图 6.4-1 所示。

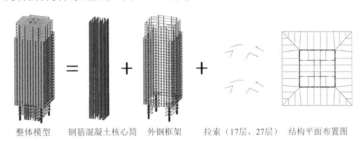

整体模型　　　钢筋混凝土核心筒　　外钢框架　　拉索（17层、27层）　结构平面布置图

图 6.4-1　原方案

2）阻尼方案

黏滞阻尼墙布置数量如下：X向 2~16 层交叉布置，共 30 片；Y向 2~16 层连续布置，共 30 片。黏滞阻尼墙参数如表 6.4-1 所示。黏滞阻尼墙布置如图 6.4-2 所示。

黏滞阻尼墙参数　　　　　　　　　　表 6.4-1

布置位置	阻尼系数/〔kN/（m/s）$^{0.45}$〕	阻尼指数	阻尼力/kN	最大冲程/mm
X、Y向	1500	0.45	1200	40

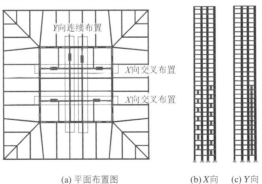

(a) 平面布置图　　　　　(b) X向　(c) Y向

图 6.4-2　黏滞阻尼墙布置图

2．分析对比

采用有限元分析软件，选用 7 组时程波对原方案和阻尼方案进行对比。

1）弹性分析地震波选取

黏滞阻尼墙在多遇地震作用下的耗能减震效率采用弹性时程分析，地震波从上海地区Ⅳ类场地、特征周期为0.9s的地震波库中选取，选用的5组天然波（SHW3～SHW7）和2组人工波（SHW1～SHW2）（共7组波）信息如表6.4-2所示。

地震波信息 表6.4-2

地震波	SHW1	SHW2	SHW3	SHW4	SHW5	SHW6	SHW6
持时/s	65	30.04	53.9	53.9	48.68	70.5	63.26

以阻尼方案为例，根据《建筑抗震设计规范》GB 50011-2010要求，多组时程曲线的平均地震影响系数曲线应与振型分解反应谱法所采用的地震影响系数曲线在统计意义上相符，表6.4-3为采用振型分解反应谱法和弹性时程分析法计算所得底部剪力及层间位移角的比较情况，从表中可见，各条波的基底剪力均不小于完全二次振型组合（CQC）方法的65%，不大于135%，多条时程曲线计算所得结构底部剪力的平均值不应小于振型分解反应谱法计算结果的80%。

可以看到，各组时程波均满足规范对于时程波选取的要求。

地震波基底剪力计算结果 表6.4-3

工况	基底剪力/kN		与反应谱比值	
	X向	Y向	X向	Y向
反应谱	19928	19402	—	—
SHW1	14786	14634	74%	75%
SHW2	19708	17672	99%	91%
SHW3	16150	16070	81%	83%
SHW4	15255	14672	77%	76%
SHW5	17015	19334	85%	100%
SHW6	19566	16962	98%	87%
SHW7	15715	14736	79%	76%
平均值	16885	16297	85%	84%

2）分析结果对比

（1）周期

周期对比见图6.4-3。

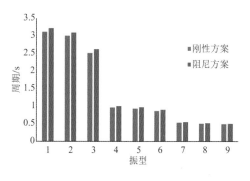

图6.4-3 周期对比

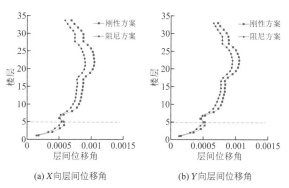

(a) X向层间位移角   (b) Y向层间位移角

图6.4-4 变形对比（7条波平均值）

（2）层间位移角

阻尼方案通过布置黏滞阻尼墙，能有效减小结构侧向变形（图6.4-4）。

（3）层剪力：原方案与阻尼方案 X 向基底剪力分别为 20702kN、16885kN，Y 向基底剪力分别为 20443kN、16297kN（图6.4-5）。与原方案相比，阻尼方案通过减小结构刚度和提供附加阻尼，基底剪力降低了 19%（X 向）、20%（Y 向）。

（4）外框承担剪力分配：通过布置黏滞阻尼墙，楼层外框承担地震剪力比例增加（图6.4-6）。

（5）剪力墙受力对比：小震弹性工况下布置黏滞阻尼墙，核心筒墙体内力降低约20%；中震不屈服工况下布置黏滞阻尼墙，核心筒墙体内力降低约20%（表6.4-4、表6.4-5）。通过方案对比无阻尼方案外墙、内墙钢骨数量减少，外墙钢骨尺寸由 H600mm×500mm×60mm×60mm减小为 H600mm×500mm×40mm×40mm（图6.4-7、图6.4-8）。通过布置黏滞阻尼墙，墙肢更容易满足中震下的性能指标，结构抗震性能提高。

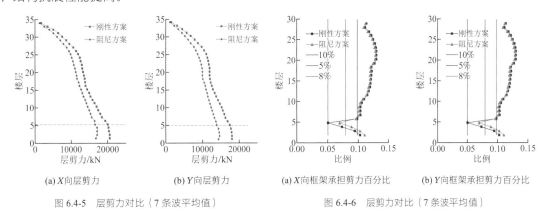

(a) X 向层剪力	(b) Y 向层剪力	(a) X 向框架承担剪力百分比	(b) Y 向框架承担剪力百分比

图6.4-5 层剪力对比（7条波平均值）　　　　图6.4-6 层剪力对比（7条波平均值）

小震弹性下阻尼方案与原方案外墙受力对比　　　　　　　　　　　　表6.4-4

		原方案	阻尼方案
剪力	外墙	64885kN·m（100%）	52556kN·m（81%）
	内墙	16473kN·m（100%）	13508kN·m（82%）
剪力	外墙	6191kN（100%）	5077kN（82%）
	内墙	1733kN（100%）	1421kN（82%）

中震不屈服下阻尼方案与原方案外墙受力对比　　　　　　　　　　　　表6.4-5

		原方案	阻尼方案
剪力	外墙	138560kN·m（100%）	115005kN·m（83%）
	内墙	35543kN·m（100%）	29145kN·m（82%）
剪力	外墙	11636kN（100%）	9541kN（82%）
	内墙	3266kN（100%）	2710kN（83%）

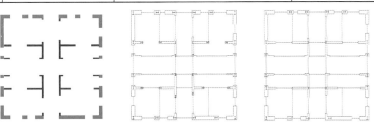

绿色为外墙，红色为内墙　　　(a) 原方案剪力墙超钢骨布置图　　(b) 阻尼方案剪力墙钢骨布置图

图6.4-7 剪力墙内外墙示意　　　　图6.4-8 剪力墙钢骨布置图

（6）巨柱承载力对比：通过布置黏滞阻尼墙，底部巨柱更容易满足中震下的性能指标，结构抗震性能提高（图 6.4-9、图 6.4-10）。

（7）小结：通过布置适当数量的黏滞阻尼墙，能大幅度降低底部转换层以下楼层的地震剪力、倾覆力矩（降低约 20%），同时增加了外框分担的剪力，使核心筒和外围巨柱的抗震性能满足规范要求。

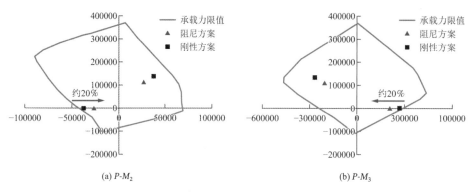

(a) $P\text{-}M_2$ (b) $P\text{-}M_3$

图 6.4-9 中震不屈服正截面受弯承载力对比

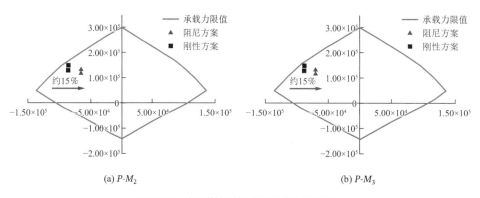

(a) $P\text{-}M_2$ (b) $P\text{-}M_3$

图 6.4-10 中震弹性巨柱正截面受弯承载力对比

（8）附加阻尼比计算

采用能量曲线对比法进行附加阻尼比的计算，并判别简化考虑附加阻尼比进行计算的合理性。

能量对比法：采用能量对比法对 7 组时程波分别进行计算，最后求取平均值得到附加阻尼比为 4.16%（X 向）、4.17%（Y 向），结果如表 6.4-6 所示。

附加阻尼比计算   表 6.4-6

时程波		模态耗能/（kN·m）	黏滞阻尼墙耗能/（kN·m）	附加阻尼比/%
SHW1	X 向	703	351	2.00
	Y 向	538	271	2.01
SHW2	X 向	775	382	1.97
	Y 向	987	501	2.03
SHW3	X 向	1070	559	2.09
	Y 向	741	379	2.05
SHW4	X 向	600	295	1.97
	Y 向	892	440	1.97
SHW5	X 向	769	455	2.37
	Y 向	1922	1012	2.11

经典回眸 同济大学建筑设计研究院（集团）有限公司篇

时程波		模态耗能/（kN·m）	黏滞阻尼墙耗能/（kN·m）	附加阻尼比/%
SHW6	X向	2250	1082	1.92
	Y向	1318	631	1.92
SHW7	X向	1209	593	1.96
	Y向	1493	725	1.94
平均值	X向	1054	531	2.04
	Y向	1127	565	2.01

通过黏滞阻尼墙的滞回耗能，阻尼方案可在小震下提供附加阻尼比 2.0%，提高结构抗震性能。本结构可采用附加阻尼比 2% 进行反应谱分析与设计。

3）顶点位移和层剪力判别法

本节将采用增加塔楼整体阻尼比的简化方法，验证阻尼器附加阻尼比的数值。以天然波 SHW3 为例，对比 3 种模型在地震作用下的顶点位移和层剪力，模型说明见表 6.4-7。

从图 6.4-11、图 6.4-12 可以看出采用简化方法考虑 2% 附加阻尼比的模型与黏滞阻尼墙参与分析的模型顶点位移和基底剪力吻合度最好，证明了黏滞阻尼墙确实有效地增加了结构的附加阻尼比。顶点位移和基底剪力对比见表 6.4-8。

分析模型　　　　　　　　　　　　　　　　　　　　　　　　　表 6.4-7

分析模型	模型中是否布置阻尼器	模态阻尼比/%	附加阻尼比/%	总阻尼比/%
方案一（简化模型）	否	4	0	4
方案二（简化模型）	否	4	2	6
方案三（黏滞阻尼墙参与建模）	是	4	—	—

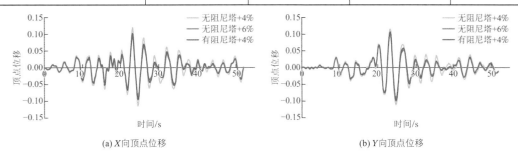

(a) X向顶点位移　　　　　　　　　　　　(b) Y向顶点位移

图 6.4-11　顶点位移时程曲线

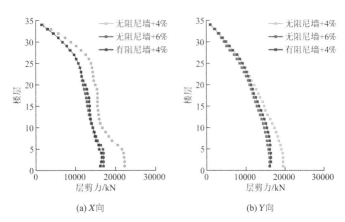

(a) X向　　　　　　　　　　　　(b) Y向

图 6.4-12　层剪力曲线对比

顶点位移和基底剪力对比				表 6.4-8
天然波 SHW3	顶点位移（比例）		基底剪力（比例）	
	X/mm	Y/mm	X/kN	Y/kN
方案一（简化模型）	120（100%）	115（100%）	22249（100%）	19591（100%）
方案二（简化模型）	99（83%）	101（88%）	16974（76%）	16130（82%）
方案三（黏滞阻尼墙参与建模）	102（85%）	104（90%）	16150（73%）	16070（82%）

3．黏滞阻尼墙布置优化

阻尼墙平面布置位置已确定，竖向布置考虑塔楼底区连续布置、底区交叉布置、高区连续布置、高区交叉布置，如图 6.4-13 所示，比较各方案黏滞阻尼墙耗能减震效率。小震时程下各方案黏滞阻尼墙提供附加阻尼比见表 6.4-9。

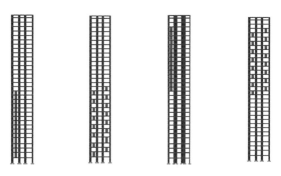

(a) 低区连续布置　(b) 低区交叉布置　(c) 高区连续布置　(d) 高区连续布置

图 6.4-13　黏滞阻尼墙竖向布置方案

小震时程下各方案黏滞阻尼墙提供附加阻尼比				表 6.4-9
	低区连续	低区交叉	高区连续	高区交叉
附加阻尼比	1.98%	2.13%	1.81%	1.87%

通过对比可看出，小震时程下，在该结构体系中黏滞阻尼墙立面布置采用低区交叉布置的工作效率最高，故X向黏滞阻尼墙布置采用低区交叉的布置方式，Y向黏滞阻尼墙布置采用低区连续布置（Y向由于建筑布置，无法采用交叉布置）。

4．小结

根据以上对比分析，有以下结论：

（1）阻尼方案的阻尼比提高到 6%（附加阻尼比 2%，见后面分析结果），有效地降低了地震作用；

（2）阻尼方案的层剪力小于原方案，基底剪力减幅为 19%（X向）和 20%（Y向）；

（3）阻尼方案在满足层间变形的条件下，可有效减小构件内力，提高结构的安全性能。

综上所述，阻尼方案优于原方案，故采用阻尼方案进行结构设计。

6.4.2　连接节点

1．巨柱与伞状转换梁连接节点设计

作为外部钢框架内部核心筒"框筒结构"的一种新型转换层方案，巨柱与伞状转换梁的连接节点成为影响转换层及整个结构安全的关键部位。该节点共有 8 根转换梁分支与巨柱相连，受力状态复杂，在正常工况下由转换梁传递至巨柱的荷载达 100000kN 左右。且节点尺寸巨大，巨柱直径达 2.8m，转换梁

的根部梁高更是高达4.3m，足有　层楼的高度。而此类节点在国内外尚无先例，因此有必要对其进行专项研究，本章将首先对本节点进行优化设计，并采用有限元软件 ABAQUS 对其进行各种工况下的受力分析，验证节点的可靠性。

1）关键节点选取

如图 6.4-14 所示，全楼共有 4 个巨柱与伞状转换梁的连接节点，由于楼层上部结构布置和荷载基本对称，故每个节点的受力情况基本一致，本章选取其中受力较大的作为代表性节点进行研究。

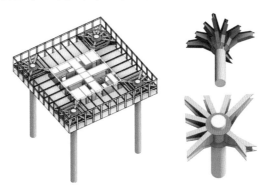

图 6.4-14　巨柱与伞状转换梁的连接节点位置

2）节点优化设计

巨柱与伞状转换梁的连接节点（图 6.4-15）用钢量巨大，初步设计方案对该节点研究不足，相关钢板几乎都采用 120mm 厚板，本节将以节点安全性为前提，通过优化节点的构造形式、钢管及转换梁的壁厚以及环板宽度等以提高节点的经济性和可施工性。总结如下：

（1）针对钢管混凝土柱-钢梁的受力特性、节点各分支所受荷载不一致等，并考虑用钢量和现场焊接的工作量，在保证各分支腹板局部稳定的前提下，对钢管、各分支的翼缘和腹板厚度进行优化并将优化结果放在结构软件中进行验算，优化结果如表 6.4-10 所示。

巨柱节点板厚优化表/mm　　　　　　　　　　　　　　　表 6.4-10

	巨柱钢管	梁翼缘及环板	梁横向加劲肋	梁分支 1、7 腹板	梁分支 2、6 腹板	梁分支 3、4、5 腹板	梁分支 8 腹板
优化前	100	120	120	120	120	120	120
优化后	80	100	100	110	100	70	120

（2）针对转换梁分支 1、分支 7 及分支 8 所受荷载较大，导致梁上翼缘与环板之间的连接存在较严重的应力集中现象，在上翼缘与环板的交接处进行平滑处理，采用过渡段缓解应力集中现象。

（3）根据图集建议，钢管混凝土柱内环板的宽度取值为 1/4 钢管直径，而由于本节点尺寸巨大，钢管直径达 2.8m，内环板过宽对经济性和混凝土的浇筑都有不利的影响。经分析调整，上部内环板宽度由 700mm 优化为 600mm，下部两道内环板优化为 400mm。

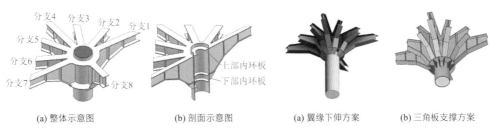

(a) 整体示意图　　(b) 剖面示意图	(a) 翼缘下伸方案　　(b) 三角板支撑方案
图 6.4-15　巨柱与转换梁节点构造示意图	图 6.4-16　下翼缘内环板支撑示意图

（4）由于转换梁分支众多，梁下翼缘与巨柱的连接处会产生碰撞，因此下翼缘与柱的连接处需要设置外环板，将下翼缘的应力通过外环板等部件传递至钢管中。如图 6.4-16 所示，针对外环板的下部支撑

板，对两种构造进行分析对比，分析发现两种构造都能够将下翼缘的压力传递至钢管内部，因此从受力角度而言，两者均可以采用；考虑到三角板更易于定位和焊接，最终采用三角板方案。

2. 转换梁与核心筒连接节点设计

转换梁与核心筒的连接节点作为连系框架与核心筒的关键部位，承受荷载十分巨大，而以往研究尚未涉及这种与核心筒剪力墙角部相连的钢梁，因此需要进行专门研究以保证连接的可靠性。本章将根据这种节点的特殊性，提出三种构造方案，包括单腹板外包方案、双腹板外包方案与双腹板内嵌方案三种连接方式，分析并比较三种构造的各方面受力性能并确定节点最终形式，其构造方案和分析过程不仅可以服务于该新型转换层，也可以为一般工程中钢梁与剪力墙角部的连接提供参考。

1）连接节点概况

如图 6.4-17 所示，该连接节点即为转换梁分支 8 端部与核心筒角部相连的部位，根据第 6.3 节的荷载工况可知，转换梁分支 8 在设防地震及罕遇地震工况下，梁的受力很大，为了使梁上内力能够安全地传递至核心筒中，且保证混凝土不会发生破坏，需要在核心筒内设置钢骨以保证核心筒的安全。因此，对此类连接节点进行设计即确定转换梁与核心筒角部内置钢骨的连接方式。

2）转换梁与核心筒连接节点方案

根据有限元研究，转换梁与核心筒的连接节点采用单腹板外包方案。如图 6.4-18 所示，转换梁腹板为单腹板，核心筒角部钢骨由 H 形钢变为 T 形钢，转换梁腹板与 T 形钢的腹板相连。

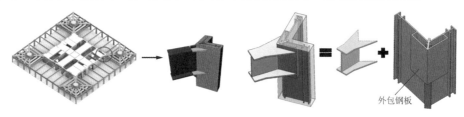

外包钢板

图 6.4-17 转换梁与核心筒连接节点位置概况　　　　图 6.4-18 单腹板外包方案

3. 转换梁与外框架连接节点设计

伞状转换梁方案是通过增加外框架荷载传递至巨柱的传力路径，从而降低关键外框架柱的轴力，转换梁与外框架之间的连接节点是外框架荷载传递至转换梁的关键部位。本章根据各分支的受力情况将节点从整体结构中分离，并提出了 4 种连接方案：箱形梁贯通单腹板方案、转换梁贯通单腹板方案、双腹板焊接方案及双腹板螺栓连接方案，并将转换梁贯通单腹板方案作为最终方案，根据抗震性能化设计目标，对节点进行多种地震工况下的节点性能分析研究。

1）连接节点选取

巨柱节点共有 7 支伞状转换梁与外框架相连，转换梁根部（与巨柱相连）截面高度 4.3m，箱形梁及转换梁端部梁高 1.5m。在箱形梁的上下部位均连接外框架柱，外框柱的柱边与箱形梁最外侧对齐。如图 6.4-19 所示，由于转换梁与外圈箱形梁相交角度以及转换梁腹板厚度的不同，这类节点可以分为 4 种连接构造，由于分支 1（或分支 7）所受荷载与跨度均最大，本章将选取分支 1 及对应的连接节点作为研究对象进行专项分析。

2）转换梁与外框架连接节点方案

转换梁与外框架的连接节点采用转换梁贯通单腹板方案。如图 6.4-20 所示为转换梁贯通式单腹板方案示意图，在转换梁与箱形梁的交接处将箱形梁截断，转换梁贯通，外框柱直接落在转换梁上，柱内轴力可以直接传到转换梁腹板中，方案需要在柱下箱形梁或者转换梁内对应位置设置加劲肋以保证力线的延续。

这种连接方式传力直接，外框柱落于转换梁上，轴力传递至转换梁腹板不需要经过多转换，所以连接节点的安全性不会对焊接的质量过于敏感，结构安全系数更高。

图 6.4-19　转换梁与外框架连接节点位置概况　　　图 6.4-20　转换梁贯通式单腹板方案

6.5　试验研究

6.5.1　试验目的

本试验的主要试验内容和目标为：

（1）考察两类节点在静力荷载作用下的应力分布和变形情况，给出节点的屈服承载力和极限承载力，验证节点设计的安全性和可靠性；（2）考察节点内部构造和传力路径，验证节点构造设计的合理性以及施工工艺的可行性；（3）对节点设计是否满足规范和设计要求进行评估，对节点的破坏过程和模式以及抗震性能进行评估；（4）对比试验结果与有限元分析结果，建立正确的有限元分析模型；（5）根据试验结果，对节点设计提供建议和改进措施。

6.5.2　试验设计

1．试验对象

根据设计方提供的相关图纸，试件原型如图 6.5-1、图 6.5-2 所示。试验对象共涉及三类节点：其中如图 6.5-1 所示为巨柱与伞状转换梁连接节点和转换梁与核心筒连接节点，将两节点作为一个整体进行试验研究，对应试件名称为 SJ1，包括钢管混凝土巨柱、8 支转换梁、钢管内环板及外环板、加劲肋、箱形梁和箱形梁内隔板。如图 6.5-2 所示为转换梁与核心筒连接节点，对该节点进行单独的试验研究，对应试件名称为 SJ2，包括连接核心筒的转换梁和核心筒角部墙肢（含内置钢骨及外包钢板）。

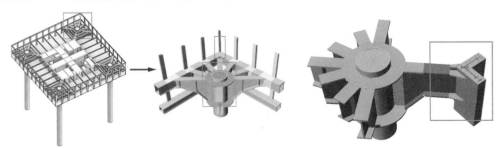

图 6.5-1　节点 1、节点 2 示意图　　　　　　　　图 6.5-2　节点 3 示意图

2．试件设计

SJ1、SJ2 各制作 2 个试件，试件名称分别为 SJ1-1、SJ1-2 及 SJ2-1、SJ2-2。

所有构件、节点及其细部构造的几何尺寸、板件厚度均按相应缩尺比例得到，经过与钢结构深化加工单位沟通确定，SJ1 及 SJ2 示意图见图 6.5-3 和图 6.5-4。

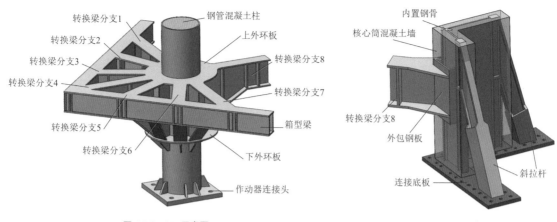

图 6.5-3　SJ1 示意图　　　　　　　　　　　　图 6.5-4　SJ2 示意图

3. 加载装置

试验加载装置选用 10000kN 自研制大型多头多功能加载机，SJ1、SJ2 试件的试验加载现场照片如图 6.5-5 所示。

(a) 节点 SJ1 试验现场照片　　　　　　　　　(b) 节点 SJ2 试验现场照片

图 6.5-5　节点 SJ1、SJ2 试验照片

6.5.3　试验结果与分析

1. SJ1 试验过程和试验现象描述

1）SJ1-1 的试验现象

SJ1-1 的破坏情况见图 6.5-6。

(a) 转换梁受弯屈服　　　　　(b) 转换梁端部腹板受剪屈服　　　　　(c) 转换梁整体破坏情况

图 6.5-6　SJ1-1 的破坏情况

2）SJ1-2 的试验现象

SJ1-2 的破坏情况见图 6.5-7。

(a) 转换梁分支 1-7 基本完好   (b) 转换梁分支 8 弯扭破坏

图 6.5-7　SJ1-2 的破坏情况

2. SJ2 试验过程和试验现象描述

1）SJ2-1 的试验现象

SJ2-1 的破坏情况见图 6.5-8。

(a) 转换梁腹板剪切变形   (b) 转换梁下部混凝土压裂   (c) 节点上方混凝土受拉裂缝

图 6.5-8　SJ2-1 的破坏情况

2）SJ2-2 的试验现象

SJ2-2 的破坏情况见图 6.5-9。

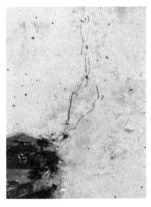

(a) 转换梁腹板剪切变形   (b) 转换梁下部混凝土压裂   (c) 节点上方混凝土受拉开裂

图 6.5-9　SJ2-2 的破坏情况

6.5.4　试验结论

根据中国银联业务运营中心塔楼关键节点承载性能试验的缩尺模型试验结果，可以得到以下结论：

（1）巨柱与伞状转换梁节点（SJ1-1、SJ1-2）、转换梁与核心筒节点（SJ2-1、SJ2-2）在设计荷载下所有测点均处于弹性状态。（2）SJ1-1 测点首次屈服时的荷载为 2.40 倍正常荷载，最大可加载至正常荷载的 4.00 倍；SJ1-2 测点首次屈服时的荷载为 1.13 倍地震作用，最大可加载至地震作用的 2.00 倍，节点具有一定的安全储备。（3）SJ1-1 和 SJ1-2 均加载至承载力名义极限状态，构件出现了转换梁受弯屈服、转换梁端部腹板受剪屈服等试验现象，而巨柱与伞状转换梁节点的分段连接部位未见宏观破坏现象，表明其节点分段连接部位的极限承载力高于杆件名义承载力。（4）SJ2 两试件测点首次屈服时的荷载为正常荷载的 2.72 倍、地震作用的 1.10 倍；最大可加载至正常荷载的 4.20 倍，地震作用的 1.70 倍。（5）SJ2 两试件均加载至承载力名义极限状态，构件出现了转换梁腹板剪切变形、混凝土下方混凝土压裂等宏观破坏现象，未发现焊缝破坏，目前切割方式合理，节点极限承载力高于转换梁承载力。（6）外包钢板侧连接板开孔会提高孔周边钢材的应力，但 SJ2 两构件主要破坏模式均为转换梁腹板的剪切变形，钢板开孔附近的钢材和混凝土未出现明显的变形破坏，孔周边钢材也未达到屈服应力。开孔对转换梁与核心筒连接节点的承载力影响较小。

6.6　结语

中国银联业务运营中心是上海市世博片区 A 片区的最高建筑，以其独特的造型屹立在黄浦江边。

在结构设计中，主要完成了如下几个方面的创新性工作：

（1）巨型钢管混凝土柱 + 伞状转换梁 + 斜拉索转换体系。塔楼 6～33 层外框架的竖向荷载通过第 6 层的伞状转换梁、第 17 层及 28 层的拉索转换到下部巨柱及核心筒上。通过数值模拟分析研究了竖向荷载下的传力模式、传力路径，采用有限元软件 ABAQUS 对其进行各种工况下的受力分析和单支转换梁失效的防连续倒塌分析，验证节点的可靠性。

（2）伞状转换梁与巨柱、核心筒、外框架节点设计分析与试验。伞状转换梁与巨柱、核心筒、外框架之间的节点是本项目成败的关键，通过对比选取最优方案，采用有限元软件对其进行各种工况下的受力分析，通过 1∶4 的缩尺试验，验证了本节点的可靠性，找到了节点破坏的机理，针对性地采取了加强措施。

（3）裙房立面桁架及带装饰性盖板的销轴节点设计。立面采用大悬挑梁、悬挑桁架及立面桁架的形式，经过详细分析论证并严格控制施工支撑安装及拆除顺序，使构件达到纤细的立面效果。在建筑允许的尺寸内在销轴节点外包装饰性盖板，通过分析模拟使盖板既不影响建筑观感，又能保证盖板与销轴间空隙能满足使用状态下转动的空间需求。

（4）塔楼采光顶幕墙与主体结构一体化设计。

此外，本项目还采用了黏滞阻尼墙等减震措施，采用了调频质量阻尼器（TMD）满足大跨及大悬挑楼面的舒适度要求。本项目结构设计紧紧贴合建筑造型，采用底部 4 根巨柱进行转换 + 避难层斜拉索的方式满足塔楼外框不能落地的建筑需求，裙房采用立面桁架及精巧设计的销轴节点满足建筑轻盈剔透的立面需求，塔楼及裙房采光顶采用高精钢满足建筑的观感需求。整体上结构对建筑的完成度非常高，整个过程充分贯彻了"结构体现建筑之美，建筑反映结构之妙"的设计理念。

参考资料

[1]　同济大学建筑设计研究院(集团)有限公司. 中国银联业务运营中心超限高层抗震专项审查报告[R]. 2017.

[2]　同济大学. 中国银联业务运营中心塔楼关键节点试验报告[R]. 2019.

设计团队

结构设计单位：同济大学建筑设计研究院（集团）有限公司（初步设计＋施工图设计）

德国 GMP 国际建筑设计有限公司（方案＋初步设计）

结构设计团队：丁洁民，万月荣，许晓梁，吴宏磊，肖　阳，郑超毅，李振国，钟毓仁，季　跃，洪文明，郑亚玮，姚树典，贾国庆，张文斌，李　广，耿柳珣，李　旭，宾志强

执　笔　人：许晓梁，肖　阳，郑超毅

第 7 章

上海世博会主题馆

7.1 工程概况

7.1.1 建筑概况

上海世博会期间，主题馆（图 7.1-1）是世博会"地球·城市·人"主题展示的核心展馆。世博会后，主题馆将转变为标准展览场馆，与周边中国馆、星级酒店、世博中心、世博轴和演艺中心共同打造成以展览、会议、活动和住宅为主的现代服务业聚集区。世博会主题馆建筑平面呈矩形，南北向 217.8m，东西向 288m，建筑主结构高度 23.5m。整个建筑由地面一至四号展厅、地下展厅和多功能中庭以及配套附属用房组成。

(a) 南立面日景

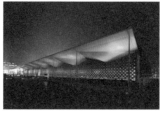
(b) 南立面夜景

(c) 鸟瞰世博主题馆

图 7.1-1　世博主题馆

根据建筑功能空间划分，主题馆上部空间自西向东依次分为西侧展厅、中庭、东侧展厅，在南北两侧分别布置挑檐，建筑平面布置见图 7.1-2。其中，西侧展厅为 126m×180m 室内无柱大空间，是国内最大跨度展厅之一，室内空间如图 7.1-3 所示；东侧展厅东西向跨度为 90m，跨中沿南北向布置一列柱子，将东侧展厅分隔为两个跨度为 45m 的空间，室内主要为 2 层结构，局部设置夹层作为辅助用房；中厅位于东、西侧展厅之间，东西向跨度为 36m；南北两侧挑檐悬挑长度为 18.9m。建筑东西向立面和南北向立面见图 7.1-4。

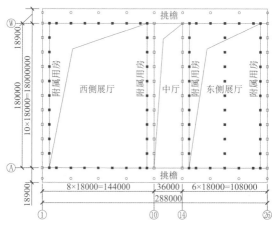

图 7.1-2　世博主题馆建筑平面图

(a) 西侧展厅东西向立

(b) 西侧展厅南北向立面

图 7.1-3　世博主题馆空间

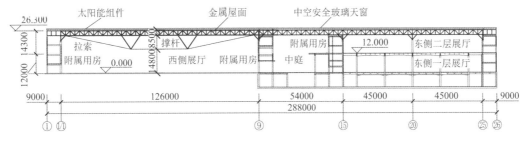

(a) 主题馆东西向立面

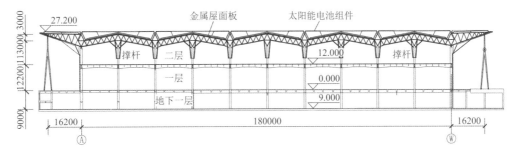

(b) 主题馆南北向立面

图 7.1-4　世博主题馆立面

主题馆屋面面积约 6 万 m²，沿南北方向由 6 个 V 形折板单元组成波浪形屋面［图 7.1-4（b）］，每个折板单元的波长为 36m，矢高 3m，波脊标高为 26.3m，波谷标高为 23.3m，在 V 形折板表面按菱形图案布置太阳能板，如图 7.1-5 所示。

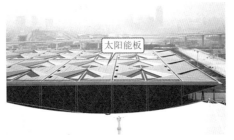

图 7.1-5　世博主题馆屋面

7.1.2　设计条件

1．主体控制参数

控制参数表　　　　　　　　　　　　　　　　表 7.1-1

结构设计基准期	50 年	建筑抗震设防分类	重点设防类（乙类）
建筑结构安全等级	一级（结构重要性系数 1.1）	抗震设防烈度	7 度（0.1g）
地基基础设计等级	甲级	设计地震分组	第一组
建筑结构阻尼比	0.05（混凝土）/0.02（钢结构）	场地类别	IV 类

2．结构抗震设计条件

本项目抗震设防类别为重点设防类（乙类），设防烈度为 7 度，结构的地震作用计算按抗震设防烈度 7 度，抗震措施按设防烈度提高一度即 8 度考虑。本工程 ±0.000 以下的钢筋混凝土框架地下一层抗震等级为一级，地下二层抗震等级为二级。

3．屋盖荷载条件

结构设计中考虑了以下几种荷载工况：

（1）屋面自重，由程序根据杆件材料重度自动计算；

（2）西侧展厅、中庭、东侧展厅恒荷载分别取 0.8kN/m²、1.5kN/m²、1.0kN/m²；活荷载均取 0.3kN/m²，按分摊面积加载到屋盖檩条上；

（3）风荷载根据《建筑结构荷载规范》GB 50009-2012 的规定，上海 100 年一遇的基本风压为 0.60kN/m²，B 类粗糙度。

风压高度变化系数根据屋面平均高度 26m 计算，取 1.352。

主题馆展厅内屋面风荷载体型系数取−0.8，挑檐处风荷载体型系数取−2.0，温度作用取±30℃。

7.2 项目特点

主题馆极富创意的建筑造型以及复杂建筑功能要求为结构设计带来了极大的挑战：

（1）屋面结构设计要体现屋面的轻盈、简洁、通透，屋盖的结构造型与建筑形态协调统一（图 7.2-1）。此外屋面结构设计中还存在支承跨度大（126m）、室内净高要求高、屋面荷载重（安装有太阳能设备）以及屋盖结构超长等诸多设计难点。

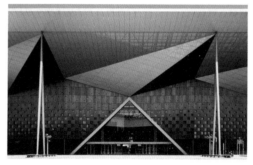

图 7.2-1 世博主题馆外立面实景图

（2）由于建筑功能布置需要，整个结构为一错层结构，西侧为单层大空间，东侧为两层（图 7.2-2）。整个结构呈现明显的左右两侧刚度不协调、质量分布不对称，整体结构呈现明显的扭转不规则特点；而且由于结构超长，出于建筑效果整体性考虑整个上部建筑不设变形缝，导致其温度效应也较为明显。

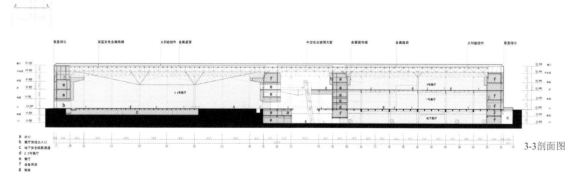

图 7.2-2 世博主题馆东西向剖面图

（3）主题馆工程存在工程量大、工期紧的问题，结构设计中不但要考虑结构的安全性与经济性，还必须充分考虑施工的便捷性。

7.3 结构体系与布置

7.3.1 屋盖结构体系选型与布置

1. 屋盖结构体系选型

西侧展厅东西向跨度 126m,南北向跨度 180m,该大跨度屋盖结构体系的成功设计是该项目成功建设的关键。针对主题馆屋面建筑造型以及西侧展厅屋面超大结构跨度,提出了 3 种屋面结构方案进行对比分析,即单向预应力桁架方案、双向预应力桁架方案、巨型框架方案(图 7.3-1)。

1)双向预应力桁架方案

沿屋面南北向间隔 18m 布置一道预应力桁架,由于建筑造型的限制,沿东西向仅能在跨中布置一道预应力桁架,下部拉索沿球面双向布置,进而形成了双向预应力桁架方案。

分析结果表明,该方案结构竖向刚度增加不明显并且双向拉索交叉节点构造复杂,拉索张拉难度高;沿球面布置的双向拉索建筑视觉效果差。

2)巨型框架方案

与屋面建筑机理对应,沿东西向布置巨型框架,其中桁架梁梁断面高 8m,格构柱断面高度结合西侧展厅两侧辅助用房取 9m,其腹杆采用交叉斜杆式布置方式,以有效传递水平剪力。

分析结果表明,该方案竖向刚度好,结构效率高,但在最不利荷载组合下,柱脚将产生 2000kN 的水平力,给基础设计带来了难度,更为不利的是,格构柱的交叉腹杆对建筑辅助用房使用功能有较大影响,结构布置与建筑功能冲突较多。

3)单向预应力桁架方案

该方案沿屋面南北向间隔 18m 布置一道预应力桁架。预应力桁架结构高 11.5m,矢跨比为 1/11,上部刚性子结构断面为正三角形立体桁架,高 3m、宽 3m,下部距预应力桁架两端 45m 处各设置了两对独特 V 形撑杆,撑杆高 8.5m,每对撑杆上端连接于立体桁架下弦,下端通过索夹与间距 1.5m 的两根平行拉索相连,为了确保索撑体系的平面外稳定性,每对撑杆的下端通过横撑连接在一起。分析结果表明,通过对拉索施加适当的预应力,可以大大提高结构的承载性能。

从屋盖与下部结构的相互作用角度看,在竖向荷载作用下该屋盖体系为一自平衡体系,可以释放屋盖结构对下部结构的推力,降低下部支承结构的设计难度。

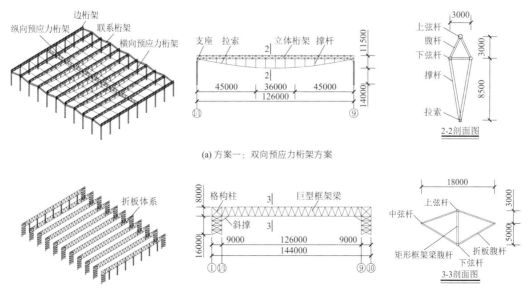

(a) 方案一:双向预应力桁架方案

(b) 方案二:巨型框架方案

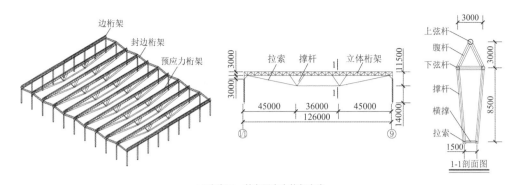

(c) 方案三：单向预应力桁架方案

图 7.3-1 西侧展厅屋面结构方案

2. 18.9m 挑檐结构布置

建筑 A，W 轴的外侧南北挑檐外挑约 18.9m，结构的悬挑跨度较大，而屋盖的主结构桁架是沿东西向布置，即与屋檐悬挑方向垂直，这样屋面挑檐部分无法利用主结构进行悬挑。如果将悬挑部分结构内伸又会带来屋面内部主结构变形不协调的问题。结合建筑的立面设计，在南北立面离 A、W 轴 16.2m 处设置两排立柱作为挑檐悬挑端的支承结构，立柱采用人字形形式，立柱沿东西向间距为 36m。与立柱的设置相对应，沿东西向每隔 36m 设置一道悬挑桁架，桁架内端支承在 A、W 轴的框架柱上，悬挑端支承在人字形柱上。同时沿东西向，在人字形柱柱头以及悬挑桁架内跨中部设置两榀连续桁架作为挑檐檩条的支承结构。这样檩条可以设置两跨连续梁。檩条内端支承在封边桁架节点上，中部和外端支承在连续桁架上（图 7.3-2）。

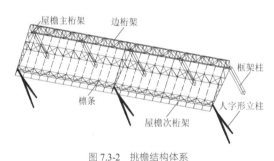

图 7.3-2 挑檐结构体系

7.3.2 下部结构支撑布置选型与布置

考虑到结构可能存在的较大扭转变形和突出的温度效应，必须设置必要的支撑体系以提高结构的抗侧刚度和抗扭刚度，控制结构扭转变形，提高结构的抗震性能。结构支撑的设计原则为：（1）在合理的位置布置柱间支撑，在提高抗侧刚度的同时，也能提高结构的抗扭刚度；（2）柱间支撑的设置位置和形式选择，应避免出现温度作用过度集中；（3）支撑的设置位置要与建筑功能布置相协调。

1. 第一阶段支撑布置选型

初步确定钢支撑布置方案如图 7.3-3 所示。分析发现，当支撑都布置于结构内部时，造成结构侧向刚度较大增加，水平地震作用响应也相应增大，而结构整体抗扭转刚度提高有限，故对原支撑布置方案进行优化，减少结构内部支撑数量（图 7.3-4）。计算分析表明，优化后钢支撑布置方案能有效减小结构的层间位移角，控制扭转位移比。

虽然优化后钢支撑方案有效提高了结构刚度，减小了水平地震作用下的侧移和扭转变形，但同时也带来了下述问题：（1）设置了支撑体系后，东西向和南北向层剪力比纯框架增大约 25% 和 30%；（2）结构的温度效应明显增加。由于南北向支撑均布置在框架端部，支撑间距离达到了 136m，由温度作用引起与支撑连接的框架柱的轴力，由纯框架的 120kN 增加至 2600kN，而框架梁的内力也增加了 50%，结构的温度作用导致相关构件和柱脚设计困难。

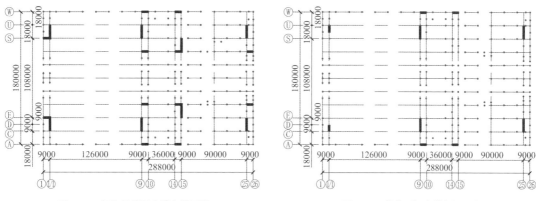

图 7.3-3　初步设计钢支撑布置示意　　　　　图 7.3-4　优化后钢支撑布置示意

2. 第二阶段支撑布置选型

为解决上述问题，考虑采用黏滞阻尼支撑代替（部分或全部）纯钢支撑。由于黏滞阻尼器是速度型的消能减震装置，不会为结构提供静力刚度，在温度作用下，可以有效地降低结构的温度效应；而在地震作用下，能够提高附加阻尼，耗散地震能量，进而减小结构的地震反应。黏滞阻尼支撑是由人字形钢支撑、铅芯橡胶支座和黏滞阻尼器组成。因此，在不改变支撑平面布置的前提下，综合比较了 3 种柱间支撑方案，即全钢支撑方案、全黏滞阻尼支撑方案以及钢支撑和黏滞阻尼支撑形成的混合支撑方案。混合支撑方案的平面布置如图 7.3-5 所示。

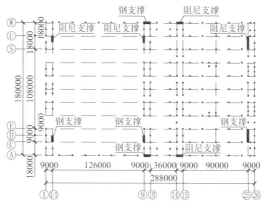

图 7.3-5　混合支撑布置示意

3 种柱间支撑方案在多遇地震和温度作用下的比较见表 7.3-1。与全钢支撑方案相比，全黏滞阻尼支撑方案可以有效降低地震和温度作用下结构内力，混合支撑方案介于全钢支撑方案与全黏滞阻尼支撑方案之间。

综合考虑结构安全与经济因素，主题馆钢框架柱间支撑最终采用了混合支撑方案。钢结构混合支撑方案结合了全钢支撑和全阻尼支撑两方案各自的特点，刚柔并济，既保证了结构的抗震性能，又减小了温度作用对结构的不利影响，体现了结构支撑体系的创新应用。

不同柱间支撑方案比较　　　　　　　　　　　　表 7.3-1

比较参数		全钢支撑方案/kN	全黏滞阻尼支撑方案		混合支撑方案	
			数值/kN	比值	数值/kN	比值
多遇地震下基底剪力	东西向	36993	23673	0.64	29616	0.80
	南北向	39984	26105	0.65	30873	0.77

续表

比较参数		全钢支撑方案/kN	全黏滞阻尼支撑方案		混合支撑方案	
			数值/kN	比值	数值/kN	比值
温度作用下构件最大内力	框架梁	1663	1380	0.83	1465	0.88
	框架柱	2620	273	0.10	1959	0.75

注：比值为对应方案的数值/全钢支撑方案数值。

7.3.3 楼面结构布置

东侧展厅为两层钢框架结构,主要柱网尺寸分为 9m×9m 和 18m×18m。其中,柱网尺寸为 9m×9m 区域,框架梁和次梁采用焊接 H 形截面,上铺 130mm 厚压型钢板现浇混凝土楼面,不考虑次梁与楼板的组合作用。对柱网尺寸为 18m×18m 区域楼面框架梁,通过对桁架梁方案和实腹箱梁方案进行比较,最终选取了变截面实腹箱形梁方案（图 7.3-6）。

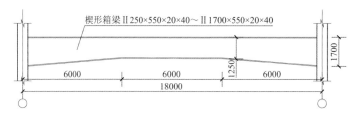

图 7.3-6　实腹箱形梁方案

四号展厅柱网尺寸为 18m×18m,二层楼面活荷载达 12kN/m²,框架梁拟采用变截面楔形箱形梁（梁高 1700～1250mm）;次梁采用双向井字组合梁（梁高 800mm）,上铺 150mm 厚现浇混凝土楼面,为了更好地保证楼板双向受力以考虑次梁与楼板的组合作用,同时为节省施工支模费用,该区域拟采用钢筋桁架模板。

7.3.4 基础与地下室布置

1. 超长预应力混凝土地下室结构

世博主题馆的地下室平面约为 160m×240m,由于建筑和结构整体性等方面的要求,没有设置温度伸缩缝。为消除施工及使用期间由于温度及收缩应力等不利影响,在设计过程中采取了以下相应措施:

（1）合理设置施工后浇带:沿纵向设置 5 条后浇带,横向设置 4 条后浇带,后浇带待混凝土浇捣完 60d 且上一层结构完成后封闭;

（2）采用预应力技术:主地下室首层楼面除了存在结构超长的问题以外,在设计中为满足建筑功能要求,地下室部分大面积采用了 18m×18m 大柱距布置;而首层楼面由于世博会期间有布展要求,导致楼面的使用阶段荷载较大（20kN/m²）,为满足设计要求主题馆混凝土结构中大量采用了预应力混凝土技术,混凝土强度等级为 C40,预应力筋采用低松弛高强度钢绞线,强度等级为 1860MPa。在地下室顶板框架梁中采用了大跨度双向有粘结预应力混凝土结构,次梁为双向布置,间距为 4.5m,次梁中采用了无粘结预应力混凝土结构。混凝土楼盖采用不同的预应力结构,充分发挥了有粘结结构及无粘结结构的优点。

2. 桩基础设计

主题馆具有基础工程量大、施工工期紧的特点,基础类型的选择对于工程的总造价及施工周期将带来较大的影响。本工程的基础受荷特点为:地下室层高达 9.2m,考虑最不利高水位情况下的整体上浮力较大,当不考虑活荷载时,桩基由抗拔控制;同时由于展厅楼面的活荷载很大,当活荷载满布时,在考虑最不利低水位情况下大部分框架柱的基础由承压控制。因此,在进行桩基设计时需综合考虑多种因素。

任设计的过程中本工程进行了多种基础类型的选型研究和对比分析，最终确定在主题馆工程中采用 PHC 管桩 + 承台 + 底板的基础形式。上海地区常用桩型主要有钻孔灌注桩、预制方桩和 PHC 管桩等，从每 1000kN 承载力的单位价格比较可见，PHC 管桩为预制混凝土方桩的 80% 左右，为钻孔灌注桩的 50% 左右，此外 PHC 管桩还具有承载力高、施工速度快、桩身质量稳定、施工方便等诸多优点，将其用于抗拔桩使用时，在有效预压应力范围内桩身不会出现裂缝，从而也提高了桩身结构的耐久性。

7.4 结构分析与设计

7.4.1 结构不规则情况及采取的措施

由于建筑功能的需要，整个结构为错层结构，其中西侧为一层无柱大空间展厅，东侧为两层展厅，局部存在夹层，造成本工程结构平面不规则，结构扭转位移比>1.2。为解决因平面不规则引起的不利影响，采取以下措施：

（1）结构主体采用钢结构，充分利用钢结构自身抗震性能良好的优势。

（2）在适当的位置合理设置少量柱间竖向支撑，以协调整体抗侧刚度，减小结构扭转变形。

（3）屋面钢结构设置满堂水平支撑，加强屋面刚度，协调结构整体变形。

同时，根据本工程的特点，提出以下抗震性能要求，见表 7.4-1。

抗震性能要求 表 7.4-1

三水准地震	小震	中震	大震
总体抗震目标	无破坏	有破坏，可修复	不倒塌
允许层间位移	$h/300$	$h/100$	$h/50$
框架柱	保持弹性	保持弹性	允许少量进入塑性
支撑	保持弹性	允许局部发生破坏	允许局部发生破坏
框架梁	保持弹性	允许少量进入塑性	允许进入塑性不发生破坏

7.4.2 主体结构分析

1. 基本指标

采用 SATWE 和 ETABS 两种软件进行对比复核，分析结果见表 7.4-2。由表可知：

（1）结构层间位移角均<1/300，满足规范要求。

（2）在考虑偶然偏心的X向地震作用下，结构最大扭转位移比均小于 1.20；在考虑偶然偏心的Y向地震作用下，结构最大扭转位移比达到了 1.35。

（3）基底剪重比均大于 1.60%，满足《建筑抗震设计规范》GB 50011-2010 第 5.2.5 条最小地震剪力系数的要求。

反应谱法结构地震响应计算结果 表 7.4-2

软件	结构响应	弹性板模型		刚性板模型	
		X向	Y向	X向	Y向
SATWE	最大层间位移角	1/321（4 层）	1/360（4 层）	1/433（2 层）	1/659（2 层）
	最大扭转位移比	—	—	1.04	1.35

软件	结构响应	弹性板模型		刚性板模型	
		X向	Y向	X向	Y向
SATWE	基底剪力/kN	47347	55281	50796	60428
	基底剪重比/%	6.26	7.31	6.71	7.99
ETABS	最大层间位移角	1/306（2层）	1/317（4层）	1/412（2层）	1/610（2层）
	最大扭转位移比	—	—	1.017	1.216
	基底剪力/kN	49253	54203	52816	59586
	基底剪重比/%	6.6	7.3	7.1	8.0

2．静力弹塑性分析

本工程采用 ETABS 进行结构的 PUSHOVER 分析，对结构的抗震性能分析采用能力谱法，来自于 ATC-40。

X方向和Y方向加载工况下结构塑性开展情况见图 7.4-1、图 7.4-2。计算表明，结构总体上具有由支撑→框架梁→框架柱的良好塑性开展机制，支撑作为第一道抗震防线在小震和中震下为结构提供足够的抗侧刚度，从而使结构的框架部分基本保持弹性，并满足结构的性能要求。在受压支撑因压曲退出工作后框架部分作为第二道抗震防线抵抗地震作用，并通过其塑性变形有效地消耗地震能量。在大震作用下框架部分的塑性铰主要在框架梁中形成而框架柱中塑性铰出现较少，这就使结构在大震作用下仍具有较高的抗震承载力，结构不会发生倒塌。

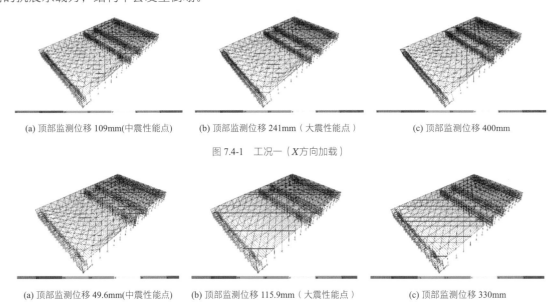

(a) 顶部监测位移 109mm(中震性能点)　(b) 顶部监测位移 241mm（大震性能点）　(c) 顶部监测位移 400mm

图 7.4-1　工况一（X方向加载）

(a) 顶部监测位移 49.6mm(中震性能点)　(b) 顶部监测位移 115.9mm（大震性能点）　(c) 顶部监测位移 330mm

图 7.4-2　工况二（Y方向加载）

7.4.3　屋盖弹塑性极限承载力分析

采用 ANSYS10.0 对主题馆西侧展厅进行了基于结构非线性刚度的屈曲分析以及考虑几何、材料双重非线性的弹塑性极限承载力分析。分别运用 ANSYS 程序单元库中的 beam188、link8 和 link10 单元模型模拟梁单元、杆单元和索单元。

表 7.4-3 为西侧展厅屋面结构的塑性发展表。由表可见，当荷载因子达到 3.583 时，中间 7 榀张弦桁架上弦杆开始进入塑性，随着荷载因子的增加，上弦杆塑性发展逐渐由中间张弦桁架向两侧开展；当荷

载因子达到 4.333 时，所有 9 榀张弦桁架大部分上弦杆进入塑性，结构最终失去承载能力，此时，结构最大竖向变形为 1834mm，为跨度的 1/68，图 7.4-3 为极限状态时杆件应力与塑性铰分布图。弹塑性极限承载力分析表明，主题馆屋盖结构在正常使用时具有足够的安全储备。

屋盖结构塑性发展顺序　　　　　　　　表 7.4-3

先后次序	荷载因子	杆件描述	张弦桁架最大竖向位移/mm
1	3.583	中间 7 榀张弦桁架 V 形撑杆两侧上弦杆	−1097
2	4.083	南北端 2 榀张弦桁架 V 形撑杆两侧上弦杆	−1266
3	4.333	所有 9 榀张弦桁架大部分上弦杆进入塑性，结构最终破坏	−1376

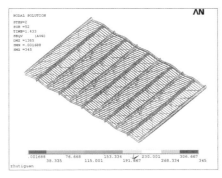

图 7.4-3　极限状态时杆件应力与塑性铰分布

7.5　专项设计

7.5.1　屋盖大跨预应力钢桁架结构设计

西侧展厅最大跨度达 180m，该大跨度屋盖结构体系的成功设计是该项目成功建设的关键。屋盖张拉结构支承条件复杂，虽然刚性上弦具有一定的刚度，但是结构由于跨度较大，整个结构的有效工作仍依赖于拉索的设置以及预应力的导入来实现对刚性上弦的内力变形的主动控制（图 7.5-1）。

张弦结构在张拉过程中，拉索内力包括两部分的效应，一部分是为了平衡结构自重所产生的拉索内力，另一部分为预应力在拉索中产生的内力。为了方便起见，张拉结束后拉索内力统称为预应力，其中前者称为被动预应力，后者称为主动预应力。被动预应力取决于结构自重、结构体系及结构自由度的冗余，主要由平衡结构自重所产生的拉索内力；主动预应力是为了改善结构的应力和变形所施加的。

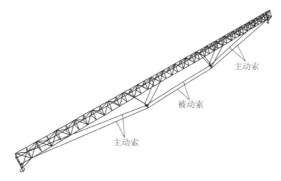

图 7.5-1　结构张拉分析模型

经过计算该结构的被动预应力大小为 1643kN，使结构跨中变形由−1341mm（没有拉索的结构，高仅为 3m）减小到−352mm（具有拉索但没有主动预应力的结构，结构高 11.5m），刚度增大 73.8%，刚性上弦杆内力由−12603kN减小到−5011kN，内力减小了60.2%；下弦杆内力由6267kN减小到910kN，内力减小了85.5%，可见被动预应力对结构内力和变形的控制是恒定的，是由结构体系决定的，若需要对结构内力和变形进行有目的的控制，需要通过主动预应力进行调整。

拉索合理预应力的取值第一需要达到对结构变形的调整控制功能，包括结构竖向变形与滑动支座滑动变形，使结构在两种极端工况下（1.0D + 1.0L 与 1.0D + 1.0W）的结构偏移初始位形的幅度最小，这样既可以保证结构具有理想的几何位形和必要的形状稳定性，又可以减小上部钢屋盖结构对下部支承结构的偏心，减小P-Δ效应，增加框架柱的极限承载力。第二需要达到对结构内力的调整控制功能，拉索的预应力使撑杆受压，实现对刚性上弦的反向加载，相当于对结构卸载，对刚性上弦起着很好的内力调整功能。第三需要满足拉索在最不利工况（风荷载与地震作用）下，不允许拉索出现松弛现象，首先因为风荷载是瞬时多遇的，这样会造成拉索节点在反复荷载作用下，容易出现疲劳破坏；其次拉索松弛则丧失其非线性效应，使索撑体系平面外处于不稳定状态。第四对于直径大、长度较长的拉索，在正常使用条件下，应保持一定的预张力，以使拉索基本拉直张紧，垂度不致过大，减轻使用荷载作用下拉索的振动。第五需要考虑实际施工张拉方案，例如若采用高空胎架上张拉时，初始预应力大小至少能够保证实现张拉自动脱架。

因为综合考虑到以上几个方面，本工程对不同的初始预应力大小进行比较试算，对拉索施加2225kN（其中主动预应力582kN，被动预应力1643kN）的初始预应力。这样结构在施工张拉时反拱49.5mm，结构自动脱架；在1.0D + 1.0L 工况下竖向变形为−274mm，支座滑移量−37.5mm，在1.0D + 1.0W 工况下竖向变形为101mm，支座滑移量37.2mm；拉索最大轴力为5379kN（670MPa），未超过拉索的设计荷载6703kN（1670 × 拉索截面面积/2），最小轴力为1230kN（153MPa），大于最小垂度要求的拉索内力$T \geqslant 20W \cos \alpha$（即主动索最小应力74MPa，被动索最小应力63MPa）。

7.5.2 混合支撑结构体系的设计

为解决结构可能存在的较大扭转效应和突出的温度效应，下部结构采用了钢支撑和阻尼支撑形成的混合支撑方案。黏滞阻尼器与结构的连接方式采用如图7.5-2所示的人字形支撑-黏滞阻尼器-橡胶支座构成的组合减震体系方式。由于黏滞阻尼器的静力刚度很小，基本不对结构产生静力刚度，故可以有效减小温度作用。橡胶支座的屈服位移很小，也不会对温度伸缩产生较强约束作用，同时又能提供一定的弹性刚度。黏滞阻尼器支撑中的人字形支撑应具有足够的刚度，以保证黏滞阻尼器的正常工作。

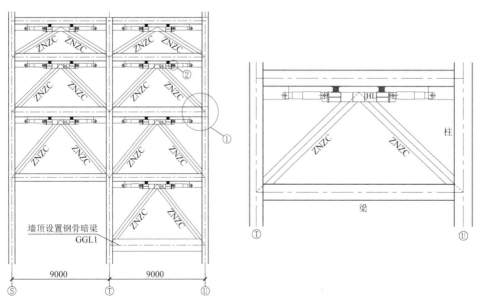

图 7.5-2　黏滞阻尼器支撑布置示意图

经典回眸 同济大学建筑设计研究院（集团）有限公司篇

选用 3 条上海时程波，对结构进行动力时程响应分析。根据规范中提供的方法计算阻尼器提供给结构的附加阻尼比，如表 7.5-1 所示。可以看出，在不同水准地震作用下，黏滞阻尼器均发挥了良好耗能作用。

混合支撑方案附加阻尼比 表 7.5-1

方向	多遇地震	设防地震	罕遇地震
X向	4.12%	3.01%	2.02%
Y向	5.46%	4.82%	3.99%

7.5.3 钢结构特殊节点

1. 支撑与拉索连接节点

撑杆与拉索连接节点是张弦结构中一个关键节点，影响着整个结构的工作性能，是整个结构成立的关键。由于施工张拉时仅张拉两端索段（主动索），若采用传统的铰接节点形式，V 形撑杆与刚性上弦在平面内组合形成了一个几何不变体系，约束住撑杆下端与拉索连接处的平面内自由移动，使得靠近张拉端的外撑杆受压，内撑杆受压，结构变形不协调，预应力不能有效传递等。因此，采用拉索连续且可以在索夹内自由滑动的节点形式。该节点通过在拉索孔表面涂 2mm 厚聚四氟乙烯，0.1～0.15mm 厚的不锈钢片来实现（图 7.5-3），从而满足索力传递的要求。实际施工张拉结果表明，拉索能够在节点内进行有效的滑动。

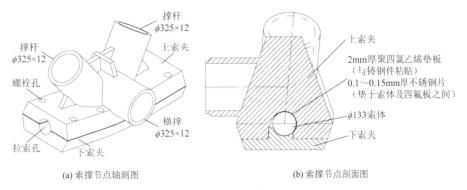

图 7.5-3 索夹节点

该节点采用铸钢 GS20Mn5V，屈服强度 300MPa，设计强度 235MPa。为保证设计的安全性，采用实体单元对该节点进行了有限元分析，单元的弹塑性开展遵循 Von Mises 屈服准则和相关流动法则。对节点施加最不利设计荷载组合的杆件内力，对节点应力和节点变形进行分析。分析结果表明铸件的最大应力约 150MPa，小于设计强度，节点安全。

2. 支座节点施工阶段特殊处理

人字形柱柱脚上下部分均采用铸钢件，材质为 GS20M5QT，热处理状态为调质。材料弹性模量 $E = 206000MPa$，泊松比 $\mu = 0.3$，屈服强度取 300MPa，设计强度取 235MPa；设计时采用 ANSYS10.0 对人字形柱上下部分进行弹塑性非线性分析，铸钢件材料特性采用双线性模型。叉形柱柱脚铸钢节点上、下部分在设计荷载作用下，节点的 Von Mises 应力值均不超过材料的设计强度（除施加强制位移约束的局部）；在压力作用下叉形柱柱脚节点上、下部分的极限承载力略大于 4 倍的设计压力；在拉力作用下其极限承载力大于 5 倍的设计拉力；图 7.5-4 为铸钢件在 5 倍设计压力下的应力云图。

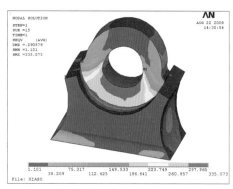

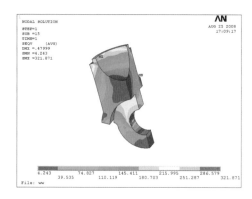

(a) 压力作用下下部节点应力云图　　　　　　(b) 压力作用下上部节点应力云图

图 7.5-4　支座节点应力云图

7.6　试验研究

本工程的基础受荷特点为：地下室层高达 9.2m，考虑最不利高水位情况下的整体上浮力较大，当不考虑活荷载时，桩基础由抗拔控制；同时由于展厅楼面的活荷载很大，当活荷载满布时，在考虑最不利低水位情况下大部分框架柱的基础由承压控制。在设计的过程中进行了多种基础类型的选型研究和对比分析，最终确定在主题馆工程中采用 PHC 管桩 + 承台 + 底板的基础形式。

对于抗拔管桩，传统设计的接头中常采用坡口对接围焊焊缝，虽然焊缝的连接强度理论计算值比桩身抗拉强度大很多，但是这种连接方式也存在明显不足：

（1）接桩时间长。坡口对接焊要求工人连续施焊，而桩头一般高出地面 0.5～1.0m，因而往往需要工人俯身施焊，整个焊接过程一般至少需 25min，如果接桩时桩端正好停在砂土层中，中间间隙时间过长可能会增大后续沉桩阻力。

（2）焊接质量不稳定。端板不平整、坡口处存在浮锈等污物、焊缝含夹渣气孔、雨雪天气影响等都可能使焊缝质量达不到设计要求。所以在实际应用中，抗拔管桩的接头往往成为制约其应用的关键因素。

鉴于此，在世博会主题馆工程设计中，借鉴预制混凝土方桩的接桩方法，针对标准图集中的接桩节点进行了改进（图 7.6-1），主要改进了以下几方面（图 7.6-1）：（1）将桩头套箍的卷压薄钢板改由 8mm 钢板制作成形；（2）端板锚筋用 5 根直径为 16mm、长度为 540mm 的 II 级钢代替了图集中的 5 根直径 12mm、长度 400mm 的 II 级钢；（3）8mm 厚套箍内侧焊两道 φ12 环形封闭箍筋，以增加套箍与桩身混凝土的机械咬合力；（4）上下节桩接桩处采用 8 块 270mm × 80mm × 6mm（Q345B）钢板条沿环向等间距对称焊接，焊缝为竖向角焊缝。

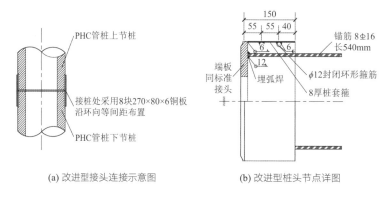

(a) 改进型接头连接示意图　　　　(b) 改进型桩头节点详图

图 7.6-1　改进型接头示意图

为检验改进后接桩连接的受力性能，分别对标准型接桩连接和改进型接桩连接（图 7.6-2）进行了 1∶1 足尺轴心抗拉试验。经试验对比分析，采用新型接头的管桩具有以下优势：

（1）传统接头试件平均开裂荷载为 922kN，平均极限承载力 1247kN。新型接头试件平均开裂荷载为 997kN，平均极限承载力 1309kN。采用新型接头的管桩其承载能力要略高于采用传统接头的管桩。

（2）采用新型连接方案可以一定程度上减少焊接应力影响，避免同截面缺陷积累。这是因为传统连接方式中满周焊缝位于一个相对狭窄的平面，各种残余应力和缺陷损伤的影响在界面积累并集中体现，受拉时焊缝应力分布非常不均匀。相反在新型焊接方案中，焊缝沿纵向分布较为均匀，形成的焊缝主要为侧焊缝，其传力更加均匀，有利于焊缝强度的充分发挥。

（3）新型连接方案的竖向焊缝跨越了上、下节桩的接缝位置，并在接缝两侧有一定的焊缝延伸长度，这形同于一个搭接焊连接，搭接段可以分担端板墩头承担的部分拉力，从而弥补墩头处抗拉的不足。在标准型连接试验中，试件 Ia 和试件 Ib 均在墩头处发生破坏，而在改进型连接试验中，没有一个试件发生墩头破坏。

（4）采用新型连接方案，施工效率和质量都可以大大提高。对于传统连接方案，基桩拼接成整桩一般在端板连接处采用对接焊，沿 U 形槽进行 3 圈满周焊的方法。两名工人必须从两侧同时同步施焊，对施工工艺要求较高。而新型接头方案中的焊接更类似于普通构件焊接，操作方法更加简单易行，有利于焊接质量的控制。

（5）采用新型连接方案，管桩整体抗拉性能有所提高。传统焊接方案中由于沿桩周径向焊缝冷却温度不均匀造成的焊接应力，会在两桩接头处产生初始弯折，影响整体的垂直度，不利于整体抗拉承载能力的充分发挥。而在改进型焊接方案中，连接截面上的钢件内并没有初始应力，因此并不会造成初始弯折现象，保证了整体的垂直度，从而能够使整体抗拉承载能力充分发挥。

图 7.6-2 改进型接头试验安装图

7.7 结语

上海世博会主题馆屋盖结构跨度大，整体结构超长且平面不规则，钢结构设计在借鉴以往优秀工程成功经验的同时，立足于本结构自身的特点，在以下几个方面做了有益的尝试与探索：

（1）从建筑设计、功能布置与结构效率的角度出发，对屋面结构体系选型与下部钢框架柱间支撑体系选型进行了多方案比选，最终确定了较优的方案。

（2）主题馆屋盖结构体系选择了由新型索撑张弦桁架与立体桁架组成的长度为 270m 的 4 跨连续梁

结构。其中，126m 跨度的新型索撑张弦桁架采用了两对 V 形撑杆将拉索与刚性立体桁架连系在一起，通过合理调整拉索预张力，优化了刚性立体桁架受力，提高了施工效率。

（3）对屋盖结构受力和变形进行了详细分析，并采用弹塑性极限承载力分析方法对屋盖结构的全过程受力性态做了研究，结果表明屋盖结构塑性发展充分，具有足够安全度。

（4）通过对张弦桁架索撑节点精细地设计与分析，实现了张弦桁架拉索内力的有效传递，同时保证了节点承载力的安全。

（5）下部钢框架支撑体系选择了由钢支撑与黏滞阻尼支撑组成的混合支撑体系，钢支撑与黏滞阻尼器支撑刚柔并济、优势互补，既增加了结构的抗侧刚度又提高了结构阻尼，从而在提高结构抗震性能的同时，减小了结构的温度效应。

上海世博会主题馆设计体现了大跨度结构设计应首先满足建筑及使用功能的要求，力求为业主提供一个布置合理、高效灵活的大跨度空间；同时，作为重要建筑，必须确保结构安全性，在此基础上，进一步优化结构形式、提高结构效率。总之，满足使用和美观要求、安全可靠、经济合理是上海世博会主题馆结构设计追求的目标。

参考资料

[1] 丁洁民，张峥. 大跨度建筑钢屋盖结构选型与设计[M]. 上海: 同济大学出版社, 2013.

[2] 丁洁民，吴宏磊. 上海世博会主题馆结构设计与建造方面的一些思考[J]. 施工技术, 2011, 40(1): 29-35.

[3] 南俊，程浩，李伟兴，等. 上海世博会主题馆地下室外墙结构设计与分析[J]. 结构工程师, 2010, 26(6): 1-6.

[4] 李强，陶炜，李庆生，等. 主题馆西馆 126m 跨双索张弦桁架预应力拉索施工技术[J]. 建筑施工, 2009, 31(9): 737-740.

[5] 李伟兴，万月荣，刘庆斌. 世博会主题馆抗拔 PHC 管桩新型连接的计算分析及试验研究[J]. 建筑结构学报, 2010, 31(5): 86-94.

[6] 丁洁民，吴宏磊，何志军，等. 上海世博会主题馆和部分国家馆设计[J]. 建筑结构, 2009, 39(5): 1-11.

设计团队

结构设计单位：同济大学建筑设计研究院（集团）有限公司

结构设计团队：丁洁民，万月荣，何志军，程浩，季跃，许晓梁，南俊，张峥，李伟兴，叶芳菲，禹慧

执　　笔　人：陈长嘉，黄卓驹

第 8 章

长沙国际会展中心

8.1 工程概况

8.1.1 建筑概况

长沙国际会展中心建于浏阳河东岸的南部发展带，地上工程主要包括 12 个单层展厅、2 个登录厅，展厅和登录厅之间由围绕内部室外展场的公共环廊连系。本工程总建筑面积约 44.5 万 m²，其中地上建筑面积约 31.1 万 m²，地下建筑面积约 13.4 万 m²；室内展场面积约 17 万 m²，室外展场面积约 8.5 万 m²。本工程于 2014 年开始设计，分两期建设，一期工程包含北侧登录厅和四组八个展厅，于 2018 年投入使用（图 8.1-1、图 8.1-2）。

图 8.1-1 整体效果图

图 8.1-2 鸟瞰照片

长沙市依山傍水，素有"山水洲城"的美誉，本工程紧邻浏阳河，设计撷取岳麓山山之意向，沿河勾勒反弧形天际线屋盖造型，连续舒展的屋面形成韵律的水波，与蜿蜒而过的浏阳河相得益彰，形成天人合一的城市地景，建筑造型衍生如图 8.1-3 所示。

相邻两个展厅组成屋盖结构相连的整体，两个展厅间屋顶仅通过异形钢梁连接，其平面投影为 207m×162m，屋盖结构最大跨度 81m，屋盖结构高度为 18.9～32.1m，纵向柱距为 18m（图 8.1-4）。屋盖呈下凹形，垂跨比为 1/40。

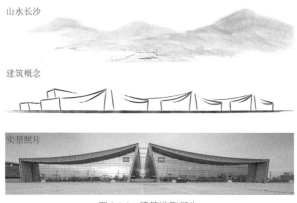

图 8.1-3 建筑造型衍生

图 8.1-4　展厅剖面

8.1.2　设计条件

控制参数表　　　　　　　　　　　　　　　　　　　表 8.1-1

项目		取值
结构设计基准期		50 年
建筑结构安全等级		一级
结构重要性系数		1.1
地基基础设计等级		甲级
基本风压		0.4kN/m²
基本雪压		0.5kN/m²
温度作用		主体结构：±20℃；屋盖结构：±30℃
建筑抗震设防分类		重点设防类（乙类）
抗震设防烈度		6 度
基本地震加速度		0.05g
设计地震分组		第一组
场地类别		Ⅱ类
特征周期	多遇地震、设防烈度地震	0.35s
	罕遇地震	0.40s
建筑结构阻尼比	多遇地震、设防烈度地震	0.035
	罕遇地震	0.05
水平地震影响系数最大值	多遇地震	0.05625
	设防烈度地震	0.17325
	罕遇地震	0.28

注：多遇地震和设防烈度地震的水平地震影响系数最大值根据地震安全性评价报告加速度放大倍数进行调整。

8.2　项目特点

项目特点　　　　　　　　　　　　　　　　　　　表 8.2-1

建筑特点	结构挑战	应对策略
建筑超长	两个镜像展厅屋盖结构相连，以呈现连续轻盈的设计美感，平面尺寸约 211m × 173m	合理结构布置，重点关注连体构件，分析超长结构温度作用的影响
连体下凹屋盖造型	为避免破坏建筑造型的连续性，展厅不设突出屋面的栀杆，屋盖结构形态与建筑造型相契合	通过多种结构方案比选，在下凹造型屋盖中采用张弦梁结构，解决了下凹形张弦梁面外稳定问题
巨型通透室内空间	展厅室内不设吊顶，外露的屋盖结构参与到空间效果的营造中，对结构造型与建筑观感的适配度要求较高	通过大尺度的横向张弦梁与小尺度的纵向次梁勾勒出优雅有力而富有韵律的线条，突出结构本身的美与力量感，创造简洁通透的巨型空间
特殊荷载	结合重型展览的需求，室内地面承载要求 5t/m²，室外地面承载要求 10t/m²	对场地采用换填法进行地基处理，分层碾压，优化排水措施，防止场地积水，对地坪混凝土面层设置纵横网格伸缩缝
	结合重型展览的需求，屋盖吊挂荷载较大，且不同展会屋盖吊挂布置差异较大	屋盖预留吊挂荷载 100kg/m²；单点限重 1.5t 的重型固定吊点密布，间距 6m × 3m

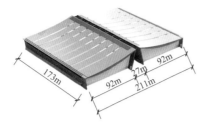

图 8.2-1　超长连体展厅　　　　　　　　　　图 8.2-2　展厅室内空间

8.3　结构体系与结构布置

8.3.1　结构方案对比

1. 主体结构体系方案比选

根据本工程特点，主体支承结构选取了常见的 4 种结构形式进行分析计算比选，各项结构计算指标均满足规范要求，各构件尺寸均满足建筑要求，具体情况如表 8.3-1 所示。

主体结构体系比选　　　　　　　　　　　　　　　　　　　　　表 8.3-1

对比内容	方案 1：混凝土框架结构	方案 2：钢框架-支撑结构	方案 3：钢管混凝土柱 + 混凝土梁结构	方案 4：钢管混凝土柱 + 钢梁结构
结构自重	结构自重大	结构自重轻，延性好，抗震有利	与方案 1 相当	与方案 2 相当
施工速度及难度	脚手架支模要求高，施工速度慢	工厂加工，现场吊装，施工速度快	节点处理复杂，施工难度大，施工速度慢	施工速度较快
结构造价	相对较低	相对较高	在方案 1 和方案 2 之间	与方案 2 相当
防腐防火性能	防腐防火性能好，维护费用低	防火防腐涂装需定期维护，维护费用高	在方案 1 和方案 2 之间	优于方案 2
建筑使用功能	竖向构件截面大	竖向构件截面小，但支撑布置影响建筑功能和空间	竖向构件截面较小	竖向构件截面小

经综合评估，方案 4：钢管混凝土柱 + 钢梁结构，竖向构件截面小，呼应了展厅轻盈通透的建筑形式，提升了大空间的结构美感，结构自重轻，延性较好，施工速度快，尽管造价高于混凝土框架结构方案，但考虑到展厅主体支承结构面积较小，总造价不会过高，设计方认为值得采用，最终选用该方案。

2. 屋盖结构体系方案比选

根据建筑造型和功能要求，展厅下凹形屋盖的垂跨比仅约 1/40，且屋盖结构需要承担吊挂等较大的可变荷载，单层索网或索桁架结构难以满足要求；建筑造型不允许设置桅杆等突出屋面的构件，斜拉或悬索结构无法实现。综合考虑建筑功能、屋盖造型和支承条件等因素，最终选取鱼腹桁架、张弦桁架和张弦梁 3 种可实现的屋盖结构体系进行比选（表 8.3-2）。

屋盖结构体系比选　　　　　　　　　　　　　　　　　　　　　表 8.3-2

结构体系	结构剖面图	概念效果图
鱼腹桁架	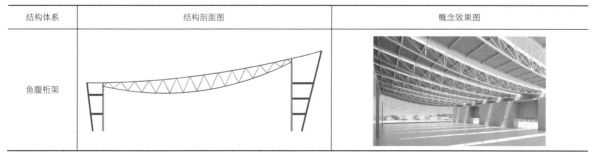	

结构体系	结构剖面图	概念效果图
张弦桁架	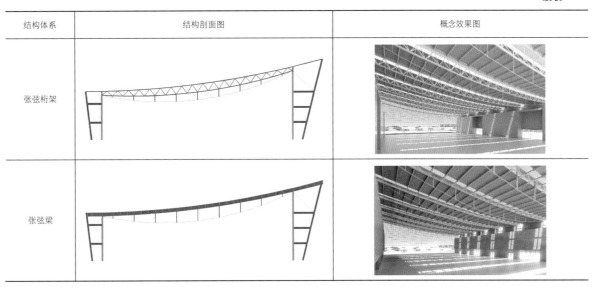	
张弦梁		

3种方案中桁架下弦或拉索的形态相同，垂跨比均为1/9.5，与屋盖的弧度相协调，主结构整体造型满足建筑要求。桁架和张弦桁架的构件繁多，结构通透性较差，无法满足观感要求。张弦梁仅由上部刚性主梁、竖直撑杆和纤细的拉索组成，结构组分简单，传力路径清晰。

此外，张弦梁结构中利用索撑体系实现对屋盖变形的主动 + 被动双重控制。在施工过程中，拉索预张力导致屋盖结构产生反拱，对屋盖变形进行主动控制；在使用过程中，随竖向荷载增大，屋盖结构变形增大，拉索张力增大，对上部刚性结构组分的弹性支承作用增强，对屋盖变形进行被动控制。双重控制有效避免了屋盖结构发生过大变形。

基于以上原因，展厅屋盖最终采用张弦梁结构。

8.3.2　结构布置

每组连体展厅的结构体系与布置基本一致。主体钢管混凝土柱与钢梁组成4组框架单元，整体结构的抗侧刚度主要由这4组框架单元提供。中间两列斜柱顶通过屋盖连体构件连接，连接方式为刚接。屋盖结构与框架柱顶通过成品固定铰接支座连接。屋盖结构主次梁刚接，并布置日字形屋面支撑，保证屋盖结构具有足够的面内刚度，以协调整体结构变形。横向水平力主要通过张弦梁与主体框架形成的类似排架的结构来承担，纵向水平力主要通过屋盖屋面支撑与主次梁传递至框架结构和幕墙结构。

（1）主体框架结构：采用钢管混凝土柱 + 楼面钢梁。单个展厅屋盖两端各设置一列斜柱和一列直柱，斜柱上部与屋盖张弦梁的上部刚性梁拉结以减小直柱弯矩，斜柱与直柱通过钢梁拉结形成框架夹层。夹层主要功能是设备用途，荷载较重。直柱和斜柱均采用钢管混凝土柱，直柱为圆柱，柱截面为ϕ750mm，斜柱为矩形柱，柱截面为500mm × 700mm～700mm × 700mm。框架梁主要截面为H700mm × 250mm × 10mm × 20mm ～ H 1100mm × 300mm × 18mm × 25mm，次梁主要截面为 H 200mm × 200mm × 6mm × 8mm～H700mm × 200mm × 10mm × 22mm。钢梁上铺 150mm 厚压型钢板现浇钢筋混凝土楼面。

（2）幕墙结构：展厅纵向两端玻璃幕墙抗风柱兼做屋盖支承柱，并利用幕墙结构为其提供侧向约束（图 8.3-1）。抗风柱距为 9m，截面为 H800mm × 250mm 的开孔 H 型钢。

（3）张弦梁：跨度 81m，间距 18m，跨中撑杆高度 4.7m。主梁为截面□1600mm × 500mm 的矩形管，撑杆为截面 H436mm × 300mm 的开孔 H 型钢，位置与抗风柱对应。拉索为ϕ97mm 的高钒索，双索并排布置。

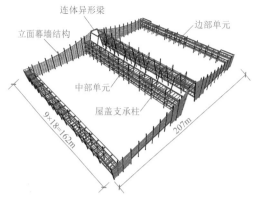

图 8.3-1　连体展厅承重体系

（4）柱间斜拉索：在中部单元直柱柱顶与斜柱下一层柱顶处增加一根ϕ60mm 的斜拉索，可以有效减少斜柱和直柱的计算长度，避免形成过长的悬臂柱，增大横向抗侧刚度，降低柱底弯矩，使钢管混凝土柱抗压承载力高的优势进一步凸显，同时可减小屋盖结构的竖向变形（图 8.3-2）。

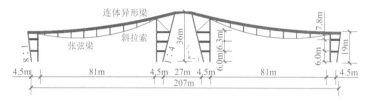

图 8.3-2　单榀结构立面图

（5）次梁：间距 3m，截面为 H650mm × 300mm 的 H 型钢。

（6）屋面支撑：设计中对无交叉支撑、周边交叉支撑、日字形交叉支撑、田字形交叉支撑 4 种布置方式和刚性（钢管）、柔性（拉索）两种构件形式进行比选，最终根据屋盖结构刚度需求和室内效果，选取日字形交叉支撑的方案，支撑截面为ϕ40mm 的高钒索。

（7）边榀立体桁架：展厅纵向端部屋盖向室外悬挑，最大悬挑长度 7.65m（图 8.3-3）。在幕墙抗风柱顶设置立体桁架，桁架最大跨度 9m，桁架构件贴合建筑挑檐造型布置。

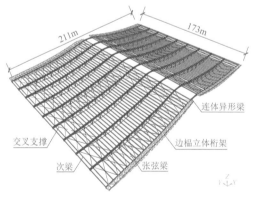

图 8.3-3　屋盖结构体系

（8）地基基础：项目基础形式采用桩基 + 承台 + 基础连系梁的形式，一柱一桩，桩端持力层为中风化泥质粉砂岩，桩径 800～1800mm，单桩抗压承载力特征值为 2500～9000kN。

（9）展厅首层及室外展场地基处理：本工程展厅室内首层地面承载要求为 5t/m²，室外展场地面承载要求为 10t/m²。根据地勘资料，对室内展厅及室外展场区域采用换填法进行地基处理。室内展厅区域首先清除表层素填土或耕土，在清除过程中避免扰动粉质黏土层。清表后进行场地平整碾压，然后采用粉性土或黏性土（可适当掺入一定数量的碎石）按每层铺土厚度 30cm 左右进行分层碾压夯实，控制压实系数不小于 0.95，混凝土基层下 1m 厚度区域采用级配碎石分层回填夯实，待回填至设计标高后再进行混凝土基层及面层施工。与室内展场不同，室外展场区域回填至设计标高后采用三边形和五边形冲击压路机进行冲击碾压，压实系数不小于 0.95，再进行面层施工。设计时，场地最终平均沉降控制在10～15cm。由于会展期间需大面积密集堆载，混凝土面层应设置纵向和横向伸缩缝，纵向及横向伸缩缝间距均为 6m，伸缩缝宽度为 20～30mm，其间设置沥青材料。展厅整体结构轴测图及结构施工过程见图 8.3-4、图 8.3-5。

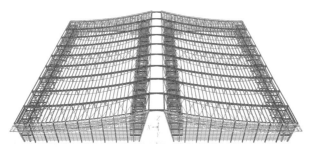

图 8.3-4 展厅整体结构轴测图

图 8.3-5 展厅结构施工过程照片

8.4 结构分析与设计

8.4.1 超限情况及加强措施

本工程存在结构平面不规则、抗侧力构件不均匀、斜柱跃层柱、大悬挑、屋盖连体等不规则情况，屋盖结构采用了较为特殊的下凹形张弦梁结构体系，因此本工程展厅结构超限，对此主要采取了以下措施：

（1）采用符合实际情况的空间分析程序 SAP2000、MIDAS/Gen 及 YJK 软件进行多模型对比分析，保证计算结果的可靠性。同时进行多遇地震下的弹性时程分析，与振型分解反应谱法进行包络设计。

（2）采用性能化的设计方法，对整体结构及构件进行性能化评估，并设定合理的性能目标。

（3）合理结构布置，协调结构的抗侧刚度和抗扭刚度。设置异形连体构件及柱间斜拉索，增强结构的抗侧刚度，东西立面幕墙柱上下端刚接连接，增强结构的抗扭刚度。屋盖设置日字形交叉支撑和连续刚接次梁，加强屋盖结构的刚度和整体性，提高连体结构的抗扭刚度。

（4）楼板采用弹性楼板假定，以考虑楼板实际的刚度，进行中震作用下的有限元分析和温度作用下的专项分析，满足抗震性能目标和温度抗裂应力。

（5）控制框架柱和框架梁的应力比，按照温度组合工况对钢结构进行应力比验算，对楼板温度作用较大或缺失处，加大相应方向钢梁的壁厚。对于中震组合下关键构件的应力比按照不超过 0.95 控制。

（6）适当提高结构的竖向刚度，屋盖结构跨中竖向挠跨比控制在 1/300 以下。

（7）进行大震下的动力弹塑性分析，考察各类结构构件的塑性发展情况及损伤程度，并控制大震下的层间位移角不大于 1/50。

（8）进行大跨度屋盖结构稳定分析、超长结构温度作用分析、抗连续倒塌分析等多项专项分析。

8.4.2 抗震性能目标

展厅抗震性能目标 表 8.4-1

地震烈度			多遇地震	设防烈度地震	罕遇地震
结构抗震性能目标			C		
对应的宏观损坏程度			完好、无损坏	轻度损坏	中度损坏
允许层间位移			$h/300$	$h/150$	$h/50$
关键构件	屋盖支承柱	正截面	弹性	弹性	控制塑性水平（LS）
		斜截面			弹性
	屋面张弦梁、索及关键节点	正截面	弹性	弹性	控制塑性水平（LS）
		斜截面			
	柱顶支座	正截面	弹性		
		斜截面			
	连体异形梁	正截面	弹性（同时考虑抗扭作用）		
		斜截面			
普通竖向构件	一般柱	正截面	弹性	不屈服	控制塑性水平（CP）
		斜截面			
耗能构件	框架梁	正截面	弹性	不屈服	控制塑性水平（CP）
		斜截面			
其他	楼板		弹性	不屈服	—

8.4.3 主体结构分析

1. 反应谱分析

反应谱法主要计算结果 表 8.4-2

计算程序			SAP2000	MIDAS	规范要求	满足情况	M/S-1
上部结构总质量/t			37467	37693			0.60%
结构自振周期/s	整体振型	T_1（X向）	2.03	2.01			−0.83%
		T_2（Y向）	1.80	1.80			−0.18%
		T_3（扭转）	1.74	1.75			0.32%
		T_3/T_1	0.86	0.87			1.16%

经典回眸 同济大学建筑设计研究院（集团）有限公司篇

计算程序			SAP2000	MIDAS	规范要求	满足情况	M/S-1
水平地震作用	X向	有效质量系数	99%	95%	>90%	满足	-4.04%
		基底剪力/kN	5195	5150			-0.87%
		剪重比	1.35%	1.33%	>0.80%	满足	-1.52%
		最大层间位移角	1/925	1/955	<1/300	满足	-3.14%
		规定水平力下最大楼层位移比	1.32	1.35	<1.2	超限	2.27%
		最小楼层抗剪承载力比	0.82	0.82	>0.8	满足	0.00%
	Y向	有效质量系数	97%	91%	>90%	满足	-6.19%
		基底剪力/kN	4279	4214			-1.53%
		剪重比	1.11%	1.09%	>0.80%	满足	-2.18%
		最大层间位移角	1/890	1/899	<1/300	满足	-1.00%
		规定水平力下最大楼层位移比	1.34	1.37	<1.2	超限	2.24%
		最小楼层抗剪承载力比	0.81	0.81	>0.8	满足	0.00%

2．小震弹性时程分析

按照有效峰值、持续时间、频谱特性等方面匹配的原则选用了 1 组人工合成加速度时程波和 2 组天然地震波，同时根据本工程地震安全性评价报告，将峰值加速度取为 25cm/s^2，进行弹性时程分析。基底剪力和层间位移角均满足相应要求，并按照反应谱和弹性时程分析结果进行包络设计。

3．中震内力分析

按设定的抗震性能目标，对设防烈度地震下各构件承载力进行复核，框架梁应力比对比小震组合增加均在 10%以内；钢管混凝土柱考虑中震双向地震作用下的最大应力比不超过 0.95。屋盖连体构件根据建筑外轮廓要求和控制整体指标要求确定，构件强度不起控制作用，其最大应力比不超过 0.20。

4．大震动力弹塑性分析

选取符合规范要求的 1 条人工波和 2 条天然波，共 3 条地震记录，进行了罕遇地震作用下的弹塑性时程分析。地震波采用三向输入，结构阻尼比取 5%，每个工况地震波峰值按水平主方向∶水平次方向∶竖向 = 1∶0.85∶0.65 进行调整。

1）基底剪力

各时程工况下的基底剪力和剪重比   表 8.4-3

地震工况名称	X向		Y向	
	基底剪力/kN	剪重比/%	基底剪力/kN	剪重比/%
人工波	25391	6.59	18931	4.91
天然波 1	25159	6.53	19605	5.09
天然波 2	24655	6.40	20505	5.32
最大值	25391	6.59	20505	5.32
平均值	25068	6.50	19680	5.11

2）层间位移角

各地震工况下的主方向最大层间位移角　　　　　　　　　　　表 8.4-4

地震工况	层间位移角/rad	地震工况	层间位移角/rad
TG2TG040X	1/128（边部单元 2 层）	TG2TG040Y	1/149（中部单元 4 层）
TG4TG040X	1/144（边部单元 2 层）	TG4TG040Y	1/153（中部单元 4 层）
RG4TG040X	1/158（边部单元 2 层）	RG4TG040Y	1/138（中部单元 4 层）

3）罕遇地震下的结构塑性发展情况

主要构件塑性发展情况　　　　　　　　　　　表 8.4-5

构件	延性系数	构件状态	性能目标
框架柱	D/D_1 小于 1； D/D_2 最大值 1.49	所有钢管柱钢材部分弹性状态； 混凝土部分边部纤维处于开裂状态；中心部分处于弹性状态	大震控制塑性（LS）
框架梁	D/D_1 小于 1	基本处于弹性状态，基本达到了大震控制塑性（LS）	大震控制塑性（CP）
屋盖张弦梁	D/D_1 小于 0.2	处于弹性状态	大震控制塑性（LS）
屋盖边榀桁架	D/D_1 小于 0.3	处于弹性状态	大震控制塑性（LS）
屋盖支座		最大拉力 1000kN<拉力设计值 3000kN； 最大压力 1500kN<压力设计值 10000kN； 最大剪力 100kN<拉力设计值 3000kN	大震弹性
屋盖连体构件	D/D_1 小于 0.5	处于弹性状态	大震弹性

4）结论

结构在罕遇地震作用下处于稳定状态，部分杆件进入一定程度的塑性，满足"大震中度损坏"的设防目标。结构在 X、Y 两个方向位移角分别为 1/128 和 1/138，均满足层间位移角小于 1/50 的要求，保证大震下直立不倒，结构整体的抗震性能指标达到了 B，满足预定的抗震性能目标 C。

8.4.4　屋盖结构分析

1. 屋盖张弦梁内力分析

本工程屋面垂跨比仅 1/40，竖向荷载作用下，下凹形张弦梁主梁仍受压弯，拉索受拉，与上凸形或中平形的张弦梁受力特性相同，索撑体系仍可为屋盖提供弹性支承点，起到调节主梁内力分布，改善屋盖竖向刚度的作用，但下凹形态作用使主梁和拉索都产生内拉趋势。因此与上凸形张弦梁相比，下凹形张弦梁主梁轴压力较小，对支承框架的柱顶水平力较大。

(a) 轴力图　　　　　　　　　　　　　　　　(b) 弯矩图

图 8.4-1　张弦梁内力图

2. 屋盖张弦梁索力分析

本工程张弦梁在屋盖自重和拉索预张力组合下，拉索的拉力值为 5200kN。

张弦梁双索破断荷载为 17000kN，在最不利组合下，拉索的最大索力为 8277kN，拉索安全系数 K =

2.05，满足相关规范要求。

在最不利风吸荷载作用下，张弦梁拉索最小索力为4637kN，拉索始终不松弛，保证屋盖张弦梁结构的正常工作。

3.屋盖结构竖向变形分析

竖向荷载作用下，张弦梁跨中竖向变形最大，除边榀外，其余榀张弦梁竖向变形相似，可知本工程屋盖结构主要为单向传力体系。

展厅吊挂荷载较重，活荷载引起的变形较大，故通过张弦梁预拉力对屋盖结构施加反拱，在附加恒荷载施加完成后，结构形态与图纸几何基本吻合。通过控制张弦梁预张力，有效减小屋盖使用阶段变形绝对值。屋盖结构竖向变形见表8.4-6。屋盖竖向变形云图见图8.4-2。

屋盖结构竖向变形/mm   表8.4-6

荷载组合	张弦梁跨中竖向变形	挠跨比
自重 + 预张力	143	1/566
自重 + 预张力 + 附加恒荷载	34	1/2382
自重 + 预张力 + 附加恒荷载 + 活荷载	−265	1/305

注：表中竖向变形以向下为负，向上为正。

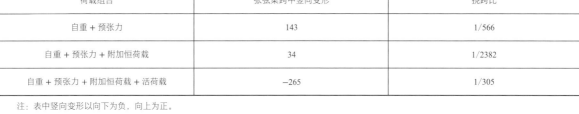

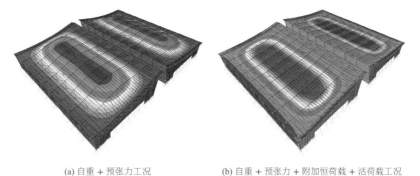

(a) 自重 + 预张力工况   (b) 自重 + 预张力 + 附加恒荷载 + 活荷载工况

图8.4-2　屋盖竖向变形云图

4.屋盖结构极限承载力分析

采用 ANSYS 软件对结构进行整体稳定承载力计算分析（图8.4-3）。荷载因子定义为施加荷载与预张力 + 恒荷载 + 活荷载的比例（图8.4-4）。

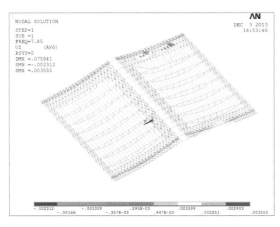

图8.4-3　第1阶屈曲模态

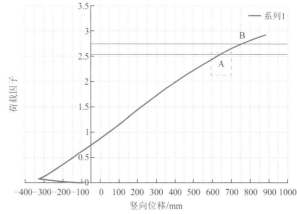

图8.4-4　结构弹塑性分析荷载位移曲线

注：点A表示张弦梁开始进入塑性临界点；B表示拉索破断临界点。

屈曲分析结果表明结构前 6 阶屈曲模态均为张弦梁平面外失稳，第 1 阶屈曲荷载因子为 7.85，结构屈曲性能较好。

在此基础上进行考虑几何非线性和材料非线性的极限承载力分析，材料采用非线性随动强化模型。初始缺陷采用一致模态法按第 1 阶屈曲模态施加，最大初始缺陷取为撑杆长度的 1/100。

当荷载因子达到 2.52 时，张弦梁支座处主梁率先进入塑性（图 8.4-5）。随着荷载的增大，主梁进入塑性的区域向跨中扩展。当荷载因子达到 2.76 时，拉索拉力达到破断荷载。当荷载因子达到 2.91 时，塑性区域继续发展和扩大，部分杆件全截面进入塑性，结构无法继续承载（图 8.4-6）。对本工程而言，材料非线性对结构整体极限承载能力有明显的影响，结构最终是由于过多杆件进入塑性而无法继续承载，属于强度破坏，此时结构并未发生稳定破坏。

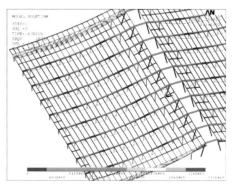

图 8.4-5 屋盖结构应力分布云图（荷载因子 2.52）

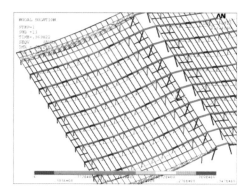

图 8.4-6 屋盖结构应力分布云图（荷载因子 2.91）

8.5 专项设计

8.5.1 下凹形张弦梁面外稳定性保障措施

通过图 8.5-1 的简单模型进行几何推导，假设拉索原长为 s_1，当撑杆发生面外虚转角后，拉索长度变为 s_2。
由几何关系易得发生虚转角后张弦梁索长公式为：

$$s_1 = \sqrt{\left(\frac{L}{2}\right)^2 + h^2} \tag{8.5-1}$$

$$s_2 = \sqrt{(a\sin\theta)^2 + \left(\frac{L}{2}\right)^2 + (a + h - a\cos\theta)^2} \tag{8.5-2}$$

经过泰勒公式展开后，

$$\Delta = s_2 - s_1 = \frac{a(1+h)\theta^2}{2\sqrt{\left(\frac{L}{2}\right)^2 + h^2}} \tag{8.5-3}$$

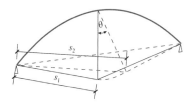

图 8.5-1 索撑体系稳定性

由式(8.5-3)易知，发生虚转角后，上凸形张弦梁拉索长度增加，索力增大，结构总势能增加，上凸形张弦梁处于稳定平衡状态，而直线形张弦梁处于随遇平衡状态，下凹形张弦梁处于不稳定平衡状态。撑杆上端与上部刚性主梁刚接可使下凹形张弦梁转换为稳定平衡体系，可见撑杆与主梁连接节点的面外抗弯能力是影响张弦梁面外稳定性的关键因素之一。

根据参数分析结果，主梁垂跨比、主次梁截面、次梁密度、次梁与主梁连接节点、撑杆截面、撑杆与主梁连接节点对下凹形弦梁的平面外稳定性影响较大。由于主梁垂跨比受建筑造型限制，综合考虑下，设计中主要通过 3 个措施保障下凹形张弦梁的面外稳定性，如图 8.5-2 所示。其中措施 1 和措施 2 已可保证张弦梁的面外稳定性，措施 3 作为第二道防线提高结构的安全储备。

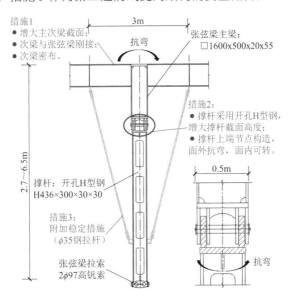

图 8.5-2 保证张弦梁面外稳定性的措施

1. 措施 1：屋盖结构整体抗弯刚度

主次梁截面、次梁密度、次梁与主梁连接节点对屋盖结构整体抗弯刚度影响较大。设计中主梁采用高 1.6m、宽 0.5m 的矩形截面，次梁采用高 0.65m、宽 0.25m 的 H 型钢。次梁间距 3m 密布，且全部与主梁刚接。主次梁组成正交刚性网格结构，保证屋盖上层结构具有足够的整体抗弯刚度。

2. 措施 2：撑杆及其与主梁连接节点的抗弯刚度

为增大撑杆抗弯刚度，本工程张弦梁撑杆截面突破性地采用 H 型钢，与主梁通过双板铰节点连接。此节点在张弦梁平面内可转动，面外具有足够的抗弯刚度，同时满足下凹形张弦梁施工张拉和面外稳定性需求。对撑杆与主梁的连接节点进行以下研究。

1）力学计算

根据整体模型分析结果，撑杆最大轴力约 700kN。撑杆上端采用双板铰节点，手算得到撑杆上端节点抗剪承载力为 3142kN，去掉用以抵抗撑杆轴力的部分，可用于形成力偶抵抗撑杆向外偏转的单个双剪销轴节点抗剪承载力为 1221kN。撑杆上端两耳板中心距为 375mm，则撑杆上端节点在张弦梁平面外方向的抗弯承载力为 458kN·m。

由于初始缺陷的存在，撑杆上端具有初始弯矩。按照板件间间隙考虑初始缺陷，销轴孔直径比销轴直径大 3mm，耳板间隙为 5mm，引起撑杆上端转角 0.2°，撑杆下端偏移 84mm，P-Δ 效应引起的撑杆上端附加弯矩为 59kN·m。

2）节点有限元分析

对此节点进行弹塑性有限元分析（图 8.5-3）。在撑杆底端施加轴压力 700kN 并保持不变，同时在撑杆下端施加张弦梁平面外水平荷载P，模拟节点区域的面外弯矩。

当P增加至95kN左右时，荷载位移曲线出现平段（图8.5-4）。这是由于加载初期，销轴及耳板全部受压，随着水平荷载逐渐加大，节点受弯作用逐渐加强，部分销轴及一侧耳板压应力逐渐减小，最终变为拉应力。在由受压变为受拉的过程中，耳板间发生错动，板间间隙被压缩，因此在承载力不变情况下，侧移加大。当耳板全部被卡紧后，节点抗弯承载力继续上升。

当水平荷载P达到975kN时，节点达到弹塑性极限承载力，此时耳板大部分均进入塑性，节点平面外弯矩约1268kN·m（图8.5-5、图8.5-6）。

图8.5-3 撑杆上端节点有限元分析模型

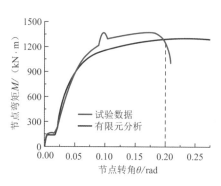

图8.5-4 弯矩-转角曲线

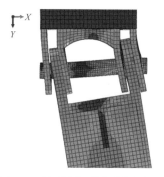

图8.5-5 达到极限承载力时节点变形图

图8.5-6 达到极限承载力时应力分布图

3）节点试验研究

设计3个撑杆上端节点试件进行足尺试验，研究撑杆节点的不同构造细节对撑杆节点的抗弯性能带来的影响效应，试件参数及具体编号见表8.5-1。

张弦梁撑杆节点试件参数

表8.5-1

试件编号	主梁耳板厚度/mm	撑杆耳板厚度/mm	销轴是否分段	销轴直径/mm
1	30	50	整体式	80
2	30	50	分段式	80
3	20	40	整体式	60

利用1000t竖向伺服作动器与试验加载头竖向连接，预先施加撑杆最大轴力700kN的竖向荷载；300t水平伺服作动器与试验加载头水平向连接，通过施加不同数值的水平荷载，实现试件撑杆节点平面外弯矩的施加，加载方案见图8.5-7。

3个试件在施加竖向荷载的过程中并无明显的表象变化，施加完竖向荷载700kN时，各板件均未屈服，耳板均处于受压状态，销轴处于剪压状态。整个加载过程中，主梁几乎无变形，撑杆上部和主梁截面均未屈服，但试件2和试件3的销轴变形明显大于试件1，试件2出现销轴滑入耳板的情况。试件1破坏情况见图8.5-8。

试件编号	有限元分析极限弯矩/（kN·m）	试验极限弯矩/（kN·m）
1	1268	1369
2	1205	1292
3	752	843

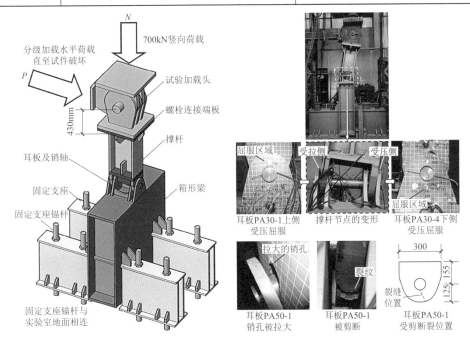

图 8.5-7　节点试验加载示意　　　　　　　　图 8.5-8　试件 1 破坏情况

撑杆上端节点试验结果及弯矩-转角曲线见表 8.5-2、图 8.5-4。在撑杆节点水平单调加载初期,弯矩-转角曲线出现水平端,与节点有限元分析结果相同,因此设计中对间隙提出明确要求。

当荷载经由销轴传至耳板处时,会在局部区域产生应力集中,在加载后期,撑杆节点两边最外侧耳板均进入塑性,设计中要求销轴与销轴孔均采用机械加工工艺,提高加工精度。

销轴是否分段对于节点的极限承载能力影响较小,但使用分段式销轴可以有效提高节点抗弯转动刚度,降低节点的转动能力和延性。综合分析,设计采用整体式销轴。

耳板厚度及销轴直径对节点的极限承载能力、延性、转动刚度、转动能力影响较大,其中对极限弯矩和转动能力的影响最大。

4）结论

由表 8.5-3 可知,撑杆上端节点的最小安全度 $K = 458/164 = 2.8$,此时节点各组分仍处于弹性阶段,表明第一道防线具有足够的冗余度,保证屋盖结构不率先发生张弦梁平面外失稳。

撑杆上端节点抗弯性能分析结果汇总　　　　　　　　表 8.5-3

分析内容	方案		撑杆上端最大弯矩/（kN·m）	保守取值/（kN·m）
抗弯承载力	设计承载力	力学计算	458	458
	极限承载力	有限元分析	1268	
		试验	1369	
撑杆上端最大面外弯矩	P-Δ效应附加弯矩		59	164
	单榀模型		140	
	整体模型		164	

3．措施3：附加稳定措施

尽管措施1和措施2已可保证下凹形张弦梁的平面外稳定性，但为提高结构安全储备，布置附加稳定措施作为第二道防线。根据工程实际情况，对面外通长稳定索、拉杆式隔撑和刚性隔撑3种措施（图8.5-9～图8.5-11）进行比选。

图 8.5-9　通长稳定索　　　　图 8.5-10　拉杆式隔撑　　　　图 8.5-11　刚性隔撑

拉杆式隔撑和通长稳定索的室内效果满足建筑要求，却对屋盖吊挂有影响，但稳定索的影响范围远大于拉杆式隔撑。刚性隔撑对结构的韵律感影响较大，综合考虑各因素，最终选用拉杆式隔撑方案。

设计中在高度较大的撑杆两侧布置ϕ35mm 等强合金钢钢拉杆隔撑。隔撑上端宽度为 3m；隔撑下端位于撑杆最下方一个洞口之上，既简化了张弦梁索夹节点，又丰富了结构细节。

8.5.2　超长结构温度作用分析

1．典型横向框架单元温度作用分析

取中间跨的典型框架，见图 8.5-12，分析其各工况下的构件内力如表 8.5-4 所示。

温度组合对柱顶水平力起控制作用（图 8.5-13），温度组合下边跨斜柱（直柱）柱顶水平力与非温度组合下相应柱顶水平力的比值为 1.43（1.18）。

在主体支承结构承载力计算时，温度作用的影响不可忽视。经复核，主体支承结构可以承受温度作用引起的内力。

各工况下屋盖对单榀框架边柱的柱顶水平力值　　　　表 8.5-4

	恒荷载 + 预张力	活荷载	X向水平地震	X向风载	温度作用
边跨斜柱柱顶水平力/kN	22	130	41	74	140
边跨直柱柱顶水平力/kN	288	88	48	135	128

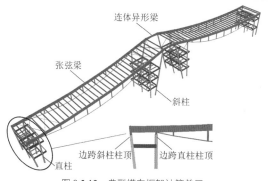

图 8.5-12　典型横向框架计算单元

图 8.5-13　温度工况*X*向层间最大位移及柱顶水平力

2．楼板温度作用分析

超长展厅楼板温度作用的影响不可忽视。屋盖升温 30℃、主体结构升温 20℃的情况下，对楼板进行应力分析，在标高 13.8m（边部单元）处楼板纵向最大拉应力最大，局部已经超过 C40 混凝土抗拉强度设计值 1.71N/mm²。针对温度工况主体楼板拉应力较大情况，采取如下措施：

（1）楼板加厚至 150mm，混凝土强度等级提高至 C40。

（2）在标高 13.8m（矮侧塔楼）夹层楼板处采用加强纵向楼板配筋，以抵抗楼板在温度工况下产生的拉应力，该方向配筋不小于Φ10@150。

（3）压型钢板顺肋沿*Y*向布置，加密梁上栓钉排布，加强压型钢板与楼面钢梁的连接。

（4）设置施工后浇带，局部楼板后浇筑。

（5）材料方面，改善混凝土性能，减少混凝土收缩应变，采用抗裂纤维。

3．钢屋盖温度作用分析

1）温度作用对结构变形的影响

由表 8.5-5 可知，温度作用对屋盖结构跨中挠度影响较小，对柱顶侧移影响较大。由于主梁和拉索均为下凹的形状，初始温度下，竖向荷载产生的水平分力使柱端向内移动。降温时，张弦梁长度减小，增大柱顶内移趋势，柱顶侧移数据增大。

屋盖结构变形　　　　　　　　　　　　　　表 8.5-5

工况	跨中竖向挠度/mm	低端框架柱顶侧移/mm	高端框架柱顶侧移/mm
自重＋预张力＋附加恒荷载＋活荷载	−263	47	4
自重＋预张力＋附加恒荷载＋活荷载＋0.6 温度作用	−257	28	3
自重＋预张力＋附加恒荷载＋活荷载−0.6 温度作用	−264	67	8

对张弦梁而言，升温作用一方面张弦梁主梁和拉索的长度增加，使挠度增大；另一方面撑杆长度增加使挠度减小，此消彼长下，使得屋盖竖向挠度变化不如柱顶侧移明显。

2）温度作用对杆件内力的影响

本工程连体展厅之间仅通过屋盖的几道异形梁相连，连体效应较弱。而下凹的曲面形态有利于温度作用的释放，因此温度作用对屋盖结构的影响在可控范围内。在单独温度作用下，应力比小于 0.2 的杆件数占总数的 97.4%，绝大部分杆件的应力比受温度作用的影响较小。

8.5.3　构件截面与节点优化设计

1．抗风柱与张弦梁撑杆

构件截面形式的选取既考虑构件的受力特性，也兼顾视觉效果和建筑风格统一。展厅纵向端部玻璃幕墙抗风柱和张弦梁撑杆均采用开洞 H 型钢截面，二者相互呼应，增添了建筑的机械感和序列感。张弦梁撑杆照片如图 8.5-14 所示，幕墙抗风柱照片如图 8.5-15 所示。

H 型钢腹板开洞后，其净截面面积大幅降低，截面模量和惯性矩降幅较小，适用于受弯构件。抗风柱以受弯为主，适合采用此截面形式。为提高下凹形张弦梁面外稳定性，本工程的张弦梁撑杆截面高度与主梁宽度相近，撑杆上端节点美观完整，下部索夹宽度满足 2 根ϕ97mm 的高钒索通过，轴力引起的撑杆构件应力仅 31.5N/mm²，远小于撑杆构件强度设计值，腹板开洞后的撑杆截面也可承受此轴压力。

图 8.5-14　张弦梁撑杆照片　　　　图 8.5-15　幕墙抗风柱照片

2．索夹节点

张弦梁采用并列双索的布索方式，索夹节点根据双索量身定制，下半索夹铸钢件边缘上翻，遮蔽索夹侧边缝隙，提高索夹的完整性，使索夹更美观。张弦梁索夹节点详图及照片详见图 8.5-16、图 8.5-17。

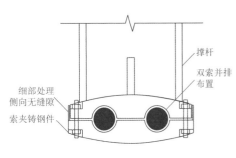

图 8.5-16　张弦梁索夹节点详图　　　　图 8.5-17　张弦梁索夹节点照片

8.6　结语

长沙国际会展中心在结构设计过程中，主要完成了以下创新性工作：

1．屋盖结构体系创新

基于建筑观感的需求，创新性地在下凹形屋盖中采用张弦梁结构，并通过分析、构造和试验三重手段解决了下凹形张弦梁平面外稳定性问题。

2．建筑美感的结构表达

两个镜像展厅仅以间距 18m 的异形梁相连，既延续了韵律水波的建筑意象，又保持了整体的通透效果，外倾的立面、巨大的挑檐、飞扬的檐角突出建筑的蓬勃生机。巨型且优雅的结构创造了通透简洁的巨型空间，优雅有力而富有韵律感的结构线条彰显建筑的美与力量感。构件和节点的细节设计增添了建筑的工业感和精致感。

本项目是长沙南部综合发展带上的地标性建筑，其结构的完成度较高，业界评价良好，除了获得国内行业的多个奖项外，还入围了2019年英国皇家结构工程师学会大跨度结构奖。本工程自建成以来吸引了众多会展项目，承担了中国国际汽车博览会、中国中部农业博览会等多个大型重要展会，成为我国一流的综合性场馆，创造了巨大的社会效益。

参考资料

[1] 曾群，文小琴. 逻辑与意象——长沙国际会展中心[J]. 建筑技艺, 2019, 281(2): 56-63.

[2] 丁洁民，张峥. 大跨度建筑钢屋盖结构选型与设计[M]. 上海: 同济大学出版社, 2013.

[3] 李璐. 下凹式张弦梁结构稳定性分析研究[D]. 上海: 同济大学, 2015.

[4] 王松林. 会展中心下凹形屋面结构体系选型分析与研究[D]. 上海: 同济大学, 2014.

[5] 张峥，丁洁民，李璐. 长沙国际会展中心展厅大跨度下凹形钢屋盖结构选型与设计[J]. 建筑结构, 2020, 50(7): 67-73.

[6] 同济大学建筑设计研究院(集团)有限公司. 长沙国际会展中心超限高层建筑工程抗震设防专项审查报告[R]. 2014.

[7] 同济大学. 长沙会展中心下凹型张弦梁稳定性能分析与撑杆节点平面外抗弯性能试验研究报告[R]. 2015.

设计团队

结构设计团队：同济大学建筑设计研究院（集团）有限公司

结构设计专业：丁洁民，万月荣，张峥，许晓梁，程浩，肖阳，洪文明，李璐，李冰，金良，钟毓仁，李振国，耿柳珣，周胤卓，戴嘉琦，杨杰，王松林

执　　笔　人：李冰，李璐

获奖信息

2018 年 中国建筑学会优秀建筑结构设计奖　二等奖

2019 年 上海市优秀工程设计奖　建筑一等奖

2019 年 上海市优秀工程设计奖　结构二等奖

2019 年 全国优秀工程勘察设计行业奖优秀公共建筑设计　建筑一等奖

2019 年 全国优秀工程勘察设计行业奖优秀公共建筑设计　结构二等奖

第 9 章

重庆西站

9.1 工程概况

9.1.1 建筑概况

重庆西站（图 9.1-1、图 9.1-2）是重庆枢纽的新建车站，规划渝黔线、渝昆线、成渝城际以及渝长线引入重庆枢纽，站场规模 15 台 29 线，站房总建筑面积约 120000m²。

图 9.1-1　重庆西站总平面示意图

图 9.1-2　重庆西站鸟瞰实景

整个重庆西站分为上下四层（预留 17 号线 2 层），从上至下分别为 9.6m 高架候车层（含 17.2m 商业夹层）、0.000m 站台层（含 4.8m 设备办公夹层）、−10.500m 出站层（含−5.25m 设备办公夹层）、−17.2m 地铁 5 号线及环线站台层。

轨道交通内环线、5 号线、远期 17 号线接入重庆西站地下，构成立体综合换乘枢纽（图 9.1-3）。

图 9.1-3　重庆西站总剖面示意图

重庆西站为大型铁路站房，站台雨棚位于站房两侧，单侧顺轨道方向长度为 118m，垂直轨道方向投影长度约 357m，雨棚最低高度约 12m（图 9.1-4）。雨棚范围内共有 3 条正线，正线上方雨棚屋面板均做镂空处理。

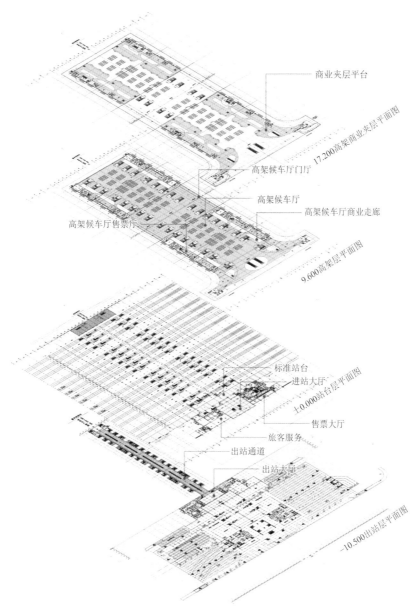

图 9.1-4　重庆西站平面示意图

9.1.2　设计条件

1. 结构设计标准

结构设计控制参数表　　　　　　　　　　　表 9.1-1

设计标准	承轨层（高架车道）	高架候车层、侧站房	站台雨棚	钢屋盖	站台结构、夹层及附属结构等
设计工作年限	100	50	50	50	50
耐久性设计年限	100	100	50	—	50
结构安全等级	一级	一级	一级	一级	二级
重要性系数	1.1	1.1	1.1	1.1	1.0
抗震设防烈度	6 度（0.07g）				

抗震设防类别	重点设防类	重点设防类	标准设防类	重点设防类	标准设防类
抗震等级	二级	二级	三级	三级	三级
地基基础设计等级	甲级	甲级	乙级	—	—
建筑耐火等级	一级				

2. 特殊控制标准

变形控制标准   表 9.1-2

控制内容	荷载组合	控制指标
承轨梁	1 倍列车竖向静活荷载 + 0.5 倍温度作用	竖向位移 $f/L_0 \leqslant 1/1400$
	0.63 倍列车竖向静活荷载 + 1 倍温度作用	竖向位移 $f/L_0 \leqslant 1/400$
	横向摇摆力 + 离心力 + 风荷载和温度作用	水平挠度 $f/L_0 \leqslant 4000$
	列车竖向静活荷载	梁端竖向转角 $\theta \leqslant 2.0‰\mathrm{rad}$
	列车竖向静活荷载 + 横向摇摆力 + 离心力 + 风荷载 + 温度作用	梁端水平折角 $\theta \leqslant 1.5‰\mathrm{rad}$
承轨柱		柱顶水平位移 $\leqslant 5L^{0.5}$
桁架结构	自重 + 附加恒荷载 + 活荷载	跨中挠跨比 $\leqslant 1/250$

注：按《公路桥涵施工技术规范》JTG/T F50-2011 验算变形时为弹性变形，刚度取 $0.8E_{cI}$。

1）裂缝控制

承轨层裂缝控制除需满足建筑结构相关规范外，还需满足铁路桥涵相关规范（表 9.1-3）。

裂缝控制标准   表 9.1-3

控制内容	裂缝宽度限值/mm	备注
裂缝	0.2（主力作用）	当主力 + 附加力作用时可提高 20%

2）墩台基础工后沉降控制

沉降控制标准   表 9.1-4

沉降类型	桥上轨道类型	控制指标/mm
墩台均匀沉降	有砟轨道	$\leqslant 30$
	无砟轨道	$\leqslant 20$
相邻墩台沉降差	有砟轨道	$\leqslant 15$
	无砟轨道	$\leqslant 5$

3. 设计荷载

工程自然条件   表 9.1-5

项目	取值
基本风压	$0.45\mathrm{kN/m^2}$
温度作用	超长混凝土部分：升温 9℃，降温 10℃；屋盖结构：升降温 25℃
建筑抗震设防分类	重点设防类（乙类）
抗震设防烈度	6 度
基本地震加速度	0.07g
设计地震分组	第一组
场地类别	Ⅱ类
特征周期	0.30s

注：基本地震加速度根据安评报告取值。

9.2 项目特点

9.2.1 建筑结构一体化超大跨度空间复合拱体系

结构在方案构思时，结合建筑的形体利用上下双层金属表皮以及中部阳光板的空间构造了上拱跨度 192m + 下拱跨度 108m 的超大跨度空间复合拱体系。复合拱不仅形体与建筑高度融合，同时承担了入口 64m 范围内的屋面产生的竖向荷载，上拱矢跨比 1：10，下拱矢跨比 1：7，拱形结构的特点可以将竖向力以及弯矩转换为轴力，提高结构的效率，而小矢跨比拱形结构在复合拱的下弦产生巨大的轴向压力，最大单根弦杆压力设计值达到 11827kN，因此需要重点解决复合拱的稳定问题。设计过程中进行线性屈曲分析、非线性屈曲分析及考虑结构初始缺陷的双非线性极限承载力分析，通过参数化分析并辅以多种构造保证结构安全。东立面室外、室内实景见图 9.2-1、图 9.2-2。

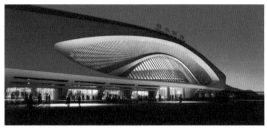

图 9.2-1　东立面室外实景

图 9.2-2　东立面室内实景

9.2.2 基于屈曲约束支撑（BRB）的超大跨度不落地拱形结构复合传力体系

重庆西站东立面复合拱与标高 9.60m 楼面的夹角为 46°，复合拱在楼面产生的水平推力与竖向力接近，达到 14000kN。国内外对巨型拱结构的拱脚处理方法主要是采用地埋式预应力拉杆 + 桩基础、群桩基础、环梁 + 预应力管桩承台基础、深墩基础等，以上方法的相似点均为设置巨大基础抵抗复合拱结构产生的内力。但是重庆西站复合拱脚落在标高 9.60m 的楼面上，按常规方法势必对建筑功能产生严重影响。

结构设计基于"将拱脚侧推力尽可能直接传递至基础"和"在支承不落地拱的下部站房框架结构中建立抗震二道防线"的思路，经过在对应拱脚的下部框架柱间设置不同形式的传力支撑方案的计算分析，最终选择设置 V 形支撑，并以 BRB 替代普通支撑杆件，平时作为拱脚普通传力构件，大震作用时可先于框架柱屈服，起到框架结构抗震二道防线作用。经过计算分析和合理的构造措施设计，设计截面仅为 700mm 基于屈曲约束支撑的超大跨度不落地拱形结构复合传力体系（图 9.2-3）。

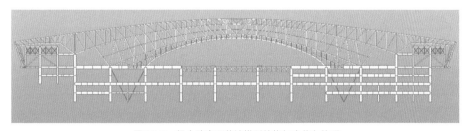

图 9.2-3　超大跨度不落地拱形结构复合传力体系

9.2.3 基于 BP 神经网络设计精准控制一次成型纯清水混凝土建筑

重庆西站是国内首次在特大型铁路客站中采用无站台柱混凝土雨棚设计，由于定位为纯清水混凝土建筑，雨棚范围内不允许有任何明露管线、设备以及后置埋件等，设计之初由结构牵头将单位柱网区块内的网格划分，主次梁尺寸进行多方案推敲对比，获得建筑结构一体化的最佳经济及美观方案，并在设计中将站区范围内多种复杂管线进行高度整合一次整浇完成（图 9.2-4）。利用 BP 神经网络的设计通过 Matlab 编程采用 newff 函数实现训练样本集设计、网络模型的训练和预测于一体，解决了施工横跨冬雨季几个周期的大体量框架清水混凝土中，混凝土前后色差和不同批次混凝土色差的工艺控制难题。Image Pro-plus 软件提出了基于图像处理技术的清水混凝土表面色差和气泡面积检测方法，形成了一种科学的检测标准，填补现有技术的空白。

图 9.2-4　清水混凝土雨棚实景

9.2.4　悬挂体系解决主立面超重荷载下的超长悬挑楼面结构设计

重庆西站主立面为了展示向上延展的造型，在两侧设置了轴线向外 10.5m 的超长悬挑结构。根据建筑功能的布局，侧式站房两侧布置为使用荷载达 12kN/m² 的设备用房，同时要求悬挑结构的截面要轻盈不能过大。根据多方案的比选，最终选择立体桁架 + 悬挂组合的结构体系，楼面梁最大高度控制在 1200mm 以内，满足建筑造型要求。

9.2.5　站房的施工和运营阶段设置了结构全寿命健康监测

本工程设计对站房主结构关键构件在施工及运营阶段中的应力、应变、振动加速度等受力、变形状态均布置了监测点进行全寿命周期监测，以便及时发现并消除建造和运营期间结构的安全隐患，确保站房类大跨度结构体系的长期安全工作，对类似结构体系的深入研究具有较大的科学意义和工程实践价值。结构健康监测的主要内容有：

（1）施工和运营过程中钢结构关键部位的应变、应力监测；

（2）运营过程中结构关键部位的振动加速度响应监测；

（3）运营过程中风敏感部位的风压监测。

9.3　结构体系与结构布置

9.3.1　基础设计

场地起伏较大、柱底标高变化较大，为调整不均匀沉降并综合考虑经济性和受力合理性，本工程基础采用柱下独立承台基础，桩径 1.25～1.50m，桩长 10～15m，桩端持力层为中等风化泥岩夹砂岩。

9.3.2　主体结构设计

1. 承轨层

1）站台层梁板下为双向柱网，沿线路方向长 24m，为单跨结构，垂直线路方向除向上延伸的柱外，在通道两侧立柱（图 9.3-1）。

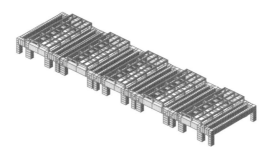

图 9.3-1　承轨层及站台层梁板结构体系

2）站台层有两层结构，即标高−2.150m 处的平面框架层和±0.000m 处的站台面结构层。标高−2.150m 楼板主要承托列车动静荷载及列车刹车荷载、轨道力、温度变化等，由于列车质量大，需要本层楼板具有较大的质量和刚度。因此，针对其受荷特点，设计采用平面框架梁板结构体系。

3）主要构件断面尺寸：框架柱 1.8m×2.65m、1.8m×1.8m，框架梁 1.2m×2.4m、1.6m×2.6m，现浇板 0.3m，次梁 1.1m×2.2m、0.75m×1.5m。

4）梁板结构沿线路方向（南北向），主站房与通道结构设缝分开，东西向正线桥梁、建筑缝和一二期工程的分割，将平面框架东西向分成七部分，由东向西分别约 230.6m×60.9m，48.6m×65.75m，24m×62.85m，24m×41.85m，24m×83.85m，24m×20.1m，24m×87.9m。

2. 高架层

高架层结构采用双向预应力混凝土梁与混凝土柱组成的框架结构体系。柱网为（21～23.5）m×（21～24）m，柱主要截面尺寸为 2.5m×1.5m 及 1.5m×1.5m 的矩形柱，预应力混凝土梁主要截面为 1.0m×2.2m～1.2m×2.5m，次梁主要截面为 0.5m×1.4m。

9.3.3　站房屋盖及东立面钢结构设计

1. 屋盖支承柱网

沿顺轨方向共设置 4 排柱子，其中外侧斜柱采用方钢管柱（内灌 C40 混凝土），内部 2 排柱子采用圆钢管柱（内灌 C40 混凝土），顺轨向柱距为 42m＋66m＋42m；横轨向基本柱距约 21m，局部抽柱导致最大柱距增大为 42m。屋盖结构平面图见图 9.3-2。站房钢结构轴测图见图 9.3-3。

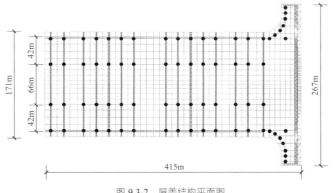

图 9.3-2　屋盖结构平面图

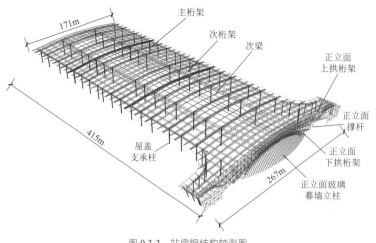

图 9.3-3　站房钢结构轴测图

2. 主桁架

顺轨方向主桁架基本间距为 21m，采用倒三角形立体桁架，其高度为 2.4~4.5m，宽度为 2.0m。沿横轨方向在柱顶布置平面纵向主桁架，起到纵向连系作用；边柱位置的纵向桁架，除了起纵向连系的作用外，还要承担幕墙荷载。中柱顶纵向桁架高度为 4.5m，边柱顶纵向桁架高度为 2.4m。

3. 次梁（桁架）布置

双向主桁架区格为边长 21m 正方形，为了铺设屋面次檩条并减小主结构对天窗的影响，在屋盖中部每个矩形内布置横轨向一级次梁和顺轨向二级次梁，形成约 10.5m × 12m 的梁区格。

4. 东立面复合拱桁架

东立面大拱造型的建筑装饰从上至下依次为：金属表皮、双层半透明阳光板、金属表皮、玻璃幕墙。结合建筑效果，在金属表皮的内部布置上、下两个四边形拱桁架。其中上拱桁架跨度 192m，宽度 6m，矢跨比为 1/10；下拱桁架跨度 108m，宽度 2m，矢跨比为 1/7。拱桁架截面高度随建筑造型高度而变化，跨中处上、下拱桁架截面高度均为 2.4m。为了实现上、下两拱的变形协调和共同受力，在两拱之间的阳光板内部暗藏一道撑杆。上拱桁架 + 撑杆 + 下拱桁架共同形成空间复合拱桁架结构（图 9.3-4）。复合拱桁架结构既承担屋面及墙面传递的荷载，又可以作为建筑装饰的"骨架"，很好地实现了建筑和结构的结合。站房入口拱结构见图 9.3-5。

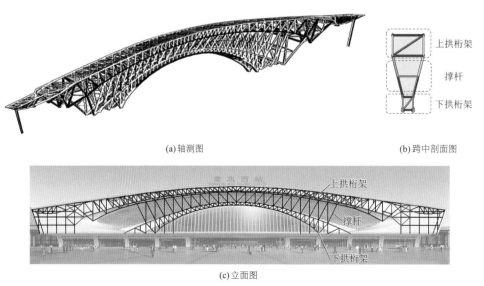

(a) 轴测图　　　　　　　　　　　　　　(b) 跨中剖面图

(c) 立面图

图 9.3-4　复合拱桁架布置图

(a)施工过程中照片　　　　　　　　　　　(b)建成室内实景

图 9.3-5　站房入口拱结构照片

5．东立面幕墙立柱

东立面斜向玻璃幕墙立柱采用□500mm×200mm 截面，间距 2.4m。立柱上端与下拱桁架下弦连接，下端落在标高 9.600m 平台。立柱上端与下拱结构之间采用滑动连接，避免主结构荷载向幕墙立柱传递。站房东立面室外实景见图 9.3-6。

图 9.3-6　站房东立面室外实景

9.3.4　雨棚结构设计

站台雨棚单侧顺轨道方向长度为 118m，垂直轨道方向投影长度约 357m，雨棚最低高度约 12m。雨棚结构在顺轨方向不设温度缝，在垂直轨道方向设置 3 道变形缝将整个雨棚屋面板分成 4 个结构分区单元（图 9.3-7）。4 段屋面板尺寸分别为 43.15m×118m，105.5m×118m，105.5m×118m，68.05m×118m。

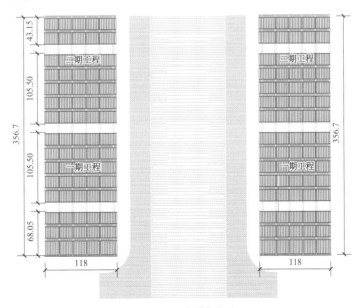

图 9.3-7　雨棚结构体系

重庆西站雨棚结构为地上一层，均采用框架结构，顺轨道方向柱距为 11.5m，垂直轨道方向柱距约 21m。垂直轨道方向雨棚结构跨度相对较大，故垂直轨道方向的雨棚框架梁采用有粘结预应力钢筋混凝土梁，梁截面 0.6m×1.1m；顺轨道方向框架梁采用普通钢筋混凝土梁，梁截面 0.4m×0.7m。雨棚框架梁之间的屋面次梁按约 2.1m×2.1m 网格双向井格式布置，均采用普通钢筋混凝土梁结构。雨棚屋面板均为现浇钢筋混凝土板，同时考虑到每个结构分区单元东西方向（顺轨道方向）结构长度达 118m，属超长混凝土结构，设计在屋面板内顺轨道方向均设置了 1Uϕ^s15.2@600 无粘结预应力温度筋，以增加楼板的刚度及抗裂性能，并可以部分抵消混凝土收缩和温度作用的不利影响。雨棚平面布置及效果如图 9.3-8 所示。

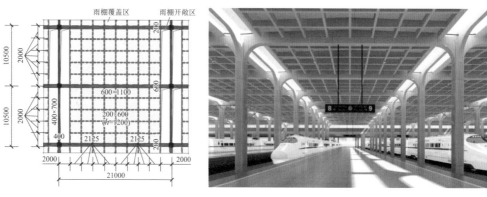

图 9.3-8　平面布置及效果图

为充分利用和体现现浇混凝土构件的自然色彩和效果，同时也为了减少工程建成后期使用运营期间车站结构的维护和检修成本与难度，确定雨棚区的柱、梁及雨棚板等结构构件均按清水混凝土设计和施工。

9.4　结构分析与设计

9.4.1　站房结构分析

采用 SAP2000 对本工程进行整体计算分析，站房整体模型如图 9.4-1 所示。

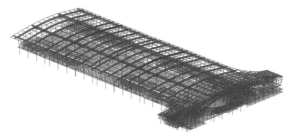

图 9.4-1　站房整体模型

9.4.2　屋盖钢结构分析

1. 内力分析

单榀主桁架结构表现出典型的连续桁架受力特征，桁架构件以承受轴力为主，其跨中上弦受压，下弦受拉，与框架柱相连处反之（表 9.4-1）。

对于东立面拱桁架结构，上、下拱之间通过撑杆形成组合拱，故在竖向荷载作用下上拱各杆件处于受压状态，下拱跨中杆件处于受拉状态。但由于下拱桁架支座处位移受到约束，在拱支座处下弦杆推力较大，这也为下拱桁架拱脚处支承结构的设计带来挑战。

位置	内力图
单榀主桁架结构	中柱最大轴力−8423kN，边柱最大轴力：−3131kN； 主桁架弦杆最大拉力 3656kN，最大压力−7087kN
东立面拱桁架结构	主梁轴力−620kN，拉索轴力 6657kN

注：表中轴力数据以受拉为正，受压为负。

2．竖向变形分析

屋盖竖向变形见表 9.4-2，屋盖竖向变形云图见图 9.4-2。

屋盖竖向变形   表 9.4-2

工况	主桁架跨中挠度/mm	东立面拱桁架跨中挠度/mm
自重＋附加恒荷载	−191	−69
活荷载	−34	−6
自重＋附加恒荷载＋活荷载	−225（1/293）	−75（1/2000）
自重＋0.7 附加恒荷载＋风吸荷载	−90（1/733）	−30（1/5000）

注：1．表中竖向变形以向下为负，向上为正。
　　2．表中括号内数字为挠跨比。

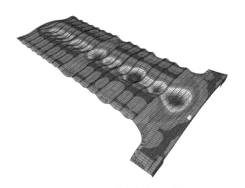

图 9.4-2　屋盖竖向变形云图

9.4.3　雨棚结构分析

采用 MIDAS 对本工程进行整体计算分析，雨棚计算结果如表 9.4-3、图 9.4-3～图 9.4-6 所示。

雨棚计算结果表   表 9.4-3

计算内容	计算结果	备注
周期	$T_1 = 1.47s$；$T_2 = 1.37s$；$T_t = 1.26$	满足规范要求
位移角	X向：1/2028（地震作用） Y向：1/1890（地震作用）	满足规范要求
恒荷载＋活荷载作用下板最大拉应力	3.62MPa	
温度作用下板最大拉应力	0.52MPa 0.22MPa	升温 40℃工况下 降温 25℃工况下

续表

	计算内容	计算结果	备注
组合工况	恒荷载＋活荷载＋预应力 恒荷载＋活荷载＋预应力＋温度作用（+40℃） 恒荷载＋活荷载＋预应力＋温度作用（−25℃） 恒荷载＋活荷载＋预应力＋温度作用（−25℃） 考虑徐变影响	3.17MPa 3.38MPa 3.08MPa 3.03MPa	楼板配筋 ±12@150 裂缝宽度<0.3mm 满足规范要求
	柱底最大弯矩/（kN·m）	$M_X = 1202\text{kN·m}$ $M_Y = 1316\text{kN·m}$	1.2 恒荷载＋0.98 活荷载＋预应力＋1.4 温度（+40℃） 恒荷载＋活荷载＋预应力＋温度作用（−25℃）
	柱底最大轴力/kN	3227kN	1.35 恒荷载＋0.98 活荷载＋预应力＋0.84 温度作用（+40℃）

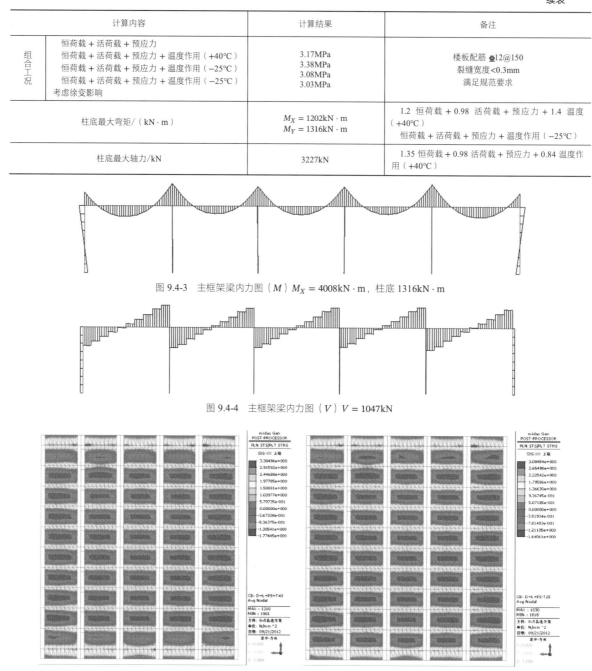

图 9.4-3　主框架梁内力图（M）$M_X = 4008\text{kN·m}$，柱底 1316kN·m

图 9.4-4　主框架梁内力图（V）V = 1047kN

图 9.4-5　板主应力 3.38MPa
工况：恒荷载＋活荷载＋预应力＋温度作用（+40℃）

图 9.4-6　板主应力 3.08MPa
工况：恒荷载＋活荷载＋预应力＋温度作用（−25℃）

9.5　专项设计

9.5.1　组合拱结构的稳定性与极限承载力分析

利用 ANSYS 进行屈曲分析和考虑结构初始缺陷的双非线性极限承载力分析。考虑屋面主体结构为拱桁架提供一定的侧向支撑作用，在上拱桁架上弦位置布置水平弹簧支点，根据整体模型分析结果，弹簧刚度取 1kN/mm。下文中的荷载因子定义为施加荷载与恒荷载＋活荷载组合的比例。

1. 线性屈曲分析

由于屋盖结构对复合拱桁架上弦的侧向支撑作用，使拱桁架的平面内失稳先于平面外失稳出现；但由于侧向支撑只存在于上拱上弦位置，其他位置受建筑功能影响无法提供侧向支撑，故立面结构的平面外失稳不可避免。前 6 阶屈曲模态均为结构整体失稳破坏，未发生局部失稳，表明复合拱桁架结构的整体性较好（表 9.5-1）。

站房前 6 阶屈曲特征值   表 9.5-1

阶数	荷载因子	阶数	荷载因子
1	21.21	4	25.04
2	22.30	5	25.95
3	23.93	6	26.33

2. 双非线性极限承载力分析

考虑几何非线性和材料非线性的极限承载力分析中，初始缺陷利用一致模态法按第一阶屈曲模态施加，最大初始缺陷取为上拱桁架的 1/300。当荷载因子达到 2.26 时，结构开始进入塑性（图 9.5-1、图 9.5-2）；当荷载因子达到 3.29 时，结构达到弹塑性承载极限，满足相关规范的要求（表 9.5-2）。结构的竖向和侧向荷载-位移曲线均较接近直线，说明结构非线性并不明显，整个分析过程中结构刚度没有明显减小，结构最终是由于杆件较多进入塑性而无法继续承载，此时结构并未发生整体失稳，结构强度破坏先于稳定破坏发生，结构整体稳定性较好。构件应力分布云图见图 9.5-3。

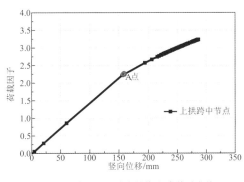

图 9.5-1 上拱桁架跨中荷载-竖向位移曲线   图 9.5-2 下拱桁架跨中荷载-侧向位移曲线

注：图 9.5-1、图 9.5-2 中点 A 表示拱桁架构件开始进入塑性的临界点（荷载因子为 2.26）。

拱桁架构件塑性发展表   表 9.5-2

次序	荷载因子	进入塑性的杆件
1	2.26	下拱桁架支座附近的杆件开始进入塑性
2	3.01	上下拱之间直接传力至支座的撑杆开始进入塑性
3	3.29	上拱桁架跨中上弦杆进入塑性，下拱支座处杆件全截面进入塑性，结构因强度破坏而无法继续承载

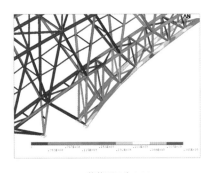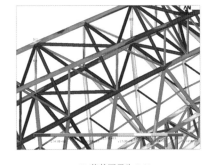

(a) 荷载因子为 2.26   (b) 荷载因子为 3.01

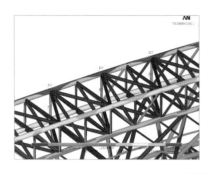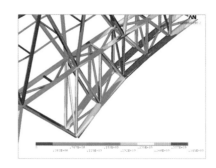

(c) 荷载因子为 3.29

图 9.5-3　构件应力分布云图

9.5.2　组合拱脚支承结构设计

为了精确分析和研究重庆西站东立面组合拱拱脚的巨大水平推力在拱脚下结构中的传力路径和传递效率，本研究选取下拱作用平面内的一榀结构进行研究，通过计算对结构的传力机理有一个初步概念，再进行下部深化分析（图 9.5-4、图 9.5-5 ）。

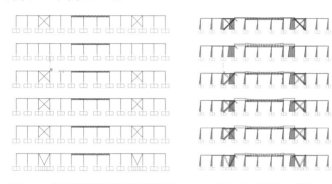

图 9.5-4　拱作用下的单榀结构计算简图　　　　图 9.5-5　杆件轴力显示

通过是否设置支撑及水平连系梁等对原方案进行比较，组合拱下部结构传力方案比较分析见表 9.5-3。

组合拱下部结构传力方案对比表　　　　　　　　　　　　　　　表 9.5-3

方案	体系介绍	优点	缺点
1	采用双梁双组交叉支撑＋拉力杆传力体系	与上部拱结构的作用力最大下拱脚相对应设置下部支撑体系，可以最为直接的将拱脚产生的水平推力向下传递，且每个支撑仅分担的内力可以减小，拉杆内力在各组方案中最小	由于在交叉支撑位置为功能用房，采用双组支撑对建筑功能影响较大
2	采用无支撑纯拉杆体系	这是拱结构中的一种典型拉杆体系，拱结构产生的推力可以在拉杆中进行平衡，和弓箭的原理相同，且由于没有支撑存在，可以在下部最大化的进行空间布置	这种拉杆体系通常是拱脚直接与土体进行连接，由于需要的拉杆尺寸较大，需要在基础中进行预理，在结构楼面内很难实现
3	采用双梁单组交叉支撑＋拉力杆传力体系	与方案 1 相比，只有一组交叉支撑，虽然支撑内力相比双组交叉支撑放大，但是建筑效果较好	拱的推力直接通过连系梁传递，连系梁内产生较大的拉力（3045kN），仅通过柱传递一部分水平力给支撑，支撑作用较小
4	采用单段拉杆＋单组交叉支撑＋拉力杆	仅 5～7 轴设置双梁	通过柱顶的侧向刚度传递水平推力，在 7～9 轴产生巨大的水平力，传力不直接，受力性能较差
5	采用单组交叉支撑＋拉力杆传力体系	一组交叉支撑无双梁，采用常规的设计方法，不考虑上部拱脚作用，方案形式最简单	通过柱顶的侧向刚度传递水平推力，在 7～9 轴产生巨大的水平力，传力不直接，受力性能同其他相比最差
6	采用双梁＋单组 V 形支撑＋拉力杆传力体系	结合方案 3，虽然受力形式较好，但是 X 形交叉支撑形式恰好影响标高 0.00 处的建筑开门，由于标高 0.00 支撑对应位置为售票厅，需要设置大开口结构，采用这种方案可以最大限度地配合建筑功能要求。同时若采用 X 形支撑，则由于交叉位置会有大量焊缝需要现场施工，对现场施工要求条件较高	由于采用 V 形支撑，计算长度较大，需要解决长细比较大的问题

通过方案 1～方案 6 的各种情况比较，分析了不同方案的优缺点。如果采用常规的设计方案，难以解决拱产生的巨大水平推力；如果对应柱脚分别设置传力支撑，虽然传力比较直接，但是对建筑功能影

响较大；对应受力较大的下拱脚设置双梁可以较好地传递水平推力；与 V 形支撑相比，X 形支撑虽然可以降低受压杆件计算长度问题，但是由于杆件巨大，会存在大量的现场对接焊缝，对现场要求比较高。

因此，最终采用方案 6 作为最优方案，既可以解决传力问题，又可以配合建筑功能进行调整，但是需要解决受压杆件计算长度问题。

9.5.3　清水预应力混凝土雨棚设计

1. 雨棚结构方案研究

雨棚主梁之间的屋面板次梁的布置，除了要满足雨棚屋面结构的受力和变形要求外，还需满足清水混凝土的建筑设计外观和整体效果的要求。因此，次梁布置的数量和雨棚屋面板区格划分的大小应尽量考虑到对称、美观、经济、方便施工等要求。

设计中将雨棚主梁之间的屋面板 17.0m×10.5m 分成不同的区格，考虑了 6 种次梁布置和板格划分方案，分别是 4×2、5×3、6×4、7×5、8×5、9×6，板格划分的原则是尽量保持板格接近正方形。

针对上述 6 种次梁的布置和屋面板格的划分方案，考虑结构自重、屋面检修、雨雪荷载、温度变化以及地震作用和风荷载等不同组合工况的作用，采用空间有限元分析软件对雨棚结构受力和变形进行了计算分析，其结果如表 9.5-4、表 9.5-5 所示。

混凝土雨棚方案受力和变形计算结果　　　　表 9.5-4

区格划分		4×2	5×3	6×4	7×5	8×5	9×6
		4.25×5.25 （300×700）	3.4×3.5 （250×700）	2.83×2.625 （200×700）	2.43×2.1 （200×600）	2.125×2.1 （200×600）	1.89×1.75 （200×600）
配筋率	支座/%	1.32~0.88	1.88~0.93	1.73~0.89	2.64~1.06	2.41~0.9	2.40~0.8
	跨中/%	1.82~0.73	1.82~0.78	1.74~0.86	1.58~0.86	1.49~0.86	1.57~0.86
弹性挠度/mm		23.3	26	24	26.5	27.6	28.5

混凝土雨棚方案经济性指标对比分析表　　　　表 9.5-5

区格划分		4×2	5×3	6×4	7×5	8×5	9×6
		4.25×5.25 （300×700）	3.4×3.5 （250×700）	2.83×2.625 （200×700）	2.43×2.1 （200×600）	2.125×2.1 （200×600）	1.89×1.75 （200×600）
折算厚度/ （mm/m²）	板/（mm/m²）	110	110	100	100	100	100
	次梁/（mm/m²）	49	63	68	85	92	109
	总厚度/（mm/m²）	159	173	168	185	192	209
弹性挠度/mm		23.3	26	24	26.5	27.6	28.5

对于两主梁之间的屋面板采用 8×5 区格布置（区格为 2.125m×2.1m）方案，雨棚屋面结构的受力和变形性能最好，且其经济性较优。

经多方案的技术和经济性方面的分析研究，对两主梁之间 17m×10.5m 的屋面板采用 8×5 区格布置（区格为 2.125m×2.1m）方案，屋面结构的受力和变形性能较好，且其经济性较优，综合性能较好，为最终选用设计方案。

2. 清水混凝土配合比及模板设计研究

清水混凝土配合比在满足基本力学性能的基础上，需通过微调混凝土的矿物掺合料、外加剂种类、砂、石比例、脱模剂种类、成型工艺等，来调节硬化混凝土的表观质量，以达到清水混凝土的验收标准。

模板对清水混凝土的最终呈现效果影响极大，采用的模板体系有钢模体系、木塑模板、木模体系、柏利模板、方铝＋槽钢组合体系、几型铝＋钢管组合体系等。

通过实地考察、现场试验等方法，综合比较各种模板体系的优缺点，最终通过试验确定选择钢模板和木塑模板双体系。

3．清水混凝土雨棚构造节点设计研究

重庆西站雨棚清水混凝土节点详图见图9.5-6。

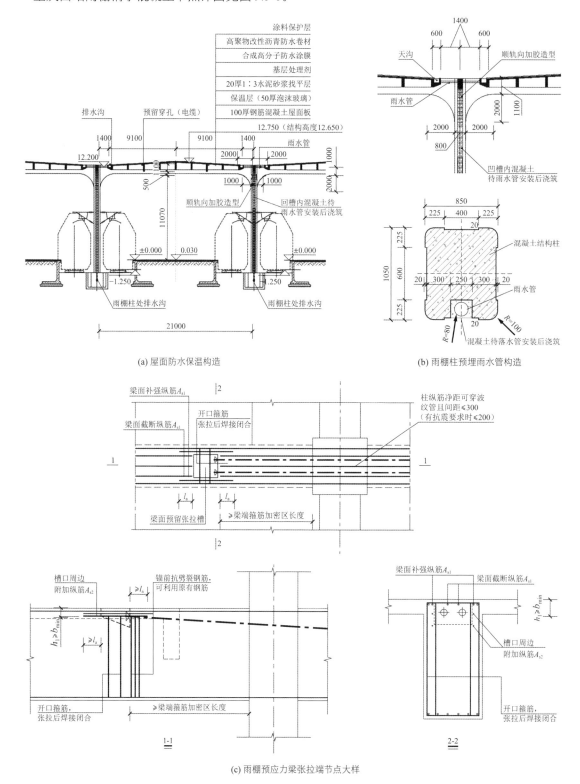

(a) 屋面防水保温构造

(b) 雨棚柱预埋雨水管构造

(c) 雨棚预应力梁张拉端节点大样

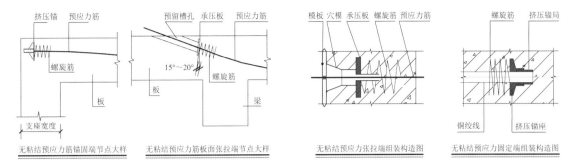

(d) 雨棚屋面无粘结预应力筋张拉锚固节点大样

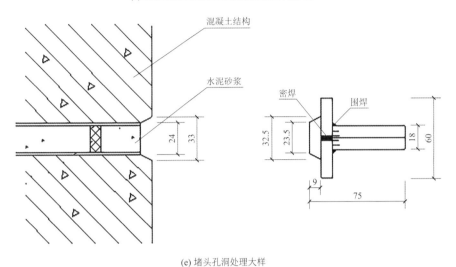

(e) 堵头孔洞处理大样

图 9.5-6 重庆西站雨棚清水混凝土节点详图

9.5.4 站房大跨度钢结构屋盖整体提升技术

重庆西站主站房屋盖钢结构主要采用整体提升技术施工。结合屋盖结构温度缝位置,将本工程屋盖钢结构分为 4 个施工区(图 9.5-7),其中 1 区为原位拼装,2~4 区为整体提升,最大提升单元尺寸为 171m×100m。钢结构施工总体顺序为:施工 2 区→施工 3 区 A 次提升区、施工 1 区→施工 3 区 B 次提升区→施工 3 区 A、B 次提升区之间后补区的结构→施工 4 区。

在高架候车层楼面上对各分区主体钢结构及其附属马道等组装后进行整体提升,保证了屋盖下方高架候车层以及下部轨行区无需设置满堂脚手架,不影响站房两侧桥梁的施工,有助于缩短整个工程的建设周期和工程费用。

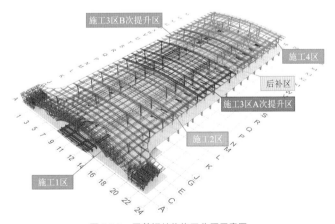

图 9.5-7 屋盖钢结构施工分区示意图

对屋盖钢结构进行整体提升施工模拟分析（图9.5-8、图9.5-9）。施工过程中主桁架跨中的最大竖向变形为127.7mm，挠跨比为1/517，提升时构件的最大应力比为0.78，小于1.0，满足要求。屋盖钢结构整体提升施工照片见图9.5-10。

图9.5-8 施工模拟分析应力比分布云图

图9.5-9 施工模拟分析位移云图

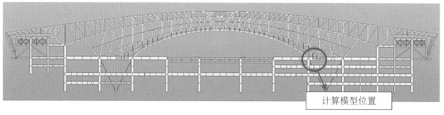

图9.5-10 屋盖钢结构整体提升施工照片

9.6 试验研究

9.6.1 试验背景

重庆西站的大空间中庭屋面采用大跨度钢拱桁架结构，跨度达到108m。该大跨度钢拱桁架的弦杆分别支承于不同标高的混凝土柱顶，并通过预埋型钢与混凝土柱连接形成型钢混凝土拱脚支座。计算分析表明，在设计荷载作用下，型钢混凝土拱脚支座将承受较大的水平和竖向荷载，是结构的关键受力部位，其受力性能将直接影响大跨度钢拱桁架结构的安全性。由于受力较大且多杆相交，该型钢混凝土拱脚支座的构造较为复杂，现行设计规范对此类复杂型钢混凝土组合拱脚的设计计算尚无明确方法。因此，为验证设计方案的安全性与合理性，有必要对该拱脚支座的抗震性能开展针对性的有限元分析和试验研究。

根据工程设计方案以及设计计算结果可知，钢拱桁架在如图9.6-1所示处的支座内力最大。因此，选取该支座做试验模型研究。

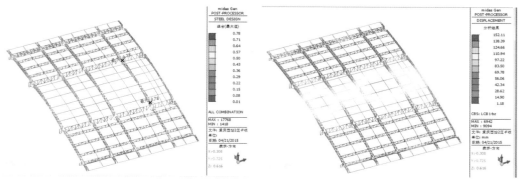

(a) 试验模型位置

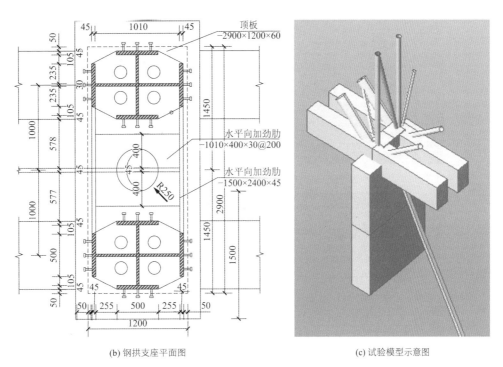

(b) 钢拱支座平面图   (c) 试验模型示意图

图 9.6-1 模型选取示意图

9.6.2 试件设计

基于工程设计方案，设计了如图 9.6-2 所示的 1/5 缩尺试验模型。该试验模型考虑了两侧混凝土梁的约束作用，并对上部多根相交杆件进行了归并简化以方便试验加载。

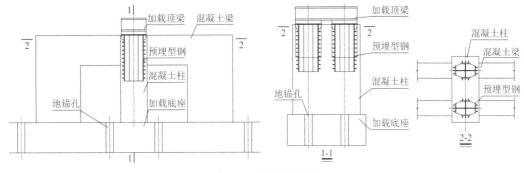

图 9.6-2 试验模型示意图

9.6.3 试验结果

试件的最终破坏形态如图 9.6-3 所示，主要特点如下：

（1）试件的初裂位置出现在柱侧梁端，在荷载水平较大时，才在柱上出现水平裂缝。

（2）试件最终破坏发生在梁、柱交界面处，具体表现为梁、柱交界面处出现较宽裂缝，梁端混凝土发生压碎剥落。

（3）试件在柱顶水平荷载的作用下，梁端首先出现弯曲裂缝，随着柱顶水平荷载的增加，裂缝宽度逐渐增大，裂缝分布范围也逐渐由梁、柱交界处向梁支座方向扩展；节点核心区仅在整体试件即将破坏时出现少量斜裂缝。试件梁上正向和反向裂缝在一侧梁上基本呈对称分布，东侧梁裂缝发展较西侧梁发展得更加充分。试件柱上正向和反向裂缝也基本呈对称分布。

| (a) 梁、柱交接裂缝 | (b) 梁端底部裂缝 |
| (c) 两梁之间裂缝 | (d) 柱背面裂缝 |

图 9.6-3　试件破坏形态

通过拱脚支座模型的低周反复荷载试验，可得到如下结论：

（1）试件的初裂位置出现在柱侧梁端，在荷载水平较大时，才在柱上出现水平荷载。试件最终破坏发生在节点核心区梁、柱交界面处，具体表现为梁、柱交界面处出现较宽裂缝，梁端混凝土发生压碎剥落。

（2）整个试验过程中，试件节点核心区内埋型钢未发生屈服、节点核心区箍筋均未屈服、混凝土未出现大的裂缝与压溃现象，节点核心区基本处于弹性受力状态，节点整体安全可靠。

（3）试件滞回曲线较为饱满，表明试件具有较好的耗能能力。

（4）试件正反向的位移延性系数分别为 1.59 和 1.71，满足设计要求。

9.7　结语

建筑方案考虑入口处进行无柱设计，入口 108m 跨度，进深 64m 范围内不允许设计结构柱，考虑建筑结构一体化构造了跨度 192m + 108m 的超大跨度空间复合拱体系。同时结合拱底压力大且无法落地的特点，构建了基于屈曲约束支撑为传导的新型体系，同时用双非线性分析保证了结构的安全。

重庆西站东立面为国内首次在特大型铁路客站中采用无站台柱混凝土雨棚设计，克服了钢结构雨棚维修难的课题，进行精细化的设计，保证了最终建筑结构融为一体的整体效果。

参考资料

[1] 张峥, 徐德彪, 刘天鸢, 等. 重庆西站组合桁架拱结构设计与安全性分析[J]. 高速铁路技术, 2016, 7(5): 80-83+94.

[2] 丁洁民, 张峥. 大跨度建筑钢屋盖结构选型与设计[M]. 上海: 同济大学出版社, 2013.

[3] 郑河舟, 卢增祥, 金鑫, 等. 重庆西站站房及相关工程大跨度钢结构强度及稳定性研究[J]. 施工技术, 2018, 47(SI): 446-451

[4] 贾玮. 重庆西站组合拱钢结构桁架施工关键技术[J]. 施工技术, 2019, 48(6): 57-60.

设计团队

结构设计单位: 同济大学建筑设计研究院（集团）有限公司

结构设计团队: 丁洁民，贾坚，刘传平，刘天鸢，张峥，许笑冰，黄榜新，吴邑涛，周旋，应亮亮，梁进辉

中铁二院工程集团有限责任公司（联合设计单位）: 高夕良，郭燕，黄建，鄢伟

执　　笔　　人: 刘天鸢，李璐

项目获奖

2018 年　国家优质工程金奖

2019 年　上海市优秀工程设计奖　建筑一等奖

2019 年　上海市优秀工程设计奖　结构一等奖

2019 年　全国优秀工程勘察设计行业奖优秀公共建筑设计　建筑一等奖

2019 年　全国优秀工程勘察设计行业奖优秀公共建筑设计　结构一等奖

2019 年　詹天佑奖

2020 年　中国建筑学会优秀建筑结构设计奖　结构一等奖

第10章

郑州南站

10.1 工程概况

10.1.1 建筑概况

郑州南站是郑州"米"字形格局中的主要客站,车站位于郑州航空港经济实验区,距新郑机场约5km,地铁9号线、13号线、站房配套工程四个中心与郑州南站一体化设计,同步开工,形成以高铁站房为核心,配套空铁换乘、高铁物流、长途客运和旅游集散四个中心五位一体创新总体布局,为旅客提供全方位的互链延伸服务,整体鸟瞰效果图如图10.1-1所示。郑州南站车场设计规模为16台32线,采用线正上式布局,其中郑万场5台10线、郑阜场5台9线、城际场7台13线,通过联络线,郑州南站和郑州站、郑州东站互联互通;车站车场均为高架车场,利用线路下方空间设置配套车场,在南北两侧分设出租车场、公交车场及社会车场。

郑州南站设计立意为"龙跃中原、鹤舞九州",车站与机场交相辉映,车站外观设计融入了"莲鹤方壶"的地域文化元素,创造出"鹤舞九州"的建筑新形象,如图10.1-2所示,其立面造型为鹤舞展翅,效果图如图10.1-3所示。郑州南站站房主体屋面最高点58.70m,檐口高度50m,站房建筑面积约15万m²,总工程建筑面积50.1万m²。根据其建筑功能自下而上依次为地面出站层、高架承轨层及站台层、高架候车层、商业夹层和屋盖层,其中承轨层采用"桥建合一"的钢骨混凝土梁框架结构,高架候车层采用预应力混凝土框架结构,商业夹层及屋盖采用钢结构。郑州南站立面实景图见图10.1-4。

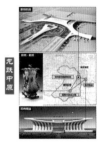

图 10.1-1 郑州南站鸟瞰效果图　　　　　　　图 10.1-2 建筑立意意向

郑州南站于2018年11月开工建设,2022年6月竣工通车运营,建成实景图见图10.1-4。

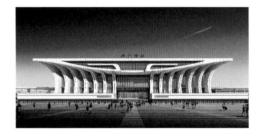
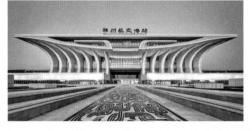

图 10.1-3 郑州南站立面效果图　　　图 10.1-4 郑州南站(现更名为郑州航空港站)立面实景图

郑州南站主要建筑平面见图10.1-5~图10.1-7、剖面图见图10.1-8、图10.1-9。

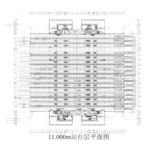
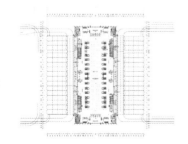

图 10.1-5 出站层建筑平面图　　　图 10.1-6 站台层建筑平面图　　　图 10.1-7 高架层建筑平面图

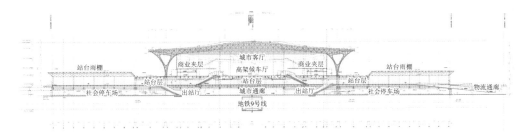

图 10.1-8 顺轨向建筑剖面图

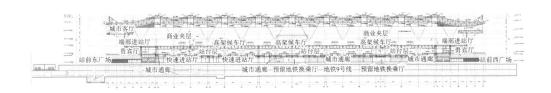

图 10.1-9 垂轨向建筑剖面图

10.1.2 设计条件

1. 主体控制参数

控制参数表   表 10.1-1

设计标准	承轨层	高架候车层、侧站房	站台雨棚（高架车道）	钢屋盖	站台结构、夹层及附属结构等
铁路等级	客运专线				
轨道结构类型	有砟轨道				
设计速度	站房范围内正线 250km/h，到发线 80km/h				
设计使用年限	100	50	50（100）	50	50
耐久性设计年限	100	100	100	—	50
结构安全等级	一级	一级	一级	一级	二级
重要性系数	1.1	1.1	1.1	1.1	1.0
抗震设防烈度	7 度（0.10g）				
抗震设防类别	重点设防类	重点设防类	重点设防类	重点设防类	标准设防类
抗震等级	二级	二级	二级	三级	三级
地基基础设计等级	甲级	甲级	甲级	—	—

2. 特殊控制标准

1）变形控制

变形控制表   表 10.1-2

控制内容	荷载组合	控制指标
承轨梁	1 倍列车竖向静活荷载 + 0.5 倍温度作用	竖向位移 $f/L_0 \leqslant 1/1400$
	0.63 倍列车竖向静活荷载 + 1 倍温度作用	竖向位移 $f/L_0 \leqslant 1/400$
	横向摇摆力 + 离心力 + 风力和温度作用	水平挠度 $f/L_0 \leqslant 4000$
	列车竖向静活荷载	梁端竖向转角 $\theta \leqslant 2.0\%$ rad
	列车竖向静活荷载 + 横向摇摆力 + 离心力 + 风荷载 + 温度作用	梁端水平折角 $\theta \leqslant 1.5\%$ rad
承轨柱		柱顶水平位移 $\leqslant 5L^{0.5}$

注：按桥规验算变形时为弹性变形，刚度取 $0.8E_{cI}$。

墩台基础工后沉降控制表   表 10.1-3

沉降类型	桥上轨道类型	控制指标/mm
墩台均匀沉降	有砟轨道	≤30
相邻墩台沉降差	有砟轨道	≤15

3. 设计荷载

1）风荷载

基本风压 $W_0 = 0.45\text{kN/m}^2$（$n = 50$ 年）、$W_0 = 0.50\text{kN/m}^2$（$n = 100$ 年）。地面粗糙度为 B 类，承轨层、站房钢屋盖、立面造型柱采用 100 年重现期风压，其余取 50 年重现期风压。

2）雪荷载

基本雪压：$S_0 = 0.40\text{kN/m}^2$（$n = 100$ 年）、$S_0 = 0.45\text{kN/m}^2$（$n = 100$ 年）。准永久值系数分区位于 II 区。承轨层、站房钢屋盖采用 100 年重现期雪压，其余取 50 年重现期雪压。

3）温度作用

郑州地区的月平均最高温度为 36℃，月平均最低温度为−8℃；郑州市极端高温 43℃，极端低温−17.9℃；要求结构合拢环境温度为 6～22℃，混凝土收缩当量温度为−10℃。结构设计时，温度作用取值如下：

（1）站房屋盖钢结构部分：升温 30℃，降温 30℃。

（2）超长混凝土部分：升温：$(36 - 6) \times 0.3 = 9℃$；降温：$(22 + 8 + 10) \times 0.3 = 12℃$。

4）地震作用

郑州市抗震设防烈度为 7 度，50 年设计基准期内水平地震影响系数最大值为 0.08，III 类场地反应谱特征周期值为 0.55s，属抗震一般地段，设计基本地震加速度值为 0.10g，设计地震分组为第二组。

10.2 项目特点

郑州南站整体结构三维图见图 10.2-1，项目特点详见表 10.2-1。

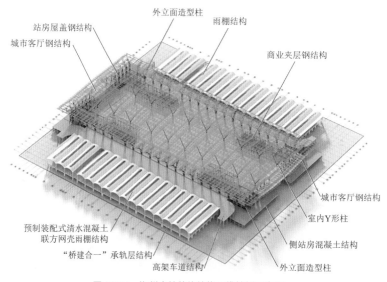

图 10.2-1 郑州南站整体结构三维轴侧示意图

序号	建筑特点	结构挑战	应对策略
1	超级枢纽，超大车场	超大超长尺度结构平面	合理设缝、充分考虑温度作用、混凝土裂缝控制技术
2	站城融合，功能复杂	承轨层结构受力复杂且构件截面尺寸受限	框架式"桥建合一"结构体系
3	屋面、立面造型复杂，功能与形式相统一	屋盖、观景平台、立面造型等建构一体化设计	格构造型结构与屋盖桁架一体设计、波浪形桁架结构屋盖、格构柱参数化建模、Y 形分叉柱精细化分析
4	联方形清水混凝土雨棚	混凝土结构构件外露与建筑空间效果的协调与统一	预制装配式清水混凝土联方网壳结构雨棚

10.2.1　超长结构

郑州南站车场规模为 16 台 32 线，为国内第二大车场工程，整体工程南北向长约 450m，东西向宽约 480m，其中主站房结构面宽（南北向）192m，进深（东西向）480m，其结构措施主要为：

（1）面宽方向 192m 未设置结构缝；进深方向 480m 通过双柱及悬挑设缝分为 3 个或 5 个结构单元，最大结构单元 156m×192m，分缝见图 10.2-2。

（2）结构设计时充分考虑温度作用。

（3）设置后浇带、无粘结预应力温度筋，采用抗裂纤维混凝土等混凝土裂缝控制技术。

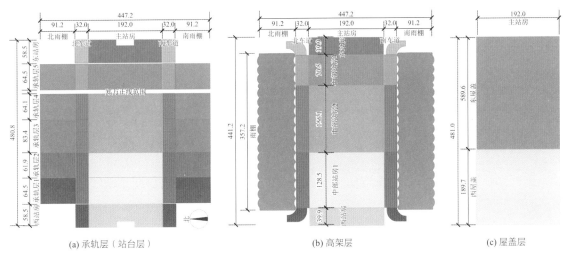

（a）承轨层（站台层）　　　　（b）高架层　　　　（c）屋盖层

图 10.2-2　结构分缝示意图（单位：m）

10.2.2　"桥建合一"

郑州南站车场为高架车场，其下设置多元进出站空间，地铁 9 号线郑州南站位于站房正下方，承轨层需跨越地下地铁层，同时支撑上部高架层及屋盖，且承轨层结构直接承受列车动载，其构件尺寸需满足建筑空间灵活布置及净高要求，其结构措施主要为：

（1）郑万正线设计车速 350km/h，采用桥梁结构，与两侧到发线车场结构设缝分开。

（2）郑万正线外结构采用框架式"桥建合一"结构，对其进行建筑结构与桥梁结构包络设计；跨越地铁结构调整为 30m 大跨，其主体结构及基础均与地铁结构完全脱开。

（3）对新型"桥建合一"结构进行健康监测，同时展开"桥建合一"车致耦合振动分析，保证承轨层结构满足结构正常使用和车辆安全、舒适运营要求。

承轨层典型"桥建合一"结构剖面见图 10.2-3。

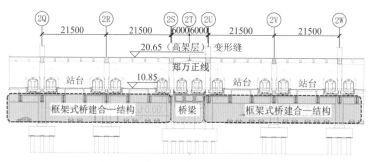

图 10.2-3　典型"桥建合一"结构剖面图

10.2.3　复杂造型钢结构建构一体化设计

1. 正立面城市观景平台

正立面建筑寓意鹤舞展翅，在标高 37.5m 设置城市观景平台层，城市客厅最大跨度 48m 且在两侧悬挑，屋盖四周布置造型立柱，需解决屋盖钢结构、观景平台结构、立面造型柱等复杂结构的设计问题。

正立面室内观景平台结构与屋盖结构的一体化设计为在城市观景平台位置布置钢桁架，平台为弧形平台，在两侧与屋盖合二为一，立面位置屋盖和观景平台结构共同实现建筑的立面造型，同时两个部分结构通过竖向连杆连系起来，连杆隐藏于玻璃幕墙内部，如图 10.2-4 所示。

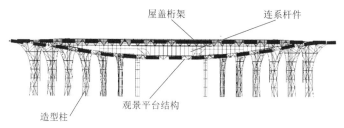

图 10.2-4　观景平台与屋盖结构一体化设计示意图

2. 复杂波浪式双曲屋面

屋面采用波浪式曲面造型，意图表达鹤羽飞翔的设计意境，在屋面波峰位置均匀布置带状采光天窗，如图 10.2-5 所示，桁架单元既要表达出仙鹤骨骼的体感，又要契合屋面采光天窗的布置要求，呈现出鹤羽飞翔的感觉。

结构设计时，采用与建筑造型相结合的波浪形大型空间桁架体系—波浪式造型主桁架沿横向布置于天窗两侧，并支承于 Y 形分叉柱柱顶，作为"仙鹤骨骼"。在采光天窗位置采用单梁以简化结构体系，保证天窗的通透性，见图 10.2-6。

图 10.2-5　站房屋顶天窗实景图　　　　　　　　图 10.2-6　站房屋顶天窗实景图

3. 复杂室外巨型立面造型柱

建筑立面布置造型柱营造鼎盛中原的意向，空间定位及造型复杂，结构需采取合理柱式，既与建筑造型匹配，又需支撑整个屋盖钢结构。

结构设计时，南北侧立面结合建筑造型采用格构式立柱，格构柱顶部与屋盖桁架相接，柱底部中央布置一根圆柱，保证与下部结构的连接过渡；东西侧正立面结合建筑造型采用格构式立柱，内设圆形芯柱与外部格构柱有机结合。设计时采用参数化建模的方法实现格构柱和屋盖桁架结构的空间定位与一体化设计，见图 10.2-7、图 10.2-8。

(a) 实景图　　　(b) 结构轴测图

图 10.2-7　南北立面造型柱结构实现

(a) 实景图　　　(b) 结构轴测图

图 10.2-8　东西正立面造型柱结构实现

4. 非常规室内 Y 形分叉柱

室内 Y 形分叉柱造型切割变化，从节点到分叉段逐渐收尖，节点设计富有挑战。

节点设计采用铸钢与钢管拼接做法，保证节点外观与建筑外观的一致性，见图 10.2-9、图 10.2-10，同时对分叉柱进行屈曲分析，采用 ANSYS 对分叉节点进行有限元分析，确保分叉柱及节点的安全性。

图 10.2-9　室内 Y 形分叉柱实景图　　　图 10.2-10　室内 Y 形分叉柱施工照片

10.2.4　预制装配式清水混凝土联方网壳雨棚结构

图 10.2-11　预制装配式清水混凝土联方网壳雨棚

为满足绿色低碳、轻量运维要求，雨棚主体采用清水混凝土联方网壳结构（图 10.2-11），其结构措施主要为：

（1）展开对混凝土联方网壳结构的矢高、温度作用等受力性能的研究。

（2）混凝土多跨连续网壳结构非线性稳定分析。

（3）研究清水混凝土柱构形、肋梁布置方式及截面尺寸对建筑表达的影响。

（4）采用预制装配式清水混凝土技术、抗连续倒塌设计、健康监测技术等保障低碳建造、结构安全可靠。

10.3 结构体系与结构布置

10.3.1 基础布置

基础采用柱下桩 + 承台 + 基础梁形式，桩基选取⑪层粉质黏土层、⑩层细砂层作为持力层。

中部站房区采用ϕ1200mm 的钻孔灌注桩，桩端持力层为⑪层粉质黏土层，有效桩长 65m，单桩竖向承载力特征值 8000kN；雨棚区采用ϕ1200mm 的钻孔灌注桩，桩端持力层为⑪层粉质黏土层，有效桩长 55m，单桩竖向承载力特征值 6000kN。为控制站场结构柱底绝对沉降量，均采用桩端后注浆工艺。

侧站房采用ϕ1000mm 的钻孔灌注桩，桩端持力层为⑩层细砂层，有效桩长 50m，单桩竖向承载力特征值 4000kN。

基础最大沉降量为 21.6mm，相邻柱跨差异沉降量为 7.2mm，满足《铁路桥涵设计规范》TB 10002-2017 第 5.4.6 条整体沉降限值 30mm、沉降差 15mm 限值要求。

高架站场下方有正在同步施工的地铁 9 号线，其正上方高架站场柱跨为 30m，立于地铁主体结构外侧，与地铁主体结构完全脱离，见图 10.3-1。

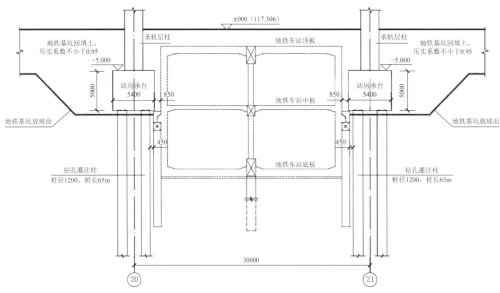

图 10.3-1 邻近地铁 9 号线区域基础结构剖面图

10.3.2 主体结构设计

1. 承轨层（站台层）

根据承轨层框架梁的形式可选用钢骨混凝土框架结构、预应力混凝土框架结构。本工程综合考虑结构受力、变形要求及确保郑万线先期开通运营的施工工期等因素,最终选用钢骨混凝土梁框架结构,即型钢混凝土柱+钢骨混凝土框架梁+现浇混凝土板的框架结构形式。

型钢混凝土柱主要截面尺寸为 2.4m×2.4m、2.0m×2.4m,钢骨混凝土框架梁的主要截面尺寸为 1.2m×2.5m、1.2m×2.2m,其典型构件剖面见图10.3-2。

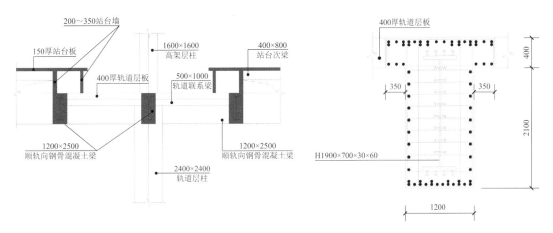

图 10.3-2　承轨层结构剖面及典型钢骨梁截面示意

站台层结构采用混凝土框架结构,站台层下方与承轨层间空腔兼作综合管廊。

2. 高架层

高架候车层采用钢筋混凝土柱+预应力混凝土框架梁+现浇钢筋混凝土楼盖结构体系,其典型平面布置见图10.3-3。

框架柱:主要采用 1.6m×1.6m 的钢筋混凝土柱,分缝处采用 0.7m×2.0m 的钢筋混凝土柱;局部上有钢屋盖柱的框架柱柱顶设置扩大端,内插钢骨。

框架梁:采用(0.8~1.2)m×(1.8~2.4)m 的预应力钢筋混凝土梁。局部上有高架夹层立柱的主要采用 1.2m×2.2m 钢骨混凝土梁。

次梁:采用井格形双向布置的普通混凝土梁,主要截面尺寸为(0.5~0.7)m×(1.4~1.6)m;局部上有夹层立柱的次梁截面为 0.8m×1.9m。

楼板:采用 150mm 厚现浇钢筋混凝土楼板,板内设置双向无粘结预应力筋。

高架候车层下马道、防水夹层及设备夹层均采用钢筋混凝土吊柱+混凝土梁板结构形式。

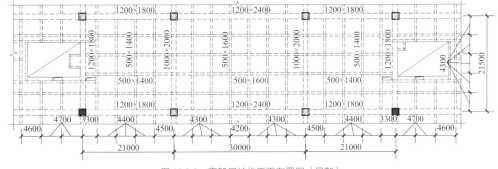

图 10.3-3　高架层结构平面布置图(局部)

3. 侧式站房中部大跨结构

根据建筑使用功能要求,东、西站房在19~22轴交1C、3C轴、1E、3E轴均为48m的大跨,且根据建筑外立面效果需要,1E、3C处截面高度受限,为减小楼层处结构高度,采用层间桁架,其结构布置及完成实景图见图10.3-4、图10.3-5。

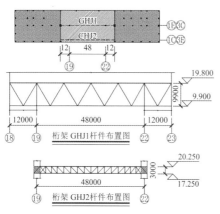

桁架 GHJ1杆件布置图

桁架 GHJ2杆件布置图

图 10.3-4 侧站房层间及楼面桁架示意

图 10.3-5 侧站房层间桁架实景图

10.3.3 屋盖钢结构设计

郑州南站屋盖结构纵向（东西向）长 482m，横向（南北向）宽 228m，屋盖横向三跨布置，中间高两边低，屋盖最高点建筑标高 55.4m。

站房屋盖为高低起伏的波浪造型，在南北两侧布置若干组 Y 形造型立柱，同时兼做屋盖钢结构在跨度方向两侧的支承结构；在东西两侧结合建筑造型布置 14 组格构式造型立柱，支托起整个东西正立面的屋盖悬挑结构；站房屋盖主结构采用正交空间管桁架结构 + 实腹钢梁结构体系。屋盖整体结构体系构成见图 10.3-6。

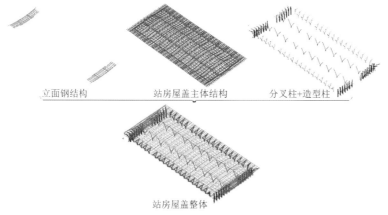

立面钢结构　　　　站房屋盖主体结构　　　分叉柱+造型柱

站房屋盖整体

图 10.3-6 屋盖整体结构图体系构成图

钢屋盖结构构成如下：

1. 柱网布置

屋盖横向布置四列柱，柱距为 60m + 72m + 60m，四周结合建筑立意设造型格构柱，内部布置两列 Y 形分叉柱。南北侧两列造型格构柱纵向标准柱距 21.5m，柱顶与横向桁架的边跨桁架下弦杆一体化连接。内部两列 Y 形分叉柱纵向标准柱距 42m，底部区段采用φ1600mm 圆钢管柱，分叉位置采用铸钢件顺滑过渡至柱顶逐渐收尖，柱顶与主桁架刚接。

2. 屋盖桁架及次梁布置

横向主桁架在天窗两边布置，为三跨连续桁架，中间跨跨度 72m，边跨跨度 60m。桁架高度中间跨跨中 5.5m，向边跨逐渐过渡到 4m，桁架宽度均为 4.7m；次桁架垂直于主桁架布置，桁架高度同汇交处主桁架高度；纵向连系桁架布置于室外造型格构柱柱顶位置，高度 5.1m、宽度 3m。桁架结构布置见图 10.3-7（a）。

横向主桁架间距为 25.6m，次桁架间距 12m，二者分隔出 25.6m×12m 的区格，在每个区隔内布置田字形交叉次梁，进一步形成 6.4m×6m 的区格，以便于屋面维护系统铺设。在采光天窗位置采用单梁形式简化结构体系，保证建筑的通透性，见图 10.3-7（b）。

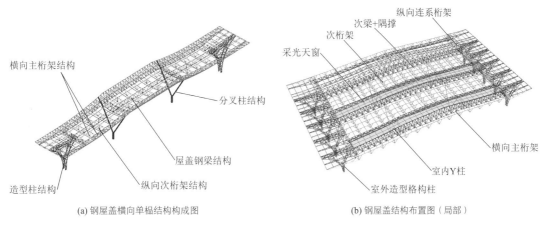

(a) 钢屋盖横向单榀结构构成图　　　　　　　(b) 钢屋盖结构布置图（局部）

图 10.3-7　钢屋盖体系布置图

3. 城市观景平台及正立面造型柱结构

城市观景平台布置与站房东西正立面中央最大跨度 48m，并沿立面造型柱向室内外分别悬挑约 20m，在正立面位置结合造型柱布置了 14 榀空间格构式支承立柱，用于支承观景平台的室外悬挑部分以及屋盖悬挑部分。从立面柱顶部向室内外布置悬挑平面桁架，间隔 6m。在城市观景平台 48m 跨位置布置正交钢桁架，桁架高度为 2.5m，桁架构件采用工字形截面，其上铺设压型钢板混凝土楼板。正立面钢结构体系布置见图 10.3-8。

4. 屋盖结构分缝

屋盖钢结构沿横向设置一道温度缝兼做抗震缝，将钢屋盖划分为 290m + 190m 两个完全独立的温度区段，温度缝净宽 550mm，温度缝采用两侧悬挑形式，见图 10.3-9。

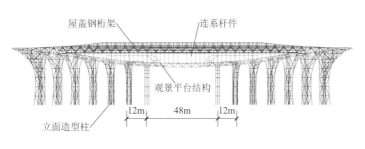

图 10.3-8　立面钢结构体系布置

图 10.3-9 屋盖分缝实景

10.3.4　雨棚结构设计

郑州南站雨棚共两片，在站房南北两侧，雨棚屋盖剖面形态为波浪形，与屋盖结构的建筑效果相呼应。根据雨棚屋面的建筑形态，结构采用清水混凝土联方网壳结构体系：单片雨棚顺轨向长 98.1m，垂轨向宽 370m，柱距 21.5m×22.8m，共 17 拱跨，拱壳矢高（f）3.9m，建筑面积 66420m²。

雨棚结构选型见图 10.3-10，结构平面及剖面图见图 10.3-11、图 10.3-12，结构完成实景图见图 10.3-13、图 10.3-14。

(a) 方案 1（$f = 3$m）
（起拱的主次梁框架结构）

(b) 方案 2（$f = 3$m）
（联方网壳结构）

(c) 方案 2A（$f = 3$m）
（对角梁加强）

(d) 方案 2B
（矢高加大至 5m）

(e) 方案 3（$f = 3$m）
（拱壳 + 拉索结构）

(f) 方案 4（$f = 3.9$m）
（网格梁垂直于地面）

(g) 方案 4A（$f = 3.9$m）
（网格梁垂直于法向 + 柱头优化）

(h) 最终完成实景图

图 10.3-10　郑州南站雨棚结构选型演化

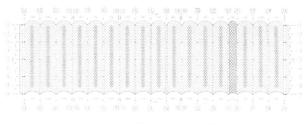
图 10.3-11　雨棚结构平面图（北侧）

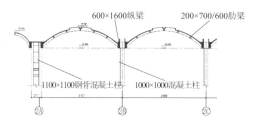
图 10.3-12　雨棚结构剖面图（局部）

图 10.3-13　雨棚结构完成实景图

图 10.3-14　雨棚基本站台实景图（施工中）

10.4　结构分析与设计

10.4.1　整体结构分析

采用 PKPM、SAP2000 进行整体结构计算分析，下部混凝土结构阻尼比取 0.05，上部钢屋盖结构阻尼比取 0.02。整体计算模型见图 10.4-1，计算指标见表 10.4-1。

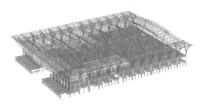
(a) 站房结构整体模型（东）

(b) 站房结构整体模型（西）

图 10.4-1　整体计算模型

经典回眸　同济大学建筑设计研究院（集团）有限公司篇

<table>
<tr><td></td><td colspan="2" style="text-align:right">计算指标　　　　　　　表 10.4-1</td></tr>
</table>

	计算指标	表 10.4-1
周期	$T_1 = 2.59\mathrm{s}$（东）X向平动，$T_2 = 2.11\mathrm{s}$（东）Y向平动，$T_3 = 2.02\mathrm{s}$（东）X向平动	
	$T_1 = 2.43\mathrm{s}$（西）X向平动，$T_2 = 1.80\mathrm{s}$（西）扭转，$T_3 = 1.61\mathrm{s}$（西）X向平动	
楼层层间位移角最大值	X	Y
	承轨层：1/2005，高架层：1/632	承轨层：1/2783，高架层：1/749
最大轴压比	0.43<0.85	

10.4.2　屋盖钢结构分析

1. 典型工况变形分析

屋盖竖向结构变形图及变形测点见图 10.4-2、图 10.4-3，屋盖竖向变形结果提取站房屋盖主桁架跨中竖向变形、平面连系桁架竖向变形以及东西向和南北向悬挑位置的竖向变形，屋盖竖向变形结果见表 10.4-2，从变形数据可知：

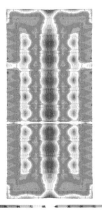 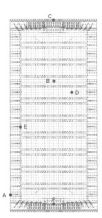

图 10.4-2　屋盖竖向结构变形图（1.0S + 1.0D + 1.0L）　　图 10.4-3　变形测点示意图

屋盖结构竖向变形分析结果（单位：mm）　　　　　　　　表 10.4-2

工况及组合	A 点 （悬挑 20m）绝对值	B 点 （主桁架跨度 72m）绝对值	C 点 （悬挑长度 20m）绝对值	D 点 （次桁架跨度 26m）相对值
S + D + L	−84	−102	−111	−17
S + D + L + 0.6T	−85（1/235）	−97	−107	−20（1/1300）
S + D + L − 0.6T	−83	−103（1/699）	−115（1/174）	−13
1.0S + 0.7D + 1.0W	−54	26	−70	−1

注：负号表示位移向下，正号表示位移向上，S 表示自重，D 表示附加恒荷载，L 表示活荷载，T 表示温度作用，W 表示风荷载。

（1）站房主桁架跨中最大挠跨比为 1/699，次桁架相对于主桁架的相对变形最大挠跨比为 1/1300，均满足规范限值要求。

（2）结构在东西正立面的 20m 悬挑端最大挠跨比为 1/174，满足规范限值 1/150 的要求。

2. Y 形分叉柱有效长度系数计算

室内钢柱为顺轨向张开的 Y 形分叉柱，Y 形分叉柱上端与屋盖桁架刚性连接，下端与框架柱顶刚性连接。由于荷载作用下屋盖桁架和框架结构均会发生变形，Y 形分叉柱两端约束为弹性约束。为确定 Y 形分叉柱的计算长度，对 Y 形分叉柱进行屈曲分析。

考虑几何缺陷、焊接应力等不利影响，欧拉临界力放大 1.3 倍后计算杆件有效长度系数。

即 $F_{\mathrm{cr}} = \dfrac{\pi^2 EI}{(\mu l_0)^2} \times 1.3$，可得 $\mu = \dfrac{\pi}{l_0}\sqrt{\dfrac{1.3EI}{F_{\mathrm{cr}}}}$。

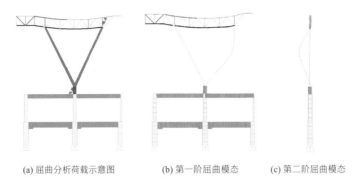

(a) 屈曲分析荷载示意图　　　(b) 第一阶屈曲模态　　　(c) 第二阶屈曲模态

图 10.4-4　Y 形分叉柱分析模型及屈曲模态

　　Y 形分叉柱分析模型及屈曲模态见图 10.4-4，第一阶屈曲模态为平面内屈曲，平面内有效长度系数为 0.88；第二阶屈曲模态为平面外屈曲，平面内有效长度系数为 0.83。

　　设计时 Y 形分叉柱有效长度系数取 1.0，保证构件稳定计算的安全富裕度。

3．Y 形分叉柱节点有限元分析

　　室内 Y 形分叉柱中的分叉节点属于非常规节点，在分叉节点位置造型切割变化 [图 10.4-5（a）]，对分叉节点进行有限元分析，保证节点的设计安全。

　　下部钢柱截面为 ϕ1600mm × 50mm，上部分叉钢柱为变截面 ϕ（1200～800mm）× 40mm，内部设有加劲隔板。为保证节点位置的建筑效果，分叉处采用铸钢节点，材质为 G20Mn5QT。对此节点进行重新设计和建模，在柱相交连接处加密网格划分密度，提高节点的计算精度，见图 10.4-5（b）。

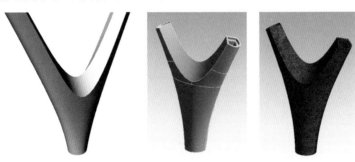

(a) 分叉节点外观示意图　　　　　　　(b) 节点模型及网格划分

图 10.4-5　Y 形分叉柱分析模型

　　节点应力云图如图 10.4-6 所示，分叉柱相交处存在集中应力，其余构件主体以及加劲板应力均较小，最大应力位于内部加劲肋与杆件连接位置的应力集中位置，应力为 85MPa，其余位置构件均小于较低的应力水平，小于材料的屈服强度 235MPa，节点整体处于弹性阶段，具有足够的安全冗余度。

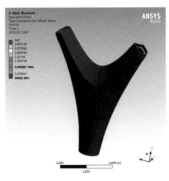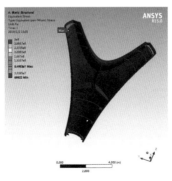

(a) 节点应力云图一　　　(b) 节点应力云图二（局部剖切）　　　(c) 节点应力云图三（局部剖切）

图 10.4-6　Y 形分叉柱节点应力云图

10.4.3 雨棚结构分析

1. 矢高对结构静力性能的影响

取垂轨向 5 跨、顺轨向 1 跨展开矢高对混凝土联方网壳结构性能的影响。

不同矢高对联方网壳结构性能影响见图 10.4-7～图 10.4-9，计算表明：

（1）混凝土柱面联方网壳结构受力性能同梁板式框架结构有明显区别，设计时应注意其水平推力作用。

（2）在一定边界条件下，矢高 f 越高，柱顶水平变形小，柱顶、柱底弯矩越小，柱顶剪力（水平推力）越小。

（3）在此边界条件下，当屋面矢高 $f < 3m$ 时，其结构变形、内力变化大；当屋面矢高 $f > 4m$ 时其受力性能变化渐缓，建议此类屋盖矢跨比不宜低于 1/7，高于《钢筋混凝土薄壳结构设计规程》JGJ 22-2012 关于柱面壳矢跨比不应小于 1/8 的规定。

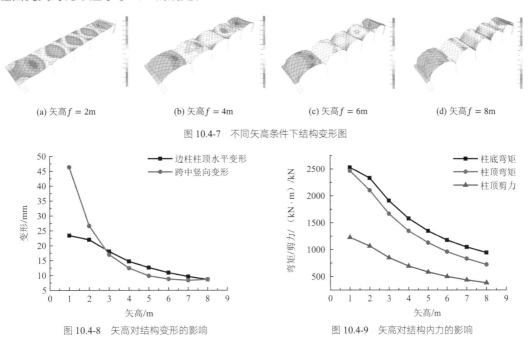

(a) 矢高 $f = 2m$ (b) 矢高 $f = 4m$ (c) 矢高 $f = 6m$ (d) 矢高 $f = 8m$

图 10.4-7 不同矢高条件下结构变形图

图 10.4-8 矢高对结构变形的影响   图 10.4-9 矢高对结构内力的影响

2. 混凝土连续柱面联方网壳结构在温度作用下的性能

取壳板中曲面季节温度变化 $\Delta T = 15℃$ 对矢高分别为 0m、4m 的十跨连续结构进行计算，对比分析温度作用下柱面联方网壳结构的受力性能。

两种结构在同样温度作用下变形见图 10.4-10、图 10.4-11，计算结果显示：

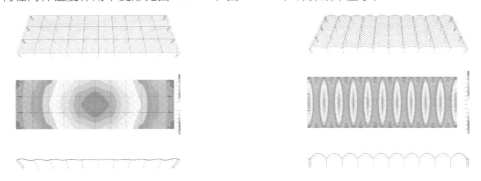

图 10.4-10 平板式梁板结构在温度作用下的变形   图 10.4-11 柱面联方网壳结构在温度作用下的变形

（1）平板式框架结构由于其在横向侧向刚度远大于纵向，在一定程度上约束了横向变形，其纵向变形大于同长度混凝土自由变形；混凝土联方网壳结构的形态可变性对温度变形具有天然的释放作用，其温度作用效应较小，水平变形远小于平板式框架结构。

（2）混凝土联方网壳结构在温度作用下，周边边缘构件受力主要表现为压（拉）弯构件，同时会产生较小的平面外弯矩和扭矩；肋梁主要在平面内产生一定的弯矩，其余内力较小。设计中应特别注意边缘构件因温度作用产生的内力。

3. 混凝土多跨连续网壳结构非线性稳定分析

郑州南站雨棚为混凝土多跨连续网壳结构，采用大型通用有限元软件 ABAQUS 对其进行了整体稳定分析，分析过程考虑了几何非线性和材料非线性，讨论了荷载分布、初始缺陷等对结构稳定性的影响。

雨棚在不同活荷载下弹性屈曲模态见图 10.4-12，其材料非线性、几何非线性分析见图 10.4-13、图 10.4-14，通过分析得知：

（1）特征值屈曲分析结果与非线性稳定分析结果相差较大，荷载分布对多跨连续网壳结构的稳定性影响较为显著，因此在进行此类结构的设计时应充分考虑结构的最不利荷载分布。

（2）初始缺陷对多跨连续网壳结构的极限承载力的影响明显，郑州南站雨棚初始缺陷应控制在$L/50$以内（L为雨棚跨度）。

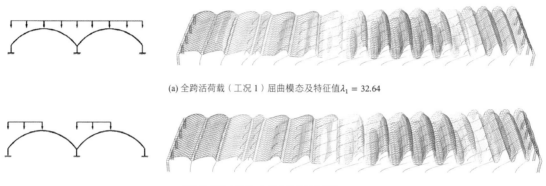

(a) 全跨活荷载（工况 1）屈曲模态及特征值 $\lambda_1 = 32.64$

(b) 半跨活荷载（工况 2）屈曲模态及特征值 $\lambda_1 = 65.02$

图 10.4-12　弹性屈曲模态

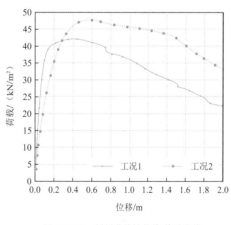

图 10.4-13　材料非线性荷载-位移曲线

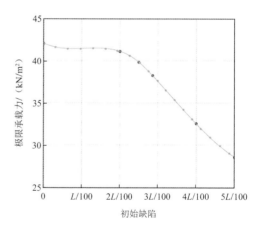

图 10.4-14　不同初始缺陷下极限承载力

4. 节点设计

1）不落地拱水平传力关键构件节点设计

对于不落地拱的边柱，承受巨大的水平推力，在边柱的选型过程中，依次对比了巨型单柱、不同材质组成的交叉斜杆双柱、空腹双柱、同种材质不同形状的空腹双柱等 6～8 种组合形式，选择了间距 2.5m 的钢骨混凝土双柱，形状为曲面八角形，中部设置钢支撑，见图 10.4-15。

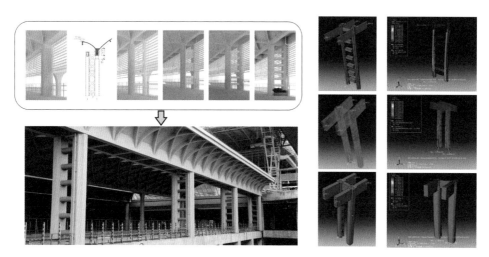

图 10.4-15　边跨双柱选型

图 10.4-16　边跨双柱内力有限元分析

对边跨双柱进行有限元分析，结果见图 10.4-16，由图可知：

（1）钢骨最大应力为 285.2MPa，小于屈服强度；

（2）混凝土最大拉应力为 3.1MPa，最大压应力为 38.8MPa，均小于设计强度。

2）配合列车分场分步开通保证网壳结构中间形态稳定的关键节点设计

郑州南站施工过程中经历了 4 次转场，为保证已实施网壳结构中间形态的稳定性，对雨棚结构进行施工过程模拟分析，对比分析刚性支撑方案（图 10.4-17）与柔性拉索方案（图 10.4-18），考虑到施工的便携性，最终采用直径 800mm 钢管撑＋底部顶紧装置（图 10.4-19）。

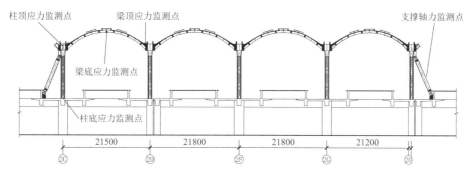

图 10.4-17　钢管撑＋钢箱梁顶紧装置（实施方案）

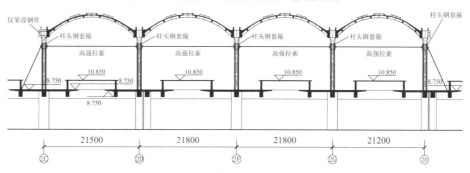

图 10.4-18　柱头钢套箍＋高强拉索（比选方案）

图 10.4-19　临时钢支撑实施图

10.5 专项设计

10.5.1 高架车场"桥建合一"结构车致振动分析

在结构动力特性分析的基础上，根据现代车桥耦合振动理论，采用同济大学桥梁工程系轨道交通研究室编制的列车桥梁耦合振动分析软件 VBC3.0，对列车通过站房结构高速正线时引起的车辆与结构耦合振动进行数值仿真分析，站房结构有限元模型及线路示意见图 10.5-1。

图 10.5-1　站房结构有限元模型及线路示意图

1. 车桥耦合振动计算参数

1）轨道不平顺输入：选取德国高速高干扰谱生成的轨道不平顺样本。

2）计算工况

本站受咽喉区限制，设计列车时速 80km/h，考虑预留设计车速 250km/h。列车通过站房及进站制动的计算工况见表 10.5-1。

其中，列车编组情况为：

（1）高速列车：16 辆 CRH3 编组，即（3 动 + 1 拖）× 4；

（2）准高速客车：16 辆编组，即 DF11 机车 + 15 × 准高速客车。

耦合振动分析工况汇总　　　　　　　　　　　　　　　　　　　　　　表 10.5-1

工况号	工况描述	计算车速/（km/h）	备注
工况 1	1 线高速列车于第 2 线匀速通过	150，175，200，225，250	1 线行车
工况 2	1 线高速列车于第 5 线匀速通过	150，175，200，225，250	
工况 3	2 线高速列车于第 2、3 线反向匀速通过	150，175，200，225，250	2 线行车
工况 4	2 线高速列车于第 4、5 线反向匀速通过	150，175，200，225，250	
工况 5	3 线高速列车于第 1、3、5 线匀速通过	60，70，80，90，100	3 线行车
工况 6	3 线准高速客车于第 1、3、5 线匀速通过	60，70，80，90，100	
工况 7	1 线高速列车于第 1 线制动	50	1 线制动
工况 8	1 线高速列车、1 线准高速列车于第 1、5 线制动	50	2 线制动

2. 站房区结构振动性能及候车乘客振动舒适度分析

1）结构动力特性分析与评定

承轨层侧移频率为 3.22Hz，满足横向自振频率限值 3.0Hz，承轨层主梁的竖向弯曲频率为 4.86Hz，大于竖向自振频率限值 3.18Hz 的要求，郑州南站刚度可满足结构正常使用和车辆安全、舒适运营的要求。

2）承轨层安全性及正常使用性能评定

承轨层竖向加速度最大为 1.43m/s²，小于 3.5m/s²，满足有砟轨道正常使用要求；承轨层横向加速度为 0.274m/s²，小于 1.4m/s²，满足列车走行安全性要求。

经典回眸 同济大学建筑设计研究院（集团）有限公司篇

10.5.2 钢屋盖结构施工方案

屋盖桁架施工分区需结合屋盖桁架结构特点、高架层结构提供工作面的先后次序、高空施工的便利性等方面进行划分。本工程桁架结构高差变化较大，提升分块划分时需考虑尽量降低拼装胎架高度。钢屋盖施工安装时，高架层正线 5~8 道区域混凝土已施工完毕，土建先由正线向东施工，再由正线向西依次进行，东西侧站房分别单独施工。为了减少高空嵌补量，利用屋盖结构缝作为分界线的同时尽量将提升分块做大。

综合以上原则和本工程实际情况，将屋盖桁架划分为 3 个施工区，包括东西侧站房 2 个吊装区及主站房 1 个提升区，主站房提升区再划分成 3 个提升分区和 1 个嵌补区，见图 10.5-2。整个屋盖提升重量约 7900t，单个提升分区提升最大重量约 3180t。

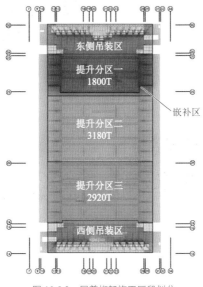

图 10.5-2 屋盖桁架施工区段划分

钢屋盖结构施工具体的施工次序为：首先施工东西侧吊装区；然后采用"汽车起重机楼面拼装、分区提升"的方法进行中间提升区施工，分区间嵌补杆件采用汽车起重机进行安装；最后，待屋盖桁架构件吊装、提升就位后，采用汽车起重机进行 Y 形分叉柱及铸钢节点、外侧造型柱的安装。钢屋盖吊装及提升施工示意图如图 10.5-3~图 10.5-8 所示，现场吊装见图 10.5-9。

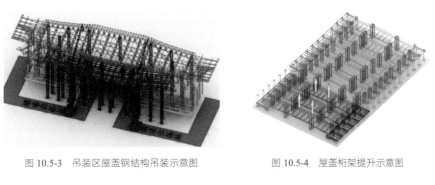

图 10.5-3 吊装区屋盖钢结构吊装示意图　　　图 10.5-4 屋盖桁架提升示意图

图 10.5-5 屋盖桁架地面拼装示意图

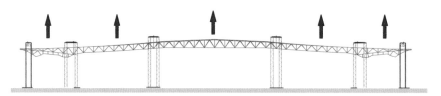

图 10.5-6　屋盖桁架二次提升示意图

图 10.5-7　Y 形分叉柱安装示意图

图 10.5-8　外侧造型柱安装示意图

图 10.5-9　整体提升现场照片

10.5.3　清水混凝土联方网壳雨棚的预制装配设计

1. 预制装配体系选择

在调研既有类似结构预制装配体系的基础上，对比分析可选择预制装配体系的特点，进而确定本工程的预制装配体系，对比分析见表 10.5-2。

预制装配体系特点对比分析　　　　　　　　　　　　　表 10.5-2

结构方案	优点	缺点
方案 1 肋梁现浇，板预制 + 叠合	（1）结构整体性好，防水性好。 （2）节省板的模架，缩短工期。 （3）清水混凝土质量控制好	（1）肋梁需现浇。 （2）肋梁曲线造型对模板要求高
方案 2 肋梁、板预制，节点现浇	模板大幅减少，工期大幅缩短	（1）肋梁钢筋节点连接难度大，可靠性低。 （2）结构整体性差，防水性差
方案 3 肋梁现浇，板全预制	方便施工，现场工期缩短	（1）肋梁需现浇。 （2）肋梁曲线造型对模板要求高，且全部露出影响建筑效果。 （3）不利于管线预埋和屋面整体防水

本工程最终选择"肋梁现浇，板预制 + 叠合"的体系，其余构件如柱、主梁等均现浇，见图 10.5-10。

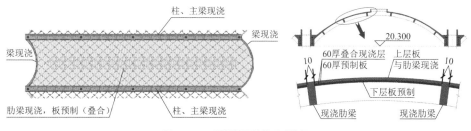

图 10.5-10　预制装配结构形式选择

2. 预制构件标准化设计

结构构件进行设计时，遵循"少规格、多组合"、模数协调等原则，使建筑满足耐久性、牢固性及美观性等要求，建立合理、可靠、可行的建筑技术通用体系。

南北雨棚各 17 拱，由于轨道弯曲影响有 5 种跨度，见图 10.5-11。预制构件标准模数化研究以 21.5m 跨为基本单元，拱顶通过预制基本单元按照固定角度旋转得到（图 10.5-12），其余单元在其基础上调整边缘尺寸（图 10.5-13），从而达到标准单元的最大化。

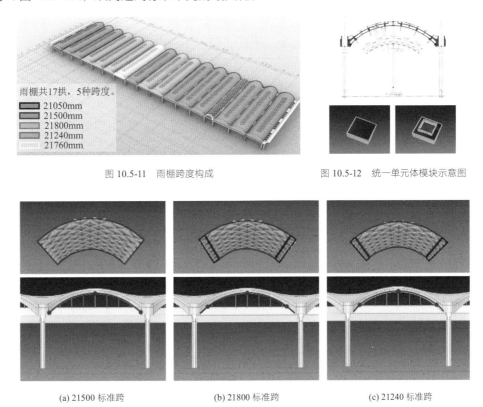

图 10.5-11　雨棚跨度构成　　　　　　　图 10.5-12　统一单元体模块示意图

(a) 21500 标准跨　　　　　　(b) 21800 标准跨　　　　　　(c) 21240 标准跨

图 10.5-13　单元调整示意

非标准单元的肋梁，随着主梁轨迹的变化渐变，尽可能地与标准单元保持一致。最大化利用标准单元体后，保证肋梁的单元格子大小变化均匀、连续。

郑州南站叠合装配板总数为 10272 块，其中标准单元为 8941 块，标准率达到 87.04%，实现造型艺术、建筑结构和施工实施三者融合。

3. 样板试验研究

为研究这种曲面非正交网格密梁的预制装配式清水混凝土工艺，在项目现场做了 5 个 1:1 的小样进行试验研究，通过对比分析（表 10.5-3），最终确定了模板和支撑体系：其中柱采用钢模，梁采用木模，支撑体系由弧面主龙骨 + 木方次龙骨 + 盘扣式脚手架体系组成，同时采用一次浇筑。

样板试验研究方案比选　　　　　　　　　　　　　表 10.5-3

样板 A	样板 B	样板 C	样板 D	样板 E

样板 A	样板 B	样板 C	样板 D	样板 E
 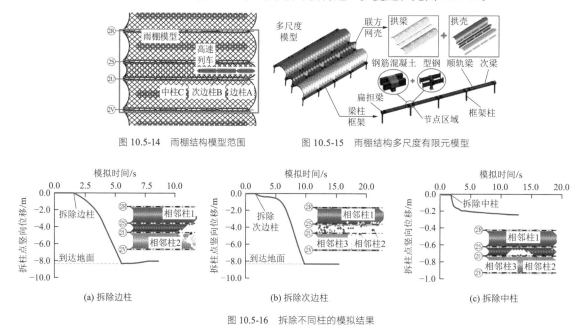				
保护剂厚，颜色发白，失真；二次浇筑污染，肋梁气泡多 肋梁精度好，无错台，棱角顺直	柱整体观感好 钢模棱角圆弧处理，柱不够挺拔 梁铝模以直代曲，错台，气泡多	梁柱整体成型效果好 无错台、梁柱棱角顺直 柱拼缝多，棱角失水严重	梁钢框木模拼缝明显 效率低 柱整体观感较好	色差明显 模具精度低，易产生误差 拼缝处理不佳
梁木模 柱木模 梁底弧形支撑 两次浇筑	梁铝膜 柱钢模 梁底直落脚手架 两次浇筑	梁木模 柱木模 弧面主龙骨 + 木方次龙骨 + 盘扣式脚手架 一次浇筑	梁钢框木模 柱木塑模 梁底直落脚手架 一次浇筑	梁玻璃钢模 柱木塑模 梁底直落脚手架 一次浇筑

10.5.4 混凝土联方网壳结构抗连续倒塌性能研究与设计

进站的高速铁路列车如果发生脱轨事故，存在撞击雨棚柱并进一步造成雨棚结构连续倒塌的风险。本工程雨棚采用混凝土联方网壳结构，形式新颖，建筑美观。选取郑万正线跨结构单元（图 10.5-14），建立结构多尺度有限元模型（图 10.5-15），采用拆除构件法分析拆除柱后剩余结构动力行为。节点区域受力复杂，使用 SOLID 实体单元模拟型钢和钢筋混凝土；使用 SHELL 壳单元和 BEAM 梁单元分别模拟屋面壳和梁。

分析表明，在拆除边柱、次边柱和中柱后，不会发生连续倒塌。其中，拆除三柱后均发生局部破坏，破坏面积分别是 775m²、2074m² 和 547m²，局部破坏没有进一步蔓延，见图 10.5-16。

图 10.5-14 雨棚结构模型范围　　　　图 10.5-15 雨棚结构多尺度有限元模型

(a) 拆除边柱　　　(b) 拆除次边柱　　　(c) 拆除中柱

图 10.5-16 拆除不同柱的模拟结果

为减小局部破坏面积、提高结构抗倒塌性能，修改了原结构设计。考虑联方网壳会产生水平推力、拆除柱后剩余结构受力特点和破坏扩展过程（图 10.5-17），以增强顺轨梁抗扭承载力和边柱抗弯承载力为目标，提出增大顺轨梁腹板处型钢面积和边柱截面面积等改进措施（图 10.5-18），拆除三柱后的破坏面积分别是 775m²、0m² 和 0m²，即第一种工况仍发生局部破坏但没有发生连续倒塌，后两种工况下结构没有发生局部破坏，见图 10.5-19。

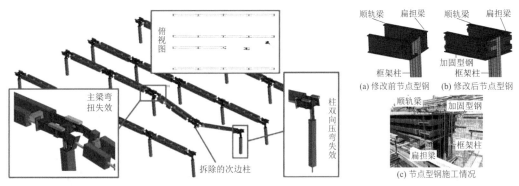

图 10.5-17　拆除次边柱后周边构件失效分析

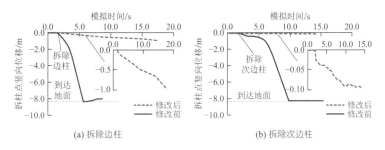

图 10.5-18　修改前后梁柱节点型钢对比

(a) 拆除边柱　　(b) 拆除次边柱

图 10.5-19　修改前后拆除不同柱位时拆柱点竖向位移发展

10.6　结语

（1）针对郑州南站超大超长结构尺度，合理设置结构缝，控制结构单元温度作用，通过设置后浇膨胀加强带等混凝土裂缝控制技术保证结构受力合理，结构建造经济。

（2）郑州南站高架车场采用框架式"桥建合一"结构体系，对新型"桥建合一"结构进行健康监测，展开车致耦合振动分析，保证承轨层结构的列车运营安全，同时满足其下多元建筑空间灵活布置的要求，促进站城融合。

（3）车站外观建筑立意为"鹤舞九州"，其正立面布置的城市观景平台、波浪式双曲屋面造型、室外巨型立面造型柱、室内 Y 形分叉柱等采用建构一体化设计，通过合理简化结构单元、参数化建模、精细化分析等技术手段，完美诠释建筑设计理念（图 10.6-1～图 10.6-4）。

图 10.6-1　侧鸟瞰实景图

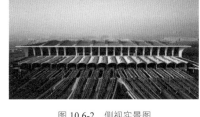

图 10.6-2　侧视实景图

图 10.6-3　候车大厅实景图

图 10.6-4　侧站房城市实景图

（4）雨棚采用预制装配式清水混凝土联方网壳结构，此种结构为铁路站房结构中的首次应用（图 10.6-5、图 10.6-6）。清水混凝土联方网壳雨棚为免维修雨棚，空间受力性能良好，其优越的安全性和耐久性为后期雨棚运维减小负担和运维成本，经济效益显著；雨棚采用预制装配清水混凝土技术进行设计建造，减少碳排放，缩短建设工期，实现了绿色设计和绿色建造，具有较好的社会效益；针对郑州南站雨棚结构的特点形成了一套适用于预制装配清水混凝土网壳结构的设计方法和施工工法等成套建造技术，弥补了我国现行设计规范对高铁车站预制装配式结构研究的空白，促进了清水混凝土结构、预制装配式结构和联方网壳结构在高铁工程建设中的推广和应用。

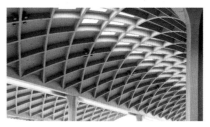

图 10.6-5　雨棚全景图　　　　　　　　图 10.6-6　雨棚细部实景图

参考资料

[1] 同济大学建筑设计研究院(集团)有限公司, 中国铁路郑州局集团有限公司...郑州南站高性能清水混凝土联方网壳结构关键技术研究成果报告[R]. 2022

[2] 周鹏飞、刘传平、宋红召. 郑州南站混凝土多跨连续网壳结构非线性稳定分析[J]. 结构工程师, 2021(2): 36-44.

设计团队

结构设计单位：同济大学建筑设计研究院（集团）有限公司

结构设计团队：贾坚，丁洁民，刘传平，张峥，许笑冰，宋红召，蔡雄，张汇丰，周旋，郝志鹏，王松林，刘天鸾，张志彬，吴邑涛，李正

执　笔　人：宋红召，王松林

项目获奖

2023 年　河南省优秀勘察设计一等奖

2023 年　第十五届中国钢结构金奖

第11章

兰州中川国际机场三期扩建工程之———T3航站楼

11.1 工程概况

11.1.1 建筑概况

兰州中川国际机场三期扩建工程航站楼总建筑面积为 40 万 m^2，采用"主楼 + 四指廊"结构，主体地上三层，地下局部二层，建筑平面呈"X"造型。航站楼造型充分体现"丝路绿洲，飞天黄河"的地域特点（图 11.1-1），指廊与主楼连接形成连续优美的曲线，仿佛悠远古老的丝绸之路从远方延伸而来。室内方案立足兰州地域文化，以流线形天窗的形式表现"丝绸之路""隽永黄河"的意向（图 11.1-2）。

经典回眸

同济大学建筑设计研究院（集团）有限公司篇

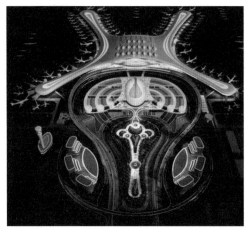

图 11.1-1 中川机场建筑效果图（全景）

图 11.1-2 航站楼室内效果图

中川国际机场新建 T3 航站楼，包括 E 主楼和 A、B、C、D 四个指廊。根据其建筑功能自下而上依次为地下二层换乘大厅层（-11m）、地下一层综合管廊层（-5.5m）、地面层到达层（0m）、二层迎客层（6.5m）、局部夹层国际到达层（10m）、三层出发层（14m）。E 主楼面宽 365m，进深 250m，建筑最高点标高 44.75m；A、B 指廊最窄处宽 28.6m、长 336m，建筑最高点标高 25.0m；C、D 指廊最窄处宽 41m、长 425m，建筑最高点标高 21.50m，机坪塔台与 C、D 指廊合建，建筑最高点标高 31.2m。航站楼建筑分区见图 11.1-3。

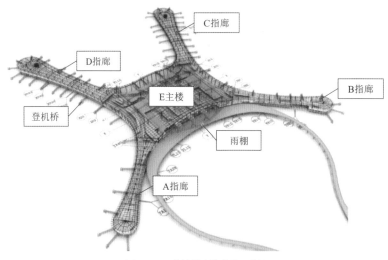

图 11.1-3 航站楼建筑分区示意图

主要建筑平面、剖面图见图 11.1-4～图 11.1-10。

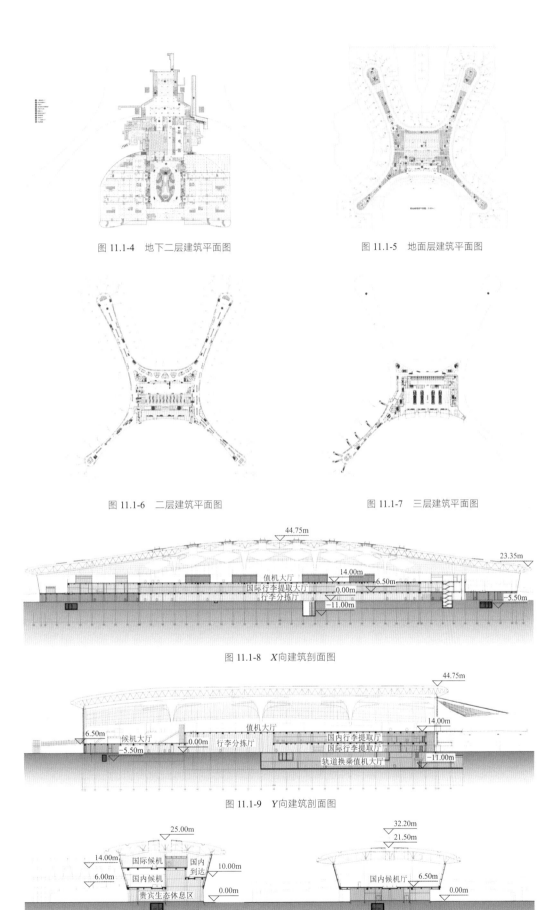

图 11.1-4　地下二层建筑平面图

图 11.1-5　地面层建筑平面图

图 11.1-6　二层建筑平面图

图 11.1-7　三层建筑平面图

44.75m

23.35m

14.00m

值机大厅

国际行李提取大厅

6.50m

行李分拣厅

0.00m

−11.00m

−5.50m

图 11.1-8　X向建筑剖面图

44.75m

6.50m

14.00m

候机大厅

值机大厅

国内行李提取厅

0.00m

行李分拣厅

国际行李提取厅

−5.50m

轨道换乘值机大厅

−11.00m

图 11.1-9　Y向建筑剖面图

25.00m

32.20m

14.00m

国际候机

21.50m

6.00m

国内候机

国内到达

10.00m

贵宾生态休息区

0.00m

国内候机厅

6.50m

0.00m

图 11.1-10　指廊建筑剖面图

11.1.2　设计条件

1．主要设计参数

设计控制参数表　　　　　　　　　　　　　表 11.1-1

结构设计基准期	50 年	建筑抗震设防分类	重点设防类（乙类）
结构设计使用年限	50 年	抗震设防烈度	7 度
建筑结构安全等级	一级	风雪荷载重现期	100 年
结构重要性系数	1.1	耐火等级	一级
地基基础设计等级	甲级		

经典回眸　同济大学建筑设计研究院（集团）有限公司篇

2．设计荷载

1）风荷载

基本风压 $W_0 = 0.35\text{kN/m}^2$（$n = 100$ 年）；地面粗糙度为 B 类，风荷载取值最终采用规范及风洞试验结果的包络数据。

2）雪荷载

基本雪压 $S_0 = 0.20\text{kN/m}^2$（$n = 100$ 年）。屋面为大屋面，充分考虑屋面造型、堆雪融雪等极端情况，荷载不均匀分布系数按 2.0 选取。

3）温度作用

甘肃兰州月平均气温：最高 34℃，最低 −15℃；结构合拢温度暂定为 5～15℃，最终施工阶段考虑屋盖钢结构升温 55℃，降温 40℃；正常使用阶段考虑屋盖钢结构升温 40℃，降温 40℃，室内混凝土构件升温 25℃，降温 35℃；超长混凝土部分升温 9℃，降温 12℃。

4）地震作用

场地抗震设防烈度为 7 度，设计地震分组为第三组，场地类别为 Ⅱ 类。但根据安评报告，50 年超越概率 10% 工程场地地表峰值加速度为 $0.18g$，设计采用的地震作用参数如表 11.1-2 所示。

地震作用参数　　　　　　　　　　　　　表 11.1-2

地震水平	多遇地震	设防烈度地震	罕遇地震
地震加速度峰值/Gal	60	180	330
水平地震影响系数最大值	0.15	0.45	0.83

注：表中数据来源于安评报告，各地震水平下地震作用均大于规范值。

5）行李荷载

行李机房荷载根据设备提资实算，行李系统吊挂荷载考虑 2.0 的动力放大系数。

3．特殊地质条件

1）湿陷性黄土

拟建工程场地表层的 ②₁ 黄土状粉土层呈轻微—强烈湿陷性，湿陷类型为自重湿陷性，湿陷等级为 Ⅱ 级（中等）湿陷性。

2）腐蚀性

地下水对混凝土结构具有强腐蚀性，对钢筋混凝土结构中的钢筋具有中腐蚀性；地基土对钢筋混凝土结构中的钢筋具有中腐蚀性。

11.2 项目特点

11.2.1 超大尺度结构平面

T3 航站楼平面尺度大，总长约 860m，总宽约 900m。其中 E 主楼长 410m，最宽处 296m，A、B 指廊长 336m，C、D 指廊长 415m（图 11.2-1）。E 主楼在两个方向及指廊在长向的长度均超过规范，结构设计需根据建筑功能布局及建筑体型差异合理进行分缝设置。针对超长结构，结构分析需考虑行波效应的多点输入时程分析；结构设计时充分考虑温度作用，同时采用设置后浇带、板中设置无粘结预应力温度筋、加强养护等混凝土裂缝控制技术。

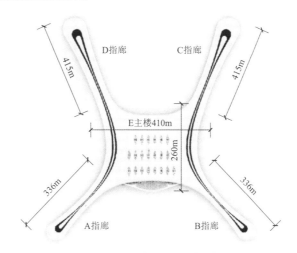

图 11.2-1 航站楼平面尺度示意

11.2.2 高烈度地区组合式减震

项目位于抗震设防烈度 7 度地区，但安评接近 8 度（0.18g），地震作用大；航站楼 E 主楼内行李机房、迎客厅、候机厅等建筑空间开阔，且净高要求高，故 E 主楼主要采用 18m×18m 大柱网尺寸；考虑行李系统及各类设备管线的排布，为满足建筑净高要求，梁截面高度受限。

E 区主楼采用创新性的肘节式"黏滞阻尼支撑 + 黏弹性阻尼支撑"的组合减震方式，实现有效耗能，减小构件截面尺寸，提高建筑抗震性能；采用结构抗震性能化设计，确保满足平时的正常使用和震时达到相应的抗震性能目标。阻尼器现场安装照片如图 11.2-2 和图 11.2-3 所示。

图 11.2-2 黏弹性阻尼支撑安装照片

图 11.2-3 黏滞阻尼支撑安装照片

11.2.3 流线形采光天窗

在航站楼主体位置屋盖上方渐变式布置有 22 个叶片形状采光天窗，连通成黄河涌动的意向。采光天窗内部通过建筑手法采用若干流线形曲线进行分割，使得阳光透过采光天窗之后，可以在地面形成具有建筑语言的倒影。与采光天窗结合，主楼室内在天窗分隔区域设置有造型分叉立柱，与采光天窗合二为一。东西两侧指廊与主楼设置了连通的采光带，寓意丝路金河如意飞天。采光天窗效果如图 11.2-4 所示。

为实现天窗的流线造型，保证天窗采光的通透性，天窗区域需采用平面桁架结构。综合考虑经济指标、建筑效果及施工便利性，本工程屋盖最终采用桁架 + 网架的组合结构体系。屋盖结构局部模型见图 11.2-5。

 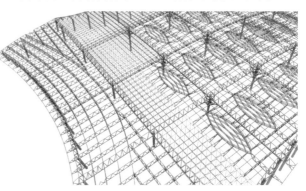

图 11.2-4　航站楼屋盖效果图（局部）　　　　　　图 11.2-5　屋盖结构模型（局部）

11.2.4 机坪塔台与航站楼一体化设计

本工程为国内首个与机坪塔台一体化设计的航站楼。机坪塔台设置于航站楼空侧 C、D 指廊扩大端头。机坪塔台因其有视线无遮挡的特殊要求，塔台屋面高度为 31.2m，高出指廊屋面约 10m；条状采光带汇聚于塔台区域，室内空间将此区域设计为具有雕塑感的"锥形柱"，如图 11.2-6 所示。

屋盖结合室内外造型采用以塔台为中心的辐射状主梁 + 平面桁架的结构体系。塔台出指廊屋面后，平面挑出约 9m，辐射状钢梁既承担自身屋面荷载，又作为转换梁承托塔台结构。机坪塔台结构实景见图 11.2-7。

图 11.2-6　指廊室内效果图　　　　　　　　图 11.2-7　机坪塔台结构实景图

11.2.5 大柱距 Y 形柱支撑的单向次梁入口倾斜雨棚

航站楼主入口外挑雨棚平面投影呈扇形，部分结构外露，东西向长度 273m，南北向最大宽度 54m，向两侧柱间收尖。雨棚立面单向向外倾斜，倾斜角度 11.5°，屋盖最高点标高 37.0m，屋盖最低点标高

26.0m。雨棚屋面通过4根倾斜的造型柱支承，柱距达54.0m。建筑师希望外露结构为富有韵律的单向次梁效果，同时对次梁尺度有限制，雨棚效果图见图11.2-8。

外挑雨棚向外倾斜，本身有倾覆趋势，通过与幕墙立面钢柱连接，和航站楼主结构连为一体，使航站楼屋盖参与抗侧；雨棚立柱采用倾斜Y形造型柱，兼顾建筑造型和水平向抗侧设计；雨棚屋面结合建筑造型采用富有建筑秩序的主次梁结构体系，如图11.2-9所示。

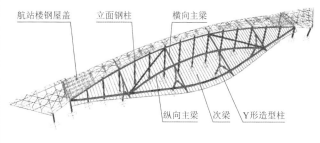

航站楼钢屋盖　立面钢柱　横向主梁

纵向主梁　次梁　Y形造型柱

图11.2-8　入口雨棚效果图　　　　　图11.2-9　入口雨棚结构布置图

11.3　结构体系与结构布置

11.3.1　基础设计

航站楼建筑规模大，结构柱网尺寸较大，上部结构（主楼、指廊）荷载差异较大，考虑到承载力及工程对沉降敏感度的要求，本工程基础结构设计采用钻孔灌注桩＋承台＋基础梁方案。主楼E区桩径选用ϕ800mm，有效桩长50～55m，单桩承载力为5500～6400kN；指廊区桩径ϕ800mm，有效桩长18～22m，单桩承载力为2200～2500kN。

通过调整柱下承台的桩数使基础受力均匀，减小基础差异沉降。主楼E区最大沉降值为18mm，相邻柱跨的最大沉降差约为10mm。

1. 表层湿陷性黄土地基处理

航站楼底层地坪上有较多机房设备间及行李系统，地面下存在超长的地下管廊（设备管廊、行李管廊、地下避难走道），对沉降有较高要求。考虑经济性根据湿陷性黄土层厚度的差异采用不同的处理方式：

（1）E主楼及B、C指廊区域的表层湿陷性黄土厚度小于2m，采用换填处理：将②$_1$层黄土全部挖除后，采用无腐蚀的优质土分层碾压填实，回填每层厚度40～50cm，分层压实系数不小于0.96。

（2）D指廊区域的湿陷性黄土厚度2～5m，采用强夯法处理。

2. 针对地基土及地下水腐蚀性措施

桩基和基础设计中采取以下措施提高其抗腐蚀能力：

（1）桩身混凝土强度等级提高为C45，抗渗等级为P14；加大桩基保护层厚度（不小于80mm）；桩身混凝土中掺入抗硫外加剂及阻锈剂，抗硫酸盐等级为KS150。

（2）直接与土接触的地下室（包括地下管廊）外墙、顶板、承台混凝土强度等级提高为C40，抗渗等级为P12。混凝土中掺入抗硫外加剂及阻锈剂。

11.3.2 主体结构选型与布置

1. 主体结构布置

E 区主楼结构设缝分为 E1~E3 三个单体。主楼主要柱网尺寸为 9m×9m、18m×18m，主体结构采用钢筋混凝土框架结构体系，并结合建筑隔墙布置"黏滞阻尼支撑 + 黏弹性阻尼支撑"的组合减震方案。主楼典型结构平面布置如图 11.3-1 所示。

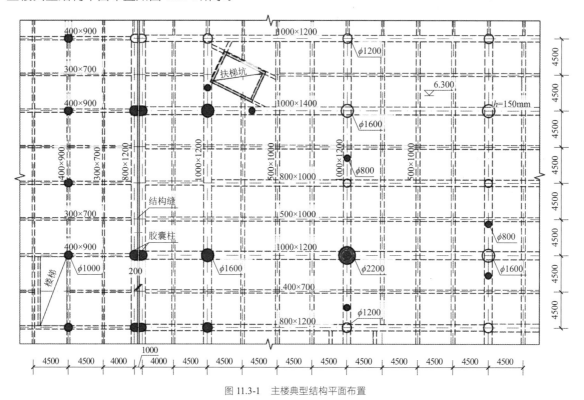

图 11.3-1　主楼典型结构平面布置

主要结构构件形式及截面尺寸如表 11.3-1 所示。

主楼构件截面表

表 11.3-1

序号	区域	框架柱	框架梁	次梁
1	9m 跨	ϕ1.0m、ϕ1.2m、ϕ1.6m 上承屋盖柱采用ϕ2.2m 型钢混凝土柱；结构缝处采用钢筋混凝土胶囊柱	0.4m×0.9m 0.6m×1.0m	0.3m×0.7m 十字形布置
2	18m 跨		0.8/1.0m×1.2m 预应力梁	0.5m×1.0m 井字形布置

2. 主楼减隔震方案选型

主楼采用以下 3 种减隔震方案进行对比选型。由表 11.3-2 可知方案 3 在对建筑影响较小的前提下，减震效果较好，同时造价最低，故最终采用方案 3，即主楼采用结合建筑隔墙布置"黏滞阻尼支撑 + 黏弹性阻尼支撑"的组合减震方案。

3. 阻尼支撑结构布置

黏滞阻尼支撑和黏弹性阻尼支撑的布置原则为：

（1）弹性阻尼支撑主要沿结构四周布置，提高整体抗扭刚度；

（2）阻尼器的布置在不影响建筑空间的前提下尽量均匀。

E1、E2、E3 单体黏滞阻尼支撑和黏弹性阻尼支撑的布置参数如表 11.3-3 和表 11.3-4 所示。

经典回眸　同济大学建筑设计研究院（集团）有限公司篇

表11.3-2

主楼减隔震方案选型

方案	方案图示	建筑影响	耗能效果	造价及施工
方案1—基础隔震方案：对主楼进行整体基础隔震，隔震支座设置于±0.000以下	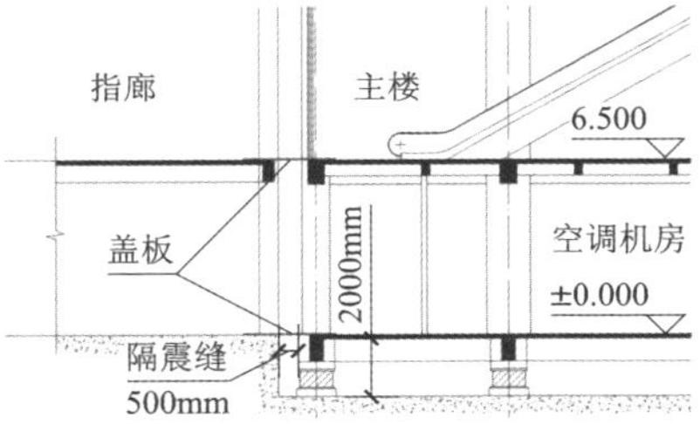	（1）主楼无需设缝。 （2）纯框架结构，且构件尺寸小，增加建筑使用空间。 （3）主楼与指廊间需设置防震缝，连接需采用软连接措施。 （4）航站楼大量管线需穿越隔震层进入地下管廊，均需采用软连接措施。 （5）主楼基础埋深增加至少2m。 （★）	各水准地震作用下耗能效果优越，地震作用降低50%以上 （★★★）	（1）增加一层隔震层楼面以及隔震支座，土建造价增加约1亿。 （2）土建工程量增加，设备施工相对麻烦，施工工期增长。 （★）
方案2—人字形黏滞阻尼支撑＋人字形屈曲约束支撑减震方案：通过黏滞阻尼支撑提供主要阻尼耗能，通过屈曲约束支撑提供主要附加刚度		（1）主楼设缝分为3个单体。 （2）减震支撑尺寸需达到400～500mm，对空间占用大。 （3）与支撑相连框柱尺寸较大，对使用空间占用大 （★★）	（1）屈曲约束支撑小震下耗能。 （2）整体耗能效率较低，用小震下地震作用降低不到10% （★）	（1）通过增大支撑子结构刚度和阻尼器出力提高耗能，阻尼器吨位较高，总体阻尼器造价约2000万元（折合约45元/m²）。 （2）部分与支撑相连框柱需设置钢骨，施工较复杂。 （★★）
方案3—黏滞阻尼支撑＋黏弹性阻尼器耗能方案：黏滞阻尼支撑主要提供附加刚度和部分附加阻尼；黏弹性阻尼器主要提供附加耗能。通过设置时节放大装置可将阻尼器变形放大2倍以上，提高耗能效果	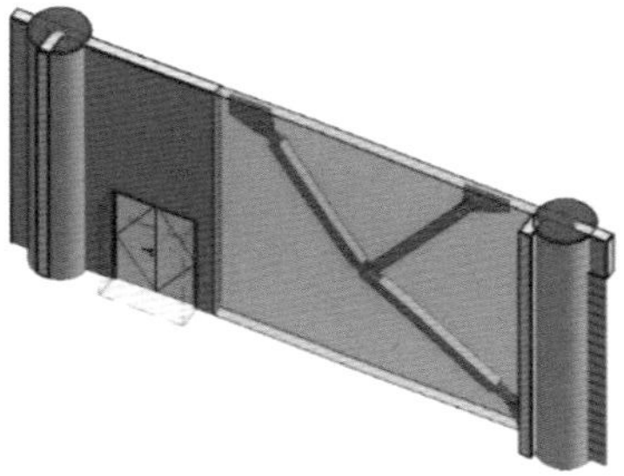	（1）主楼设缝分为3个单体。 （2）减震支撑尺寸基本控制在300mm以内，对空间占用较小。 （3）与支撑相连框柱尺寸较小，对使用空间占用小。 （★★★）	（1）黏弹性阻尼器和黏滞阻尼器在中、大震下均能耗能，效果较优。 （2）时节放大式装置耗能效率较高，震下地震作用降低15% （★★★）	（1）通过放大装置提高耗能效率，减小阻尼器吨位，阻尼器造价较低，总体阻尼器造价可控制在1200万元以内（折合约25元/m²）。 （2）施工简单，基本不影响工期。 （★★★）

		黏滞阻尼器参数表			表 11.3-3
单体	阻尼系数/〔kN/(m·s)^0.3〕	阻尼指数	数量	设计阻尼力/kN	最大冲程/mm
E1	300	0.30	74	300	90
E2	300	0.30	140	300	90
E3	300	0.30	72	300	90

		黏弹性阻尼器参数表				表 11.3-4
单体	阻尼系数/〔kN/(m·s)〕	阻尼指数	轴向刚度/（kN/mm）	数量	设计阻尼力/kN	最大变形/mm
E1	800	1.00	5	26	800	50
E2	1000	1.00	5	58	900	50
E3	800	1.00	5	28	800	50

11.3.3 主楼屋盖钢结构选型与布置

1. 体系选型

本工程屋盖钢结构进行了全网架方案、全桁架方案及桁架与网架结合共三个方案的体系选型。结构体系选型主要关注建筑适配性、结构合理性及用钢经济性三个指标，本工程屋盖的选型方案及对比结果见表 11.3-5。方案三相对于方案一，对建筑观感的改变有质的飞跃；方案三相对于方案二在用钢经济性上有较大优势；综合考虑，方案三为最佳方案。

	航站楼主楼屋盖体系选型		表 11.3-5
方案	方案一（网架）	方案二（桁架）	方案三（网架＋桁架）
单元模型			
建筑适配性	★	★★★	★★★
结构合理性	★★★	★★★	★★★
用钢经济性	★★★	★	★★

2. 屋盖钢结构布置

根据建筑屋面形态，结合下部结构可以提供的支承条件并综合考虑各结构体系的适用性，中川机场航站楼屋盖钢结构采用空间三管桁架结构＋网架＋平面桁架的组合结构体系，如图 11.3-3 所示。

1）柱网布置

室内中央区域均匀布置树状造型钢立柱，立柱间距为 54m×63m，采用圆钢管混凝土柱，立柱直径 1.8m，立柱上端分叉以增加支承面积减小屋盖桁架的跨度；屋盖四周结合立面幕墙布置间距约为 18m 的矩形钢管混凝土立柱支承屋盖边界位置，同时作为幕墙结构的主要受力构件，立柱边长为 1.2m。柱网布置如图 11.3-2 所示。

2）承重桁架布置

支承柱柱顶设置正交连通的空间三管柱顶桁架，形成大尺度的矩形网格（54m×63m），柱顶桁架横三纵六相互交汇；四周立面柱柱顶设置空间三管封边桁架，围合整体屋盖结构且下挂高大幕墙。空间桁架高度 4m，宽度 4.5m。桁架与支承柱柱顶采用刚接的连接方式。在中部叶片形采光天窗区域布置双向平面桁架以支托叶片形的造型桁架；在东西两侧条形采光天窗的矩形网格内沿着采光天窗方向布置双向平面桁架。

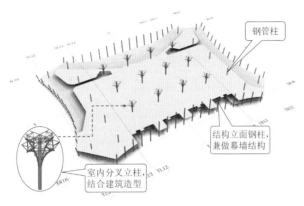

图 11.3-2 航站楼屋盖柱网布置图

3）造型桁架布置

造型桁架结合建筑外观布置，呈有纹理的叶片形，桁架高度为 1m，宽度为 300mm。

4）网架布置

在无天窗区域的柱顶桁架所围合的区格内部布置正交正方倒四角锥网架，网架高度为 4m，上下弦网格尺寸为 4.5m，网架采用焊接球节点连接。图 11.3-4 为网架建造过程实景图。

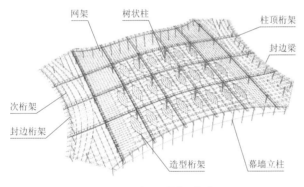

图 11.3-3 航站楼屋盖体系构成图

图 11.3-4 航站楼屋盖建造过程实景图

11.4 结构分析与设计

11.4.1 超限情况

主楼结构超限情况 表 11.4-1

序号	不规则类型	超限情况
1	扭转不规则	考虑偶然偏心的最大扭转位移比为 1.38，大于 1.2 但小于 1.4
2	楼板不连续	2 层楼板大开洞，楼板有效宽度小于总宽的 50%
3	局部不规则	存在穿层柱、单边梁、斜柱、夹层、个别构件转换等局部不规则
4	屋盖大跨度	主楼屋盖结构单元长 416m，宽 310m，两个方向的长度均大于 300m

如表 11.4-1 所示，航站楼主体钢屋盖属于单元长度大于 300m 的大型公共建筑，且下部混凝土结构

存在多项一般规则性超限，属于超限高层建筑。

11.4.2 性能目标

1. 抗震性能水准

根据《高层建筑混凝土结构技术规程》JGJ 3-2010 结构抗震性能目标分为 A、B、C、D 四个等级，结构抗震性能分为 1、2、3、4、5 五个水准。结构抗震性能目标取为 C 级，相应的性能水准如表 11.4-2 所示。

结构抗震性能水准 表 11.4-2

地震水准	多遇地震	设防烈度地震	预估的罕遇地震
C 级对应性能水准	1	3	4
宏观损坏程度	完好、无损坏	轻度损坏	中度损坏

2. 构件抗震设计指标

主楼构件抗震设计指标见表 11.4-3，主楼屋盖构件抗震设计指标见表 11.4-4。

主楼构件抗震设计指标 表 11.4-3

构件类型		多遇地震	设防地震	罕遇地震	构件重要性
框架柱	支撑钢屋盖柱	弹性	受弯不屈服 受剪弹性	受弯不屈服 受剪不屈服	关键构件
	转换柱	弹性	受弯不屈服 受剪弹性	受弯不屈服 受剪不屈服	关键构件
	其余框架柱	弹性	受弯允许屈服 受剪符合截面条件	受弯允许屈服 受剪符合截面条件	普通构件
框架梁	转换梁	弹性	受弯不屈服 受剪弹性	受弯不屈服 受剪不屈服	关键构件
	其余框架梁	弹性	受弯允许屈服	受弯允许屈服	普通构件
黏滞阻尼器		正常工作	正常工作	正常工作	关键构件
黏弹性阻尼器		正常工作	正常工作	正常工作	关键构件
消能子结构		弹性	受弯不屈服 受剪弹性	受弯不屈服 受剪弹性	关键构件

主楼屋盖构件抗震设计指标 表 11.4-4

构件类型	多遇地震	设防地震	罕遇地震	构件重要性
关键构件： 支承屋盖的钢柱、与钢柱顶部连接的两个区格内的弦杆与腹杆	弹性	弹性	不屈服	关键构件
关键节点： 支承屋盖的钢柱与桁架的连接节点，室内分叉柱的分叉节点等	弹性	弹性	不屈服	关键构件
一般构件： 除关键构件外的其他构件	弹性	不屈服	允许屈服（塑性应变小于 0.01）	普通构件

3. 性能指标

整体侧移控制指标见表 11.4-5。

整体侧移控制指标 表 11.4-5

荷载工况	位移角限值
重现期为 100 年的风荷载作用下层间位移角限值	1/550
多遇地震作用下层间位移角限值	1/550
罕遇地震作用下层间弹塑性位移角限值	1/120

11.4.3 主体结构分析结果

1. 主楼整体振型

采用盈建科（YJK）软件对本工程进行整体计算分析，主楼整体模型及振型如图 11.4-1 和图 11.4-2 所示。

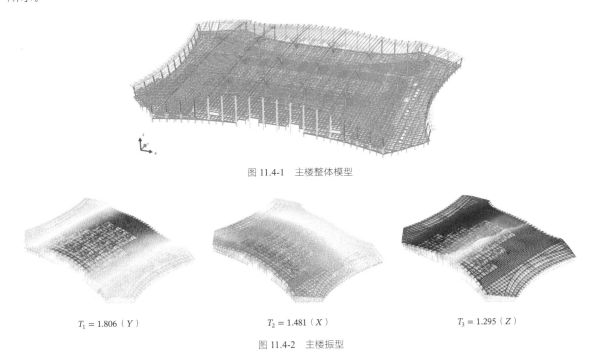

图 11.4-1　主楼整体模型

$T_1 = 1.806（Y）$　　　　$T_2 = 1.481（X）$　　　　$T_3 = 1.295（Z）$

图 11.4-2　主楼振型

2. 主楼整体计算指标（表 11.4-6）

地震层间位移角和位移比　　　　　　　　　表 11.4-6

	项目	YJK		Midas Gen	
		X层间位移角	Y层间位移角	X层间位移角	Y层间位移角
地震层间位移角	E1	1/697（2层）	1/928（2层）	1/758（2层）	1/989（2层）
	E2	1/552（2层）	1/577（2层）	1/608（2层）	1/609（2层）
	E3	1/697（2层）	1/928（2层）	1/762（2层）	1/992（2层）
	项目	YJK		Midas Gen	
		X扭转位移比	Y扭转位移比	X扭转位移比	Y扭转位移比
地震扭转位移比	E1	1.33（2层）	1.15（2层）	1.28（2层）	1.23（2层）
	E2	1.38（1层）	1.34（2层）	1.34（1层）	1.36（2层）
	E3	1.33（1层）	1.15（2层）	1.29（2层）	1.22（2层）

3. 动力弹塑性时程分析

采用 Perform-3D 对本工程进行动力弹塑性时程分析并根据分析结果，针对结构薄弱部位和薄弱构件提出相应的加强措施，以指导结构设计。

1）层间位移角

由表 11.4-7 可见，结构在 X、Y 两个方向的最大层间位移角包络值分别为 1/148、1/199，所有楼层均满足 1/120 限值要求。

各组地震波下结构最大层间位移角   表 11.4-7

序号	地震波组	主方向	E1 单体	E2 单体	E3 单体
1	R-RGB1	X	1/239	1/253	1/170
		Y	1/241	1/218	1/295
2	R-TRB1	X	1/237	1/233	1/171
		Y	1/217	1/203	1/302
3	R-TRB2	X	1/207	1/394	1/148
		Y	1/239	1/226	1/199
4	包络值	X	1/207	1/233	1/148
		Y	1/217	1/203	1/199

2）地震耗能分布

由图 11.4-3 可见，地震作用下结构塑性耗能约占 23%，黏滞阻尼器和黏弹性阻尼器总耗能约占 20%，阻尼器的滞回耗能有利于减小主体结构的非线性损伤。

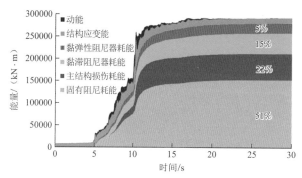

图 11.4-3　地震耗能分布图

3）构件抗震性能评价

构件抗震性能评价见表 11.4-8。

构件抗震性能评价   表 11.4-8

内容	抗震性能评价
框架梁	（1）部分框架梁进入塑性状态，符合框架梁屈服耗能的抗震工程学概念； （2）部分框架梁最大转角达到 IO 状态，少部分框架梁最大转角达到 LS 状态，主要出现于结构角部区域，所有框架梁均未超过 CP 性能状态（图 11.4-4）
框架柱	（1）大部分框架柱保持不屈服状态，部分框架柱进入屈服状态； （2）部分框架柱最大转角达到 IO 状态，少部分框架柱最大转角达到 LS 状态，主要出现于结构周边区域和 E1、E3 单体二层局部楼板缺失部位，所有框架柱均未超过 CP 性能状态，（图 11.4-5）； （3）支撑钢屋盖柱基本处于不屈服状态
黏弹性阻尼器	黏弹性阻尼器最大阻尼力 878kN，未超过阻尼器最大承载力；最大变形约 42mm，未超过阻尼器极限变形，阻尼器滞回曲线见图 11.4-6
黏滞阻尼器	黏滞阻尼器最大阻尼力 288kN，未超过阻尼器最大承载力；最大变形约 76mm，未超过阻尼器极限变形，阻尼器滞回曲线见图 11.4-7

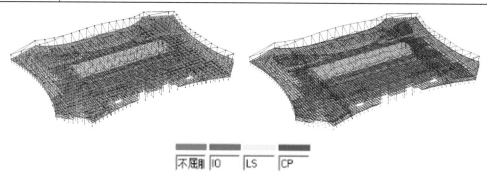

图 11.4-4　框架梁塑性转角分布情况　　　　　图 11.4-5　整体框架柱塑性转角分布情况

经典回眸　同济大学建筑设计研究院（集团）有限公司篇

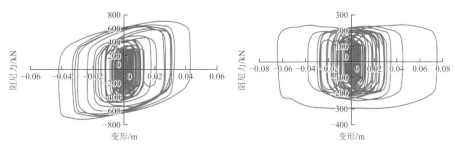

| 图 11.4-6　黏弹性阻尼器滞回曲线 | 图 11.4-7　黏滞阻尼器滞回曲线 |

11.4.4　主楼屋盖钢结构分析结果

1. 变形分析

在荷载标准组合工况（1.0 恒荷载 + 1.0 活荷载）作用下的竖向变形云图见图 11.4-8，柱顶桁架最大竖向变形为 −155mm，挠跨比为 1/406，满足限值 1/300 的要求。造型次桁架跨中相对竖向变形为 −134mm，挠跨比为 1/402，满足限值 1/300 的要求。

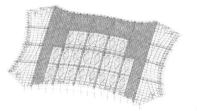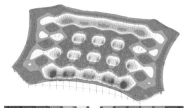

图 11.4-8　主楼钢屋盖竖向变形云图（1.0 恒荷载 + 1.0 活荷载）

2. 弹塑性极限承载力分析

采用 ANSYS 软件对完善模型施加 1/300 跨度的第一模态初始缺陷，对钢屋盖进行弹塑性极限承载力计算分析。分析模型采用钢结构屋盖单独模型。分析模型中所有杆件均采用 beam188 单元进行模拟。室内分叉柱、直柱与四周立面钢柱柱底根据实际情况设置固定支座。对钢屋盖施加点荷载，荷载因子定义为施加荷载与结构荷载（S）+ 恒荷载（D）+ 活荷载（L）标准组合的倍数。

屋盖结构的塑性发展机制如表 11.4-9 所示。当荷载因子为 2.77 时结构较多构件进入塑性，结构无法继续承载而发生破坏，塑性发展分布见图 11.4-9。此时，屋盖跨中挠度最大值达到 892mm，挠跨比达到 1/70，远远超过结构变形限值，能产生明显的警示作用。

钢屋盖塑性发展机制　　　　　　　　　　　　　　　　表 11.4-9

次序	荷载因子	进入塑性的杆件
1	2.178	柱顶桁架支座处下弦以及部分腹杆进入塑性
2	2.770	桁架支座处大部分杆件进入塑性，网架也有较多构件进入塑性，结构刚度急剧下降，结构不适于继续承载

图 11.4-9　屋盖钢结构塑性发展分布（荷载因子 2.770）

3．多点输入地震作用分析

本工程航站楼主体钢屋盖横纵两个方向长度均超过 300m，属于超长的空间结构，根据《建筑抗震设计规范》GB 50011-2010 要求，应采用多点输入的时程分析方法进行抗震验算。分析计算上部屋盖钢结构与下部混凝土结构的总装模型，采取地震波剪切速度为 250m/s（参考《兰州中川机场三期扩建安全评价报告》），采用直接积分法进行时程曲线的多点输入，根据地震剪切波速和结构长度进行开始时间的滞后输入。

提取多点输入地震分析时所有屋盖钢结构与混凝土连接位置的反力，并与单点一致输入时的反力进行对比，将每个钢柱与混凝土连接位置的反力放大系数（多点输入/单点输入）进行统计，根据统计结果，约 30% 位置在多点输入地震作用下的钢柱剪力比单点一致输入时大，而大于单点一致输入的剪力中大部分位置的剪力放大系数为 1.0～1.25。根据分析结果可进行地震作用放大区域的划分见图 11.4-10 及图 11.4-11，实线框内对应位置放大 1.15～1.25 倍，虚线框内对应位置放大 1.05～1.15 倍，其他位置地震作用可不考虑放大。

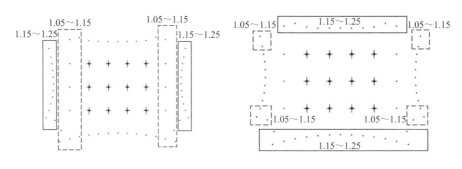

图 11.4-10　X向多点输入地震作用放大分布图　　　　图 11.4-11　Y向多点输入地震作用放大分布图

11.5　专项设计

11.5.1　超大尺度平面分缝设计

本工程结合建筑功能布局并考虑到主楼与指廊的柱网斜交，柱网较不规则，通过设置 4 道结构缝将指廊与主楼完全断开。

1．主体结构分缝

航站楼 E 主楼主体结构最宽处 405m、最长处 296m，设置 2 道结构缝将主体结构分为 3 个结构单元 E1～E3；每个指廊内部设置两道结构缝使各温度区块长宽比趋于合理的同时减小结构单元长度；结构缝宽度取 200mm。通过设置 14 道结构缝，将整个航站楼屋盖下部主体结构分为 15 个相互独立的结构单元，尽量减小施工和使用阶段温度变化的不利影响，分缝情况见图 11.5-1。

航站楼主楼设缝后结构单元的最大长度为 296m、最大宽度为 216m，两个方向均远远超过国家规范混凝土结构温度区段要求。指廊设缝后，最大结构单元的长度为 163m。设计中计算温度作用对结构的影响，并设置施工后浇带，在后浇带两侧混凝土施工完至少 2 个月后，采用高一强度等级的无收缩（或微膨胀）混凝土进行封闭，减小混凝土的收缩变形；大跨框架梁均采用预应力梁，并结合后浇带的位置作为张拉端，在楼板内双向（指廊沿长向）布置连续的无粘结预应力钢绞线，提高梁及楼板的抗拉承载力，提高构件的抗裂性能。

2.屋盖分缝

航站楼屋盖 4 个指廊的分缝与下部土建结构分缝完全一致，指廊单片温度区段长度小于 170m；航站楼主楼 E 区屋盖结构与指廊划缝分开后，内部不设缝，即屋盖跨越下部混凝土结构的 E1、E2 及 E3 共计 3 个结构单元，E 区屋盖平面投影尺寸 416m×310m，为超长结构。分缝情况见图 11.5-2。设计过程中进行温度作用专项分析，充分考虑施工过程中及正常使用情况下温度作用对结构的影响。

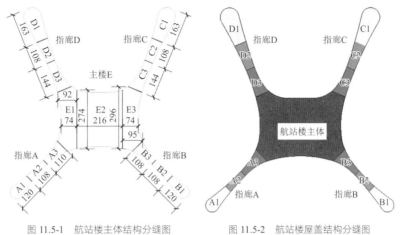

图 11.5-1　航站楼主体结构分缝图　　　　图 11.5-2　航站楼屋盖结构分缝图

11.5.2　减震设计

1.减震效果分析

为论证减震方案的减震效果，以 E2、E3 单体为例，采用以下两种方案进行对比：

（1）框架的抗震方案；

（2）加减震装置的减震方案。

1）层剪力

由表 11.5-1 可见，多遇地震工况下，减震方案基底剪力可减小约 15%，采用消能减震方案可有效减小结构地震作用。

E2、E3 单体基底剪力对比　　　　　　　表 11.5-1

对比项		抗震方案	减震方案	减震/抗震
基底剪力平均值/kN	E2 单体	205230（X向）	169673（X向）	83%
		200927（Y向）	171444（Y向）	85%
	E3 单体	79641（X向）	67405（X向）	85%
		81555（Y向）	68174（Y向）	84%

2）层间位移角

由表 11.5-2 可见，多遇地震工况下，减震方案最大层间位移角可减少约 20%。

E2.E3 单体层间位移角对比　　　　　　　表 11.5-2

对比项		抗震方案	减震方案	减震/抗震
层间位移角平均值	E2 单体	1/844（X向）	1/1055（X向）	80%
		1/921（Y向）	1/1189（Y向）	77%
	E3 单体	1/989（X向）	1/1220（X向）	81%
		1/1084（Y向）	1/1381（Y向）	78%

2．小、中震下附加阻尼比计算

由表 11.5-3 可知，通过黏滞阻尼支撑和黏弹性阻尼支撑的滞回耗能，减震方案在多遇地震下可提供 2.5%以上的附加阻尼比，在设防地震下可提供 2%以上附加阻尼比。

E1、E2、E3 单体附加阻尼比（7 组时程波平均值）　　　表 11.5-3

对比项	方向	多遇地震	设防地震
E1 单体	X向	2.66%	2.01%
	Y向	2.88%	2.21%
E2 单体	X向	2.75%	2.22%
	Y向	2.96%	2.25%
E3 单体	X向	2.86%	2.23%
	Y向	2.94%	2.33%

3．减震子结构设计

1）黏滞/黏弹性阻尼器连接梁设计

大震下连接梁的受力采用大震弹塑性时程分析，得到大震不屈服组合下连接梁出铰情况见图 11.5-3。可以看到，连接梁满足大震抗弯不屈服性能目标要求。

E1 单体　　　　　　　E2 单体　　　　　　　E3 单体

不屈服　IO　LS　CP

图 11.5-3　阻尼器连接梁大震下出铰情况

2）黏滞/黏弹性阻尼器连接柱设计

大震下连接柱的受力采用大震弹塑性时程分析，得到大震不屈服组合下连接柱出铰情况见图 11.5-4。可以看到，连接柱满足大震抗弯不屈服性能目标要求。

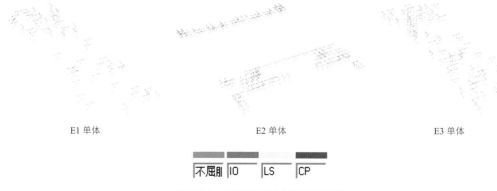

E1 单体　　　　　　　E2 单体　　　　　　　E3 单体

不屈服　IO　LS　CP

图 11.5-4　阻尼器连接柱大震下出铰情况

11.5.3　航站楼钢屋盖整体提升

鉴于对现场施工条件的分析，从桁架及网架结构拼装的安全性、拼装效率以及拼装临时措施的用量

经典回眸　同济大学建筑设计研究院（集团）有限公司篇

等多方面考虑，本工程钢屋盖安装利用"超大型液压同步提升技术"，采取"累积提升"和"整体提升"的施工工艺。航站楼屋盖共分为 21 个区，见图 11.5-5。根据楼板结构特点，屋盖提升区在 6.5m、13.8m 楼层进行拼装，组拼完成后利用预装钢柱进行空中转角及提升。

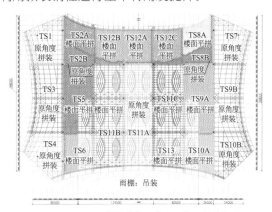

图 11.5-5　E 区屋盖提升施工单元及施工方式分区

本工程提升工艺复杂，施工难度大，需重点注意由于提升边界条件改变带来的差异与原有一次成型结构设计带来的差异，需进行精细的提升施工模拟分析计算。通过模拟计算结果，合理布置提升吊点、合理设置提升胎架、合理设置桁架起拱数值、合理安排提升顺序及优化控制卸载顺序，确保结构在提升过程中、提升卸载后及屋面系统安装完成后结构的强度和刚度满足设计要求。

屋盖钢结构对称布置，提升由两边向中间靠拢，西侧提升顺序为 TS1→TS2（A＋B）→TS3→TS4→TS5→TS6→TS11B→TS12B，东侧提升顺序为 TS7→TS8（A＋B）→TS9（A＋B）→TS10（A＋B）→TS13→TS12C→TS11A→TS12A；其中东西侧 TS11A 及 TS11B 在高空合拢，最后 TS12A 及 TS12B 在高空的合拢表示整个屋盖结构提升安装完成。提升完成后，屋盖桁架的最大竖向变形出现在 TS6 区的造型天窗处，为 126mm，减去桁架预拼装时按 1/800 跨度的预起拱变形，桁架绝对变形值为 46mm。提升完成卸载后，施工模拟接力分析在施加了附加恒荷载及活荷载的极限承载能力工况组合（1.3 恒荷载＋1.5 活荷载）下，所有构件应力比不超过 0.9。天窗桁架提升建造过程实景见图 11.5-6。

图 11.5-6　天窗桁架提升建造过程实景图

11.6　减震子结构足尺试验

为论证阻尼器在结构中的耗能减震效果，对黏滞阻尼器和黏弹性阻尼器进行足尺结构动力性能试验。试验模型采用一榀单层单跨平面铰接钢框架-阻尼器减震子结构。子结构框架跨度为 7.85m，层高 6.7m，框架梁、柱、支撑均采用 Q355B 钢材。试验现场照片见图 11.6-1。

图 11.6-1 试验现场

试验结果表明，阻尼器变形与框架水平加载位移比值均值约为 2，与理论分析结果基本一致。由此可见，在框架中设置肘节支撑与阻尼器连接，比传统的阻尼器连接更加有效地利用了阻尼器的变形能力，充分利用阻尼器的耗能潜力。试验中测试得到平面外最大位移 8.21mm，未发现减震子结构失稳现象，阻尼器试验滞回曲线见图 11.6-2 和图 11.6-3。

1）黏滞阻尼器子结构

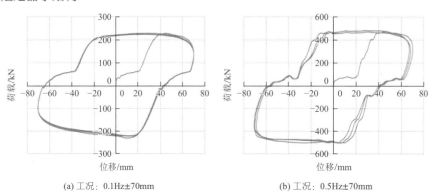

(a) 工况：0.1Hz±70mm

(b) 工况：0.5Hz±70mm

图 11.6-2 黏滞阻尼器滞回曲线

2）黏弹性阻尼器子结构

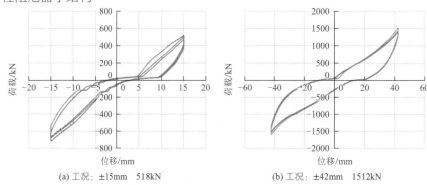

(a) 工况：±15mm 518kN

(b) 工况：±42mm 1512kN

图 11.6-3 黏弹性阻尼器滞回曲线

11.7 结语

（1）中川机场 T3 航站楼平面尺度大，总长约 860m、总宽约 900m。主体结构采用混凝土框架结构，上部屋盖采用钢结构。其中，主体结构通过设置 14 道结构缝划分为 15 个结构单元（包括航站楼主楼区 3 个单体和指廊区 12 个单体；上部屋盖通过 12 道结构缝划分为 13 个结构单元（包括航站楼主楼区 1 个单体和指廊区 12 个单体）。通过结构缝的划分，尽量减小施工和使用阶段温度变化的不利影响，同时各个结构单体相对规则。

（2）航站楼主楼区为超限大跨高层建筑，在主楼区创新性地采用了肘节式"黏滞阻尼支撑＋黏弹性阻尼支撑"的组合减震系统，以减小地震作用，提高整体结构抗震性能。同时对黏滞阻尼器和黏弹性阻尼器进行足尺子结构动力性能试验，试验结果与理论分析基本一致，验证了阻尼器在结构中的耗能减震效果。

（3）航站楼屋盖钢结构采用钢桁架＋钢网架的组合结构体系，结构设计充分结合建筑效果和屋面流线形曲线，同时也兼顾了经济指标和施工便利性。除常规分析外，对超长屋盖还进行了多点输入地震分析及弹塑性极限承载力分析，并针对钢屋盖的安装提升施工进行了详细的分析论证，确保从设计到施工全过程中结构的安全性。

参考资料

[1] 甘肃省地震工程研究院. 兰州中川国际机场三期扩建工程场地地震安全性评价[R]. 2018.

[2] 甘肃中建市政工程勘察设计研究院有限公司. 兰州中川国际机场三期扩建工程 T3 航站楼工程勘察报告(详细勘察阶段)[R]. 2020.

[3] 同济大学土木工程防灾国家重点实验室. 兰州中川机场 T3 航站楼风洞试验及风振响应分析报告[R].

[4] 江苏东大工程检测技术有限公司. 黏滞阻尼器减震子结构试验报告[R].

[5] 江苏东大工程检测技术有限公司. 黏弹性阻尼器减震子结构试验报告[R].

设计团队

结构设计单位：同济大学建筑设计研究院（集团）有限公司

结构设计团队：贾　坚，丁洁民，刘传平，张　峥，许笑冰，吴宏磊，刘　恺，张汇丰，吴邑涛，蒋　玲，陈长嘉，周　旋，王松林，刘天鸾，张志彬，毛洪伟，章　斌，蔡　雄，陈寿长，吴雅琴，徐　震

民航机场规划设计研究总院有限公司（联合设计单位）：冯香玲，郭长发，陈　俊

执　笔　人：刘　恺，蒋　玲，张汇丰，陈长嘉

第12章

兰州中川国际机场三期扩建工程之二——综合交通中心（GTC）

12.1 工程概况

12.1.1 建筑概况

综合交通中心（GTC）位于航站楼的南侧，二者通过地下二层的换乘通廊以及二层的换乘连廊相连，GTC 总建筑面积为 27 万 m²，主要功能包含换乘大厅、商业、停车库及辅助设备用房等，建筑效果图如图 12.1-1 所示。

GTC 由中部的换乘中心及两侧的停车楼组成，停车楼部分地上共 2 层，每层层高 6m；地下共 3 层，每层层高 4.2m。中部换乘中心地上共 2 层，每层层高 6m；地下共 3 层，地下一层层高 6m，地下二层层高 5m，地下三层为城际铁路兰张三四线、地铁 5 号线的站台层，均与上部 GTC 结构整体共建。国铁、地铁平行设置于综合交通枢纽下方，其中约 60m 位于航站楼下方。地铁站台靠近航站楼，旅客先通过三组楼扶梯从站台层到达站厅层，然后通过站厅层与航站楼及铁路换乘，典型平面及剖面如图 12.1-2～图 12.1-5 所示。

GTC 结构通过纵向变形缝将换乘中心与两侧车库结构分开，再通过横向变形缝将车库分为 6 个结构单元，详见图 12.1-6。

图 12.1-1　GTC 鸟瞰图

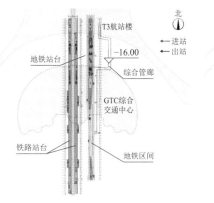

图 12.1-2　地下三层建筑平面图

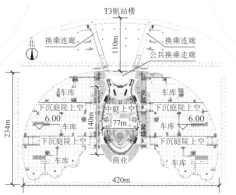

图 12.1-3　二层建筑平面图

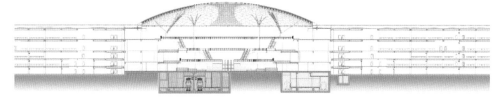

图 12.1-4　东西向建筑剖面图

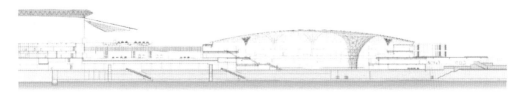

图 12.1-5 南北向建筑剖面图

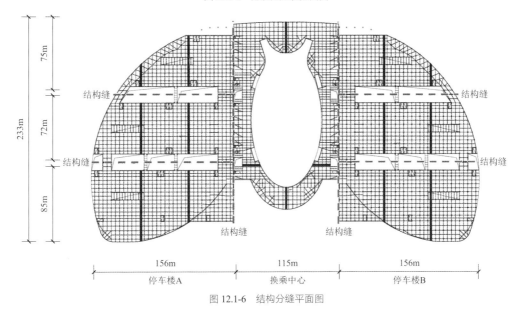

图 12.1-6 结构分缝平面图

12.1.2 设计条件

本工程抗震设防标准详见表 12.1-1。

抗震设防标准   表 12.1-1

建筑抗震设防类别	抗震设防烈度	设计基本地震加速度	设计地震分组	场地特征周期T_g	抗震措施烈度	抗震构造措施烈度
重点设防类	7	0.18g	第三组	0.45s	8	8

注：根据《建筑抗震设计规范》GB 50011-2010，基本地震加速度为 0.15g；根据安评报告，50 年超越概率 10%工程场地地表峰值加速度为 0.18g；因此本工程结构抗震计算时基本地震加速度按 0.18g 取值。

12.2 项目特点

12.2.1 GTC 与下压国铁、地铁一体化设计

中川国际机场三期扩建工程综合交通中心与已有的铁路中川机场站、公路客运站、公交枢纽站，一起组成中川国际机场综合交通枢纽陆侧枢纽，并与中川机场联合规划、统一建设，形成兰州地区唯一的公铁航三种对外交通方式衔接一起的综合交通枢纽。

GTC 与其下压的国铁、地铁进行一体化设计，地下二层为 GTC 底板，地下三层为城际铁路兰张三四线、地铁 5 号线的站台层。GTC 的底板局部作为国铁、地铁站台层的顶板。因 GTC 底板结构和国铁、地铁的站台层顶板共建，结构为一个不可分割的整体，因此主体结构分析以及基础设计均按照整体分析进行。整体计算模型详见图 12.2-1。

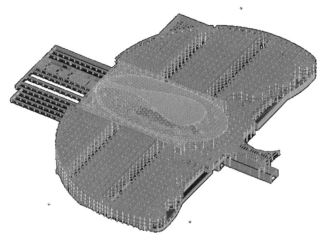

图 12.2-1　GTC 换乘中心结构整体计算模型

12.2.2　退台式通高中庭

GTC 中部的景观式换乘大厅共 4 层，为通高设计，商业围绕换乘大厅周边设置。中庭采用退台式布置（图 12.2-2），为屋盖下部主体结构设计带来如下难点：

（1）中庭洞口面积占比较大，楼板大开洞引起结构平面不规则。

（2）中庭洞口南北侧的结构布置差异较大，导致结构存在较明显的扭转效应，对结构抗震不利。

（3）由于 GTC 换乘大厅下压的国铁及地铁工程均采用正交柱网，而中庭洞口各层楼板轮廓及人流通道均为曲线布置，使得部分结构柱需进行梁上托柱转换（部分为二次托换）。

图 12.2-2　退台式通高中庭效果

12.2.3　超大尺度钢铝组合穹顶

中央穹顶的跨度 100m，中间有大范围的采光天窗，对建筑效果要求高；由于建筑限高，穹顶中央的矢高最大为 12.5m（矢跨比 1/8），但沿长轴两端矢高快速减小，穹顶的形态作用下降，对周边支承结构的要求较高；然而周边的支承结构仅为单跨框架，框架刚度较弱。为解决以上问题，设计采用钢框架 + BRB 支撑 + 钢铝组合网壳 + 树状柱的组合结构体系，优势如下：

（1）采用钢铝组合网壳，减小结构重量，减小地震作用及框架承担的竖向力；

（2）通过树状柱减小网壳跨度，减少框架承担的水平推力；

（3）BRB 支撑增大单跨框架的侧向刚度，为网壳提供一个良好的边界条件；

（4）BRB 支撑大震下进入屈服耗能，减小地震效应；

（5）铝合金结构保证天窗的效果，非天窗区采用钢结构提高网壳刚度，受力合理，经济高效。

12.3 结构体系与结构布置

12.3.1 基础布置

由于 GTC 底板结构和国铁、地铁的站台层顶板共建，结构为一个不可分割的整体，因此主体结构分析以及基础设计均按照整体分析进行。

结构柱网尺寸较大且不规则，上部结构荷载差异较大，导致柱底荷载大且不均匀；地下三层为国铁、地铁站台层，对基础沉降敏感，为控制不均匀沉降，GTC 及国铁、地铁均采用桩基 + 筏板基础。钻孔灌注桩桩径采用 ϕ800mm，持力层为⑨泥岩层。

12.3.2 下部混凝土结构布置

GTC 两侧车库结构与中部换乘中心设缝脱开，两侧车库采用混凝土框架结构；中部换乘中心采用单层网壳 + 周边带支撑钢框架的组合钢结构体系，屋盖以下主体结构采用钢筋混凝土框架结构体系（局部柱间布置防屈曲约束支撑）。大部分换乘中心结构柱均与底部国铁及地铁结构柱网对齐，按共柱进行设计，通高中庭处少量结构柱在地铁/国铁顶板上设转换梁托换。换乘中心计算模型详见图 12.3-1。

换乘中心下部主体结构典型柱网尺寸为（9～14.4）m × 9m，主要构件尺寸如下：

框架柱：主要采用直径 0.9～1.2m 的钢筋混凝土圆柱。对上承屋盖中部树状柱的位置，采用 ϕ1.6m 钢骨混凝土圆柱。

框架梁：主要采用 0.5m × 0.9m 普通钢筋混凝土梁。对部分中庭处的悬挑梁（悬挑长度 5.5～7.0m），采用有粘结预应力混凝土梁。

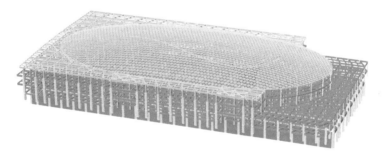

图 12.3-1 GTC 换乘中心结构整体计算模型

12.3.3 屋盖结构布置

GTC 中庭屋盖造型为微拱的扁壳形，平面投影为椭球形，长轴 190m、短轴 100m，屋面最高点为 26m。屋面整体采用金属屋面系统，中央的中庭区采用玻璃屋面。室内设置树状柱，落在不同标高的平台；GTC 中庭与周边裙房相连通，两侧各外退一跨（9m）分缝，与外围裙房结构断开。与中庭相连的一跨裙房屋面层采用钢结构，落到标高 6m 楼面。中庭与周边裙房的总长度约为 200m，总宽度约为 118m。

1. 支撑结构选型

中庭两侧采用钢框架结构，部分区域仅单跨，框架承担中庭网壳传递过来的竖向和水平荷载，抗侧刚度不足，需要通过设置支撑来提高框架的抗侧刚度。相比钢支撑形式，屈曲约束支撑截面更小，对于避让建筑楼梯及设备井具有更大的优势，同时在地震作用下具有更好的耗能特性，提高框架结构的抗震性能。

2. 网壳结构选型

屋盖穹顶考虑建筑造型的要求，采用单层网壳结构，网壳形式可采用钢结构或铝合金。结构比选考虑因素如表 12.3-1 所示。

网壳结构形式比选 表 12.3-1

网壳形式	钢网壳	铝合金网壳	钢-铝组合网壳
网格尺寸	4.5m × 4.5m	2.25m × 2.25m	4.5m × 4.5m/ 2.25m × 2.25m
结构刚度	高	低	较高
建筑效果	较好	好	好
经济性	好	较好	较好

铝合金网壳因为整体刚度较弱，在扁壳的造型上实现有一定难度，而且造价较高；钢结构网壳整体效果上有所欠缺。最后综合考虑，在中央采光区采用铝合金网壳，充分发挥铝合金结构防腐性能、外观性能的优势，在周边实体吊顶区采用钢网壳，满足结构刚度的需求，提高结构经济性。

3. 结构布置

GTC 中庭屋盖采用三角形铝合金 + 钢组合单层网壳结构，网格尺度分别为 2.25m、4.5m。在采光顶两侧范围设置 8 根树形柱，树状柱为网壳局部提供竖向支承；南侧结合室内光电屏设置落地的 C 形网壳，为南侧屋面网壳提供弹性支承；网壳周边落在屋面上，屋面采用钢框架结构，在有条件的位置局部设置 BRB 支撑，提高单跨框架的侧向刚度。屋盖结构体系构成如图 12.3-2 所示，施工过程中屋盖结构实景见图 12.3-3。

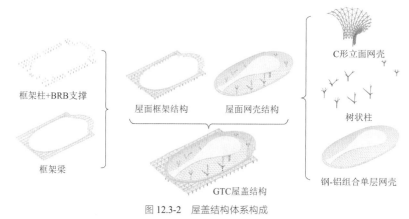

图 12.3-2 屋盖结构体系构成

图 12.3-3 屋盖结构实景照片

经典回眸 同济大学建筑设计研究院（集团）有限公司篇

12.4 结构分析与设计

12.4.1 超限情况

换乘中心结构不规则情况如下:

扭转不规则: 据结构整体计算结果,最大扭转位移比为1.36,大于1.2,属于扭转不规则。

楼板不连续: 换乘中心标高-6.2m、-0.2m、6.0m楼板大开洞,存在楼板有效宽度小于总宽的50%或楼板开洞面积大于同层楼板面积30%的不规则情况,-6.2m结构楼面存在局部错层。

局部不规则: 中庭伞状造型支撑底部由楼面梁(-11.2m标高层,国铁站台层顶板)托换;南侧立面柱由楼面梁(-0.2m标高层)托换;退台式通高中庭部分框架柱由下层框架梁托换。

12.4.2 性能目标

对于换乘中心结构,结构抗震性能目标取为C级,主要结构构件抗震性能指标如表12.4-1所示。

构件抗震设计性能指标   表12.4-1

构件类型	多遇地震	设防地震	罕遇地震
支撑钢屋盖柱、转换柱	弹性	受弯不屈服 受剪弹性	不屈服
与支撑相连柱	弹性	受弯不屈服 受剪弹性	不屈服
普通框架柱	弹性	受弯不屈服 受剪弹性	部分构件受弯屈服, 受剪符合截面条件
与支撑相连框架梁、托柱转换梁	弹性	受弯不屈服 受剪弹性	不屈服
普通框架梁	弹性	部分构件受弯屈服 受剪不屈服	普遍受弯屈服 梁端允许出现塑性铰

注: 对于屋盖钢结构,主要受力构件均按中震弹性。

12.4.3 屋盖钢结构分析结果

1. 结构变形控制

屋面结构的变形一方面要满足建筑功能及外观要求,不能影响屋面构造系统;另一方面要满足结构受力的需求,不影响结构的整体稳定。网壳结构设计最不利荷载组合下变形云图如图12.4-1所示,结构最大变形出现在中央铝合金区域,最大竖向相对变形为-126mm,相对挠跨比为1/475,满足《空间网格结构技术规程》JGJ 7-2010限值1/400的要求,同时满足采光顶玻璃屋面的变形要求。

由于周边框架对网壳具有较强的环箍约束,在温度作用下,网壳和周边框架都会出现较大的温度内力。但由于跨中铝合金网壳刚度较弱,温度作用下会出现较大的竖向变形,通过结构变形对温度效应进行有效释放,减小构件的温度内力,有效优化了网壳构件的截面。

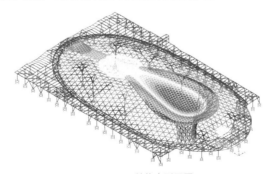

图12.4-1 结构变形云图

2. 结构稳定分析

网壳的稳定性始终是结构设计最关注的问题之一，尤其对于本项目中的组合网壳形式，由于钢、铝两种材料的重量和刚度均有较大差异，结构整体刚度和荷载分布不均匀，因此重点研究网壳结构的稳定问题。采用 NIDA 软件对结构进行弹性特征值屈曲分析，分析的前三阶模态结果如表 12.4-2 所示。根据结果可以看出，前两阶结构屈曲主要出现在中央的铝合金网壳上，第一阶屈曲因子为 6.99，满足《空间网格结构技术规程》JGJ 7-2010 对单层网壳弹性屈曲因子 $K \geqslant 4.2$ 的要求；第三阶为树状柱的屈曲，屈曲因子为 7.68，树状柱的稳定性较好。

屋盖结构屈曲模态 表 12.4-2

第一阶屈曲因子 6.99	第二阶屈曲因子 7.05	第三阶屈曲因子 7.68

进一步的，用 NIDA 进行结构极限稳定承载力分析，采用牛顿-拉普森法，同时考虑结构整体初始缺陷和构件初始缺陷，结构初始缺陷按一致模态法施加，采用第一阶屈曲模态，按结构跨度的 1/300 施加；构件初始缺陷按构件长度 1/350 考虑，同时考虑几何非线性和材料非线性。计算所得结构临界荷载因子为 2.60，满足《空间网格结构技术规程》JGJ 7-2010 的要求。如图 12.4-2 所示，此时结构由于铝合金网壳在跨中以及边界位置进入塑性丧失承载力，钢网壳的塑性表现并不明显，说明钢网壳还具有更大的承载潜力。

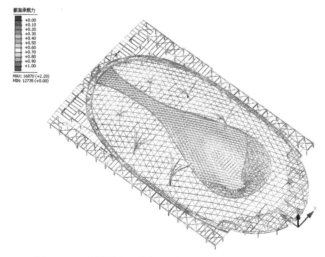

图 12.4-2 屋盖结构极限状态下塑性发展情况（荷载因子 2.60）

根据结构第一阶屈曲模态可以看出，结构更容易出现反对称屈曲，因此半跨活荷载可能对结构的稳定性产生不利影响。经过分析，相同的加载模式下，半跨活荷载作用下的结构极限承载因子为 3.0，超过全跨活荷载作用下的结果，说明在本项目的活荷载条件下，荷载不均匀分布对结构极限稳定性影响不大。

3. 结构抗震分析

本项目由于边界条件复杂、竖向和水平传力途径较多，因此为准确考虑各个传力体系在竖向和水平荷载作用下的传力机制，对重力及小震作用下的内力分配进行研究，结果汇总见表 12.4-3。

结构水平传力分配　　　　　　　　　　　　　　　　表 12.4-3

工况	框架柱	BRB 支撑	树状柱	立面网壳	合计
重力	148901	8239	10858	12001	173505
	86%	5%	6%	7%	—
E_X	11743	18838	589	1476	31127
	38%	61%	2%	5%	—
E_Y	18762	13762	334	691	32051
	59%	43%	1%	2%	—

分析显示，竖向荷载主要由框架柱承担，其中树状柱和立面网壳会传递网壳部分的竖向荷载；水平荷载主要由框架支撑传递，由于 BRB 支撑为了抵抗网壳的水平推力，主要布置在 X 方向，导致 X 方向支撑的抗侧力占比较大。框架的抗侧力占比超过 25%，框架设计时无需进行剪力调整。

框架柱设计时满足中震弹性、大震不屈服的要求，BRB 支撑满足中震不屈服、大震进入屈服耗能，满足设定的抗震性能目标。

12.5　专项设计

12.5.1　航站楼、GTC 与国铁、地铁共建的基础设计

GTC 下方的国铁、地铁结构沿纵向贯通航站楼、GTC，航站楼和 GTC 之间为纯地下室的国铁、地铁候车厅，如图 12.5-1 所示，形成两端荷载大，中部荷载小的"哑铃状"基础受力形式。

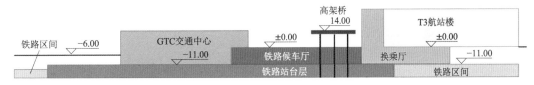

图 12.5-1　GTC 剖面分区示意

航站楼及 GTC 底板结构和国铁、地铁的站台层顶板共建，结构为一个不可分割的整体，因上部结构的荷载、刚度分布极不均匀，因此主体结构分析以及基础设计均按照整体分析进行，根据沉降分析结果布置下方桩基础。

国铁、地铁以及 GTC 筏板下方均采用 ϕ800mm 钻孔灌注桩，持力层为⑨泥岩层。因国铁、GTC 底板跨度较大，因此除了在柱下布置承台桩外，在筏板范围另布置沉降调节桩。对分析结果显示刚度差异较大处、变形较大处，采取桩基加密等措施，以减小整体差异沉降。

12.5.2　树状柱选型

由于穹顶的整体矢高较小，仅靠网壳自身成立比较困难，因此需要借助室内的可行位置适当设置支撑柱。树形柱的造型在设计上经历了多个阶段（图 12.5-2），早期的设计意向是需要结合穹顶的纯粹性要

求，树形柱要尽量用简洁的形式，避免对大空间的效果形成干扰，因此采用的是四叉的分叉柱；中期设计希望树状柱的造型有一定的建筑表达，并且可以与室内装饰相结合，于是修改成兰花造型的分叉柱；后期考虑到大空间的整体效果，更希望化繁为简，采用简洁的形式，满足受力及效果的要求，树状柱施工过程实景如图 12.5-3 所示。

经典回眸

同济大学建筑设计研究院（集团）有限公司篇

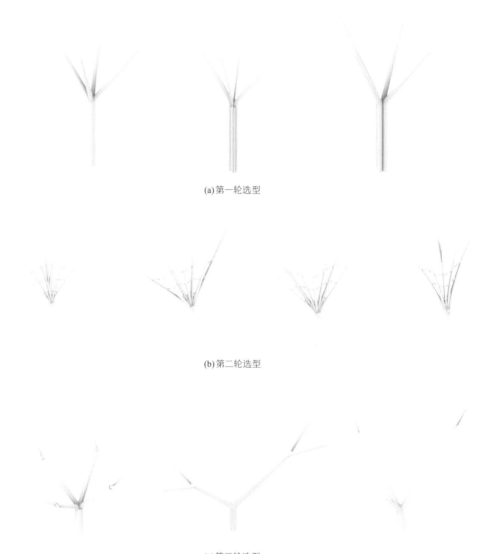

(a)第一轮选型

(b)第二轮选型

(c)第三轮选型

图 12.5-2　树状柱选型

图 12.5-3　树状柱实景效果

12.5.3 钢铝组合网壳结构的节点设计

1. 钢-铝交界节点

钢网壳屋面系统为金属屋面，构造厚度为 850mm，铝合金网壳屋面系统为玻璃，构造厚度约为 100mm，导致两部分结构在交界位置存在较大偏心。设计上通过设置一道高截面的箱形转接梁进行连接，用于节点抗扭；同时在高差范围设置三角形的加劲肋保证偏心力的传递。转接梁与铝合金杆件连接采用钢节点盘，节点盘与铝合金构件上下接触面之间设置 0.8mm 厚的不锈钢垫片，防止不同材料之间的电化学腐蚀，节点详图见图 12.5-4。

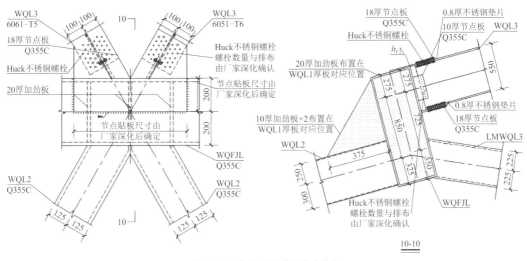

图 12.5-4　钢-铝交界位置节点做法

2. 树状柱顶与网壳连接节点

树状柱与网壳连接采用销轴节点，如图 12.5-5 所示，销轴耳板与网壳鼓式节点连接，为保证节点在耳板面外具有一定的转动能力，将销轴替换成关节轴承节点。对节点进行有限元分析，节点应力和变形云图如图 12.5-6 所示，轴承节点的受力及变形能力满足要求。

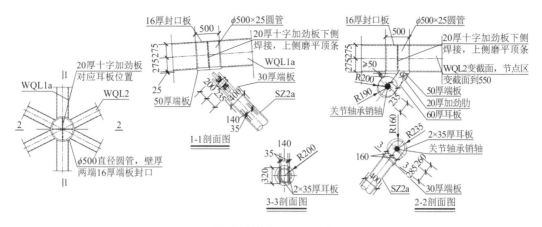

图 12.5-5　树状柱与网壳连接节点

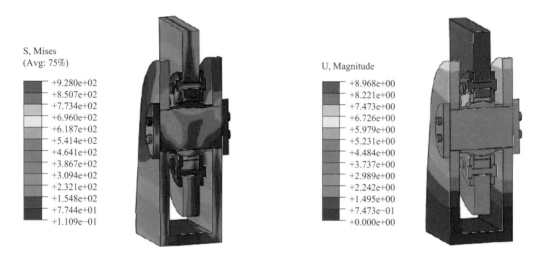

图 12.5-6　节点应力和变形云图

12.6　总结

综合交通中心（GTC）是兰州地区唯一公铁航三种对外交通方式衔接在一起的综合交通枢纽，是兰州地区重要旅游集散中心，是兰州新区对外交通与城市交通重要的转换平台。建成后，将全面提升兰州中川国际机场基础设施保障能力、运行效率和服务水平。本项目主体结构采用成熟的混凝土框架体系，屋盖采用支撑钢框架＋钢铝组合网壳结构体系，充分考虑了结构合理性以及建筑适配性，综合性能达到最优。

在结构设计过程中，主要进行了以下几点创新性思考：

（1）综合交通中心（GTC）平面尺寸长约 427m、宽约 233m，通过设置结构缝形成换乘中心 1 个结构单元、停车楼 6 个结构单元，使结构单元平面相对规则。

（2）航站楼及 GTC 底板结构和国铁、地铁的站台层顶板共建，结构为一个不可分割的整体，主体结构分析以及基础设计均按照整体分析进行，充分考虑"哑铃状"不利受力的影响。

（3）换乘中心退台式中庭建筑平面给结构带来大开洞及高位转换等难题，结构设计时通过加强楼板配筋、设置钢骨梁等加强措施使结构受力满足要求。

（4）屋盖根据不同的功能需求布置，不上人区域采用单层网壳结构，中央采光天窗区采用铝合金结构，周边吊顶区采用钢结构，充分发挥两种材料的性能优势；上人区域采用钢框架结构，为给单层网壳提供更好的支承边界，框架之间加设承载型 BRB 支撑，提高了框架结构的侧向刚度，同时也增加了大震下的结构耗能。

参考资料

[1] 甘肃省地震工程研究院. 兰州中川国际机场三期扩建工程场地地震安全性评价[R]. 2018.

[2] 甘肃中建市政工程勘察设计研究院有限公司. 兰州中川国际机场三期扩建工程综合交通中心(GTC)工程勘察报告(详细勘察阶段)[R]. 2020.

设计团队

结构设计单位：同济大学建筑设计研究院（集团）有限公司（方案 + 初步设计 + 施工图设计）

结构设计团队：贾　坚，丁洁民，刘传平，张　峥，许笑冰，吴邑涛，应亮亮，张志彬，郝志鹏，刘天鸢，翟杰群，裘子豪，陈子旸，杨善华，黄榜新，陈寿长，郭晓航，肖忠华

执　笔　人：吴邑涛，郝志鹏，应亮亮

第13章

崇明体育训练基地 4 号楼

13.1 工程概况

13.1.1 游泳馆

崇明体育训练中心（图 13.1-1）游泳馆位于上海市崇明区陈家镇，地处长江入海口。屋盖投影为矩形，轴网正交布置。根据建筑造型、建筑功能和受力性能采用钢木混合结构的筒壳结构，筒壳的矢高为6m、跨度 45m、矢跨比为 1/7.5。结构的中央 27m 采用胶合木结构，两边跨各 9m 范围采用钢结构。游泳馆纵向长 64m，屋盖筒壳两端处的标高为 7.5m，钢木转换节点的标高为 11.5m，屋盖最高处的标高为13.5m。游泳馆采用钢-胶合木-索混合单层筒壳结构（图 13.1-2）。

图 13.1-1　建筑实景图

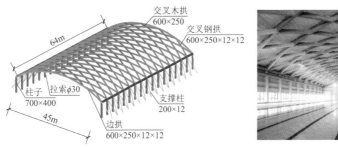

图 13.1-2　游泳馆钢木结构体系与室内效果

13.1.2 综合训练馆

综合训练馆（图 13.1-3）屋盖投影为矩形，轴网正交布置，屋面造型为扁平壳，球壳的矢高为 5m，平面尺寸为 45m×48m（图 13.1-4）。屋面檐口标高 15.000m，最高处标高为 21.000m（图 13.1-5）。

(a) 综合训练馆建成照片 1　　　　　　　　　　　　(b) 综合训练馆建成照片 2

图 13.1-3　建筑实景图

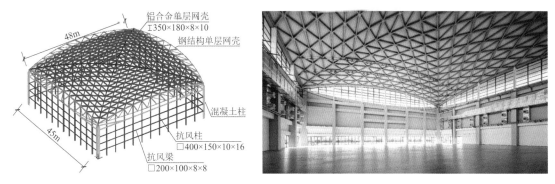

图 13.1-4 综合训练馆结构体系与室内效果

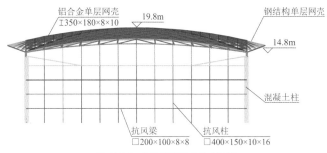

图 13.1-5 综合训练馆结构立面图

13.1.3 设计条件

1. 主体控制参数（表 13.1-1）

控制参数表   表 13.1-1

项目		标准
结构设计基准期		50 年
建筑结构安全等级		二级
结构重要性系数		1.0
建筑抗震设防分类		标准设防类（丙类）
地基基础设计等级		乙级
设计地震动参数	抗震设防烈度	7 度
	设计地震分组	第一组
	场地类别	IV 类
	小震特征周期	0.90s
	大震特征周期	1.1s
	基本地震加速度	0.10g

2. 风荷载

结构变形验算时，按 50 年一遇取基本风压为 $0.50kN/m^2$；承载力验算时，按 100 年一遇取基本风压为 $0.55kN/m^2$，场地粗糙度类别为 A 类。

13.2 项目特点

13.2.1 游泳馆项目特点

游泳馆项目特点见表 13.2-1。

建筑特点	结构挑战	应对策略
建筑功能：游泳馆	游泳馆防结露问题	采用钢-胶合木混合结构，木结构可以防止结露
筒壳建筑造型	筒壳结构产生较大的水平推力	钢木混合网壳结构下部布置张弦拉索，筒壳两侧布置V形支撑柱，抵消筒壳的水平推力
建筑、室内和结构一体化设计要求	建筑屋面表皮、内部空间和结构要求一体化设计，要求结构布置与建筑表皮划分相一致，同时室内无吊顶，要求结构布置美观	对屋盖网壳形式和拉索布置进行选型，满足建筑屋面和室内的效果；同时对木结构细部构件和节点进行精细化设计，满足建筑美观的要求
特殊环境与荷载	潮湿腐蚀环境：建筑位于崇明岛靠海位置，空气潮湿，腐蚀性强	对木构件表皮进行涂油和打蜡处理，提高钢构件的防腐处理等级
	风荷载：项目位于长江入海口，为台风登陆区，风荷载较大	采用钢-胶合木-索混合结构，提高结构抗风能力和抵抗偶然荷载的冗余度

13.2.2 综合训练馆项目特点

综合训练馆项目特点见表13.2-2。

综合训练馆项目特点 表13.2-2

建筑特点	结构挑战	应对策略
小矢跨比球壳造型	建筑造型为小矢跨比球形造型，屋盖局部悬挑	采用单层网壳结构，降低结构重量，使结构体系和构件受轴力，充分利用建筑形态，提高结构的受力效率
建筑、室内和结构一体化设计要求	建筑屋面表皮、内部空间和结构要求一体化设计，要求结构布置与建筑表皮划分相一致，同时室内无吊顶，要求结构布置美观	对屋盖网壳结构进行方案比选，最终选用回字形网格布置，和屋面表皮网格划分一致，同时室内效果美观，满足无吊顶的室内空间和装饰效果
特殊环境与荷载	潮湿腐蚀环境：建筑位于崇明岛靠海位置，空气潮湿，腐蚀性强	屋盖网壳采用铝合金结构，充分利用铝合金材性的防腐性能
	风荷载：项目位于长江入海口，为台风登陆区，风荷载较大	设计时考虑100年一遇的风荷载和台风极端环境的影响，结构采用钢-铝合金混合单层网壳结构，外部悬挑部位采用钢结构单层网壳，形成一个平躺桁架，对内部铝合金网壳形成套箍作用，抵抗极端风荷载对屋面产生的风吸力作用

13.3 结构体系与结构布置

13.3.1 游泳馆

1. 屋盖结构选型与设计

胶合木的顺纹抗压、抗拉强度均较大，为工程中主要使用材料；顺纹抗拉强度略小于顺纹抗压强度，而抗剪强度最小。通过对比分析可知胶合木顺纹抗压强度为钢材的1/20，顺纹抗拉强度为钢材的1/28，抗弯强度为钢材的1/18，而顺纹抗剪强度为钢材的1/85（表13.3-1）。因此胶合木结构应尽量利用其抗压强度，避免在木构件中承受剪力。

钢与胶合木的强度对比 表13.3-1

材料	抗压f_c/（N/mm²）	抗拉f_t/（N/mm²）	抗弯f_m/（N/mm²）	抗剪f_v/（N/mm²）
钢材 Q355	295	295	295	170
胶合木 TC$_T$24	14.8	10.5	16.7	2.0
胶合木/钢材	1/20	1/28	1/18	1/85

胶合木的弹性模量为钢材的1/19（表13.3-2）。同时，胶合木的弹性模量因环境或荷载条件不同而变

化。胶合木的强度弹性模量与钢材基本相当，因此在工程中可以采用钢-胶合木组合结构。

钢与胶合木的弹性模量对比   表 13.3-2

材料	弹性模量E/（N/mm²）	强度/模量/（N/mm²）
钢材 Q355	2.06×10^5	14.3×10^{-4}
胶合木 TC_T24	0.65×10^4	22.8×10^{-4}
胶合木/钢材	1/30	8/5

通过胶合木与钢的力学性能对比可知，胶合木与钢有共同作用的力学基础和物理基础，同时在使用时应扬长避短，尽量利用胶合木的抗压强度；在剪力和弯矩较大时，可采用钢-胶合木组合构件或者钢夹板连接节点。

木结构体型选型主要研究在屋面网格布置确定的情况下，如何选择木结构的应用范围，以及在节点无法实现刚接的情况下如何通过结构体系布置来保证单层网壳结构的稳定性。结构分析采用 SAP2000 软件。梁柱构件采用梁单元，拉索采用两端弯矩释放的单拉单元。钢材采用 Q355B 钢材，拉索采用高钒索，木材采用强度等级为 TC_T24 胶合木。钢材采用理想的弹塑性模型，拉索与木材采用线弹性模型。筒壳结构下部为混凝土框架柱，柱底端采用固定支座模拟；外部支撑柱与下部基础采用销轴连接，采用固定铰支座模拟。屋面采用金属屋面系统，附件恒荷载取 0.8kN/m²，不上人屋面活荷载取 0.5kN/m²，结构构件重量按照材料重度由软件自行计算。由于金属屋面通过连接件安装在钢木网壳结构的上方，实际设计中不考虑金属屋面对主体结构的蒙皮效应，只作为安全储备。

1）屋面网格形式

通过平行网格和菱形网格对比分析（图 13.3-1）：菱形网格与建筑表皮纹理的吻合性更好，室内空间更丰富，结构刚度更好（图 13.3-2）。大跨胶合木单层网壳通过引入拉索提高结构稳定性和冗余度，避免木构节点的刚性削弱影响结构稳定性。

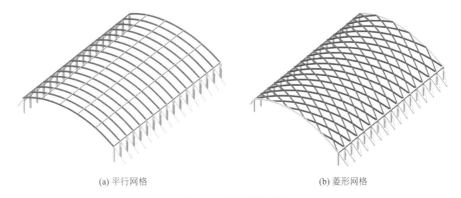

(a) 平行网格   (b) 菱形网格

图 13.3-1 屋面网格形式

(a) 室内效果   (b) 建筑屋盖效果

图 13.3-2 建筑室内外效果

2）网格形式与胶合木结构应用范围

分析结果表明，结构的中央三跨以受压为主，弯矩较小，端部两跨的弯矩较大（图 13.3-3）。中央三跨最大的弯矩为 27kN·m，端部两跨的弯矩分别为 97kN·m 和 174kN·m（图 13.3-3）。由表 13.3-1 可知胶合木适合应用于顺纹轴心受压结构，对于弯矩较大的位置木构件材料利用不充分，同时在节点处存在较大的剪力，因此为充分利用钢材和胶合木的各自优势，结构的中央三跨采用木结构，两端采用钢结构（图 13.3-4）

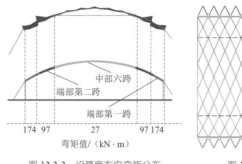
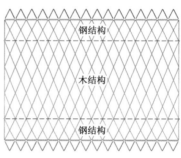

图 13.3-3　沿跨度方向弯矩分布　　　　　　图 13.3-4　钢木结构的分布

3）拉索的布置比选

由于木网壳结构连接节点无法完全实现刚接，为保证木网壳结构的稳定性，在中央木结构下部布置拉索。下部拉索施加预应力后，一方面可以提高结构的竖向刚度，减小结构的竖向变形，同时提高结构的极限承载力；另一方面拉索作为上部结构的第二道防线，防止由于局部木结构节点破坏造成结构的连续性倒塌提高了整个结构的安全度。进一步优化拉索形式，形成 3 种方案，综合考虑结构性能、室内效果，选择大角度交叉布索方案（图 13.3-5）。

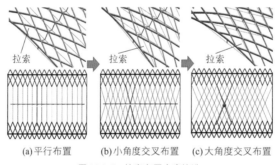

(a)平行布置　　　(b)小角度交叉布置　　　(c)大角度交叉布置

图 13.3-5　拉索布置方案比选

拉索采用直径 30mm 抗拉强度为 1570MPa 的高钒索，拉索通过撑杆与上部木构件连接，撑杆上部采用铰接，下端采用梭子端头，减小构件截面，同时伸出 4 个耳板与索头节点相连（图 13.3-6）。撑杆的上端节点板与木结构节点做成一体化，既保证传力的直接性，又使节点板隐藏在木构件中。整个节点不但受力合理，而且轻巧美观。

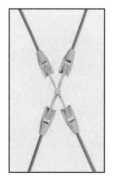
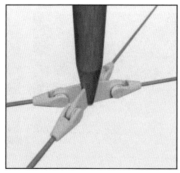

图 13.3-6　拉索与撑杆节点

经典回眸　同济大学建筑设计研究院（集团）有限公司篇

通过分析可知，拉索能够提高木结构区域的竖向静力刚度，中央区域的边线从 25mm 减小到 16mm，变形减小 36%。同时拉索布置后，屋面变形趋于均匀，屋盖竖向静力刚度增加 30%（图 13.3-7）。

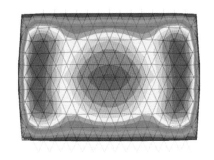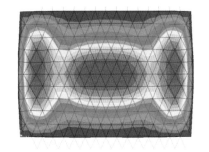

-15.6 -14.4 -13.2 -12.0 -10.8 -9.6 -8.4 -7.2 -6.0 -4.8 -3.6　　　-24.7 -22.8 -20.9 -19.0 -17.1 -15.2 -13.3 -11.4 -9.5 -7.6 -5.7

(a) 带拉索模型（最大挠度：16mm）　　　(b) 无拉索模型（最大挠度：25mm）

图 13.3-7　有无拉索结构变形对比（单位：mm）

2. 细部节点设计与分析

筒壳结构具有较大的推力，为了抵抗结构产生的推力，在结构外部设置一排 V 形柱。V 形柱的设计既满足结构的受力要求，同时又结合了建筑造型和建筑立面，将 V 形柱设计成艺术化的构件。木结构节点优化设计，既满足受力要求，又通过结构细部表现建筑之美（图 13.3-8）。

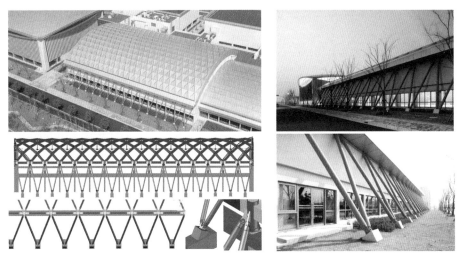

图 13.3-8　V 形支撑柱形式

通过对木结构节点的优化，既保证了节点的安全性和施工的便捷性，同时节点样式又保证室内空间的整体性（图 13.3-9 和图 13.3-10）。

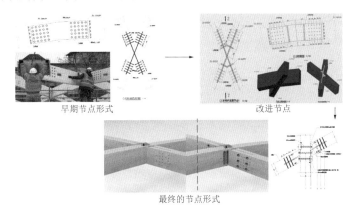

早期节点形式　　　改进节点

最终的节点形式

图 13.3-9　木结构节点优化

木节点构造　　　木盖板装饰

图 13.3-10　节点最终效果

为了避免屋面檩条布置对建筑室内视觉效果的影响，采用与主构件方向一致的单向檩条屋面系统，这样使室内空间干净（图13.3-11和图13.3-12）。

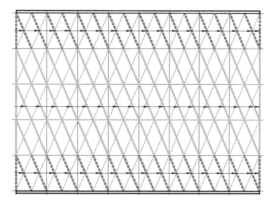

图13.3-11 屋面檩条布置

图13.3-12 屋面系统的室内效果

13.3.2 综合训练馆

1. 屋盖结构选型与设计

根据屋面的建筑形态、建筑功能、下部结构可以提供的支承条件，并综合考虑各结构体系适用性，综合训练馆屋盖采用钢铝混合球壳结构，结构体系构成图见图13.3-13。

综合训练馆大空间中央铝合金屋盖采用葵花形网格，悬挑部分的钢屋盖采用平躺桁架形网格。悬挑的单层钢网壳与角部的矩形混凝土柱构成了巨型框架结构，承担铝合金单层网壳传递过来的竖向荷载和抗风柱传递的水平荷载。混凝土框架柱落在地面上，上部的钢立柱落在混凝土的顶端，上部均与悬挑的平躺桁架连接。

球壳分为有支撑的中央壳体和悬挑壳体两部分；单层网壳的角部和悬挑部位采用钢结构，角部"铝"换"钢"，原因是角部构件轴力和弯矩大；周边采用"钢"的原因是增强外环"箍"的作用，平衡网壳的推力。钢-铝合金混合单层网壳充分发挥材料特性，使结构最经济。

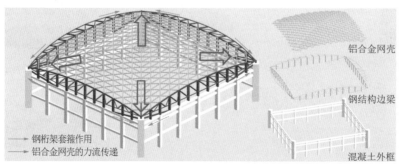

图13.3-13 综合训练馆钢铝结构体系构成图

1）建筑造型

屋面造型为扁平球壳，采用单层网壳结构，网壳结构荷载通过四个巨型角柱传递到下部结构；结构选择钢-铝合金组合材料，中央屋盖采用铝合金结构，四边采用钢结构转换桁架以增加转换桁架的刚度和强度，传递中央铝合金网壳竖向和水平荷载到四个巨型混凝土角柱上（图13.3-14和图13.3-15）。

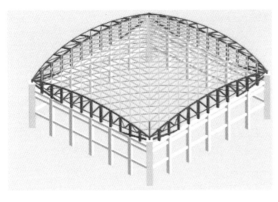

图 13.3-14　结构模型

图 13.3-15　角柱

转化桁架除了增强铝合金单层网壳的周边刚度和传递屋盖的竖向力外，还与建筑的采光天窗相结合，满足采光要求，并通过天窗细部作为建筑语言来展现内部空间效果（图13.3-16和图13.3-17）。

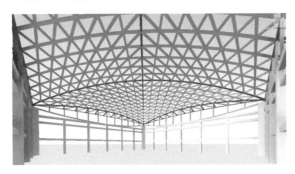

图 13.3-16　转化桁架

图 13.3-17　转化桁架与采光天窗结合

屋盖结构采用单层网壳结构，尽可能降低结构高度，在建筑高度一定情况下实现建筑的最大净空（图13.3-18和图13.3-19）。

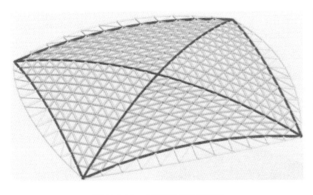

图 13.3-18　屋盖单层网壳结构

图 13.3-19　室内净空效果

2）网格选型与网格尺寸研究

与结构受力相比，单层网格布置首先要考虑建筑外观室内观感，其次由于室内不吊顶，网格布置要与室内装修风格一致。方案a与方案b相比，方案b更能满足建筑外观和室内空间效果（图13.3-20和图13.3-21）。

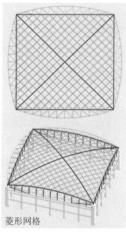
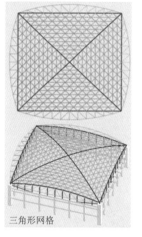

菱形网格　　　　　　　　三角形网格

(a) 斜向正交网格（方案 a）　　　　(b) 回字形三向网格（方案 b）

图 13.3-20　单层网格布置方案比选

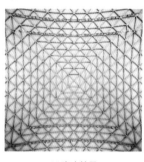

(a) 室内效果　　　　　　　　　　(b) 建筑外观

图 13.3-21　网格室内效果与建筑外观

13.4　结构分析与设计

13.4.1　游泳馆

1．计算分析模型（图 13.4-1）

分析模型：设计中建立了屋盖钢结构模型，下部结构建立部分结构模拟抗侧刚度。

导荷：在 SAP2000 程序中，通过建立虚面导荷至虚面四周的结构杆件上。

杆件类型：结构杆件均采用梁单元模拟，对于索撑杆及其他需要弯矩释放的构件采用释放杆端弯矩的梁单元。

边界条件：对于柱顶铰支座，支座立杆采用一端弯矩释放的梁单元，下部混凝土柱底为固定支座。

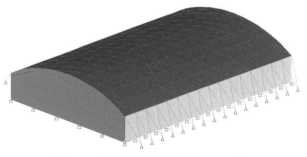

图 13.4-1　游泳馆屋盖结构模型（SAP2000）

2. 屋盖结构变形（图13.4-2）

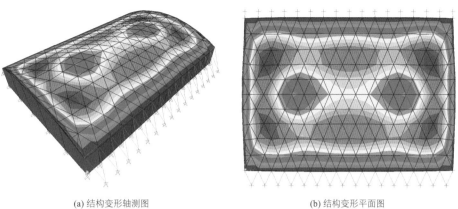

(a) 结构变形轴测图　　　　　　　　　　　　(b) 结构变形平面图

图13.4-2　游泳馆屋盖结构变形图（S+D+L）

游泳馆屋盖结构变形分析结果（单位：mm）　　　　　　　　　　　　表13.4-1

工况	屋盖跨中跨中最大挠度（跨度45m）	柱定侧向最大挠度（跨度7.5m）
S	−4	1
S + Pree	6	0.5
S + D + L	−16	3
S + D + L + 0.6T	−10	4
S + D + L − 0.6T	−23（1/1956）	3.7（1/2027）
1.0S + 0.7D + 1.0W	−20	2.3

注：负号表示位移向下，正号表示位移向上；S表示自重，Pree表示预应力，D表示恒荷载，L表示活荷载，T表示温度作用，W表示风荷载。

表13.4-1说明：结构跨中的最大挠跨比为1/1956，满足规范关于结构限值1/400的要求。

3. 结构自振特性

屋盖以竖向振动为主，结构具有良好的抗扭刚度（表13.4-2）。

综合训练馆A结构自振特性　　　　　　　　　　　　表13.4-2

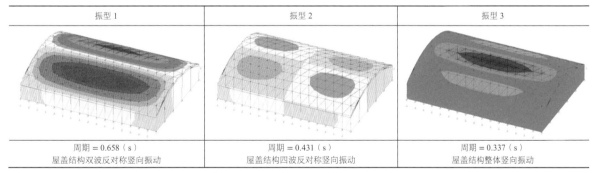

振型1	振型2	振型3
周期 = 0.658（s） 屋盖结构双波反对称竖向振动	周期 = 0.431（s） 屋盖结构四波反对称竖向振动	周期 = 0.337（s） 屋盖结构整体竖向振动

13.4.2　综合训练馆

1. 分析模型及荷载取值

分析模型：设计中建立了屋盖钢结构模型，下部结构建立部分结构模拟抗侧刚度。

导荷：在SAP2000程序中，通过建立虚面导荷至虚面四周的结构杆件上。3D3S通过杆件导荷将屋面和立面荷载导到结构构件上。

杆件类型：结构杆件均采用梁单元模拟，对于其他需要弯矩释放的构件采用释放杆端弯矩的梁单元。

边界条件：对于柱顶铰支座，支座立杆采用一端弯矩释放的梁单元，下部混凝土柱底为固定支座。

荷载取值

为施加荷载方便，在屋盖上建立虚面施加面荷载导荷至框架。屋面荷载具体如下：

（1）结构自重：由程序自动加载并计算，并考虑 1.1 的节点增大系数。

（2）恒荷载：综合训练馆铝合金屋面取为 $0.5kN/m^2$（包含马道、吊顶、灯具以及屋面天窗等荷载），其余屋面取为 $0.8kN/m^2$。

（3）活荷载：$0.5kN/m^2$。

（4）雪荷载：$0.20kN/m^2$，小于活荷载 $0.5kN/m^2$，故不与活荷载同时组合。

（5）风荷载：50 年一遇取 $0.55kN/m^2$。

（6）温度作用

月平均气温：最高气温 36℃，最低气温−4℃；

钢结构合拢温度暂为 10～25℃；

最终考虑升温 30℃，降温 30℃。

2. 屋盖钢结构分析结果

1）屋盖结构变形

综合训练馆屋盖结构变形分析结果（单位：mm）　　　　　　　　　　　表 13.4-3

工况	屋盖跨中最大挠度（跨度45m）	屋盖悬挑端最大挠度（跨度4m）
S	−18.1	−7.7
S + D + L	−97.6	−27.3
S + D + L + 0.6T	−72.8	−25.7
S + D + L − 0.6T	−122.4（1/367）	−29.6（1/135）
1.0S + 0.7D + 1.0W	31	14.8

注：负号表示位移向下，正号表示位移向上，S 表示自重，D 表示恒荷载，L 表示活荷载，T 表示温度作用，W 表示风荷载。

表 13.4-3 说明：结构跨中的最大挠跨比为 1/367，悬挑端最大挠跨比为 1/135，通过对壳体结构预先起拱，中央起拱 50mm，可满足规范关于单层网壳结构限值 1/400 的要求。

2）结构自振特性

由综合训练馆屋盖钢结构的自振特性可以看出（表 13.4-4），前三阶均为整体竖向振动，没有出现整体扭转振动，说明屋盖结构整体抗扭刚度较好；屋盖前 60 阶段质量参与系数在三个平动（U_X, U_Y, U_Z）与一个转动方向（R_Z）均达到 90% 以上。

综合训练馆 A 结构自振特性　　　　　　　　　　　表 13.4-4

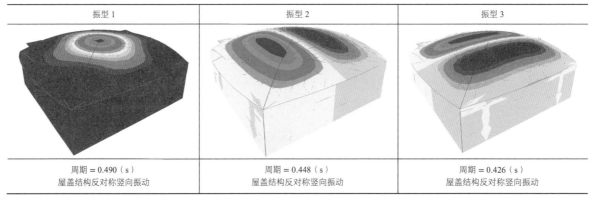

振型 1	振型 2	振型 3
周期 = 0.490（s） 屋盖结构反对称竖向振动	周期 = 0.448（s） 屋盖结构反对称竖向振动	周期 = 0.426（s） 屋盖结构反对称竖向振动

3）完全二次项组合（CQC）反应谱分析

多向地震输入时，地震动参数（反应谱最大值）比例取：水平主向：水平次向：竖向 = 1.00：1：0.65。由于综合训练馆钢结构屋盖较大，以下分析均基于综合训练馆的屋盖计算结果。

表 13.4-5 说明：小震作用下，水平剪重比为 0.015，竖向地震作用系数为 0.025。由于对大型屋盖结构采用 CQC 方法计算得到的竖向地震作用偏小，且本结构所在地区抗震设防烈度为 7 度（0.10g），考虑到结构重要性，竖向地震取 CQC 方法计算的结果和 10% 重力荷载代表值的较大值进行设计。

小震反应谱工况下屋盖支座处反力　　　　　　　　　　　　　　　　　　表 13.4-5

案例	重力荷载代表值/kN	X向地震剪力/kN	Y向地震剪力/kN	Z向地震剪力/kN	剪重比
EQ1D	4485	45	67		1.5%
EQ1v	4485			111	2.5%

注：EQ1D 表示双向水平地震作用，EQ1v 表示竖向地震作用；整体模型地震剪力取自屋盖支座位置。

4）变形结果

表 13.4-6 说明：重力和地震组合下的结构挠跨比为 1/528，满足《建筑抗震设计规范》GB 50011-2010 第 10.2.12 条关于大跨度屋盖结构限值的要求。

小震反应谱分析变形结果　　　　　　　　　　　　　　　　　　表 13.4-6

工况	综合训练馆跨中竖向挠度	屋盖悬挑端最大挠度（跨度 4m）
	U_3（Z向）	U_3（Z向）
1.0G + 1.0EQ1v	−85.3（1/528）	−0.5

注：EQ1v 表示竖向地震作用。

3．铝合金构件设计

铝合金构件验算采用 3D3S12.1 分别对非地震组合、小震弹性组合以及中震不屈服组合进行验算。铝合金构件的应力比验算采用《铝合金结构设计规范》GB 50429-2007，单层网壳的构件平面外计算长度取 1.6m，平面内取 0.9m。

从铝合金网壳的应力比分布云图可以看出，90% 以上的铝合金构件应力比在 0.4 以下，网壳四个角部的受力较大，因此角部构件的应力比较大，达到 0.78（图 13.4-3）。

本场馆位于抗震设防烈度 7 度区，按 7 度考虑抗震，根据《建筑抗震设计规范》GB 50011-2010 第 10.2.13 条，小震组合下地震组合内力设计值应乘以增大系数 1.1，经验算，应力比满足要求。所有杆件的长细比均小于 150，关键构件的长细比小于 120，满足《建筑抗震设计规范》GB 50011-2010 第 10.2.14 条的规定。

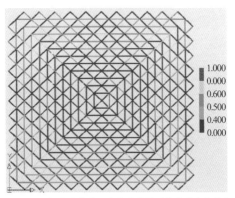

图 13.4-3　铝合金构件强度和稳定性验算的应力比分布

13.5 专项设计

13.5.1 游泳馆

1. 木结构节点刚度对木结构受力影响分析

钢-胶合木节点无法实现刚接，本节主要研究木结构的构造并通过试验验证节点的实际刚度及节点刚度对结构极限承载力的影响。

1）节点构造及抗弯刚度试验研究

木构件连接节点采用镀锌钢板＋螺栓＋销钉混合连接节点，其中镀锌钢板厚 30mm，螺栓和销轴直径均为 24mm。木构件截面尺寸为 600mm×250mm，主次梁连接处采用 24 根螺栓连接，竖向间距 80mm，水平间距 140mm。为提高节点的抗拉能力和抗弯能力，连接上下两排采用 8 根 8.8 级 M24 带套筒的高强度螺栓，钢套筒主要作用是防止由于高强度螺栓施加预紧力造成在木构件螺栓孔附近产生劈裂裂纹；其余采用 5.6 级 M24 的普通螺栓［图 13.5-1（a）和图 13.5-1（b）］。次梁与镀锌钢板连接采用 5 排 5 列 M24 的销钉连接［图 13.5-1（c）］。钢木构件连接节点采用铸钢件节点，与钢结构采用焊接，与木结构采用 5 排 5 列 M20 的销钉连接（图 13.5-2）。模型计算中假定木构件与铸钢件连接为铰接，钢构件与铸钢件连接为刚接。

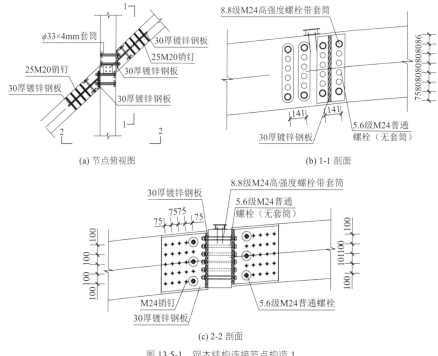

(a) 节点俯视图　　　　　　　　(b) 1-1 剖面

(c) 2-2 剖面

图 13.5-1　钢木结构连接节点构造 1

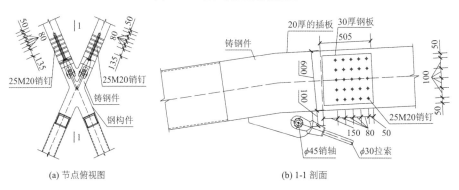

(a) 节点俯视图　　　　　　　　(b) 1-1 剖面

图 13.5-2　钢木结构连接节点构造 2

经典回眸 同济大学建筑设计研究院（集团）有限公司篇

为验证本节点的受力性能和抗弯刚度，专门做了节点试验。通过液压千斤顶对构件缓慢加载，并利用位移计测量出节点转角，节点试验简图和实际加载见图 13.5-3、图 13.5-4。

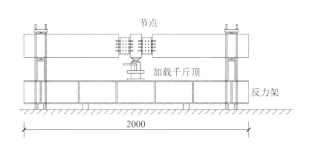

(a) 节点试验整试验模型

(b) 节点加载装置

图 13.5-3 节点试验简图

图 13.5-4 节点试验装置

由图 13.5-5 和图 13.5-6 可知，节点具有一定的转动能力，同时随着弯矩的增大，节点的抗弯刚度先增大后减小。弯矩达到 42kN·m，连接节点沿最外侧螺栓产生纵向劈裂裂纹（图 13.5-7）。节点的最大抗弯刚度为 2128kN·m，发生破坏时节点抗弯刚度为 1520kN·m。

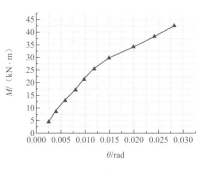

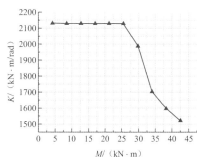

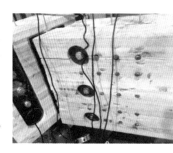

图 13.5-5 节点转角位移曲线

图 13.5-6 节点抗弯刚度与加载弯矩变化曲线

图 13.5-7 木节点破坏形态

2）节点对结构受力性能的影响

大跨度木结构连接节点通常采用钢夹板连接节点，节点一般为弹性节点，无法实现刚接。为了研究节点刚度对结构受力性能的影响，本工程提出了全节点结构体系和 Zolinger 结构体系。

全节点体系所有的构件在节点处断开 [图 13.5-8（a）]，而 Zolinger 体系在节点处一根木构件贯通，其余两个构件与其连接。蓝色部分为木结构，红色部分为一个 Zolinger 单元的木构件连接形式 [图 13.5-8（b）]。这种结构体系的节点构造优点是一个构件贯通，节点的刚度大，结构整体刚度较好。

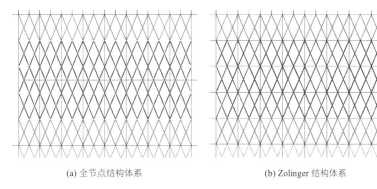

(a) 全节点结构体系

(b) Zolinger 结构体系

图 13.5-8 结构体系

全节点体系结构的整体刚度对节点刚度依赖性大，同时随着节点刚度的增加结构整体刚度增加，当节点的抗弯刚度小于 1750kN·m 时，结构整体刚度出现突变，屋盖变形剧增。Zolinger 体系结构整体刚度对节点刚度依赖性小，节点刚度的变化不会带来整体刚度的变化。当节点刚度达到 3500kN·m 时，两种结构体系的整体静力刚度相同（图 13.5-9）。本工程采用 Zolinger 结构体系。

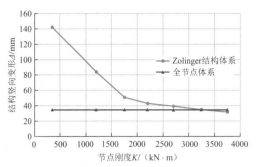

图 13.5-9　结构变形随节点刚度变化曲线（1.0D + 1.0L）

2．钢-木-索混合张弦筒壳极限承载力分析

木结构极限承载力分析考虑节点试验得到节点刚度的影响，节点刚度取节点试验中的最低刚度 1507kN·m。结构分析中，采用连接单元模拟节点刚度。由于木结构、壳结构的极限承载力分析没有规范可供参考，本项目参考《空间网格结构技术规程》JGJ 7-2010 关于空间结构屈曲和极限承载力的分析方法，同时考虑木材材质与钢材相比的天然缺陷。木材本身没有塑形，钢木网壳结构的双非线性极限承载力因子按照《空间网格结构技术规程》JGJ 7-2010 的弹性极限承载力取值，建议大于 4.2。

本项目筒壳结构在全跨荷载和半跨荷载作用下，结构的稳定性和极限承载力为结构设计控制的难点和重点。结构的极限承载力采用 ANSYS12.0 分析，梁和柱刚性构件采用 BEAM188 单元，拉索采用 LINK10 单元。支撑柱下部采用铰接，其余柱子下端采用刚接。结构极限承载力分析时采用 S + D + L 的荷载组合，其中 S 为结构自重，D 为附加恒荷载，L 为屋面活荷载。

1）弹性与弹塑性极限承载力分析

为了真实模拟结构的极限承载力，分别采用弹性全过程分析和弹塑性全过程分析模拟结构发生极限承载力破坏的过程。

弹性极限承载力分析时，只考虑几何非线性，同时按一致模态法给结构施加跨度 1/300 的初始缺陷。通过上述分析可知，结构达到极限承载力时荷载因子为 8.55，木构件发生破坏，钢木结构同时在极限承载力时发生破坏。在达到极限状态时，中央的木结构下挠，两边的钢结构上拱（图 13.5-10）。结构荷载-位移曲线如图 13.5-11 所示。

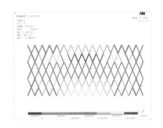
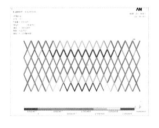
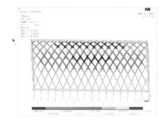

(a) 荷载因子达到 8.29 时，木构件开始出现　　(b) 荷载因子达到 8.55 时，木构件大范围破坏，　　(c) 结构屈曲时结构最大变形
　　　　达到极限拉应力　　　　　　　　　　　　　结构不能继续承载　　　　　　　　　　　　发生在跨中

图 13.5-10　弹性极限承载力分析结构塑性发展机制

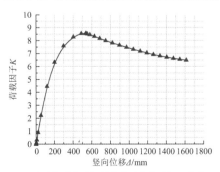

图 13.5-11　带缺陷结构弹性分析荷载位移曲线（极限荷载因子：8.56）

经典回眸　同济大学建筑设计研究院（集团）有限公司篇

弹塑性极限承载力分析时,考虑几何非线性和材料非线性,同时按一致模态法给结构施加跨度1/300的初始缺陷。通过上述分析可知,结构达到极限承载力时荷载因子为5.81,木网壳发生破坏,而达到极限状态时钢构件只有部分支撑柱发生屈曲。在达到极限状态时,中央的木结构下挠,两边的钢结构上拱(图13.5-12)。

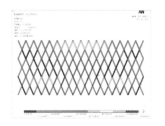
(a) 荷载因子达到 5.70 时,部分木构件开始达到极限拉应力

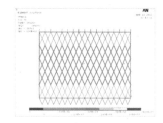
(b) 结构达到极限状态时,钢构件只有部分支撑柱发生屈曲

(c) 结构屈曲时壳体出现反对称变形

图 13.5-12　弹塑性极限承载力分析结构塑性发展机制

由弹性与弹塑性极限承载力的荷载-位移曲线比较可以看出,考虑材料非线性后,结构的弹塑性极限承载力(极限荷载因子:5.81)与弹性极限承载力(极限荷载因子:8.56)相比有所下降(图13.5-13),弹塑性极限承载力时的荷载因子大于结构设计设定的弹塑性全过程分析时的4.2限值,结构偏于安全。

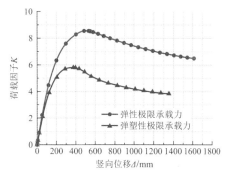

图 13.5-13　弹性与弹塑性极限承载力荷载-位移曲线比较

13.6　试验研究

13.6.1　综合训练馆铝合金节点抗剪试验

1. 试验方案

为避免节点因不平衡弯矩引起面外扭转,本试验采用中心对称的6杆加载模式,杆件端部采用铰接约束。为避免杆件的局部受压,千斤顶加载点与杆件下翼缘通过一块垫板相接触,如图13.6-1~图13.6-3所示,试件采用6杆反对称加载,使节点板中心处于纯受剪状态。

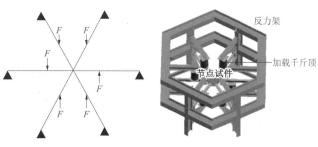

图 13.6-1　试验加载简图　　　　图 13.6-2　试验加载设计

图 13.6-4 为应变片的测点布置，在节点板中心布置各方向应变片，在周围布置应变花。同时在各杆件翼缘上方两端对称设置应变片，可用来监测加载是否同步及偏心。

图 13.6-3　千斤顶加载　　　　　　　　　图 13.6-4　应变片布置

2. 节点破坏模式

在试验加载过程中，试件先后经历了弹性变形与塑性变形两个阶段达到最终破坏（图 13.6-5）：

（1）弹性变形阶段：在加载初期铝合金杆件及节点板未发生整体挠曲变形，杆件截面无局部屈曲，不锈钢螺栓没有明显的滑移变形。

（2）弹塑性变形阶段：荷载加载到一定程度，铝合金杆件和节点板开始发生变形，试件部分截面进入塑性，实时监测到节点板的荷载-位移曲线不再呈线性增长，曲线斜率变小。继续增加荷载，节点板出现细微裂缝并发生显著的剪切变形，铝合金杆件产生明显的竖向位移。

（3）当荷载施加到约 250kN 之后，荷载只能缓慢增加，但此时节点板塑性变形快速发展，试件整体挠曲变形越加明显，最终加至极限荷载时节点板内部两侧螺孔附近各出现一道裂缝，节点板接近撕裂状态，铝合金杆件腹板发生屈曲破坏（图 13.6-6）。

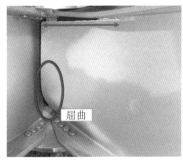

　　(a) 节点板出现剪切变形　　　　　　(b) 杆件腹板屈曲撕裂　　　　　　(c) 节点板发生层状撕裂

图 13.6-5　节点破坏过程

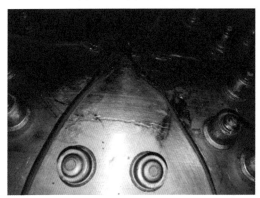

图 13.6-6　节点破坏模式

由于结构对称、加载反对称，因此对应测点的曲线呈反对称趋势。节点的刚度随着加载逐渐减小，曲线随着荷载的增加逐渐平缓（图 13.6-7）。

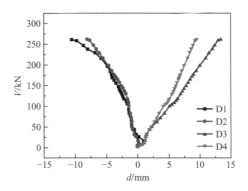

图 13.6-7　试件在剪力作用下的荷载-位移曲线

由试验结果可知，节点的极限抗剪承载力为 250kN，本项目的单层网壳结构节点处最大剪力为 60kN，节点抗剪承载力具有足够的安全度。

13.7　结论

崇明体育训练基地 4 号楼根据建筑功能和造型不同，分别采用了钢木混合结构和钢铝混合结构，通过不同材料的组合实现了良好的建筑效果和经济效果。

（1）游泳馆采用钢木索混合结构体系，通过拉索提高结构的竖向刚度和内力重分配能力；根据弯矩的不同分别采用钢结构和胶合木结构，实现了良好的经济效果。

（2）综合训练馆采用葵花形钢铝混合网壳结构，悬挑部分的钢屋盖采用平躺桁架形网格有效增强了对中央单层铝合金网壳环"箍"的作用。

（3）通过节点抗剪试验，证明了板式节点具有足够的抗剪强度。

参考资料

[1]　同济大学建筑设计研究院(集团)有限公司. 崇明体育训练基地 4 号楼不规则论证报告[R]. 2014.

[2]　张月强, 丁洁民, 张峥. 大跨度钢木组合结构的应用特点与实践[J]. 建筑技艺, 2018, 11: 14-20.

[3]　张月强. 小矢跨比单层铝合金结构稳定性与节点抗剪承载力研究[C]// 第 30 届全国结构工程学术会议论文集(第Ⅲ册), 2021.

[4]　张月强, 丁洁民, 张峥. 游泳馆钢-木混合结构的体系选型和关键设计问题[J]. 同济大学学报(自然科学版), 2021, 49 (7): 1004-1012.

[5]　ZHANG YQ, DING JM, ZHANG Z. Study on Stability of Single-layer Aluminum Alloy Structure and shear capacity of joints [J]. IABSE, 2022.

设计团队

结 构 设 计 单 位：同济大学建筑设计研究院（集团）有限公司

结构设计团队专业：丁洁民，张　峥，南　俊，张月强，曹灵泳，黄卓驹

执 　 笔 　 人：张月强，南　俊

项目获奖

2020 年　上海市建筑学会优秀建筑结构设计奖　一等奖

2020 年　上海市优秀工程设计奖　建筑一等奖

2020 年　上海市优秀工程设计奖　结构一等奖

2020 年　中国建筑学会优秀建筑结构设计奖　结构一等奖

2021 年　全国优秀工程勘察设计行业奖建筑设计综合　建筑一等奖

第14章

上海自行车馆

14.1 工程概况

14.1.1 建筑概况

本工程位于上海市崇明区陈家镇，南至崇明体育训练基地一期已建成的外环北路，东至拟建规划道路。本项目包含一个自行车馆，一个小轮车馆和一个配套用房（图 14.1-1）。

本工程总建筑面积 30966m²，其中地上建筑面积 28966m²，地下建筑面积 2000m²。其中，自行车馆建筑面积 23590m²，规划建筑高度为 26m，消防建筑高度 23.85m，建筑层数为地上 4 层。小轮车馆建筑面积 1437m²，建筑高度为 12.45m，建筑层数为地上 1 层；配套用房 5939m²，其中地上建筑面积 3939m²，地下建筑面积 2000m²，建筑高度为 13.05m，建筑层数为地上 3 层，地下 1 层；自行车馆地上建筑面积约 2.3 万 m²，观众座位约 3000 个（图 14.1-2～图 14.1-4）。

图 14.1-1　自行车馆在总图中的位置

图 14.1-2　上海自行车馆效果图

图 14.1-3　上海自行车馆实景图

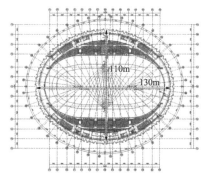

图 14.1-4　结构的平面尺寸

自行车馆屋盖投影平面近似为椭圆，长轴长 130m、短轴长 112m，屋盖外侧结构最大标高为 23.900m，内部采光顶最大标高为 23.900m。

14.1.2 设计条件

1. 主体控制参数（表 14.1-1）

控制参数表　　　　　　　　　　　　　　　　　　　　　　　　　　表 14.1-1

项目	标准
结构设计基准期	50 年
建筑结构安全等级	二级

结构重要性系数	1.0
建筑抗震设防分类	标准设防类（丙类）
地基基础设计等级	乙级
设计地震动参数	抗震设防烈度	7度

	抗震设防烈度	7度
	设计地震分组	第一组
设计地震动参数	场地类别	IV类
	小震特征周期	0.90s
	大震特征周期	1.1s
	基本地震加速度	0.10g

2．风荷载

结构变形验算时，按 50 年一遇取基本风压为 0.50kN/m^2，承载力验算时按 100 年一遇取基本风压为 0.55kN/m^2，场地粗糙度类别为 A 类。

14.2 项目特点

项目特点表　　　　　　　　　　　　　　　　表 14.2-1

极限条件		结构应对策略
复杂造型	屋面意向车轮	轮辐式半刚性张拉结构体系
	立面意向芦苇	立面芦苇状格构柱兼做屋盖刚性边界
大风环境	大风下变形控制	提升屋盖结构抗扭刚度
		健康监测关键数据监控

14.2.1 建筑造型

屋盖结构与立面结构形成一体化的建筑造型，立面三角形柱子与芦苇叶的建筑造型一致，屋盖辐射式悬挂屋盖造型与自行车轮的受力原理一致，寓意着自行车馆的建筑功能（图 14.2-1 和图 14.2-2）。

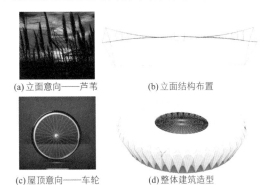

(a) 立面意向——芦苇　　(b) 立面结构布置

(c) 屋顶意向——车轮　　(d) 整体建筑造型

图 14.2-1　建筑造型与建筑意向

图 14.2-2　芦苇意向的建筑造型诠释

14.2.2 场地环境

项目位于上海市崇明岛长江入海口附近，为台风登陆区，风荷载较大。建筑设计采用健康监测，对施工过程和运营期间的关键结构数据跟踪监测，并将监测数据与理论计算作对比分析，为结构运营提供数据支撑和安全预警（图 14.2-3）。

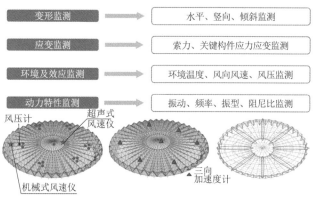

图 14.2-3 健康监测内容及测点布置

14.3 结构体系与布置

14.3.1 基础与上部结构布置

1. 基础布置与分析

根据地勘资料，自行车馆采用⑤$_{3-1}$粉质黏土层和⑤$_{3-2}$粉质黏土夹黏质粉土层作为桩端持力层，采用直径 500mmPHC（预应力高强混凝土）承压管桩，单桩承载力 1500kN。同时根据地勘报告 20m 深度范围内有②$_{3-1}$层和②$_{3-3}$层砂质粉土分布，经判别为液化土层，场地液化等级为轻微液化，故在抗震设防烈度为 7 度时，采用土层桩基侧摩阻力取值打折（0.9 折）的抗液化措施。根据地勘图层分布情况，计算最终沉降量最大值为 9.1mm，沉降和沉降差满足自行车馆功能使用沉降限值（图 14.3-1）。

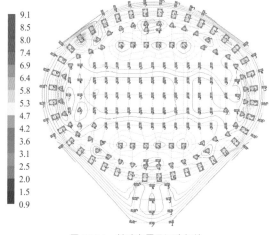

图 14.3-1 基础布置及沉降复核

根据本项目建筑造型及结构特点，将自行车馆地上主体钢结构与混凝土结构完全脱开，仅自行车馆钢屋盖落地斜柱与基础相连，但落地斜柱在基础嵌固端产生一定水平剪力，故斜柱底水平力能在基础承台处通过以上措施完全抵抗，保证结构安全（图 14.3-2）。

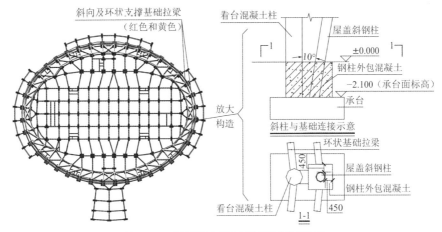

图 14.3-2 基础拉梁布置及斜柱落地构造示意图

2. 混凝土结构布置

自行车馆上部混凝土建筑层数为两层，混凝土主屋面高度约为 13.60m，主要柱网为 4.5m×8.5m 和 7.2m×9m，混凝土结构主要平面尺寸为 97m×123m。除屋面外，其余上部结构采用装配整体式混凝土框架结构体系（图 14.3-3）。

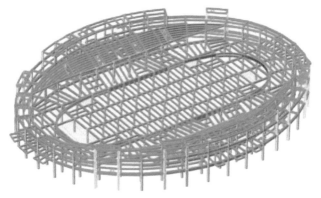

图 14.3-3 混凝土框架结构布置

14.3.2 屋盖结构布置与体系选型

自行车馆屋盖投影长轴长约 130m，短轴长约 110m，屋盖最高点建筑标高为 25.4m，结构标高为 23.9m，内部采光天窗结构直径为 35m（图 14.3-4～图 14.3-6）。

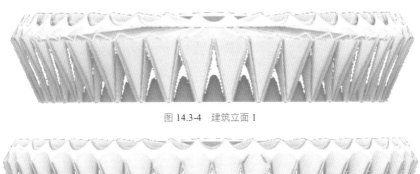

图 14.3-4 建筑立面 1

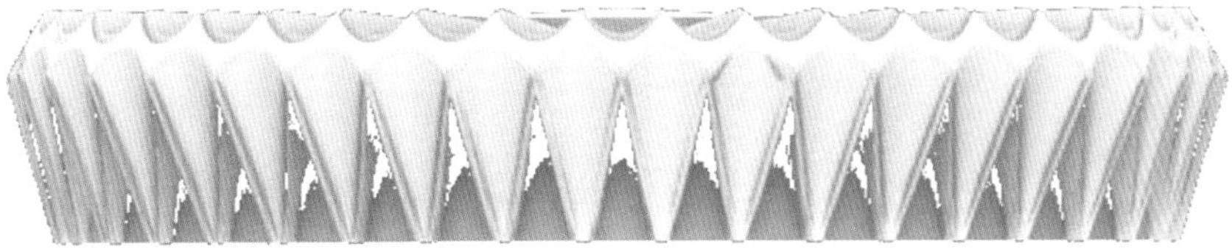

图 14.3-5 建筑立面 2

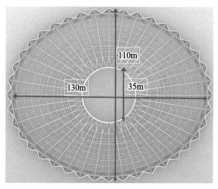

图 14.3-6 结构平面尺寸

根据建筑屋面造型，结合下部结构可以提供的支承条件，并综合考虑各结构体系的适用性与经济性，经过前期的多方案比选以及参数分析，自行车馆钢屋盖采用悬挂屋盖结构体系。

1. 钢结构屋盖受力体系（图 14.3-7 和图 14.3-8）

1）屋盖主体结构：通过 40 榀径向索和钢梁与内环形成张拉结构体系，通过吊杆将钢梁与径向拉索相连，提高屋盖结构竖向刚度。

2）中央伞状张弦结构：屋盖中央采用下部刚性梁与上部拉索的张拉结构，中央通过伞状撑杆相连。并且利用屋盖主体结构作为张弦结构的外环，采光顶结构与内环形成整体空间为屋盖整体结构提供一定刚度。

3）立面刚性结构：立面刚性结构与屋盖主体钢结构相连，与钢柱整体承受拉索拉力与刚性构件的推力，形成整体受力结构。

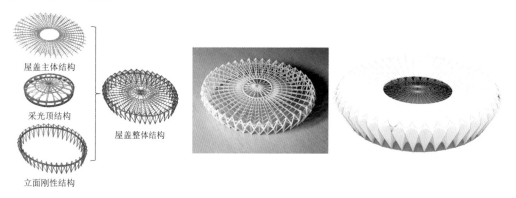

图 14.3-7 结构体系构成

图 14.3-8 3D 打印模型与建筑效果

2. 屋盖荷载传递

1）竖向力的传递

自行车馆屋盖钢结构拉索与主梁通过吊杆连接，并且通过内环作用共同形成强烈的空间作用，共同抵抗竖向荷载，其中拉索拉力传至柱顶，由立面结构的外侧斜柱平衡拉力，主梁推力通过外环梁传至钢柱，再传至基础（图 14.3-9）。

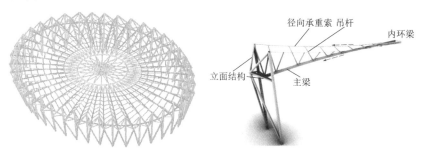

图 14.3-9 结构体系构成图 1

2）水平力传递

水平风荷载及地震作用由钢柱以及立面结构共同承担，并且通过钢柱传至混凝土基础。

3）主体结构体系选型

为满足建筑造型、室内空间和建筑受力的合理性要求，对结构体系进行方案比选。首先采用全张拉结构，结构受力合理高效，与轻盈的建筑造型比较融合，但结构刚度弱，对吊挂荷载的适应性差。因此，将主体结构优化为辐射式悬挂屋盖结构体系，下弦改为刚性杆，提高了屋盖的刚度，满足屋面防水和吊挂荷载适应性的要求。为了满足消防排烟要求，将中央采光顶改为上浮式张弦梁方案（图 14.3-10）。

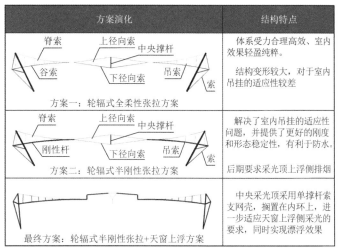

图 14.3-10　主体结构方案比选

综合考虑建筑效果与侧天窗采光模式，采光顶采用辐射型布置的单撑杆索支网壳，并优化细部构造美化室内观感（图 14.3-11 和图 14.3-12）。

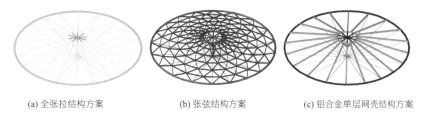

(a) 全张拉结构方案　　　　(b) 张弦结构方案　　　　(c) 铝合金单层网壳结构方案

图 14.3-11　采光顶结构方案比选

图 14.3-12　采光顶结构实际效果

14.4　结构分析

14.4.1　屋盖变形分析

屋盖结构的变相测点如图 14.4-1 所示，钢结构屋盖在自重与预张力作用下，屋盖跨中位移如图 14.4-2

和表 14.4-1 所示，满足限值 1/250 的要求。

图 14.4-1　多遇地震X向地震板底应力云图

图 14.4-2　自行车馆屋盖结构竖向变形U_z云图（S＋D＋L）

自行车馆钢屋盖结构竖向变形分析结果（单位：mm）　　　　　　　表 14.4-1

工况	测点 A：（跨度 110m）	测点 B：（跨度 110m）
S ＋ PRES	−33	−30
S ＋ PRES ＋ D ＋ L	−343（1/320）	−302（1/364）
1.0S ＋ 0.7D ＋ 1.0W	−48	−36

由表 14.4-2 可知，对于钢柱的侧向位移，由于承重索外锚固端设置在柱顶，因此在施加预应力后，柱顶就出现一定位移。竖向荷载与风荷载对柱顶位移影响较小，柱顶最大侧移为$H/426$，满足规范$H/250$的要求（H为柱高）。

自行车馆钢屋盖结构水平变形分析结果（单位：mm）　　　　　　　表 14.4-2

工况	柱顶测点 C U_x（柱高度 23.9m）	柱顶测点 D U_y（柱高度 23.9m）
S ＋ PRES	46	34
S ＋ PRES ＋ D ＋ L	55	32
1.0S ＋ 0.7D ＋ 1.0W	56（1/426）	39（1/612）

14.4.2　结构自振特性分析

由表 14.4-3 可知屋盖结构均以竖向振动为主，前 3 阶结构的周期相近，结构的动力耦合现象较强。

结构自振特性　　　　　　　　　　　　　　表 14.4-3

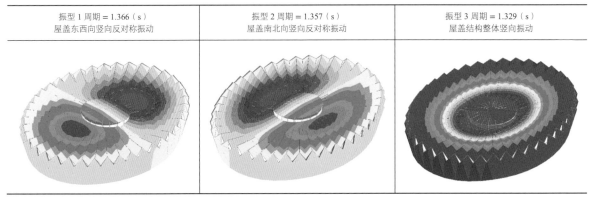

振型 1 周期 = 1.366（s） 屋盖东西向竖向反对称振动	振型 2 周期 = 1.357（s） 屋盖南北向竖向反对称振动	振型 3 周期 = 1.329（s） 屋盖结构整体竖向振动

经典回眸　同济大学建筑设计研究院（集团）有限公司篇

14.5 专项分析

14.5.1 楼板应力分析

楼板开洞应力分析

由于建筑功能要求三层楼板开洞较大，需要对三层的楼板进行应力分析，为保证楼板双向传力可靠，对该楼层楼板加厚至 150mm，并按中震不屈服性能进行楼板配筋复核。

采用全楼弹性膜模型对整体结构进行多遇地震楼板应力分析和全楼弹性板模型对整体结构进行设防烈度地震下的楼板应力分析。各楼层楼面X向、Y向楼板最大主应力云图如图 14.5-1～图 14.5-8 所示。

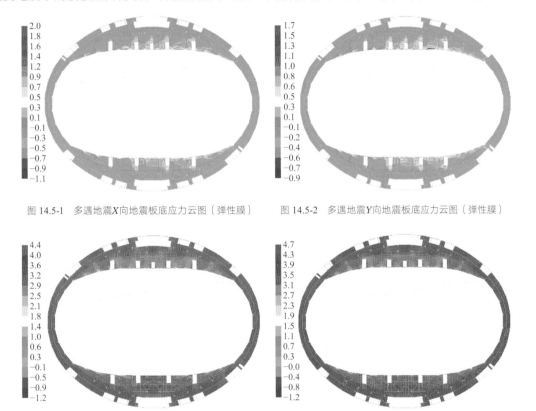

图 14.5-1　多遇地震X向地震板底应力云图（弹性膜）　　图 14.5-2　多遇地震Y向地震板底应力云图（弹性膜）

图 14.5-3　多遇地震X向地震板底应力云图（弹性板）　　图 14.5-4　多遇地震Y向地震板底应力云图（弹性板）

计算结果显示，除局部应力集中处，楼板在小震标准工况下的主拉应力均小于 2.01MPa（C30），能够满足小震弹性的性能目标。

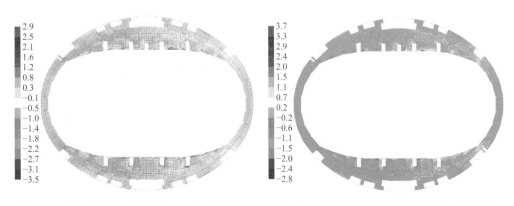

图 14.5-5　设防地震X向地震板底应力云图（弹性膜）　　图 14.5-6　设防地震Y向地震板底应力云图（弹性膜）

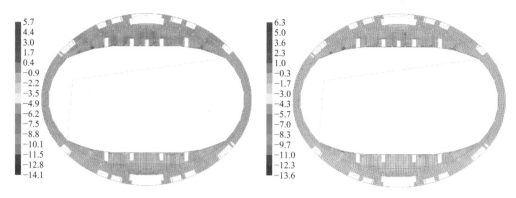

图 14.5-7　设防地震X向地震板底应力云图（弹性板）　　　图 14.5-8　设防地震Y向地震板底应力云图（弹性板）

通过中震不屈服计算分析，使楼板钢筋在竖向荷载与设防烈度地震组合作用下（1.0 恒荷载 + 0.5 活荷载 + 1.0 中震）不屈服。计算结果显示：中震组合工况下（1.0 恒荷载 + 0.5 活荷载 + 1.0 中震）最大楼板拉应力存在超过 2.01N/mm² 的现象，需配置钢筋以抵抗地震作用效应；针对局部楼板应力略超过混凝土抗拉强度标准值的情况，施工图阶段将根据地震组合作用下（1.0 恒荷载 + 0.5 活荷载 + 1.0 中震）计算结果加强该区域楼板配筋，对该层楼板配筋采用双层双向配筋，在局部应力较大区域附加钢筋，确保楼板配筋在竖向荷载与设防烈度地震组合作用下不屈服。

14.5.2　中央采光顶对主体结构的刚度贡献分析

采光顶作为附属结构，考虑将采光顶作为荷载施加于内压环之上，保证在不考虑采光顶部分结构所提供刚度的情况下，屋盖能够单独成立（图 14.5-9）。测点位置如图 14.5-10 所示。在不考虑内采光顶刚度情况下，钢结构屋盖的竖向挠跨比最大为 1/288，采光顶对结构竖向刚度贡献约 15%（表 14.5-1）。

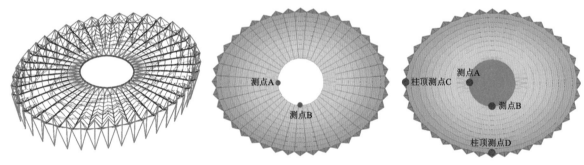

图 14.5-9　无采光顶的独立模型　　　　　　　　　图 14.5-10　测点布置

结构变形分析　　　　　　　　　　　　　　　　　　　　　　表 14.5-1

工况	无采光顶模型		完整模型	
	测点 A：（跨度 110m）	测点 B：（跨度 110m）	测点 A：（跨度 110m）	测点 B：（跨度 110m）
S + PRES	−21	−20	−33	−30
S + D + L	−381（1/288）	332	−343（1/320）	−302

14.5.3　马道环梁结构对结构受力影响

屋面造型为折板造型，折形屋面易发生沿环向的"手风琴式"失稳，结合环向马道位置布置椭圆形次梁兼作支撑（图 14.5-11），提升屋面整体刚度，避免失稳（图 14.5-12）。根据建筑马道位置设置马道吊梁，通过 4 道马道吊梁保证结构整体稳定。

图 14.5-11　改进模型：结合马道位置布置椭圆形支撑

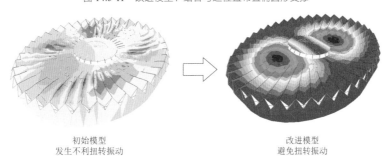

初始模型
发生不利扭转振动

改进模型
避免扭转振动

图 14.5-12　结构受力性能改进

14.5.4　活荷载不均匀分布的专项分析

上海地区 100 年重现期的雪压值$S_0 = 0.25\text{kN/m}^2$。此处根据屋盖建筑造型，参考《建筑结构荷载规范》GB 50009-2012 第 7.2.2 条，雪压值相对于不伤人屋面活荷载 0.5kN/m^2，雪荷载较小，可不与活荷载进行组合。因此，该项目考虑如图 14.5-13 所示的几种活荷载布置情况。

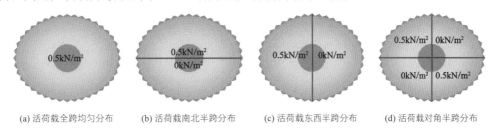

(a) 活荷载全跨均匀分布　　(b) 活荷载南北半跨分布　　(c) 活荷载东西半跨分布　　(d) 活荷载对角半跨分布

图 14.5-13　活荷载不均匀分布情况

由图 14.5-14 和表 14.5-2 可知，在各种活荷载不均匀分布工况下，结构的变形满足规范限值 1/300 的要求。其中，活荷载东西不均匀分布其控制作用。

(a) 活荷载全跨均匀分布下的变形　(b) 活荷载南北半跨分布下的变形　(c) 活荷载东西半跨分布下的变形　(d) 活荷载对角半跨分布下的变形

图 14.5-14　活荷载不均匀分布下的变形

屋盖结构活荷载不均匀分布变形分析结果　　　　　　　　　　表 14.5-2

活荷载不均匀布置	测点 A：（跨度 110m）	测点 B：（跨度 110m）
活荷载满布	−343（1/320）	−302（1/364）
活荷载南北不均匀分布	−291	−325

活荷载不均匀布置	测点 A:（跨度 110m）	测点 B:（跨度 110m）
活荷载东西不均匀分布	−356	−268
活荷载对角线不均匀分布	−298	−269

注：工况均取自结构自重 + 恒荷载 + 雪荷载或者结构自重 + 恒荷载 + 活荷载；负号表示位移向下，正号表示位移向上；表中数值均为绝对挠度。

14.5.5 节点有限元分析

中央采光顶下部 10 根拉索汇交于撑杆下方（图 14.5-15），既要保证结构受力的安全性，细部节点又要具有美观性。节点采用铸钢节点，为验证节点安全性，对铸钢节点进行有限元分析。分析结果表明，节点应力域应力均在 150MPa 以下，索夹节点安全性满足要求（图 14.5-16）。

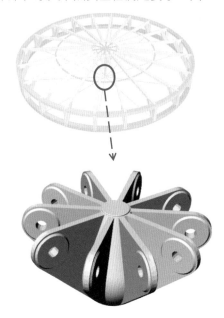

图 14.5-15 采光顶底部索夹节点形式

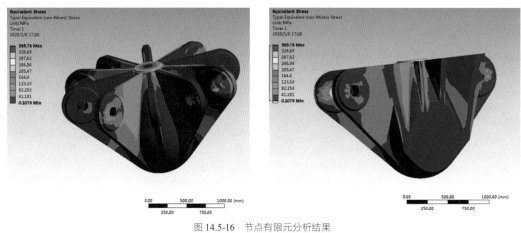

图 14.5-16 节点有限元分析结果

14.6 结语

上海自行车馆结合建筑造型采用了轮辐式悬挂屋盖结构体系，实现了屋盖结构与立面结构形成一体的建筑造型，立面三角形杜了与芦苇叶的建筑造型一致，同时与自行车轮的受力原理一致，寓意着自行车馆的建筑功能。

参考资料

[1] 同济大学建筑设计研究院(集团)有限公司. 上海自行车馆不规则论证报告[R]. 2014.

设计团队

结构设计单位：同济大学建筑设计研究院（集团）有限公司

结构设计团队：丁洁民，张　峥，井　泉，张月强，毛俊杰，王哲睿，化明星，李竹君

执　　笔　人：张月强，毛俊杰

第15章

海口市五源河体育馆

15.1 工程概况

15.1.1 建筑概况

本项目位于海口市长秀片区（B区）内，长流新区长滨路东侧，北接规划国际园艺博览公园，东至绿色长廊和五源河，南至海榆西线。总建筑面积 78518m²，其中地上建筑面积 64863m²，地下建筑面积约 13655m²，如图 15.1-1～图 15.1-4 所示。

图 15.1-1　体育馆立面图

本工程建筑高度为 48.60m，建筑层数为地下 1 层，地上 6 层（比赛厅为单层大空间）。下部结构采用混凝土框架减震结构，上部屋顶采用钢结构。

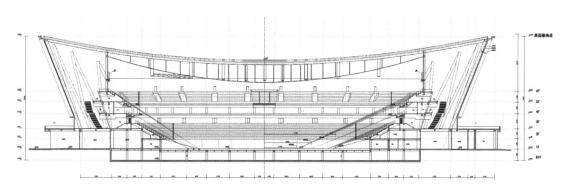

A-A剖面图

图 15.1-2　体育馆建筑剖面图 A-A

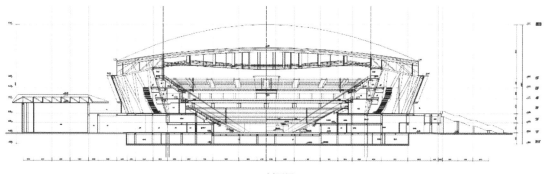

B-B剖面图

图 15.1-3　体育馆建筑剖面图 B-B

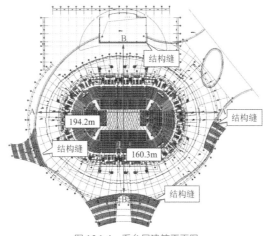

图 15.1-4　看台层建筑平面图

15.1.2　设计条件

本工程控制参数详见表 15.1-1。

控制参数表　　　　　　　　　　　　　　　　　表 15.1-1

结构设计基准期	50 年	建筑抗震设防分类	重点设防类（乙类）
建筑结构安全等级	二级	抗震设防烈度	8 度（0.3g）
结构重要性系数	1.1	设计地震分组	第二组
地基基础设计等级	甲级	场地类别	Ⅱ类
场地特征周期	0.4	抗震（构造）措施烈度	9

15.2　项目特点

15.2.1　功能

运营方要求屋盖下弦可适应多种吊挂形式以满足比赛、展览、演出等需求；中央吊挂 60t 大屏。结构上采用刚性下弦适应多种吊挂模式，并采用高强材料 + 索网协同抗拉，效果如图 15.2-1 所示。

图 15.2-1　屋盖效果图

15.2.2　造型

屋盖呈马鞍形，中央标高 37m，长跨外侧标高 47m，短跨外侧标高 26m。屋盖总平面为 187m × 140m

的椭圆形；中央大跨度屋盖平面为 136m × 95m 的类椭圆形。为满足跨度达 136m 的功能需求，结构上采用辐射形鱼腹式组合桁架体系，如图 15.2-2 所示。

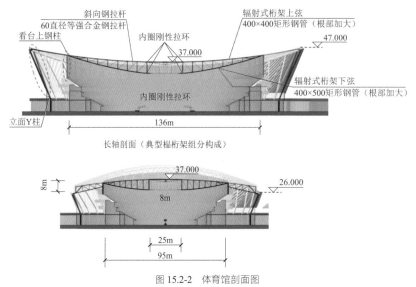

图 15.2-2　体育馆剖面图

15.2.3　环境

海口为大风强震环境，对结构抗风抗震性能要求高，设计难度大。结构采用组合减隔震技术，即 CFD 数值风洞找形优化 + 风洞试验来控制构件尺寸以及大风下的变形。

15.3　结构体系与布置

15.3.1　基础布置

1. 地持力层与基础方案分析

根据勘察，场地除填土和耕土外其他各层均可做天然地基使用。

为了解决局部抗浮问题且节约工程造价，体育馆地下室范围内基础采用④₂ 层中风化玄武岩做基础持力层，基础形式拟采用独立基础 + 地下室底板形式，局部需要设置抗浮锚杆；地下室区域外围采用④₁ 层强风化玄武岩作为基础持力层，基础形式拟采用独基加拉梁，如图 15.3-1 所示。

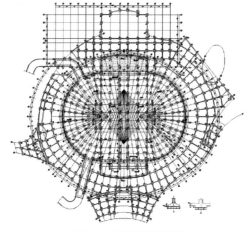

图 15.3-1　基础平面布置图

经典回眸　同济大学建筑设计研究院（集团）有限公司篇

2．基础选型与布置

体育馆与训练馆之间设抗震缝分为两个单体，体育馆一层地下室，地下室底板标高−5.00m，局部标高−7.70m；训练馆无地下室。

体育馆最大柱底轴力约为13000kN，基础持力层为④$_2$层中风化玄武岩，承载力特征值为1500kPa；地下室外围最大柱底反力约为4100kN，基础持力层为④$_1$层强风化玄武岩，承载力特征值为450kPa。

3．基础沉降分析

通过分析计算，本工程基础在支撑屋顶的框架柱区域受力较大，通过调整独基的受力面积使基础受力较为均匀，减小基础差异沉降，避免因沉降差较大导致的附加内力，使底板配筋较为均匀且在合理的范围内。基础沉降在地下室边缘沉降大，中间沉降小，与地下室边缘一圈框架柱承受较大内力、中间部分受力较小的规律一致，平均沉降约为24.1mm，最大沉降值为46.5mm，基础沉降情况如图15.3-2所示。通过采取增加沉降后浇带的措施，减少荷载差异较大区域的不均匀沉降，从而减轻上部结构的有害次内力。

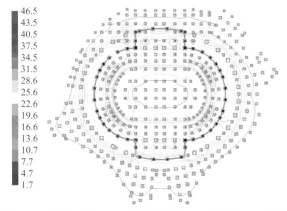

图 15.3-2　基础沉降图 SATWE 准永久组合：1.00 恒荷载 + 0.5 活荷载

15.3.2　主体结构体系

本项目为乙类设防建筑，重要性程度高，抗震性能要求高；同时位于高烈度设防地区，地震作用大，需采用有效措施保证结构在地震作用下的安全性。为此，本项目采用了"屈曲约束支撑 + 黏滞阻尼墙 + 框架结构"的组合消能减震体系，如图15.3-3所示，保证各个地震水准下结构的抗震性能。

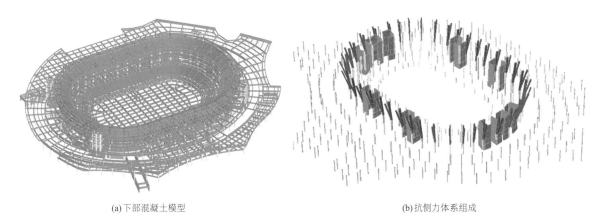

(a)下部混凝土模型　　　　　　　　　　　　　　(b)抗侧力体系组成

图 15.3-3　屈曲约束支撑 + 黏滞阻尼墙 + 框架结构体系

由于支承屋盖钢柱的看台斜柱及周边圆柱受力较为复杂，所以采用型钢柱来保证构件的承载力，型钢柱位置及尺寸详见图15.3-4以及表15.3-1。

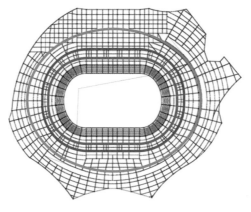

图 15.3-4 型钢柱位置

主要竖向构件尺寸   表 15.3-1

构件		型钢柱尺寸/mm
柱	圆柱（绿圈部分，支撑屋盖）	SRC 1100（含钢率：4.3%）
	矩形柱（红圈部分，支撑屋盖）	SRC 1400×800（含钢率：5.8%）
	矩形柱（蓝圈部分）	SRC 1000×800（含钢率：5.9%）
	其他柱	800×800

15.3.3　钢屋盖结构体系

1. 体系选型

为满足建筑功能与造型的需求，该项目方案设计过程中进行了多轮结构比选。为满足超大跨度椭圆形屋面以及马鞍造型的建筑需求，在第一轮结构体系构思中选取了轻盈高效的索网体系结构形式，建筑马鞍造型与索网结构的受力形态也相吻合，单层索网体系构思过程如图 15.3-5 所示。

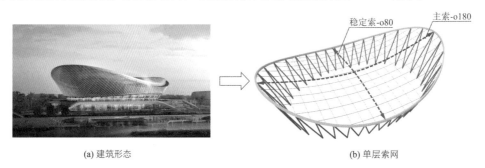

(a) 建筑形态　　　　　　　　　　　　　　　(b) 单层索网

图 15.3-5　索网体系结构方案构思

但是由于自然条件和建筑功能等因素的限制，经研究论证，本项目不适合采用单层索网体系。单层索网体系在本项目适用中的限制主要体现在强台风环境和屋面重型吊挂荷载两个方面。海口地区基本风压为 $0.9kN/m^2$，且常年有强台风登陆，单层索网结构抗风吸能力需要巨大的预张力得以保证，因此会导致周边环梁受力过大；并且索网结构在风荷载作用下的反复大变形也不利于屋面系统的防水耐久性。在吊挂荷载方面，屋盖中央需吊挂 60t 大屏，屋盖下弦须适应多种不同形式的设备吊挂，满足各类比赛、展览、演出等需求，且吊挂区域不确定，而索网结构对重型复杂吊挂要求的适应性较差。

本建筑具有如下功能和特点：

（1）综合演艺功能：随着建筑方案深化，体育馆除举行大型 NBA 比赛外，还要有举行大型演唱会、音乐会等演艺功能。

（2）内场围合感：体育馆内部四边看台，内场具有围合感，如图 15.3-6 所示。

（3）斗屏吊挂：内场中央需吊挂斗屏，同时中央吊挂斗屏重 60t。

（4）演艺吊挂：单点吊挂荷载较重，同时要保证任意位置均可吊挂荷载，两侧考虑演出吊挂舞台荷载 200t。

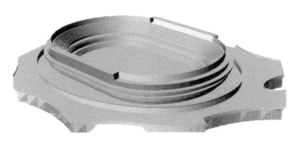

图 15.3-6　体育馆的围合看台布置

为此，该项目屋盖结构设计进行第二轮结构体系比选。考虑刚柔并济的张弦结构，对正交张弦梁方案、单向张弦梁方案以及辐射式张弦梁方案进行了比选。综合考虑建筑功能和室内空间感受，选择辐射式张弦梁方案。三种方案的适用特点如表 15.3-2 所示。

五源河体育馆钢结构屋盖方案比选　　　　　　　　　　　　　　　　　表 15.3-2

结构比选	正交张弦梁方案	单向张弦梁方案	辐射式张弦梁方案
结构方案			
竖向刚度	★★★	★★	★★★
抗风性能	★★	★★	★★★
抗震性能	★★	★★★	★★★
吊挂适应性	★	★	★★
室内美观性	★★	★	★★★
造价经济性	★★★	★★	★★
施工便捷性	★★★	★★	★★

考虑到建筑运营方提出多种重型吊挂荷载的需求，如图 15.3-7 所示，为满足吊挂荷载位置灵活性的要求，在第三轮结构体系优化中，将辐射式张弦梁的下部的柔性拉索改为刚性构件，如图 15.3-8 所示。空腹桁架形式的桁架上下弦杆受弯矩作用明显，考虑增加斜腹杆以加强桁架作用机制；为了简洁通透的建筑室内效果，结合斜腹杆受力特点，斜腹杆采用柔性钢拉杆；根部斜腹杆受压采用刚性构件，提高桁架根部抗剪性能。最终确定的钢屋盖结构体系为带柔性斜腹杆的辐射式鱼腹桁架体系。

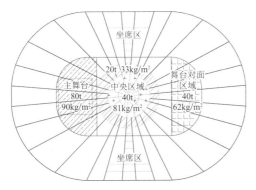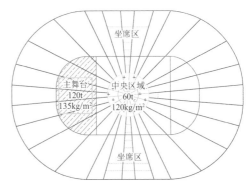

(a) 体育馆内场吊挂荷载布置情况（一）（运营方提供）　(b) 体育馆内场吊挂荷载布置情况（二）（吊挂荷载集中于主舞台一侧）

图 15.3-7　重型吊挂荷载的需要

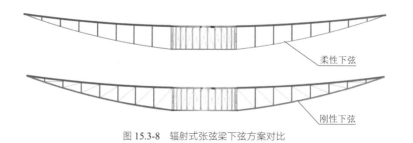

柔性下弦

刚性下弦

图 15.3-8　辐射式张弦梁下弦方案对比

2．结构布置与室内效果

体育馆钢结构屋盖采用辐射形鱼腹式桁架结构；中央大跨屋盖由 28 榀辐射式桁架和中央刚性环组成，28 榀辐射式桁架通过内环、柱顶外环桁架及中间 7 道环梁连成一个整体，共同受力。结构体系整体布置如图 15.3-9 所示。中央环桁架为整个结构体系关键受力构件，环向竖腹杆间直接布置交叉钢拉杆提高环桁架的整体稳定性。下环承受较大拉力，对于体系成立至关重要，通过布置交叉索网，对下环施加初始预应力，作为二道防线保证其承载能力，且带环向交叉拉索的内拉环与篮网意象十分贴近，满足建筑造型要求，见图 15.3-10。结构内环与中央斗屏吊挂需求完美融合，如图 15.3-11 所示。内环桁架刚性构件采用 Q420GJC 钢材，在满足安全性的前提下，构件截面尽可能小。

大跨屋盖荷载通过 40 根钢柱传给下部的混凝土看台。体育馆外圈由 32 根 Y 形柱相互连接形成一个圆锥形结构，看台上钢柱与外圈 Y 形柱通过桁架或单梁连接，与中央大跨屋盖形成一个完整的结构体系。

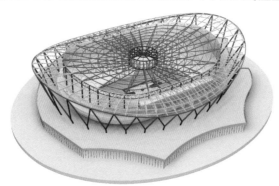

图 15.3-9　结构体系布置

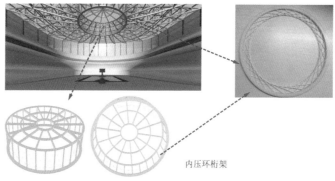

内压环桁架

图 15.3-10　中央受压环结构体系布置

结构内环　　　　　　　　　　　　　　　中央斗屏

图 15.3-11　构内环与吊挂斗屏的融合

15.4 结构分析

15.4.1 性能目标

本项目存在扭转不规则、楼板不连续、刚度突变、穿层柱斜柱4项一般不规则超限，根据《海南省超限高层建筑结构抗震设计要点（试行）》（琼建质〔2019〕3号），属于超限高层建筑，应组织进行超限评审。性能目标规定如下。

1. 混凝土结构部分

按照《海南省超限高层建筑结构抗震设计要点（试行）》（琼建质〔2019〕3号）的要求，抗震设防性能目标分为A、B、C、弱C、D五个等级，抗震性能分为1、2、3、4、5五个水准。对于本单体，结构抗震性能目标取为C级。

2. 钢结构部分

1）小震：所有构件均要保证小震弹性。

2）中震：关键构件中震弹性，其余构件中震不屈服（关键构件包括：钢柱、立面柱顶环梁、内圈刚性压环及拉环、辐射式桁架上弦、辐射式桁架下弦，如图15.4-1所示）。

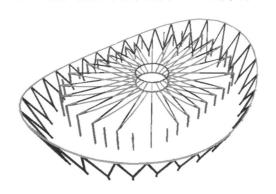

图 15.4-1　屋盖钢结构关键构件示意图

3）大震：钢柱、内圈刚性拉环、抗震球形钢支座要保证大震不屈服。

15.4.2 整体结构分析

计算模型中定义了竖向和水平荷载工况。其中，竖向工况包括结构自重，附加恒荷载以及活荷载。水平荷载工况包括地震作用和风荷载。对于小震的水平地震分别考虑了双向地震以及偶然偏心的影响，考虑了不同方向的地震作用。反应谱计算时，对于黏滞阻尼墙的作用采用附加阻尼比2%进行考虑。楼板采用弹性板假定，计算模型包含地下室，如图15.4-2所示。

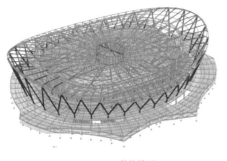

(a) SAP2000 整体模型

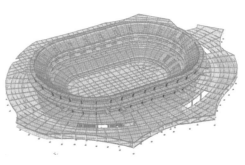

(b) SAP2000 简化模型

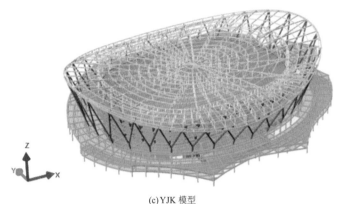

(c) YJK 模型

图 15.4-2　计算分析模型

针对本体育馆模型，采用 SAP2000 软件，通过以下两种建模方式进行对比：

（1）下部混凝土结构 + 钢结构屋盖（整体模型），如图 15.4-2（a）所示；

（2）下部混凝土结构 + 钢结构屋盖传递至混凝土结构的荷载（简化模型），如图 15.4-2（b）所示。

对比的分析结果如表 15.4-1～表 15.4-3 所示。

竖向荷载对比（包含地下室）　　　　　　　　　　　　　　　　　表 15.4-1

荷载统计	整体模型		简化模型（简化/整体）	
	恒荷载（包括自重）	活荷载	恒荷载（包括自重）	活荷载
竖向荷载组成/t	105307	24788	105167	23660
总竖向荷载（1.0D + 1.0L）/t	130095		128827（99%）	

模型周期对比　　　　　　　　　　　　　　　　　　　　　　表 15.4-2

振型	整体模型/s	简化模型/s	整体/简化
1	0.79	0.66	120%
2	0.73	0.65	112%
3	0.67	0.63	106%
4	0.51	0.38	134%
5	0.50	0.36	139%
6	0.48	0.32	150%

地震作用下基底剪力对比　　　　　　　　　　　　　　　　　　表 15.4-3

整体模型		简化模型			
X 向剪力/kN	Y 向剪力/kN	X 向剪力/kN	整体/简化	Y 向剪力/kN	整体/简化
111211	101998	139013	80%	130767	78%

由上述图表可见，在总竖向荷载基本一致的情况下，由于整体模型与简化的荷载分布模式不同，整体模型周期相比于简化模型变长，水平地震作用下基底剪力相差约 20%，简化模型与真实结构偏差比较大。

下文针对混凝土结构的计算分析均采用整体模型进行分析。

由于本工程属于复杂的超限结构，因此需要补充结构弹塑性静力分析，找出薄弱部位，在设计中进行加强，以确保"大震不倒"的设计目标。

1. 分析方法

本项目弹塑性分析中考虑了如下非线性内容:

(1)几何非线性:结构的动力平衡方程建立在结构变形后的几何状态上,可以精确的考虑"$P\text{-}\Delta$"效应、非线性屈曲效应等非线性影响因素;

(2)材料非线性:直接在材料应力—应变本构关系的水平上进行模拟,反映了材料在反复地震作用下的受力情况和损伤情况。

2. 地震波选用和频谱特性

参考《建筑抗震设计规范》GB 50011-2010 和《高层建筑混凝土结构技术规程》JGJ 3-2010 进行了地震波的分析和选取。在地震波的选用中,考虑了场地类别、数量、频谱特性、有效峰值、持续时间、统计特性、震源机制以及工程判断等方面的要求。选用了 5 条天然波和 2 条人工波进行结构罕遇地震下的弹塑性时程分析。

地震波的输入方向,依次选取结构X向或Y向作为主方向,分别输入每组地震波的X、Y、Z三个地震分量数据,7组地震波共 14 个工况。

3. 整体分析结果

1)基底剪力

大震弹塑性与大震弹性基底剪力比较　　　　　　　　　　　　　　　　　表 15.4-4

序号	地震波号	作用方向	大震弹性/kN	大震弹塑性/kN	弹塑性/弹性
1	天然波 1	X	533886	327669	61%
		Y	690191	344941	50%
2	天然波 2	X	475578	318237	67%
		Y	437042	330365	76%
3	天然波 3	X	433425	295433	68%
		Y	432488	293526	68%
4	天然波 4	X	467912	354787	76%
		Y	455475	362769	80%
5	天然波 5	X	522281	340093	65%
		Y	529163	304272	58%
6	人工波 1	X	467121	295547	63%
		Y	461152	308249	67%
7	人工波 2	X	506133	287366	57%
		Y	534982	269141	50%
8	平均值	X	486620	317019	65%
		Y	505785	316181	63%

从表 15.4-4 可见,在 7 条地震波作用下弹塑性基底剪力约为弹性模型的 65%,说明在大震作用下结构整体刚度呈现一定程度的退化,主要原因为屈曲约束支撑在大震下基本进入屈服,同时部分构件发生了塑性开展。

2）层间位移角

楼层层间位移角确定原则为结构定点质心点位移差/层高。

结构最大层间位移角　　　　　　　　　　表 15.4-5

序号	地震波号	主方向	最大层间位移角
1	天然波 1	X	1/149
		Y	1/184
2	天然波 2	X	1/206
		Y	1/227
3	天然波 3	X	1/138
		Y	1/134
4	天然波 4	X	1/136
		Y	1/125
5	天然波 5	X	1/103
		Y	1/110
6	人工波 1	X	1/143
		Y	1/167
7	人工波 2	X	1/125
		Y	1/136
8	平均值	X	1/138
		Y	1/150

由表 15.4-5 可见，结构在 X、Y 两个方向的最大层间位移角平均值分别为 1/138 和 1/150，所有楼层均满足 1/50 的限值要求。

不同地震波对应的结构层间位移角曲线见图 15.4-3。

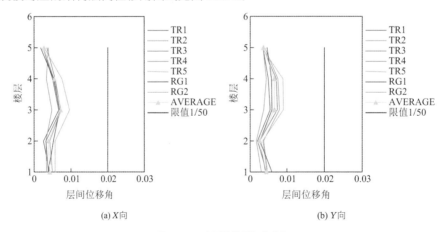

(a) X 向　　　　　　　　　　　　(b) Y 向

图 15.4-3　大震结构层间位移角

3）顶点位移时程曲线

选取地震响应最大的地震波作用下，支撑屋顶的框架柱顶测点位置和绝对位移响应时程曲线如图 15.4-4～图 15.4-6 所示。

图 15.4-4　顶部时程测点示意图

弹性时程 14826号点X向：118.64　　　弹塑性时程 14826号点X向：−113.18

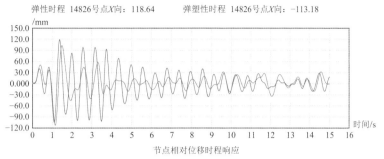

节点相对位移时程响应

图 15.4-5　X主向地震作用下屋顶层位移时程响应曲线

弹性时程 14826号点Y向：153.80　　　弹塑性时程 14826号点Y向：121.68

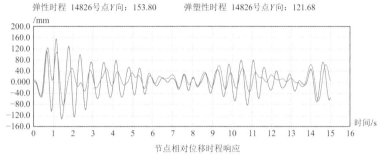

节点相对位移时程响应

图 15.4-6　Y主向地震作用下屋顶层位移时程响应曲线

由图 15.4-5、图 15.4-6 可知，支撑屋顶的框架柱顶点最大位移不超过 160mm。由于结构刚度退化，顶部测点弹塑性时程位移曲线较弹性时程曲线有延后效果。

4）消能减震构件耗能情况

由图 15.4-7～图 15.4-10 可以得出如表 15.4-6 所示的抗震性能评价。

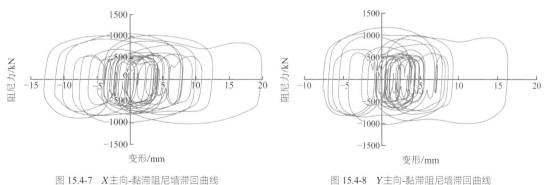

图 15.4-7　X主向-黏滞阻尼墙滞回曲线　　　　图 15.4-8　Y主向-黏滞阻尼墙滞回曲线

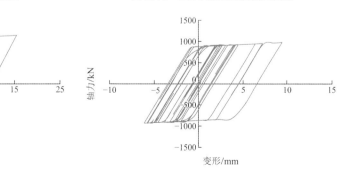

图 15.4-9　屈曲约束支撑滞回曲线 1（屈服力 3600kN）　　　图 15.4-10　屈曲约束支撑滞回曲线 2（屈服力 900kN）

指标	抗震性能评价
阻尼墙	阻尼墙的最大出力为 1334kN，最大位移为 21mm，在大震下能够正常工作
防屈曲约束支撑（BRB）	对于屈服力为 3600kN 的 BRB，单个 BRB 构件最大出力为 4100kN，最大轴向变形为 27mm；对于屈服力为 900kN 的 BRB，单个 BRB 构件最大出力为 1015kN，最大轴向变形为 14.1mm，在大震下能够正常工作

根据本工程罕遇地震动力弹塑性分析结果，对体育馆结构的抗震性能作如下综合评价：

①结构在 7 组地震波作用下的最大层间位移角平均值X向为 1/138，Y向为 1/150，满足规范 1/50 的限值要求。计算过程结束后，结构保持直立，满足"大震不倒"的要求。

②黏滞阻尼墙与屈曲约束支撑在大震下保持良好耗能状态。

15.4.3 减震设计

1. 消能减震方案与抗震结构方案对比

方案阶段，采用抗震结构方案和消能减震方案两种方案进行对比选型。其中，抗震结构方案采用框架-剪力墙结构体系；消能减震方案采用框架-屈曲约束支撑 + 黏滞阻尼墙抗侧力体系，减震部件布置原则如下：

（1）黏滞阻尼墙布置：黏滞阻尼墙布置于结构的 1 层和 2 层，黏滞阻尼墙在小、中、大震下均发挥耗能作用；

（2）屈曲约束支撑布置：为保证结构整体刚度的同时进一步提高中震和大震下的减震效果，沿结构径向布置屈曲约束支撑。

消能减震部件布置数量如下：

（1）结构 1 层布置 32 片黏滞阻尼墙，结构的 2 层布置 31 片黏滞阻尼墙，共计 63 片，具体参数如表 15.4-7 所示。

（2）1 层布置 16 根屈曲约束支撑，2 层布置 14 根屈曲约束支撑，3 层布置 28 根屈曲约束支撑，4 层布置 32 根屈曲约束支撑，共计 90 根，具体参数如表 15.4-8 所示。

黏滞阻尼墙参数 表 15.4-7

阻尼系数/［kN/（m/s）$^{0.45}$］	阻尼指数	数量/个	设计阻尼力/kN	最大冲程/mm
3000	0.45	63	1500	25

屈曲约束支撑参数 表 15.4-8

编号	芯材强度	屈服承载力/kN	等效截面积/mm²	数量/个
BRB1	Q125	900	10000	30
BRB2	Q125	3600	19600	60
共计		90		

1）抗震方案与消能减震方案构件尺寸对比

抗震方案与消能减震方案构件尺寸对比如表 15.4-9 所示，消能减震方案由于地震作用减小，构件尺寸相对较小。

主要构件尺寸对比 表 15.4-9

构件		抗震结构方案	消能减震方案
柱	圆柱（支撑屋盖外圈柱）/mm	SRC 1200（含钢率：4.3%）	SRC 1100（含钢率：4.3%）
	矩形柱（支撑屋盖内圈柱）/mm	SRC 1500×1000（含钢率：5.6%）	SRC 1400×800（含钢率：5.8%）
	矩形柱（看台柱）/mm	SRC 1200×800（含钢率：5.9%）	SRC 1000×800（含钢率：5.9%）
	其他柱/mm	900×900	800×800
剪力墙/mm		1000/600	—

2）多遇地震分析结果对比

采用 7 条时程波对抗震方案和消能减震方案进行对比，对比结果见表 15.4-10。

对比项		抗震方案	减震方案	减震/抗震
基底剪力/kN	平均值	137762（X向）	92559（X向）	67%
		160837（Y向）	93913（Y向）	58%
	反应谱	161175（X向）	111211（X向）	69%
		145711（Y向）	101998（Y向）	70%
层间位移角最大值	平均值	1/1182（X向）	1/703（X向）	168%
		1/1174（Y向）	1/753（Y向）	156%
	反应谱	1/965（X向）	1/558（X向）	173%
		1/966（Y向）	1/640（Y向）	151%
阻尼比		固有阻尼比：5%	7%（附加 2%）	—

多遇地震作用下，消能减震方案的黏滞阻尼墙充分耗能，相较于抗震方案减小地震作用约 33%（X向）、42%（Y向）。

3）设防地震主要分析结果对比

（1）基底剪力

基底剪力对比见表 15.4-11。

对比项		抗震方案	减震方案	减震/抗震
时程平均值/kN	X向	388488	248472	64%
	Y向	453560	257044	57%

（2）附加阻尼比

消能减震方案附加阻尼比（设防地震）见表 15.4-12。

方向	黏滞阻尼墙	屈曲约束支撑	合计
X向	15.66%	0.46%	2.12%
Y向	15.96%	0.39%	2.35%

设防地震下，约有 55% 的屈曲约束支撑进入屈服耗能，通过黏滞阻尼墙与屈曲约束支撑同时发挥耗能作用，设防地震下消能减震装置共提供附加阻尼比约 2.1%，相较于抗震结构方案地震作用减小 35%～40%。

4）温度效应对比

考虑升降温 30℃工况，对比抗震结构方案和消能减震方案的楼板应力和竖向构件水平力。

（1）楼板应力（图 15.4-11）

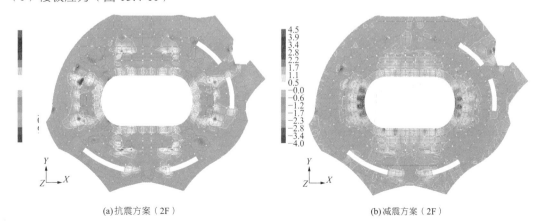

(a)抗震方案（2F）   (b)减震方案（2F）

图 15.4-11 楼板应力分布对比（单位：MPa）

位置	工况	抗震方案/MPa	减震方案/MPa	减震/抗震
2F	升温 30℃	2.5	15.8	72%

温度作用下，抗震方案楼板应力最大值为 2.5MPa，消能减震方案楼板应力最大值为 15.8MPa，消能减震方案的楼板应力减小约 28%（表 15.4-13）。

（2）竖向构件水平力（表 15.4-14）

典型竖向构件水平反力 表 15.4-14

工况	抗震方案/kN	减震方案/kN	减震/抗震
升温 30℃	8484	4958	58%

温度作用下，抗震方案竖向构件水平反力最大值为 8484kN，消能减震方案竖向构件水平反力最大值为 4958kN，消能减震方案的竖向构件水平反力减小约 42%。

5）小结

从上面的分析结果可知，消能减震方案相比抗震方案有明显的优势，主要表现在：

（1）消能减震方案的周期较抗震方案有一定程度的增大，同时小震下附加阻尼比为 2%，中震下附加阻尼比为 2.1%（X 向）、2.3%（Y 向），有利于降低地震作用，减小构件尺寸。

（2）多遇地震作用下，消能减震方案的黏滞阻尼墙充分耗能，相较于抗震方案减小地震作用约 33%（X 向）、42%（Y 向）；设防地震作用下，消能减震方案的黏滞阻尼墙充分耗能，屈曲约束支撑部分耗能，相较于刚性方案减小地震作用约 36%（X 向）、43%（Y 向）；罕遇地震作用下，消能减震方案的黏滞阻尼墙继续耗能，屈曲约束支撑基本进入屈服耗能，有效减小了主体结构构件的损伤，体现了良好的耗能机制。

（3）相较于抗震方案，温度作用下消能减震方案楼板应力降低约 28%，竖向构件水平力降低约 42%，温度效应大幅减小。

综上所述，本项目采用了消能减震方案：框架-屈曲约束支撑 + 黏滞阻尼墙结构体系，通过组合消能减震措施保证各个地震水准下结构的抗震性能。

2．减震部件布置方案对比

1）减震部件布置方案 1

方案 1：1～2 层布置黏滞阻尼墙，3～4 层布置屈曲约束支撑，布置立面如图 15.4-12 所示。

2）减震部件布置方案 2

方案 2：1～3 层布置黏滞阻尼墙，4 层布置屈曲约束支撑，布置立面如图 15.4-13 所示。

3）减震部件布置方案 3

方案 3：1～2 层布置黏滞阻尼墙，3 层布置屈曲约束支撑，4 层布置黏滞阻尼墙，布置立面如图 15.4-14 所示。

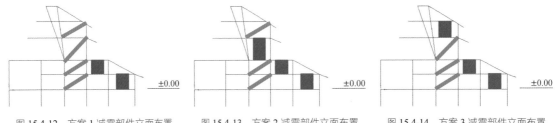

图 15.4-12　方案 1 减震部件立面布置　　图 15.4-13　方案 2 减震部件立面布置　　图 15.4-14　方案 3 减震部件立面布置

4）分析结果对比

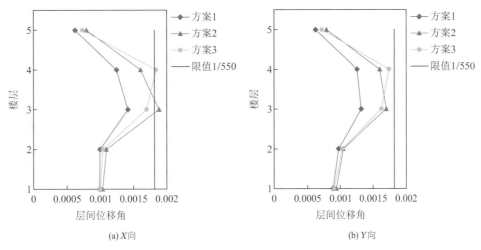

(a) X向   (b) Y向

图 15.4-15　方案选型层间位移角对比

最大层间位移角对比　　　　　　　　　　　　　　　　　　　　　　　　表 15.4-15

	方案 1		方案 2		方案 3	
	X向	Y向	X向	Y向	X向	Y向
时程分析平均值	1/703	1/753	1/529	1/587	1/542	1/610

　　由于方案 2 和方案 3 分别在 3 层和 4 层采用黏滞阻尼墙替代屈曲约束支撑，相应楼层刚度突变，导致层间位移角不满足规范要求（图 15.4-15、表 15.4-15）。因此，本项目采用方案 1 布置方式。

15.5　专项分析

15.5.1　钢屋盖弹塑性极限承载力分析

　　采用 ANSYS 软件对钢屋盖进行极限承载力计算分析。分析模型采用屋盖钢结构单独模型。分析模型中，拉索及钢拉杆采用 link180 单元模拟，其余所有杆件均采用 beam188 单元进行模拟。Y 形柱下端及内圈钢柱下端根据实际情况设置固定铰支座。对钢屋盖施加点荷载，荷载因子定义为施加荷载与结构自重 + 恒荷载 + 活荷载标准组合的倍数。

　　采用分块兰索斯法进行特征值屈曲分析，其结果如表 15.5-1 所示。

特征值屈曲分析　　　　　　　　　　　　　　　　　　　　　　　　表 15.5-1

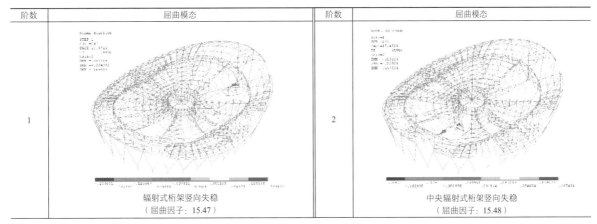

阶数	屈曲模态	阶数	屈曲模态
1	辐射式桁架竖向失稳（屈曲因子：15.47）	2	中央辐射式桁架竖向失稳（屈曲因子：15.48）

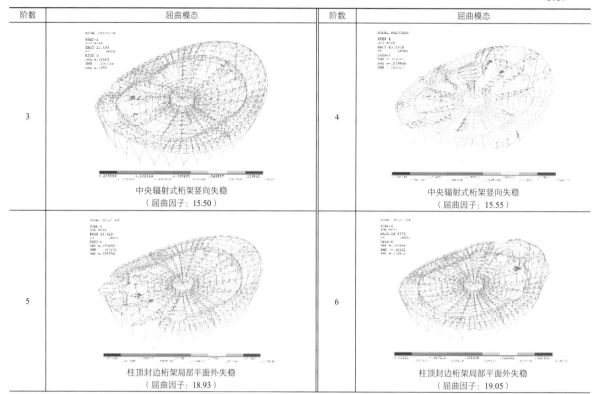

阶数	屈曲模态	阶数	屈曲模态
3	中央辐射式桁架竖向失稳 （屈曲因子：15.50）	4	中央辐射式桁架竖向失稳 （屈曲因子：15.55）
5	柱顶封边桁架局部平面外失稳 （屈曲因子：18.93）	6	柱顶封边桁架局部平面外失稳 （屈曲因子：19.05）

考虑双非线性的极限承载力分析与塑性发展机制,对完善模型施加 1/300 跨度的第一模态初始缺陷,进行双非线性极限承载力分析。带缺陷结构弹塑性分析荷载因子-位移曲线如图 15.5-1 所示,材料均采用理想弹塑性模型。

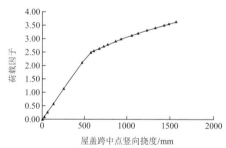

图 15.5-1 带缺陷结构弹塑性分析荷载因子-位移曲线（极限荷载因子：3.63）

考虑材料非线性后,临界荷载因子为 3.63,说明当结构的荷载在施加到 3.63 倍时结构无法继续承载而发生破坏,结构弹塑性承载力因子满足要求。对该工程而言,结构最终是由于杆件较多进入塑性而无法继续承载,属于强度破坏。此时,屋盖跨中点挠度达到 1569mm,挠跨比达到 1/60,远远超过结构变形限值,较大的竖向变形产生警示作用,有助于人员疏散和救援。当荷载因子加到 2.49 之后,结构的竖向荷载位移曲线出现明显转折,说明结构受到非线性影响较为明显,结构的刚度发生显著折减。

杆件的塑性发展机制如表 15.5-2 所示。

杆件塑性发展表   表 15.5-2

次序	荷载因子	进入塑性的杆件
1	1.13	没有构件进入塑性
2	2.49	内拉环局部进入塑性
3	3.21	内拉环塑性进一步发展,中央辐射式桁架部分杆件进入塑性
4	3.63	内拉环全截面进入塑性,辐射式桁架弦杆大部分进入塑性。结构整体刚度折减较大而不适于继续承载,结构达到弹塑性承载极限

15.5.2 体育馆施工模拟分析

屋面轮辐式桁架吊装，一共分成 7 批，吊装方向如图 15.5-2 所示，每吊装一批，马上将横向连系钢梁焊接、屋面拉杆安装，确保结构稳定。

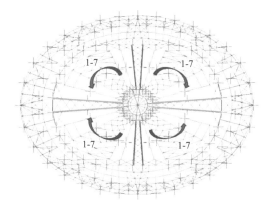

图 15.5-2 屋面分批吊装施工示意图

具体施工过程如下：

（1）搭设中心钢结构环状桁架胎架，吊装中心钢结构环状桁架，同步安装内圈钢柱及上部环向桁架；

（2）考虑到中央轮辐式桁架屋盖最大跨度有 56m，拟在每榀桁架中点下布置胎架，分 7 批逐步吊装中央轮辐式桁架屋盖；

（3）搭设胎架，安装外圈斜钢柱；

（4）分 7 批逐步吊装周边屋盖；

（5）中央环状桁架安装拉杆，张拉拉杆到给定预应力状态；

（6）逐步拆除外圈钢柱胎架；

（7）逐步拆除轮辐式桁架屋盖胎架；

（8）逐步拆除中央环状桁架下部胎架；

（9）整体结构吊装完工，其他工种进场。

由于结构跨度较大，在施工过程中布置了适当的临时胎架，辅助吊装施工，胎架布置见图 15.5-3。吊装过程中的胎架布置与吊装完毕后的拆除，会引起结构的支撑体系转换，过程中需要对结构的整体竖向变形进行监控，确保施工过程的每一步都均匀变化，安全可控。

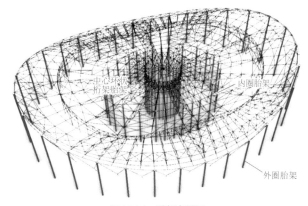

图 15.5-3 胎架布置图

整个施工过程中，从吊装开始到拆除胎架前，整体变形在 26.6mm 左右，主要是由于结构本身内外两圈钢柱以及合理布置的内外两圈胎架的支撑。胎架的拆除分三步，第一步分 9 批逐步拆除外圈斜向钢柱的胎架，整体竖向变形最大−28mm；第二步分 7 批逐步拆除轮辐式桁架中心胎架，整体变形最大为

−28mm；第三步分 7 批逐步拆除中心环状桁架底部胎架，整体竖向变形为−104～−28mm。各施工步竖向变形如表 15.5-3 所示。

各施工步竖向变形图 　　　　　　　　　　　　　　　　　　　表 15.5-3

施工步	整体竖向变形图	施工步	整体竖向变形图
1. 吊装中心钢结构环状桁架及内圈钢柱与上部环桁架		2. 分 7 批逐步吊装中央轮辐式桁架屋盖	
3. 完成周边斜钢柱吊装		4. 分 7 批逐步吊装周边屋盖	
5. 吊装与张拉中心环状桁架拉杆		6. 分 9 批拆除外圈胎架	
7. 分 7 批拆除桁架下部胎架		8. 分 7 批拆除中心环桁架下部胎架	

15.6 结语

海口体育馆采用框架-屈曲约束支撑以及黏滞阻尼墙结构体系，满足了强震环境下，控制构件尺寸以及安全、适用、经济的目的，采用辐射形鱼腹式组合桁架体系以保证体育馆大跨屋盖适应多种吊挂形式满足比赛、展览、演出等需求。在结构设计过程中，主要完成了以下几方面的创新性工作：

（1）通过抗震方案框架-剪力墙结构体系与减震方案框架屈曲约束支撑＋黏滞阻尼墙结构体系的对比分析，可以看出该混合消能减震方案耗能明显，主体结构构件得到了有效保护，改善了结构抗震性能。

（2）通过采用带柔性斜腹杆的辐射式鱼腹桁架体系，满足内场中央需吊挂斗屏的同时，又可以满足重型吊挂荷载的位置灵活性要求，且能兼顾简洁通透的建筑室内效果，满足中央比赛大空间的围合感。

（3）中央环向桁架为整个结构体系关键受力构件，通过对中央环向桁架竖腹杆间直接布置交叉钢拉杆，提高环桁架的整体稳定性；通过对中央环向桁架下弦布置交叉索网，对下环施加初始预应力，作为二道防线保证其承载能力；通过采用 Q420GJC 钢材，在满足安全性的前提下，使得构件截面尽可能小。

（4）通过数字化技术及 BIM 技术的运用，为结构方案比选、室内效果展示及各专业的协同工作提供了有力工具，大大提高了设计效率和设计质量。

（5）通过施工全过程模拟分析，分析了结构在不同施工阶段的整体变形和构件应力状态，为结构施工建造的可行性和安全性提供了保证。

参考资料

[1] 同济大学建筑设计研究院(集团)有限公司. 海口市五源河文体中心二期体育馆项目抗震设计专项审查报告[R]. 2019.

[2] ZHANG Y Q, ZHANG Z, DING J M. Study on the Influence of Roof Curvature on Wind Load Carrier Coefficient of Long-Span Buildings[C]// Proceedings of the IASS 2022 Symposium Affiliated with APCS 2022 Conference, Beijing.

设计团队

结构设计单位：同济大学建筑设计研究院（集团）有限公司（方案＋初步设计＋施工图设计）

结构设计团队：丁洁民，张　峥，南　俊，吴宏磊，张月强，沈维亮，岳洪魁，杨帅杰，陈长嘉，陈宣宇，王　曦

执　笔　人：沈维亮，陈长嘉，陈宣宇

第16章

云南大剧院

16.1 工程概况

16.1.1 建筑概况

云南大剧院是由综合性大剧院、多功能厅、音乐厅及附属用房等组成的大型复杂建筑。建筑整体平面为圆形，直径约为 150m，总建筑面积约 46500m²，主舞台屋面高度为 35m，剧院观众厅及侧台屋面高度为 24.4m，其他区域主要屋面高度为 18.8m。

根据建筑平面布局及功能要求，结构设计将整体建筑按照一个结构单体进行设计，主体结构采用钢筋混凝土框架-剪力墙结构，建筑立面造型采用三跨连续拱形钢结构。本工程于 2017 年 6 月建成并投入使用，建成后实景见图 16.1-1。

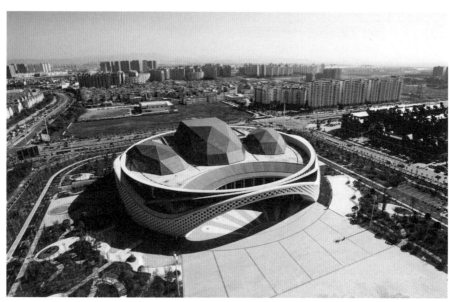

图 16.1-1　建筑实景图

16.1.2 设计条件

1. 主体控制参数（表 16.1-1）

控制参数　　　　　　　　　　　　　　　　　　　　　　　　　　　　　表 16.1-1

结构设计基准期	50 年	建筑抗震设防分类	重点设防类（乙类）
建筑结构安全等级	一级	抗震设防烈度	8 度
结构重要性系数	1.1	设计地震分组	第三组
地基基础设计等级	甲级	场地类别	Ⅲ类
建筑结构阻尼比	0.05		

2. 抗震设计条件

剪力墙抗震等级一级，框架抗震等级二级，大跨框架抗震等级一级。

16.1.3 建筑主要平面剖面图

云南大剧院建筑主要平面和剖面见图 16.1-2～图 16.1-6。

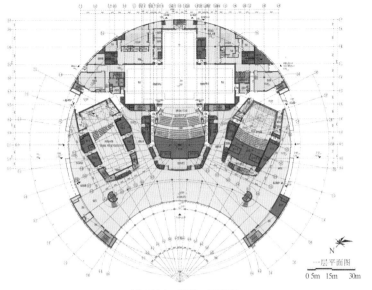

图 16.1-2　建筑一层平面

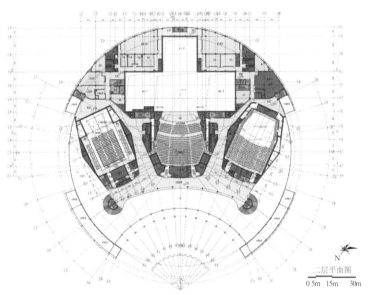

图 16.1-3　建筑二层平面

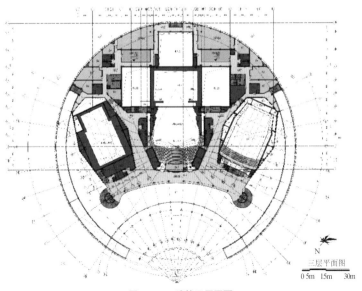

图 16.1-4　建筑三层平面

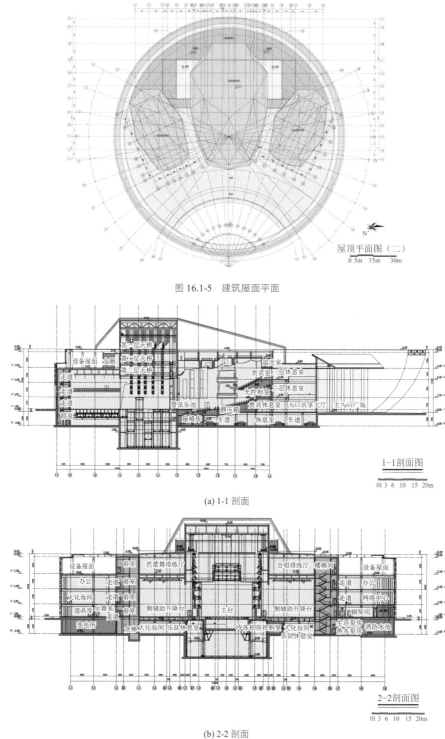

屋顶平面图（二）

0 5m 15m 30m

图 16.1-5 建筑屋面平面

1-1剖面图

0 1 3 6 10 15 20m

(a) 1-1 剖面

2-2剖面图

0 1 3 6 10 15 20m

(b) 2-2 剖面

图 16.1-6 建筑剖面图

16.2 项目特点

16.2.1 建筑功能与空间布置复杂

云南大剧院建筑造型以"圆"和西北侧新建云南省博物馆的"方"进行呼应，建筑总体分为三个核心空间，中间布置 1475 座主剧场，西南侧为 790 座音乐厅，东北侧为 440 座多功能小剧场。各厅间既相对独立又可相互连通，每个厅使用功能均与国际接轨，舞台音响、灯光、机械技术均达到了国内先进水平，整体构成了建筑功能与空间布置复杂的现代演艺中心。

由于各类不规则大空间的布置，使各层结构楼面刚度显著削弱，合理布置抗侧力构件、加强楼面结构，使水平地震作用在结构内可靠传递是本项目结构设计的重点和难点。

16.2.2　建筑环向立面造型独特

云南大剧院建筑立面设计展现"凝固的音乐，起伏的舞姿"，波浪起伏，逐层退进，在中间主入口及两侧次入口上空形成了沿建筑环向布置的三个拱形大跨空间，其中：中间拱占建筑环向 72.94° 区段，中心线沿环向跨度 91m（对应弦跨 85m）；两侧拱对称布置，各占建筑环向 54° 区段，中心线沿环向跨度 67m（对应弦跨 65m）；三跨连续拱（含落地段）共占建筑环向 234° 区段，见图 16.2-1。

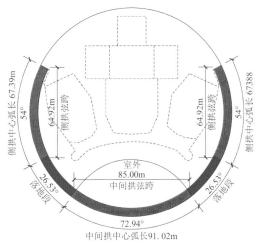

图 16.2-1　建筑立面三跨拱平面分布图

图 16.2-2 为建筑外围空间基本体形。建筑环向立面自下而上分 4 阶变化：第 1 阶形成建筑底部三个拱形大跨空间；第 2 阶形成径向内退 2m（或 4m）的阶梯变化；第 3 阶亦形成径向内退 2m 的阶梯变化；第 4 阶为宽度 2m 的环形顶面。

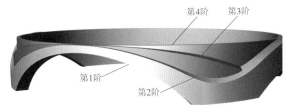

图 16.2-2　建筑外围空间基本体形

16.3　体系与分析

16.3.1　结构体系

云南大剧院是建筑功能和空间布置复杂的大型观演类建筑，大跨空间、楼面开大洞、错层等不规则情况是此类结构的普遍特点，因此本工程主体结构选择了在观演建筑中广泛采用的钢筋混凝土框架-剪力墙结构体系，该结构体系一方面为建筑设计创造了良好空间布置条件，另一方面可有效保证结构在竖向和水平作用下具有可靠的传力路径。

16.3.2 结构布置

云南大剧院结构整体由主体钢筋混凝土结构和外围钢结构两部分构成，见图16.3-1。主体结构框架柱布置时，结合建筑平面布置主要满足竖向承重需求；剪力墙布置时，一方面主要利用建筑竖向交通筒形成，另一方面为了使水平力在不同的大空间之间有效传递，在主要大空间（如观众厅、舞台等）的周边和角部也设置了剪力墙，总体使结构抗侧刚度分布均匀。主体混凝土结构中的框架柱和剪力墙平面布置见图16.3-2，典型框架柱截面为 700mm × 700mm 和 ϕ800mm 等；支撑大跨屋盖的框架柱截面以 800mm × 1000mm 为主，剪力墙厚度 400~600mm。外围钢结构主要满足建筑立面和公共大厅承重和立面造型的需求，采用三跨连续拱形钢结构，见第16.4节详细介绍。

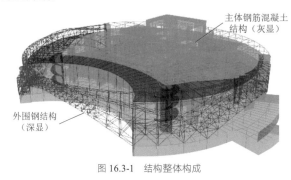

主体钢筋混凝土结构（灰显）

外围钢结构（深显）

图 16.3-1　结构整体构成

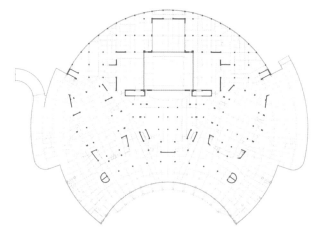

图 16.3-2　首层结构平面布置图

（红色构件为竖向框架柱和剪力墙）

16.3.3 性能目标

根据《建筑工程抗震设防分类标准》GB 50223-2008，本工程建筑抗震设防类别为重点设防类（乙类），地震作用按照8度设防烈度确定，抗震措施按照9度设防烈度的要求进行加强。综合考虑技术与经济合理性，本工程在满足规范对结构整体及构件的基本抗震性能的前提下，对结构中的重要构件或部位进行适度加强，使主体结构的变形能力满足《建筑抗震设计规范》GB 50011-2010 附录 M 中性能 3 的层间位移要求。本工程除了对结构整体提出性能目标外，对结构中的重要构件也提出了具体的性能目标，经过与云南省抗震专家的讨论，确定了两类重要构件：第一类为楼板开洞周边竖向构件、与错层（或斜向结构）相连的竖向构件、支撑大跨屋盖结构的竖向构件；第二类为楼面弱连接区域及楼面开洞的角部区域楼板。

为了保证结构整体的抗震性能目标，避免在不同地震水准作用下出现局部严重破坏（甚至倒塌），对第一类重要构件按照设防烈度地震作用下抗剪弹性要求进行设计，计算分析与设计主要通过等效弹性方法实现；对第二类重要构件按照设防烈度地震作用下的楼板平面内拉（压）应力进行计算分析，并通过加厚楼板的方式，有效降低楼板应力，使楼板在设防烈度地震作用下不屈服。

16.3.4　结构分析

1. 计算分析简述

　　本工程整体结构计算分析采用三套计算分析软件，分别是 SATWE、ETABS、SAP2000。由于软件对复杂结构的适应性和便利性不同，在 SATWE 和 ETABS 计算分析模型中仅建立主体钢筋混凝土结构模型，外围钢结构对主体结构的作用通过施加节点荷载考虑，未考虑它对整体结构抗侧刚度的贡献。因此在这两种模型中，外围钢结构质量所产生的地震作用完全由主体钢筋混凝土结构承担，图 16.3-3 为 ETABS 主体钢筋混凝土结构计算分析模型。在 SAP2000 计算分析模型中，建立了完整的整体模型，包括主体钢筋混凝土结构和外围钢结构模型，见图 16.3-1。

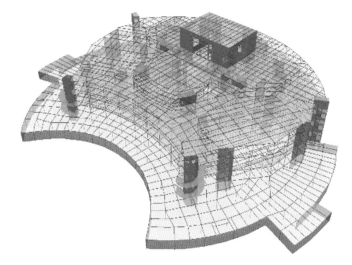

图 16.3-3　ETABS 主体钢筋混凝土结构模型

2. 地震反映谱分析

　　表 16.3-1 列出了各计算分析模型得到的结构主要振型（整体计算分析中仅考虑结构的侧向质量），由表可知在不同计算模型中结构主要振型情况基本一致。图 16.3-4 为 ETABS 计算模型得到的前 3 阶振型情况。

整体结构振型周期　　　　　　　　　　　　　　　　　　表 16.3-1

振型	SATWE/s	ETABS/s	SAP2000/s
第 1 阶	0.4816	0.4607	0.4485
第 2 阶	0.4514	0.4379	0.4270
第 3 阶	0.3825	0.4049	0.3947
第 4 阶	0.2719	0.2196	0.2222
第 5 阶	0.2388	0.1947	0.2163
第 6 阶	0.2209	0.1905	0.2159

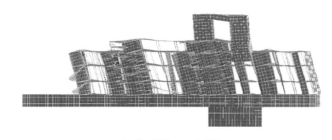

(a) 第 1 振型——Y 向平动

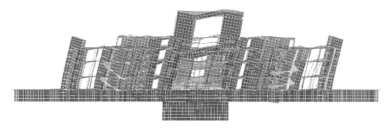

(b) 第 2 振型——X 向平动

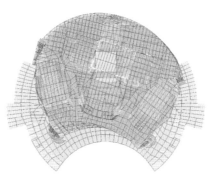

(c) 第 3 振型——扭转

图 16.3-4　ETABS 模型前 3 阶振型

图 16.3-5（a）和图 16.3-5（b）分别给出了三种模型在X向和Y向多遇地震作用下的楼层剪力分布图，图中 SAP2000 模型的地震楼层剪力统计分为两项：SAP2000a 曲线仅计入主体混凝土结构承受的楼层剪力，未计入外围钢结构所承受的楼层剪力；SAP2000b 曲线计入全部结构构件承受的楼层剪力。

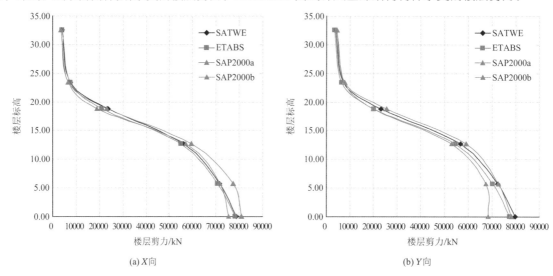

图 16.3-5　楼层剪力分布图

从统计结果可以看出，SATWE 和 ETABS 模型中主体钢筋混凝土结构承担的楼层剪力大小和分布情况基本一致，并且略大于 SAP2000 模型中主体钢筋混凝土结构所承担的地震剪力，说明在 SATWE 和

ETABS 模型中将外围钢结构按照附加荷载考虑的设计方法对主体钢筋混凝土结构的设计是安全的。在 SAP2000 模型中，外围钢结构参与整体受力，外围钢结构对整体结构提供了一定的抗侧刚度并且承担部分地震剪力，底层X向约承担 6.55% 的地震总剪力，Y向约承担 11.3% 的地震总剪力，因此在外围钢结构的设计中，按照实际承受的水平地震作用进行构件设计与验算。

3．弹性时程分析

多遇地震弹性时程分析选取了 3 条地震波，分别为：天然波 CPC74、天然波 LWD00 和人工波 LZ2，均为Ⅲ类场地地震波，加速度峰值均为 70cm/s²。分析结果显示，每条时程曲线计算所得底部剪力均大于振型分解反应谱求得底部剪力的 65%，同时 3 条时程曲线计算所得底部剪力平均值大于振型分解反应谱求得底部剪力的 80%，满足规范对弹性动力时程分析的要求，反应谱与弹性时程计算所得底层剪力具体数值及比较见表 16.3-2 和图 16.3-6。

反应谱与弹性时程计算所得底层剪力　　　　　　　　　　　　　　表 16.3-2

列项	规范反应谱	天然波 CPC74	天然波 LWD00	人工波 LZ2	地震波平均值
X向底层地震剪力/kN	78282.96	65628.26	72526.01	60563.91	66239.39
X向与反应谱的比值	1.00	0.84	0.93	0.77	0.85
Y向底层地震剪力/kN	77434.83	84406.84	60752.14	54824.36	66661.11
Y向与反应谱的比值	1.00	1.09	0.78	0.71	0.86

从振型分解反应谱与弹性时程分析结果可以看出：X向地震作用下，振型分解反应谱求得各层楼层剪力均大于 3 条时程曲线计算所得的楼层剪力；Y向地震作用下，振型分解反应谱求得各层楼层剪力大于 3 条时程曲线计算所得的平均楼层剪力，但天然波 CPC74 时程分析所得楼层剪力略大于振型分解反应谱计算所得的楼层剪力，最大相差约 9%。

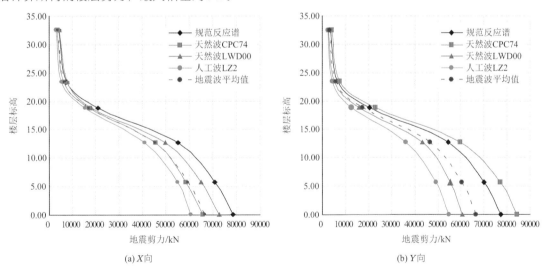

(a) X向　　　　　　　　　　　　　　　　　　　(b) Y向

图 16.3-6　弹性时程分析楼层剪力分布图

4．静力弹塑性分析

为了验证结构在设防烈度地震作用下和罕遇地震作用下的结构性能，采用 PKPM 系列软件中的 PUSH&EPDA 进行 Pushover 分析。

Pushover 分析中分别进行X向和Y向两个方向的水平加载，各向水平加载的荷载分布形式与该方向弹性反应谱地震计算得到的楼层地震作用分布一致，水平加载前均进行重力加载，水平加载过程中考虑$P\text{-}\Delta$效应，对应本工程反应谱曲线中的参数取值分别为：设防烈度地震作用下，$\alpha_{\max} = 0.45$，$T_g = 0.65\text{s}$；罕遇地震作用下，$\alpha_{\max} = 0.9$，$T_g = 0.70\text{s}$。

Pushover 分析后得到以下结论：

（1）当结构达到设防烈度地震性能点时，较多框架梁出现塑性铰，仅少量框架柱出现塑性铰，而抗震墙因刚度大，承担了大部分的地震作用，大量进入塑性开展阶段（仅局部墙体出现破坏），结构刚度降低，附加阻尼迅速增长，结构耗能能力明显增强，X向和Y向最大层间位移角分别为 1/669、1/664，满足《建筑抗震设计规范》GB 50011-2010 性能 3 变形小于 2 倍弹性位移限值。

（2）当结构达到罕遇地震性能点时，框架梁和框架柱塑性铰进一步增多，抗震墙塑性开展进一步扩大，出现破坏的墙体区域增多，结构刚度下降明显，附加阻尼增长相对缓慢，结构未出现整体或局部倒塌的严重破坏，X向和Y向最大层间位移角分别为 1/243、1/242，远小于规范 1/100 的基本要求，满足附录 M 中性能 3 变形小于 4 倍弹性位移限值的要求。

16.4 外围大跨拱形钢结构设计

16.4.1 结构比选

云南大剧院外围建筑体形是本工程建筑设计的重点和难点之一，结构设计需在充分满足建筑效果要求的同时为建筑立面及入口大厅屋盖提供安全合理的结构支承条件。

1. 中间拱

外围钢结构方案的确定，首先从中间拱的建筑基本形体出发。经初步计算分析，环向布置的空间拱主要控制内力，除轴力外还有双向弯距、双向剪力及扭矩。综合考虑建筑的整体形态和内力需求后，决定采用空间钢管桁架拱作为外围建筑造型的主要承重结构。

通过进一步研究建筑形体在立面上的变化，如图 16.4-1（a）所示，可以得到如图 16.4-1（b）所示的结构布置必需支承点、延伸控制点和备选控制点。通过环向依次连接相邻径向剖面中的对应控制点，可在环向形成空间桁架的弦杆；在径向剖面内则通过设置斜腹杆和直腹杆形成平面不变体系；在相邻径向平面控制点间设置斜腹杆从而形成整体空间桁架，图 16.4-2 和图 16.4-3 列出了主承重拱采用不同环向弦杆数量的三种结构布置方案：

M1——2 根下弦杆，3 根上弦杆；

M2——4 根下弦杆，4 根上弦杆；

M3——3 根下弦杆，3 根上弦杆。

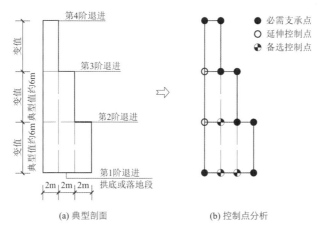

(a) 典型剖面　　　　(b) 控制点分析

图 16.4-1　中间拱典型径向剖面图及结构边界控制点分析

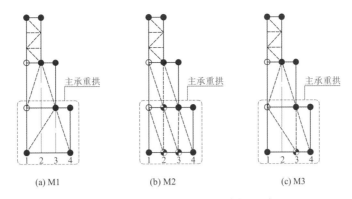

(a) M1   (b) M2   (c) M3

图 16.4-2   中间拱结构备选布置方案剖面示意

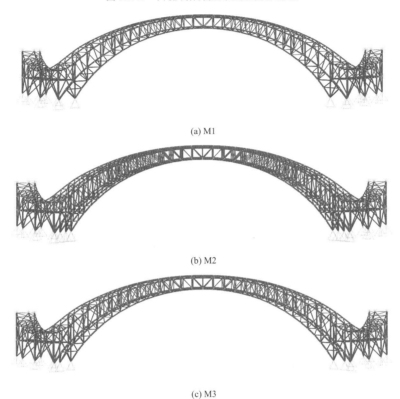

(a) M1

(b) M2

(c) M3

图 16.4-3   中间拱结构备选布置方案计算比较模型

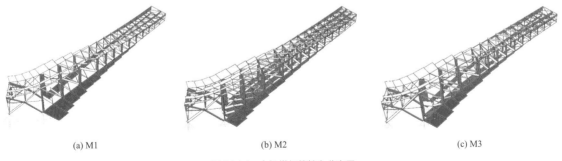

(a) M1   (b) M2   (c) M3

图 16.4-4   中间拱杆件轴力分布图

　　方案比较中暂不考虑主承重桁架以上的结构贡献，仅考虑其荷载对主桁架的影响并施加相同的附加恒荷载。图 16.4-4 中分别显示了三个方案的杆件轴力分布图（图中仅显示对称一侧的构件）。

　　由于环向空间拱整体双向受弯的特点，各方案中上下弦杆在同一横断面处，下弦（或上弦）杆件间的内力差异较大，内力分布不均匀。表 16.4-1 和表 16.4-2 分别给出了不同结构方案中支座上、下弦杆和跨中上、下弦杆的最大轴力值及相对比值，其中：轴力数值正号表示拉力，负号表示压力；比值均以对应方案中的 1 号位杆件轴力作为单位 1 计算得到；表中弦杆序号由内环向外环每间隔 2m 依次为 1、2、3、4（图 16.4-2）。

从表 16.4-1、表 16.4-2 中数值的对比可以看出，支座上弦杆和跨中下弦杆的轴力大小在三个方案中的差异相对较小；靠近支座的下弦杆轴力在各方案中均显著高于其他部位的杆件轴力，其中 M3 的三根下弦杆轴向压力值相对均匀，M1 和 M2 的轴力值差别较大。

M1 由于最外环支座下弦杆（4 号位杆件）的轴力过度集中，与其他杆件的内力差别巨大，必然使局部构件尺寸过大，成为整体结构边界的控制性尺寸。M2 空间杆件布置密集，虽然杆件最大轴力相对较小，但与 M3 对应杆件的内力无明显差距，并且存在较多区段的弦杆轴力很小、整体结构构件利用效率相对较低。因此，中间拱区段选择 M3 作为实施方案。

支座上弦和下弦杆轴力最大值　　　　　　　　　　　　　　表 16.4-1

方案	列项	支座上弦杆件序号				支座下弦杆件序号			
		1	2	3	4	1	2	3	4
M1	轴力/kN	1584	—	450	223	−1589	—	—	−3796
	比值	1.00	—	0.28	0.14	1.00	—	—	2.39
M2	轴力/kN	1519	623	338	230	−810	−1339	−1712	−2162
	比值	1.00	0.41	0.22	0.15	1.00	1.65	2.11	2.67
M3	轴力/kN	1526	—	481	260	−1545	—	−1942	−2216
	比值	1.00	—	0.32	0.17	1.00	—	1.26	1.43

跨中上弦和下弦杆轴力最大值　　　　　　　　　　　　　　表 16.4-2

方案	列项	跨中上弦杆件序号				跨中下弦杆件序号			
		1	2	3	4	1	2	3	4
M1	轴力/kN	−758	—	−373	−344	−274	—	—	660
	比值	1.00	—	0.49	0.45	1.00	—	—	−2.41
M2	轴力/kN	−607	−451	−377	−246	−203	13	239	533
	比值	1.00	0.74	0.62	0.41	1.00	−0.06	−1.18	−2.63
M3	轴力/kN	−721	—	−502	−313	−307	—	190	532
	比值	1.00	—	0.70	0.43	1.00	—	−0.62	−1.73

2. 侧拱

侧拱与中间拱的受力相比，虽然其顶部需要为局部屋面提供竖向支承条件，但是屋面结构同时也为侧拱提供了有利的侧向约束。同样通过对建筑体形边界的分析，可得到侧拱的结构布置控制条件，见图 16.4-5。图 16.4-6 给出了两种不同环向弦杆布置的方案：

S1——2 根下弦杆，2 根上弦杆；

S2——3 根下弦杆，3 根上弦杆。

S1 和 S2 中侧拱的上下弦杆竖向间距均为 5.70m，与首层层高相同，从而使侧拱上弦支座可与主体混凝土楼面结构直接相连；侧拱上弦增设水平侧向约束支座，以简化考虑屋面结构对侧拱的侧向支撑。两个方案比较时，均施加相同的附加恒荷载。

经典回眸　同济大学建筑设计研究院（集团）有限公司篇

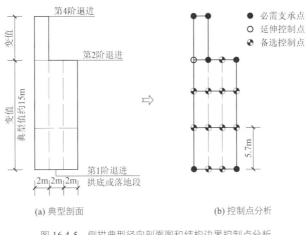

(a) 典型剖面   (b) 控制点分析

图 16.4-5　侧拱典型径向剖面图和结构边界控制点分析

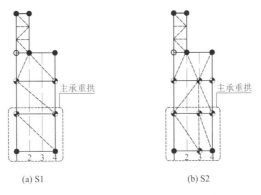

(a) S1   (b) S2

图 16.4-6　侧拱结构备选布置方案剖面示意

　　表 16.4-3 列出了 S1 主承重拱桁架上下弦杆在支座和跨中的最大轴力值（正值表示拉力，负值表示压力），图 16.4-7 为 S1 杆件轴力分布图。从表中数值和轴力分布图可以看出，由于拱顶水平侧向约束的存在，环向空间拱的双向受弯特征不明显，具体表现为内、外侧弦杆轴力差异较小。因此，侧拱结构布置选择中，未采用弦杆数量较多的 S2 方案，而选择 S1 作为实施方案。

图 16.4-7　S1 杆件轴力分布图

S1 主要弦杆轴力最大值　　　　　　　　　　　　　　　　表 16.4-3

部位	列项	内侧（1 号）	外侧（4 号）
支座上弦杆	轴力/kN	−827	−1118
	比例值	1.00	1.35
支座下弦杆	轴力/kN	−1497	−1749
	比例值	1.00	1.17
跨中上弦杆	轴力/kN	−626	−412
	比例值	1.00	0.66
跨中上弦杆	轴力/kN	−132	64
	比例值	1.00	−0.48

16.4.2 结构布置

外围主承重拱结构的基本方案确定后，通过在建筑空间模型中进行环向、径向切割等细致处理，可获得与建筑形体保持一致的最终结构模型，见图 16.4-8。

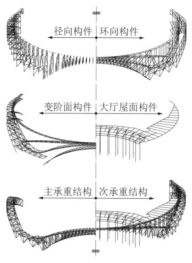

图 16.4-8 外围钢结构构成

在结构构成中，按照结构构件所在位置或区域可将外围钢结构划分为：径向构件、环向构件、变阶面构件以及大厅屋面构件；从结构受力角度可将外围钢结构划分为：主承重结构（底部三跨连续拱形钢桁架），次承重结构（主承重拱上部的支撑钢框架以及大厅屋面结构）。

外围钢结构除大厅屋面钢梁外，结构杆件均以轴向受力为主，采用圆钢管截面，设计最大截面均出现在中间拱和侧拱外侧靠近支座处的下弦杆件，截面为$\phi500mm \times 20mm$，上下弦杆的截面均沿环向根据受力需求合理变化，拱跨中区域的弦杆典型截面为$\phi299mm \times 12mm$ 或$\phi299mm \times 8mm$，其他杆件截面相对较小，种类较多。

16.4.3 结构分析

外围钢结构作为整体结构一部分的整体结构计算分析，重点分析了其在水平地震作用下的受力性能，本节将外围钢结构脱离钢筋混凝土主体结构进行独立计算分析，重点分析大跨结构在竖向作用下的受力性能。

1. 结构振型

因本结构为大跨空间结构，在外围钢结构独立计算分析中，重点考察了结构的竖向振动模态。图 16.4-9（a）～图 16.4-9（c）分别显示了外围钢结构前 3 阶的竖向振型，可以看出前 3 阶振型均以中间拱的竖向振动为主，说明中间拱的竖向刚度相对较弱。

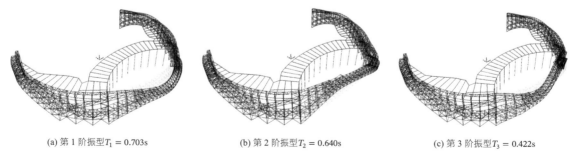

(a) 第 1 阶振型$T_1 = 0.703s$ (b) 第 2 阶振型$T_2 = 0.640s$ (c) 第 3 阶振型$T_3 = 0.422s$

图 16.4-9 外围钢结构竖向振型

2. 重力荷载作用

图 16.4-10 为重力荷载标准值作用下的结构变形图，中间拱跨中最大竖向位移值为 65mm，约为弦跨的 1/1307；侧拱跨中竖向位移值为 31mm，约为弦跨的 1/2094，最大位移值均满足《钢结构设计规范》GB 50017-2003 的要求。

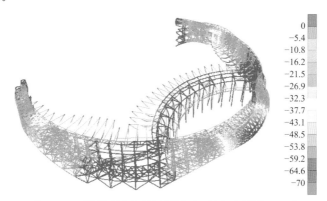

图 16.4-10　外围钢结构在重力荷载作用下的变形（单位：mm）

3. 竖向地震作用

外围钢结构的竖向地震作用分析采用竖向振型分解反应谱法，竖向地震影响系数取水平地震影响系数的 65%。计算分析结果显示，外围钢结构竖向重力荷载代表值总和为 63554kN，竖向多遇地震作用下的支座竖向反力标准值总和为 4677kN，是重力荷载代表值作用下效应的 0.074 倍，小于《建筑抗震设计规范》GB 50011-2010 中竖向地震作用系数 0.10。因此，外围钢结构在整体计算分析中按照 0.10 倍的重力荷载代表值考虑竖向地震作用，与水平地震作用等其他荷载工况参与设计组合。

4. 竖向极限承载力分析

外围钢结构中间拱跨度大，环向连续 91.02m 无侧向支撑，因此采用 SAP2000 对中间拱进行了竖向极限承载力分析。为了更加清晰地反映中间主承重拱竖向承载力情况，分析中取消主承重拱上部次承重结构，次承重结构传递下来的重力荷载以竖向节点荷载的形式施加至主承重拱的对应节点。

对该计算模型进行弹性屈曲分析。由于中间主承重拱结构整体刚度较好，局部杆件的刚度相对较弱，低阶屈曲模态中大量表现为局部杆件的屈曲模态，前 3 阶屈曲模态特征值分别为 12.12、12.13、13.74，当屈曲模态计算数量超过 126 时，才得到变形表现为整体屈曲的模态，见图 16.4-11，对应特征值为 70.45。在进一步的竖向极限承载力分析中，以第一次出现的整体屈曲模态变形来考虑初始缺陷，跨中最大缺陷值取跨度的 1/300。

图 16.4-11　中间主承重拱整体屈曲模态

竖向极限承载力分析分 U1 和 U2 两个模型进行，均考虑几何非线性和材料非线性，差别在于：U1 不考虑整体初始缺陷；U2 考虑整体初始缺陷。

材料非线性分析设置中，钢材均采用双折线刚度模拟，为保证分析的收敛性，第二折线段的刚度取钢材弹性刚度的 0.3%（接近理想弹塑性材料）；杆件采用纤维塑性铰模拟，每根杆件沿长度方向划分为若干纤维铰区段；杆件截面离散为 8 组弹塑性纤维，沿钢管周边均匀分布且离散后的整体纤维截面面积及惯性矩与原钢管截面保持一致。

图 16.4-12 分别给出了 U1 和 U2 的全过程竖向加载曲线，横坐标为跨中竖向向下位移，纵坐标为加载过程中竖向荷载与重力荷载标准值的比值（最大值即为结构竖向承载的安全系数），重力荷载标准值为11078kN。分析得到，U2 的安全系数为 3.161，小于 U1 的结构安全系数 3.248，两者均满足《空间网格结构技术规程》JGJ 7-2010 的要求，U2 的安全系数相比 U1 仅降低 2.68%，说明中间主承重拱的竖向极限承载力对结构整体缺陷不敏感。除此之外，U1 和 U2 在达到竖向极限承载力后，结构竖向承载力均未显著降低，后续可维持相对平稳的竖向承载力。

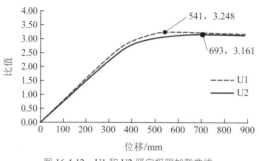

图 16.4-12　U1 和 U2 竖向极限加载曲线

图 16.4-13 和图 16.4-14 分别给出了 U2 竖向加载达到极限承载力时的结构变形情况及杆件轴向应力分布情况（图中仅显示中间拱对称侧的结构杆件）。U2 在竖向极限承载力状态下，跨中最大竖向变形为693mm，大部分杆件未进入屈服状态，靠近支座的部分上弦杆、斜腹杆局部截面应力超过钢材屈服强度。

竖向极限承载力分析过程表明，中间主承重拱桁架具有较强的竖向承载力，并且在结构整体达到极限承载力前后表现出良好的延性。

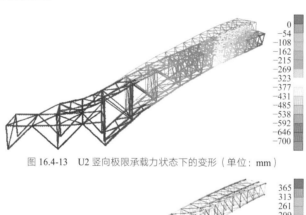

图 16.4-13　U2 竖向极限承载力状态下的变形（单位：mm）

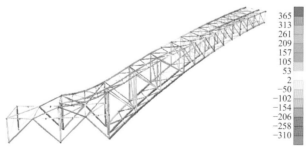

图 16.4-14　U2 竖向极限承载力状态下的杆件最大应力（单位：MPa）

16.5 结语

（1）云南大剧院是建筑功能和空间布置复杂的大型观演类建筑，主体结构采用钢筋混凝土框架-剪力墙结构体系，在满足建筑功能需求的前提下，通过合理布置抗侧力结构，加强大空间之间的水平连系结构，使结构具有良好的整体性，结构在各地震水准下达到了预期的抗震性能目标。

经典回眸·同济大学建筑设计研究院（集团）有限公司篇

（2）云南大剧院外围钢结构设计采用环向布置的三跨连续多弦杆拱形钢桁架，外围钢结构在整体结构中参与抗震，具有稳定性良好、承载力可靠、结构布置和空间变化与建筑体形保持高度一致性的优点，很好地满足了建筑空间和立面效果的需求。

参考资料

[1] 同济大学建筑设计研究院(集团)有限公司. 云南省文化艺术中心(云南大剧院)建设项目结构抗震分析与设计送审报告[R]. 2015.

[2] 居炜, 周游, 陆秀丽. 云南大剧院外围大跨拱形钢结构设计[J]. 建筑结构, 2021, 51(S1): 524-530.

设计团队

结构设计单位：同济大学建筑设计研究院（集团）有限公司

结构设计团队：丁洁民，陆秀丽，居　炜，周　游，文　超，程　前

执　笔　人：居　炜

获奖信息

2019 年教育部优秀勘察设计公共建筑二等奖

2019 年云南省建筑业协会优质工程一等奖

2019 年上海市优秀工程设计建筑结构专业二等奖

第17章

上音歌剧院

17.1 工程概况

17.1.1 建筑概况

上音歌剧院是由一个 1200 座的歌剧院、4 个排演厅、1 个专业学术报告厅和配套用房等组成的观演类公共建筑，建筑地下 3 层，地上 3～5 层，其中歌剧院观众厅屋面高度 23.20m、舞台台塔屋面高度 33.30m。本工程作为上海市重大建设工程，建设目标是将其打造为亚洲一流的歌剧院，在参建各方的共同努力下，上音歌剧院已于 2019 年底建成并向公众正式开放，图 17.1-1 为建筑实景图。

图 17.1-1　建筑实景图

17.1.2 设计条件

1. 主体控制参数

控制参数　　　　　　　　　　　　　　　　　　　　　　　　　　　　表 17.1-1

结构设计基准期	50 年	建筑抗震设防分类	重点设防类（乙类）
建筑结构安全等级	一级		标准设防类（丙类）
结构重要性系数	1.1	抗震设防烈度	7 度
地基基础设计等级	甲级	设计地震分组	第二组
建筑结构阻尼比	0.05	场地类别	IV 类

2. 结构抗震设计条件

上音歌剧院上部建筑被划分为单体 A（核心功能单体）、单体 B（前场单体）和单体 C（后场单体），结构单体划分见图 17.3-1。单体 A 和单体 B 抗震设防类别均为重点设防类（乙类），单体 C 为标准设防类（丙类）。单体 A 采用钢筋混凝土框架-剪力墙结构体系，剪力墙抗震等级一级，框架抗震等级二级；单体 B 和单体 C 均采用钢筋混凝土框架结构体系，单体 B 框架抗震等级为二级，单体 C 框架抗震等级为三级。

17.1.3 建筑主要平面剖面图

上音歌剧院建筑主要平面和剖面见图 17.1-2～图 17.1-5。

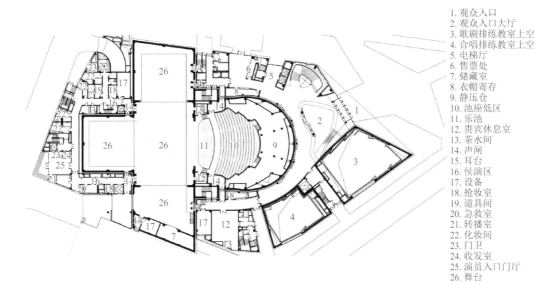

1. 观众入口
2. 观众入口大厅
3. 歌剧排练教室上空
4. 合唱排练教室上空
5. 电梯厅
6. 售票处
7. 储藏室
8. 衣帽寄存
9. 静压仓
10. 池座低区
11. 乐池
12. 贵宾休息室
13. 茶水间
14. 声闸
15. 耳台
16. 侯演区
17. 设备
18. 抢妆室
19. 道具间
20. 急救室
21. 转播室
22. 化妆间
23. 门卫
24. 收发室
25. 演员入口门厅
26. 舞台

图 17.1-2　建筑一层平面

1. 二层平台
2. 观众入口大厅上空
3. 大型管弦乐排练教室
4. 民乐排练教室
5. 电梯厅
6. 观众休息室
7. 楼梯间
8. 道具室
9. 更衣室
10. 池座低区
11. 乐池
12. 池座高区
13. 茶水间
14. 声闸
15. 耳光室
16. 假发维修间
17. 设备
18. 解说室
19. 声控室
20. 放映厅
21. 光控室
22. 化妆间
23. 审片室
24. 淋浴间
25. 连廊
26. 舞台

图 17.1-3　建筑二层平面

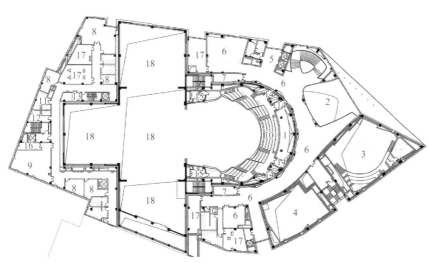

1. 静压仓
2. 观众入口大厅上空
3. 大型管弦乐排练教室上空
4. 民乐排练教室上空
5. 电梯厅
6. 观众休息室
7. 楼梯间
8. 管理办公室
9. 演员休息室
10. 一层楼座
11. 领舞
12. 领唱
13. 茶水间
14. 声闸
15. 耳光室
16. 餐具间
17. 设备
18. 舞台上空

图 17.1-4　建筑三层平面

1.大型管弦乐排练教室　　4.观众入口大厅　　7.舞台　　　　10.储藏库房　　13.电梯　　　16.静压仓　　19.放映室
2.歌剧排练教室　　　　　5.弹簧隔离层　　　8.维修　　　　11.穿梭走廊　　14.风井　　　17.设备　　　20.消防水泵房
3.观众休息厅　　　　　　6.观众座位　　　　9.灯光工作室　12.前室　　　　15.乐池演奏区　18.乐队休息　21.车库

图 17.1-5　建筑剖面

17.2　项目特点

17.2.1　建筑用地狭小紧邻地铁隧道

上音歌剧院坐落于上海音乐学院校区东北角，建设用地狭小，紧邻淮海中路和汾阳路转角。上海地铁 1 号线自东向西沿淮海中路从上音歌剧院北侧地下经过，地铁隧道边缘至地下室外墙水平最近距离仅为 10m，见图 17.2-1。地铁正常行驶过程中产生的环境振动和二次噪声必然对建筑产生影响，尤其是对歌剧院这种建筑功能及声学要求极高的建筑物，如何解决地铁振动对建筑使用功能的不利影响是结构设计必须解决的关键问题。

图 17.2-1　建筑物与地铁线路关系

17.2.2　阶梯状分区整体地铁隔振

现场测试结果表明上音歌剧院若不采取有效的地铁隔振措施，建筑的核心功能和品质将严重受到影响。如何合理高效地设置隔振层，切断振动传播路径是首先需要解决的问题。结构设计在充分理解建筑空间与功能布置的条件下，分析了两种隔振层的布置方案：等标高基底隔振和阶梯状分区隔振，如图 17.2-2所示。

1. 等标高基底整体隔振

在基础底板同一标高处设置隔振层，结构布置和受力相对简单，但涉及隔振的范围巨大，包括了大量车库、设备机房和附属用房等。若按此方案实施，一方面隔振措施、基坑开挖等工程造价将显著提高；另一方面大量设备机房也会产生不可忽视的环境振动，由此引起不必要的二次振动控制问题。

2. 阶梯状分区整体隔振

隔振层按照建筑核心功能的空间布置阶梯状分区隔振，分别在主舞台台仓底（第 1 阶）、观众厅底（第 2 阶）和侧台、后台底（第 3 阶）下设置隔振层，隔振层以上的结构与周边结构水平向完全脱开，从而形成整体隔振的核心结构单体。采用阶梯状分区隔振方案，虽然在结构布置和受力上相对复杂，但是明显提高了建筑对地下空间的利用效率，降低了工程造价，同时将建筑内部振源与核心功能区全面隔离。

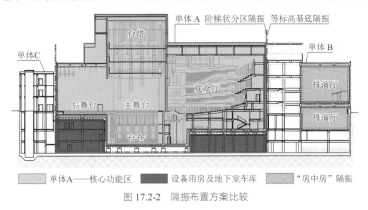

图 17.2-2　隔振布置方案比较

经过和建筑设计综合比较后，上音歌剧院核心功能区选择了地下空间利用率更高、造价更低、内外隔振效果更好的阶梯状分区整体隔振方案，4 个排演厅则采用"房中房"的局部隔振方式进行振动控制。

17.2.3　地铁隔振与地震减震组合应用

上音歌剧院核心功能区采用钢弹簧隔振后，计算分析表明结构水平地震作用效应较未隔振结构明显放大，基底剪力增大约 20%，最大层间位移角增大超过 100%。如何减小地铁竖向隔振带来的地震放大效应？如何获得更好的结构抗震性能？成为本工程结构设计的重点之一。抗震设计概念为我们提供了两个思考的方向：

（1）隔震

钢弹簧刚度的特点与橡胶隔震差异较大，其竖向刚度相对小、水平刚度相对大。钢弹簧水平刚度降低条件有限，不足以产生有效的水平隔震效应；橡胶隔震弹簧的竖向刚度大，对竖向地铁隔振效果有限。

（2）减震

在水平位移相对较大的隔振层合理布置黏滞阻尼器，增加结构的附加阻尼，优化上部结构的构件布置与尺寸，降低地震作用效应；水平布置的黏滞阻尼器不影响结构的竖向刚度，对地铁隔振效果不产生影响。

经深入分析与比较，通过在第 3 阶隔振层（左右舞台的下方）集中设置阻尼器，多遇地震作用下基底剪力可降低至无地铁隔振方案的 90%，完全消除了结构因地铁隔振产生的地震放大作用；在罕遇地震作用下，阻尼器不仅降低了主体结构损伤，更重要的是大幅度减小隔振层支座的位移约 50%。阻尼器与隔振钢弹簧平面布置见图 17.2-3。

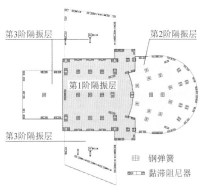

图 17.2-3　钢弹簧和阻尼器布置图

17.3 体系与分析

17.3.1 结构划分

上音歌剧院采用阶梯状分区整体地铁隔振的方式将核心观演功能区与周边建筑完全脱开，由此上部建筑被划分为 A、B、C 三个结构单体，见图 17.3-1。单体 A 通过弹簧与地下室结构相连，单体 B、单体 C 与地下室结构直接相连不设隔振层。本节重点说明核心功能区单体 A 的结构设计与分析。

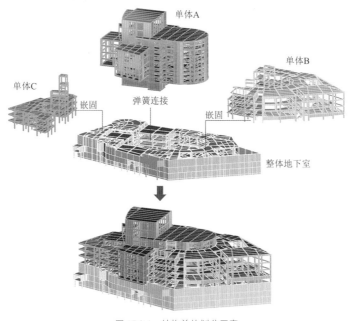

图 17.3-1 结构单体划分示意

17.3.2 结构布置

单体 A 采用钢筋混凝土框架-剪力墙结构，竖向构件布置如图 17.3-2 所示（图中未显示台仓及乐池部分的墙体和柱）。与一般建筑不同，由于舞台、观众厅等竖向布置特殊，为了使结构设计结果统计与规范结果呼应，结合建筑平面和竖向布置，将整体结构的楼层从下至上分为 S0 层（舞台观众厅层）、S1 层（后台侧台屋面层）、S2 层（观众厅屋面层）和 S3 层（台塔屋面层），结构楼层示意见图 17.3-3。

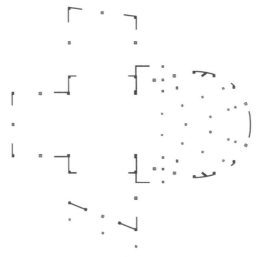

图 17.3-2 竖向构件平面布置图

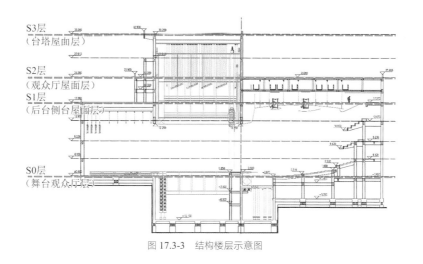

S3层
（台塔屋面层）

S2层
（观众厅屋面层）

S1层
（后台侧台屋面层）

S0层
（舞台观众厅层）

图 17.3-3　结构楼层示意图

17.3.3　方案比较

1．方案简述

1）方案一：无隔振方案（仅作为对比方案）

无隔振方案仅包括地上结构部分，即框架-剪力墙结构，采用固定铰支座，结构计算模型见图17.3-4。

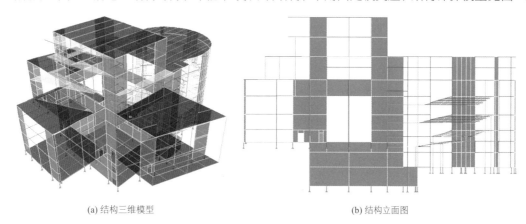

(a) 结构三维模型　　　　　　　　　(b) 结构立面图

图 17.3-4　无隔振模型示意图

2）方案二：弹簧隔振方案

弹簧隔振方案如图17.3-5所示，该方案根据地铁振动隔振需要，在隔振层布置了弹簧支座。

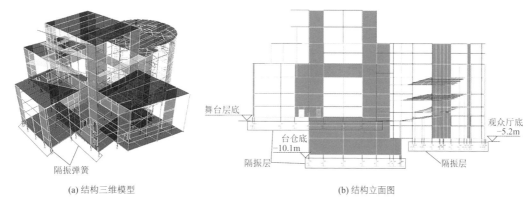

隔振弹簧

舞台层底

台仓底
−10.1m

隔振层

观众厅底
−5.2m

隔振层

(a) 结构三维模型　　　　　　　　　(b) 结构立面图

图 17.3-5　弹簧隔振模型示意图

3）方案三：组合隔振（弹簧支座＋黏滞阻尼器）方案

在方案二的基础上，布置了黏滞阻尼器以减小结构受到的地震作用；阻尼器形式如图17.3-6所示。

为提高阻尼器的工作效率，将阻尼器布置在结构侧向变形最大的支座处，并且尽可能沿建筑周边双向布置，提高结构在地震作用下的抗扭能力。方案二中弹簧支座各区域在多遇地震作用下的侧向变形情况如表 17.3-1 所示。从表中可以看出，左右侧舞台区域的弹簧支座平均侧向变形最大，因此将阻尼器布置在此处，选取X向和Y向变形最大的点布置阻尼器，两个方向各布置 8 个，最终实施阻尼器布置如图 17.3-7 所示，黏滞阻尼器参数见表 17.3-2。

经典回眸·同济大学建筑设计研究院（集团）有限公司篇

钢弹簧支座分区侧向变形（无阻尼器）　　　　　　　　表 17.3-1

标高	支座平均侧向变形/mm	
	X向	Y向
主舞台台仓底部	1.08	0.91
观众厅底部	1.41	1.38
左、右侧舞台底部	2.18	2.10

黏滞阻尼器参数　　　　　　　　表 17.3-2

阻尼器参数	ZN-A	ZN-B
$C[\mathrm{kN} \cdot (\mathrm{s/m})^{\alpha}]$	4000	3000
α	0.3	0.3

图 17.3-6　黏滞阻尼器示意图

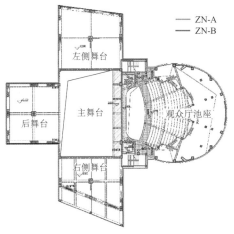

图 17.3-7　组合隔振方案阻尼器布置

2. 各方案主要分析结果

1）周期对比

表 17.3-3 为不同方案结构自振周期对比情况，从表中可以看出：①弹簧支座隔振方案和组合隔振方案相比于无隔振方案，自振周期延长；②阻尼器无静刚度，有无阻尼器结构周期相同。

振型	无隔振/s	弹簧支座隔振方案/s	组合隔振方案/s
1	0.56	0.87	0.87
2	0.54	0.85	0.85
3	0.43	0.70	0.70
4	0.37	0.41	0.41
5	0.30	0.31	0.31
6	0.28	0.30	0.30
T_3/T_1	0.77	0.80	0.80

2）弹性时程基底剪力对比

表 17.3-4 为不同方案结构多遇地震弹性时程分析得到的基底剪力对比情况，从表中可以看出：①相比于无隔振方案，弹簧支座隔振方案 X 向基底剪力增加了 19%，Y 方向增加了 16%；②采用组合隔振方案后，阻尼器参与地震耗能，使 X 向基底剪力降为无隔振方案的 93%，Y 方向基底剪力降为无隔振方案的 89%，组合隔振方案有效降低了结构基底剪力。

不同方案基底剪力对比 表 17.3-4

弹性时程地震波	无隔振方案/kN		隔振方案/kN		组合隔振方案/kN	
	X向	Y向	X向	Y向	X向	Y向
SHW1	11327.17	11258.05	13850.68	14081.91	10386.85	10465.53
SHW2	11676.85	10399.51	16621.76	16527.41	12657.75	11915.23
SHW3	15704.29	14977.37	16767.86	14771.26	13787.12	12340.11
SHW4	15137.8	14952.71	15243.22	14086.81	15519.3	14642.49
SHW5	14133.65	14047.92	16751.3	18945.06	13017.32	11844.72
SHW6	15530.88	16062.89	17004.82	15734.03	11078.74	10685.9
SHW7	13324.55	13752.05	18550.37	16742.58	13312.38	12669.14
平均值	13833.6	13635.79	16398.57	15841.29	12822.78	12080.45
与无隔振方案比	100%	100%	118.54%	116.17%	92.69%	88.59%

3）层间位移角对比

表 17.3-5 为不同方案结构多遇地震弹性时程分析得到的最大层间位移角对比情况，从表中可以看出：①相比于无隔振方案，弹簧支座隔振方案和组合隔振方案层间位移角都有所增大；②相比于弹簧支座隔振方案，组合隔振方案降低了地震作用，层间位移角显著降低。

不同方案最大层间位移角对比 表 17.3-5

单体 A	无隔振方案		隔振方案		组合隔振方案	
方向	X	Y	X	Y	X	Y
最大层间位移角	1/3066	1/3024	1/1646	1/1572	1/2680	1/2693
百分比	100%	100%	181%	217%	106%	126%
所在楼层	S1	S1	S1	S1	S1	S1
规范限值	1/800	1/800	1/800	1/800	1/800	1/800

4）楼层侧向变形对比

表 17.3-6 为不同方案结构多遇地震弹性时程分析得到的结构顶点位移对比情况，从表中可以看出：

①相比于无隔振方案，隔振方案 X 向顶点位移增加 89%，Y 方向顶点位移增加 88%；②组合隔振方案由于增加黏滞阻尼器，顶点位移可控制到与无隔振方案基本相同。

不同方案顶点位移对比　　　　　　　　　　表 17.3-6

弹性时程地震波	无隔振方案/mm		隔振方案/mm		组合隔振方案/mm	
	X 向	Y 向	X 向	Y 向	X 向	Y 向
SHW1	8.01	8.05	14.69	15.64	8.58	8.86
SHW2	9.29	9.44	16.43	18.14	9.32	9.14
SHW3	12.51	13.04	19.37	19.57	13.27	13.06
SHW4	8.77	8.90	17.79	17.42	12.59	12.30
SHW5	9.73	10.23	18.04	17.04	10.57	10.05
SHW6	10.29	10.83	17.86	19.43	8.56	9.24
SHW7	8.88	8.75	23.12	23.21	12.49	12.45
平均值	9.64	9.89	18.19	18.64	10.77	10.73
与无隔振方案比值	100%	100%	188.69%	188.47%	111.72%	108.49%

5）隔振层位移对比

表 17.3-7 分别给出了罕遇地震下弹簧隔振方案和组合隔振方案支座处的最大位移。从表中可以看出，与弹簧支座隔振方案相比，组合隔振方案的支座位移减少近 50%。

阻尼器布置区域位移对比　　　　　　　　　　表 17.3-7

弹性时程地震波	弹簧隔振方案/mm		组合隔振方案/mm	
	X 向	Y 向	X 向	Y 向
SHW8	20.35	27.56	9.24	12.15
SHW9	18.77	20.37	9.17	9.68
SHW10	20.27	17.61	11.77	10.76
SHW11	23.97	17.97	16.71	12.63
SHW12	22.48	24.16	12.35	12.13
SHW13	27.72	24.60	11.59	10.92
SHW14	28.54	26.35	13.12	12.66
平均值	23.13	22.27	11.99	11.56
与隔振方案比值	100%	100%	51.83%	51.90%

3．方案小结

从以上方案对比分析中可以得出以下几点结论：（1）与无隔振方案相比，弹簧支座隔振方案和组合隔振方案的自振周期都有所延长。（2）与无隔振方案相比，弹簧支座隔振方案 X 向基底剪力增加了 19%，Y 方向增加了 16%；采用组合隔振方案后，X 向基底剪力降为无隔振方案的 93%，Y 方向基底剪力降为无隔振方案的 89%，组合隔振方案对结构基底剪力起到了明显的减小作用。（3）与无隔振方案相比，隔振方案顶点位移增加较大，组合隔振方案能够降低隔振方案的顶点位移，使其与无隔振方案基本一致。（4）与隔振方案相比，组合隔振方案能够大幅减小隔振方案的支座位移，降低幅度近 50%。

综合比较后，上音歌剧院选择组合隔振方案作为本项目的最终实施方案。

经典回眸　同济大学建筑设计研究院（集团）有限公司篇

17.3.4 性能目标

上音歌剧院单体 A 属于一般规则性超限和采用地铁隔振技术的特殊类型超限高层建筑工程。综合考虑抗震设防类别、设防烈度、工程造价等因素，上音歌剧院单体 A 抗震性能目标确定为 D 级，根据结构构件受力的重要性以及地铁隔振与地震减震的特殊性，确定了主要结构构件在不同地震水准作用下的抗震性能目标，详见表 17.3-8。

结构构件抗震性能目标　　　　　　　　　　　　　　表 17.3-8

地震烈度	多遇地震	设防烈度地震	罕遇地震
剪力墙	弹性	受弯允许进入塑性；受剪不屈服	抗剪截面满足控制条件
框架柱	弹性	受弯和受剪不屈服	允许进入塑性，控制塑性转角在 LS 以内
框架梁	弹性	受弯允许进入塑性；受剪不屈服	控制塑性转角在 LS 以内
弹簧和阻尼器支座	弹性	弹性	不屈服

注：性能等级 IO：可立即使用；LS：生命安全；CP：建筑物不倒塌。

17.3.5 结构分析

1. 分析简述

上音歌剧院主要采用了 SAP2000、YJK 和 Perform-3D 三个软件进行计算分析，其中：SAP2000 主要用于结构整体弹性计算分析，通过弹性时程分析评估和确定减震方案；YJK 主要用于结构整体弹性计算分析，在考虑附加阻尼的条件下通过振型分解反应谱法进行弹性多遇地震和等效弹性设防地震分析；Perform-3D 主要用于对整体结构罕遇地震下的动力弹塑性分析。

2. 弹性计算分析

表 17.3-9 和表 17.3-10 分别给出了 SAP2000 和 YJK 计算分析模型在多遇地震下的主要分析结果，图 17.3-8 为 SAP2000 计算分析模型得到的前 3 阶振型情况。

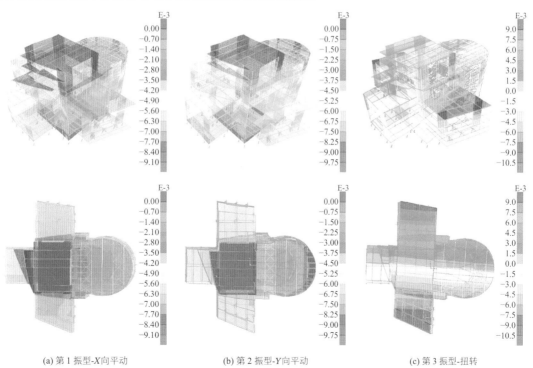

<table>
<tr><td>(a) 第 1 振型-X向平动</td><td>(b) 第 2 振型-Y向平动</td><td>(c) 第 3 振型-扭转</td></tr>
</table>

图 17.3-8　SAP2000 模型前 3 阶振型

结构自振周期	各周期值/s	X向质量参与系数	Y向质量参与系数	扭转质量参与系数
T_1	0.870	0.43	0.17	0.00
T_2	0.850	0.17	0.44	0.00
T_3	0.700	0.00	0.00	0.71
作用方向	X向		Y向	
地震作用下最大层间位移角值	1/2680（S1 层）		1/2693（S1 层）	
地震作用下楼层最大位移比	1.06（S2 层）		1.14（S1 层）	
顶层最大位移/mm	10.77		10.73	
基底剪力/kN	12822.78		12080.45	
剪重比	4.13%		3.89%	

注：表中 SAP2000 模型多遇地震下的基底剪力由弹性时程分析得到，考虑黏滞阻尼器实际工作。

结构自振周期	各周期值/s	X向平动系数	Y向平动系数	扭转系数
T_1	0.869	0.92	0.03	0.00
T_2	0.833	0.06	0.90	0.01
T_3	0.685	0.00	0.13	0.85
作用方向	X向		Y向	
地震作用下最大层间位移角值	1/2725（S3 层）		1/2545（S3 层）	
地震作用下楼层最大位移比	1.07（S2 层）		1.05（S1 层）	
顶层最大位移/mm	12.44		13.41	
基底剪力/kN	12493.6		12614.5	
剪重比	4.023%		4.061%	

注：表中 YJK 模型多遇地震下的基底剪力由振型分解反应谱法分析得到，考虑附加阻尼 8.3%。

3．动力弹塑性计算分析

1）地震波输入

罕遇地震下时程分析的地震波从上海地区Ⅳ类场地、特征周期为 1.1s 的地震波库中选取 5 组天然波和 2 组人工波，弹塑性时程分析时考虑每组地震波的三向分量，即各地震分量沿结构抗侧力体系的水平向（X、Y、Z向）分别输入，水平主向、水平次向和竖向的加速度峰值按照《建筑抗震设计规范》GB 50011-2010 1.0∶0.85∶0.65 的比例系数进行调幅，水平主向加速度峰值均为 200cm/s²，具体罕遇地震工况见表 17.3-11。

地震波	持续时间/s	地震工况	主方向地震波	结构方向与峰值比例
SHW8	70.90	SHW8-X	SHW8X	X向∶Y向∶Z向 = 1.00∶0.85∶0.65
		SHW8-Y	SHW8Y	X向∶Y向∶Z向 = 0.85∶1.00∶0.65
SHW9	36.00	SHW9-X	SHW9X	X向∶Y向∶Z向 = 1.00∶0.85∶0.65
		SHW9-Y	SHW9Y	X向∶Y向∶Z向 = 0.85∶1.00∶0.65
SHW10	39.02	SHW10-X	SHW10X	X向∶Y向∶Z向 = 1.00∶0.85∶0.65
		SHW10-Y	SHW10Y	X向∶Y向∶Z向 = 0.85∶1.00∶0.65

地震波	持续时间/s	地震工况	主方向地震波	结构方向与峰值比例
SHW11	76.00	SHW11-X	SHW11X	X向：Y向：Z向 = 1.00：0.85：0.65
		SHW11-Y	SHW11Y	X向：Y向：Z向 = 0.85：1.00：0.65
SHW12	72.34	SHW12-X	SHW12X	X向：Y向：Z向 = 1.00：0.85：0.65
		SHW12-Y	SHW12Y	X向：Y向：Z向 = 0.85：1.00：0.65
SHW13	79.02	SHW13-X	SHW13X	X向：Y向：Z向 = 1.00：0.85：0.65
		SHW13-Y	SHW13Y	X向：Y向：Z向 = 0.85：1.00：0.65
SHW14	76.54	SHW14-X	SHW14X	X向：Y向：Z向 = 1.00：0.85：0.65
		SHW14-Y	SHW14Y	X向：Y向：Z向 = 0.85：1.00：0.65

2）动力特征

Perform-3D 模型计算分析的重力荷载代表值和前 10 阶振型与 SAP2000 模型得到的结果基本保持一致，Perform-3D 模型的前 3 阶振型如图 17.3-9 所示。

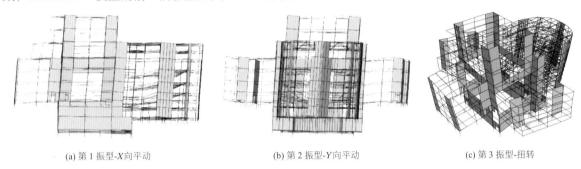

(a) 第 1 振型-X向平动　　　　　　　　(b) 第 2 振型-Y向平动　　　　　　　　(c) 第 3 振型-扭转

图 17.3-9　Perform-3D 模型前 3 阶振型

3）基底剪力

7 组地震波下结构基底剪重比平均值为 19.9%（X向）和 19.8%（Y向）。

4）层间位移角与顶层位移

7 组地震波下结构最大层间位移角平均值为 1/367（X向）和 1/337（Y向），满足规范 1/100 限值要求。7 组地震波下结构顶层最大位移平均值为 68mm（X向）和 61mm（Y向）。

5）隔振弹簧位移

7 组地震波下隔振弹簧支座的最大水平变形平均值为 11.99mm，最大竖向变形平均值为 34.84mm，小于弹簧支座位移限值 35mm。各个弹簧支座竖向位移情况如图 17.3-10 所示，从图中可以看出，罕遇地震下所有弹簧支座的轴向变形均小于限值，不会发生破坏。

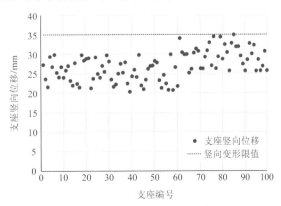

图 17.3-10　罕遇地震下弹簧支座竖向位移

6）能量耗散情况

罕遇地震下时程分析结构各部分典型能量耗散情况见图 17.3-11，由图可知阻尼器耗能占结构总耗能的 25%，明显减小了结构的非线性损伤，体现了整体结构良好的耗能机制。

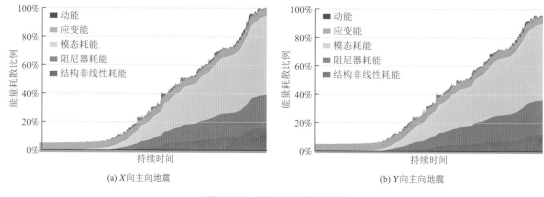

(a) X 向主向地震　　　　　　　　　　(b) Y 向主向地震

图 17.3-11　结构能量耗散分布图

7）抗震性能评价

通过罕遇地震动力弹塑性分析，结构在罕遇地震作用下的抗震性能综合评价如下：①结构在 2 个方向 7 组地震波作用下的最大层间位移角平均值为 1/367（X 向）、1/337（Y 向），满足规范限值要求；②隔振弹簧支座最大水平位移平均值 11.99mm，最大竖向变形平均值为 34.84mm，隔振弹簧支座可正常工作；③剪力墙大部分处于不屈服状态，满足性能目标要求，底部混凝土最大压应变为 0.0017，混凝土不会被压溃；混凝土最大拉应变为 0.0016，部分混凝土被拉裂，剪力墙抗剪截面验算满足要求；④部分框架梁进入屈服状态，参与耗能；其余大部分框架梁处于弹性状态，满足性能目标要求；⑤屋顶大跨钢桁架处于弹性状态，满足性能目标要求；⑥大部分框架柱处于弹性状态，顶层少部分框架柱进入屈服状态，满足性能目标要求；⑦阻尼器能够正常工作，充分发挥耗能作用，结构的非线性损伤大大减小，整体结构抗震性能良好。

17.4　地铁隔振设计

17.4.1　地铁隔振控制目标

上音歌剧院地铁振动控制设计主要依据《城市轨道交通引起建筑物振动与二次辐射噪声限值及其测量方法标准》JGJ/T 170-2009（简称《城轨》）和《住宅建筑室内振动限值及其测量方法标准》GB/T 50355-2005（简称《住宅》）两本标准。

上音歌剧院属于观演类建筑，是对环境振动特别敏感的建筑类型，在这两本标准中均未给出此类建筑的室内振动限值。美国《噪声和振动影响评估标准》FTA-VA-90-1003-06 给出了音乐厅、电视演播室、录音棚和剧场等对振动敏感的建筑室内振动限值，其中音乐厅的振动限值较一般住宅振动限值要求高，与《城轨》中对特殊住宅区昼间的振动限值基本一致。因此，在上音歌剧院的地铁振动控制设计中，主要以《城轨》对 0 类特殊住宅昼间振动的限值作为歌剧院振动控制的目标，同时考虑《城轨》在 1~4Hz 低频段振动限值的缺失，将《住宅》1 级限值在 1~4Hz 频段减小 5dB 后作为《城轨》0 类特殊住宅在 1~4Hz 延伸段的限值；当考虑《城轨》的 1/3 倍频程中心频率计权因子和延伸段计权因子后，1~200Hz 振级限值均为 65dB，见图 17.4-1。

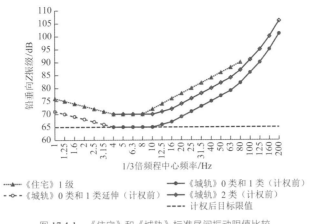

图 17.4-1 《住宅》和《城轨》标准昼间振动限值比较

17.4.2 场地振动实测结果

在方案设计初期，建设单位委托专业机构对拟建场地和相邻建筑的室内进行了振动测量。场地测点分为 A、B 两组，每组 5 个测点，相邻已有建筑室内设置 1 个测点，振动测量布点见图 17.4-2。振动测量结果显示，地铁 1 号线靠近拟建场地一侧的隧道（上行隧道）过车时，在拟建场地及相邻建筑室内产生的振动尤为明显，表 17.4-1 给出了横跨观众厅 A1～A5 测点和相邻建筑物室内 A6 测点的加速度峰值。

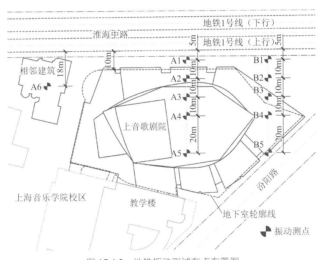

图 17.4-2 地铁振动测试布点布置图

测点加速度峰值   表 17.4-1

测点	A1	A2	A3
加速度峰值/（m/s²)	0.1420	0.0492	0.0345

测点	A4	A5	A6
加速度峰值/（m/s²)	0.0597	0.0238	0.1350

图 17.4-3 为 A1 测点在上行隧道过车时产生的典型竖向振动加速度时程曲线，由图 17.4-3 可知，地铁通过时产生的地面振动持续时间大约为 15s，加速度时程经傅里叶级数变换可得到对应加速度幅值的频谱分布情况，典型加速度频谱曲线如图 17.4-4 所示。由图 17.4-5 可知，地铁通过时产生的振动加速度频率主要分布在 40～100Hz 区段，较大峰值主要出现在 50～65Hz 区段。

对不同测点的加速度时程进行振动评价，得到 A1～A6 各个测点在 1/3 倍频程中心频率区段内的铅垂向Z振级的分布情况，如图 17.4-5 所示。由图 17.4-5 可知，在地铁通过时，拟建场地和相邻建筑物室内地面振动频段为 40～100Hz 的振级明显高于其他频段，距离地铁隧道相对较近的 A1、A2 测点以及相邻建筑物的室内 A6 测点的振级均已超过振动控制的目标限值，其中最大振级 VL_{zmax} 为 74.9dB，出现在 A1 测点 50Hz 的 1/3 倍频程中心频率处，离地铁隧道相对较远的 A4 测点振级也已非常接近目标限值。此外，当身临相邻建筑物的室内时，无需精密仪器测量，地铁通过时引起的振动和声响也很容易被察觉。

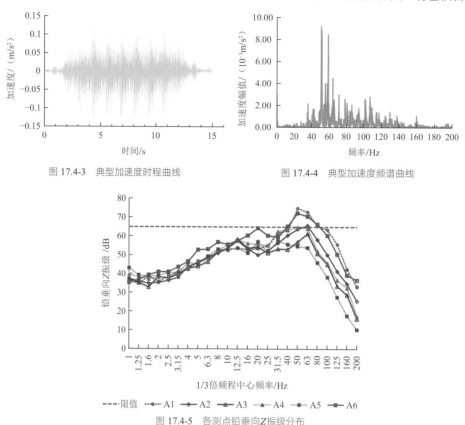

图 17.4-3 典型加速度时程曲线　　　　　　图 17.4-4 典型加速度频谱曲线

图 17.4-5 各测点铅垂向Z振级分布

17.4.3　振动控制分析与评价

上音歌剧院振动控制设计分别采用频域分析和时域分析方法，对隔振系统进行分析与评价。计算分析采用 SAP2000，模型中柱、梁等杆件均采用框架单元模拟，楼板和剪力墙均采用壳单元模拟。

1. 隔振系统频率

由单质点振动系统的竖向频率计算公式(17.4-1)和单质点竖向位移计算公式(17.4-2)，可以得到用系统频率表达的质点竖向位移计算公式(17.4-3)。由式(17.4-3)可知，单质点振动频率的平方与单质点重力荷载作用下的竖向位移呈反比。

$$f = \frac{1}{2\pi}\sqrt{\frac{k}{m}} \tag{17.4-1}$$

$$\Delta_z = \frac{G}{k} \tag{17.4-2}$$

$$\Delta_z = \frac{g}{4\pi^2 f^2} \tag{17.4-3}$$

式中：f——竖向频率，Hz；

　　　k——竖向刚度，N/m；

　　　m——质量，kg；

G——重力，N；

g——重力加速度，取值 9.80m/s²；

Δ_z——重力荷载作用下的竖向位移，m。

假定单体 A 为单质点体系时，振动控制的目标竖向频率为 3.5Hz，根据式(17.4-3)可知，重力荷载作用下单体 A 的竖向位移为 0.0203m（本章称之为目标竖向位移），当单体 A 的总质量确定后，隔振系统需要的弹簧竖向总刚度也随之确定。由于实际结构并非单质点体系，底部弹簧支座的位置由隔振层上下的结构布置条件确定，单体 A 底部共设置了 124 个隔振支座，隔振支座布置如图 17.4-6 所示。

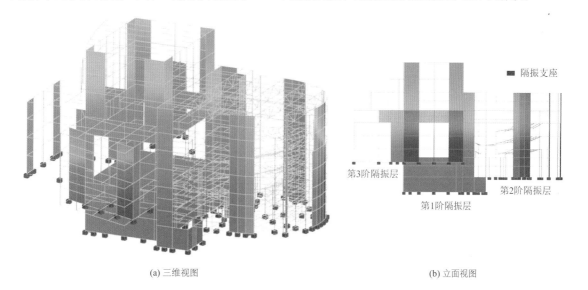

(a) 三维视图　　　　　　　　　　　　　　(b) 立面视图

图 17.4-6　单体 A 隔振支座布置示意

隔振支座位置确定后，首先将每个隔振支座设置为固定铰支座，通过计算分析可得到每个隔振支座在重力荷载作用下的竖向反力，将此竖向反力除以目标竖向位移，即可得到对应隔振支座需要的竖向刚度。其次，根据钢弹簧产品参数配置每个隔振支座下的弹簧组，尽可能使弹簧组竖向刚度接近计算需要的竖向刚度。最后，将每个支座下实际配置的弹簧组刚度（包括竖向和水平刚度）赋予弹簧支座，从而可得到用于振动控制分析的结构模型。图 17.4-7 为主舞台台仓底 40 个隔振弹簧组的实际布置图，表 17.4-2 为主舞台台仓底隔振弹簧组相应的刚度参数，限于篇幅其他区域隔振弹簧组布置及相应参数不在此一一列举。

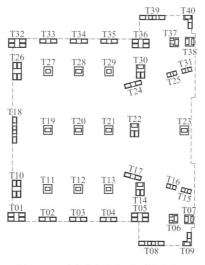

图 17.4-7　主舞台台仓底隔振弹簧组布置

弹簧编号	竖向刚度/（kN/mm）	水平刚度/（kN/mm）	弹簧编号	竖向刚度/（kN/mm）	水平刚度/（kN/mm）
T01	388.59	293.07	T21	79.95	68.08
T02	209.22	151.03	T22	232.95	193.37
T03	162.5	136.95	T23	90.33	71.21
T04	179.37	142.04	T24	209.22	151.03
T05	384.7	291.89	T25	102.43	83.66
T06	169.87	130.37	T26	371.72	287.98
T07	151.28	115.98	T27	70.45	56.42
T08	299.97	231.17	T28	78.51	64.72
T09	202.73	149.08	T29	67.85	55.64
T10	374.32	288.76	T30	313.84	226.55
T11	69.15	56.03	T31	95.94	81.7
T12	74.34	57.6	T32	376.91	289.55
T13	67.85	55.64	T33	209.22	151.03
T14	313.84	226.55	T34	170.28	139.3
T15	93.07	74.97	T35	198.84	147.9
T16	99.83	82.87	T36	413.26	300.5
T17	202.73	149.08	T37	173.76	131.55
T18	291.63	216.92	T38	152.58	116.37
T19	95.53	72.78	T39	296.08	229.99
T20	100.72	74.34	T40	194.95	146.73

经计算分析可得，单体 A 振动控制分析的主要指标为：（1）总质量为 31460t，振动控制分析中活荷载的重力荷载组合系数取 0.25；（2）弹簧总竖向刚度为 15218kN/mm，总水平刚度为 12174kN/mm；（3）各模态频率及振型质量参与系数见表 17.4-3。

由表 17.4-3 可知，前 16 阶的竖向（Z 向）振型质量参与系数总和已超过 0.9，其中以竖向振动为主的模态共计 9 个。第 3、6、7 和 8 阶模态以观众厅屋盖或主舞台屋盖的局部竖向振动变形为主，弹簧支座变形几乎为零。第 10、13~16 阶模态频率均接近目标竖向频率 3.5Hz，表现为不同区域的竖向振动变形，弹簧支座竖向变形与上部结构的竖向变形基本一致。其中，第 10 阶模态振动以右侧舞台区域的竖向振动为主，第 13 阶模态振动以左侧舞台区域的竖向振动为主，第 14 阶模态振动以后舞台、左侧舞台区域的竖向振动为主，第 15 和 16 阶模态振动均以观众厅竖向振动为主。

将单体 A 下部的隔振弹簧支座均改为固定铰支座，形成未隔振结构模型作为对比模型，并进行模态分析。结果表明，未隔振结构的低阶竖向振型和隔振结构相似，主要以大跨观众厅屋盖或主舞台屋盖的竖向振动变形为主，低阶振型中没有出现楼面结构的竖向振动；直到第 39 阶振型，频率为 10.59Hz 时，才观察到以 2 层悬挑楼座竖向振动变形为主的振型，见图 17.4-8。此后出现的主要竖向振型均表现为不同区域的楼面结构竖向变形，频率主要分布在 13~40Hz 区段。与隔振结构相比，除大跨屋盖区域外，未隔振结构的楼面固有竖向频率均显著高于隔振结构。

模态	频率/Hz	振型质量参与系数				振型特征
		X向	Y向	Z向	扭转	
1	1.270	0.5100	0.1000	0.0000	0.0000	水平
2	1.304	0.0969	0.5300	0.0000	0.0040	水平
3	1.670	0.0015	0.0000	0.0381	0.0098	竖向
4	1.683	0.0013	0.0005	0.0005	0.7400	扭转
5	2.143	0.0001	0.0000	0.0000	0.0000	水平
6	2.604	0.0006	0.0001	0.1500	0.0000	竖向
7	2.922	0.0051	0.0003	0.0123	0.0000	竖向
8	2.949	0.0098	0.0069	0.0204	0.0002	竖向
9	3.168	0.0473	0.0007	0.0003	0.0002	水平
10	3.272	0.0001	0.0067	0.1000	0.0005	竖向
11	3.338	0.0121	0.0048	0.0025	0.0010	水平
12	3.377	0.0575	0.0006	0.0122	0.0012	水平
13	3.408	0.0103	0.0292	0.1000	0.0014	竖向
14	3.449	0.0073	0.0031	0.3100	0.0000	竖向
15	3.598	0.0098	0.0833	0.1200	0.0002	竖向
16	3.651	0.0026	0.0358	0.0479	0.0000	竖向

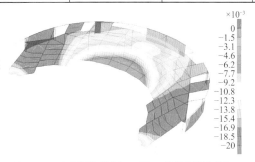

图 17.4-8　末隔振结构单体 A 第 39 阶竖向振型模态

2. 频域分析

振动传递率T_R是用来表征隔振效果的常用指标，具体数值为隔振系统输出振动响应（包括位移、速度和加速度）幅值与系统输入振动激励幅值的比。在单质点隔振系统中，振动传递率T_R为：

$$T_R = \sqrt{\frac{1 + (2\zeta\gamma)^2}{(1 - \gamma^2)^2 + (2\zeta\gamma)^2}} \qquad (17.4\text{-}4)$$

式中：γ——振动激励频率与隔振系统频率的比；

ζ——系统阻尼比。

为了使振动传递率与振动加速度级的表达方式保持一致，引入振动传递损失T_L，单位为 dB。振动传递损失T_L为：

$$T_L = -20\lg\frac{A_{\text{out}}}{A_{\text{in}}} \qquad (17.4\text{-}5)$$

式中：A_{in}——输入激励振动加速度；

A_{out}——隔振后的输出振动加速度。

当 T_L 为正值时，隔振系统表现为减振；当 T_L 为负值时，隔振系统表现为共振放大。如：A_{out} 与 A_{in} 的比为 0.1 时，T_L 为 20dB，隔振系统对输入激励振动加速度减小 90%。

A_{out} 与 A_{in} 的比值即为 T_R，由式(17.4-4)和式(17.4-5)可得：

$$T_L = -10\lg\left[\frac{1 + (2\zeta\gamma)^2}{(1 - \gamma^2)^2 + (2\zeta\gamma)^2}\right] \tag{17.4-6}$$

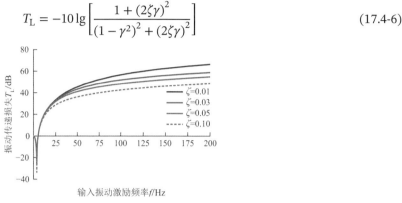

图 17.4-9　单质点振动传递损失曲线

由式(17.4-6)可知，T_L 实际是与输入、输出加速度无关的参数。当隔振系统竖向频率为 3.5Hz 时，单质点体系在不同系统阻尼比下的振动传递损失参数沿频率分布的情况见图 17.4-9。由图 17.4-9 可知，当 γ 小于 $\sqrt{2}$ 时（即输入振动激励频率小于 3.5Hz 的 $\sqrt{2}$ 倍时），振动传递损失 T_L 为负值，隔振系统无效，表现为共振放大；当 γ 大于 $\sqrt{2}$ 时，隔振系统表现为减振。

单体 A 是复杂的多质点体系，振动激励在经过隔振层后，仍将在结构内部继续传递扩散，结构内部的质量和刚度分布对结构不同部位的振动均有影响。结构的阻尼由两部分组成：一部分为隔振系统的阻尼；另一部分为被隔振结构的自身阻尼。为了使隔振系统在低频段（即靠近隔振系统频率的区段）不因共振放大效应而振级过大，同时将地铁产生的振动能量及时耗散在隔振系统内部，隔振弹簧设有 0.03 的附加阻尼比；地铁通过时对上部结构产生的振动属微振动，上部混凝土结构阻尼比取 0.02。

观众厅是上音歌剧院振动控制的关键部位，振动控制评价时，在观众席内选取了 23 个典型振动控制评价点，其中：1 层池座 9 个（低区 6 个，高区 3 个），2 层楼座 7 个，3 层楼座 7 个，振动控制评价点布置如图 17.4-10 所示。

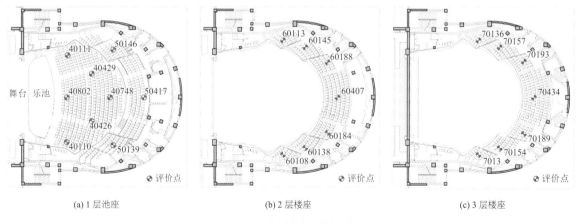

(a) 1 层池座　　　　　　　　(b) 2 层楼座　　　　　　　　(c) 3 层楼座

图 17.4-10　振动控制评价点布置

在结构底部输入 1～200Hz 的正弦振动加速度（幅值均为单位 1），计算分析后可得到各层评价点的输出加速度幅值，通过式(17.4-5)计算可得到各层评价点的振动传递损失曲线，图 17.4-11、图 17.4-12 分别为 1 层池座和 2 层楼座部分评价点的振动传递损失曲线。

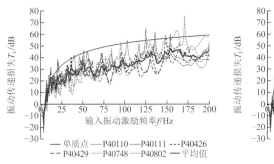

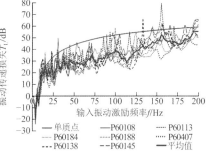

图 17.4-11　1 层池座评价点振动传递损失曲线　　　　图 17.4-12　2 层楼座评价点振动传递损失曲线

将 23 个评价点作为统计样本,可以得到评价点振动传递损失 T_L 最大值、最小值和平均值在 1~200Hz 频率区间的分布情况, 如图 17.4-13 所示。

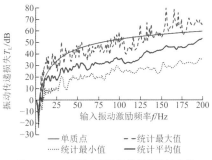

图 17.4-13　评价点振动传递损失统计曲线

频域分析结果表明:(1)输入振动激励在 5Hz 以下时,隔振系统对所有评价点均表现为共振放大作用, 各评价点在 1~5Hz 频段最大振动放大为 18.45dB, 平均振动放大为 7.86dB;(2)输入振动激励在 5Hz 以上时,隔振系统对绝大部分评价点开始产生减振效果,最不利评价点在输入振动激励超过 8Hz 时, 隔振系统才产生减振效果。各评价点在 40~100Hz 频段隔振系统具有 14.70~58.66dB 的减振效果, 平均减振 30.54dB;(3)各评价点的振动传递损失曲线起伏变化剧烈,在大部分频段位于理想单质点体系振动传递损失曲线的下方,总体与理想单质点体系振动损失曲线的趋势保持一致。

3. 时域分析

以最不利的 A1 测点的实测加速度时程曲线(图 17.4-3)作为输入振动激励进行时域分析,评价点选择与频域分析保持一致。为了充分说明隔振系统在本工程中应用的显著效果,同时对未隔振结构进行了时域分析,比较隔振与未隔振两种状态下各评价点的加速度和振级。

1)加速度比较

图 17.4-14 为在相同基底实测竖向振动加速度输入后,隔振结构与未隔振结构的 1 层池座典型评价点的输出加速度时程曲线对比(为图示清晰,图中仅给出了地铁经过时中间段 2s 的加速度时程曲线), 各评价点加速度峰值对比见表 17.4-4。

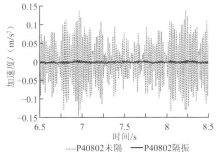

图 17.4-14　1 层池座低典型评价点输出加速度时程曲线

区域	评价点	加速度峰值/（m/s²）		B	区域	评价点	加速度峰值/（m/s²）		B
		隔振	未隔振				隔振	未隔振	
1 层池座低区	P40110	0.0078	0.1021	0.0765	2 层楼座	P60145	0.0093	0.0556	0.1668
	P40111	0.0078	0.1099	0.0709		P60184	0.0088	0.0475	0.1854
	P40426	0.0093	0.1464	0.0635		P60188	0.0086	0.0455	0.188
	P40429	0.0095	0.1511	0.0626		P60407	0.0089	0.0558	0.1591
	P40748	0.0082	0.1328	0.0617	3 层楼座	P70133	0.0095	0.0513	0.1859
	P40802	0.0099	0.1486	0.0664		P70136	0.0101	0.0568	0.1784
1 层池座高区	P50139	0.0084	0.1109	0.0754		P70154	0.0097	0.0477	0.2041
	P50146	0.0081	0.1135	0.0709		P70157	0.0095	0.0439	0.2161
	P50417	0.0088	0.0875	0.1009		P70189	0.0098	0.05	0.1964
2 层楼座	P60108	0.0098	0.048	0.2051		P70193	0.0089	0.0503	0.1778
	P60113	0.0112	0.0527	0.2115		P70434	0.009	0.0982	0.0913
	P60138	0.0088	0.0567	0.156					

注：B 为隔振结构评价点的加速度峰值/未隔振结构评价点的加速度峰值。

　　隔振结构的评价点的加速度峰值明显小于未隔振结构的评价点的加速度峰值，在结构标高较低的 1 层池座区域，隔振结构的减振效果最为明显，比未隔振结构的评价点的加速度峰值减小 90%～95%，在较高的楼座区域隔振结构的评价点的加速度峰值减小 80%～95%。

　　2）振级比较

　　时域分析得到了每个评价点的输出加速度时程曲线，通过傅里叶变换将输出加速度时程变换至各频率点处的加速度幅值，计算后可得到每个评价点的 1/3 倍频程中心频率处的最大振级。图 17.4-15 为隔振结构与未隔振结构 1 层池座低区典型评价点 1/3 倍频程中心频率处的振级分布情况。

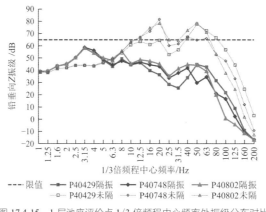

图 17.4-15　1 层池座评价点 1/3 倍频程中心频率处振级分布对比

　　时域分析结果表明：（1）1/3 频程中心频率在 5Hz 以下，隔振结构的铅垂向Z振级均高于未隔振结构，隔振系统表现为共振放大，但铅垂向Z振级均未超过限值。与未隔振结构相比，各评价点在 1～5Hz 频段内，隔振结构振动放大了 0～15dB，平均振动放大 4.90dB。（2）1/3 频程中心频率在 5Hz 以上，隔振结构的铅垂向Z振级均低于未隔振结构，隔振系统表现出良好的减振。与未隔振结构相比，各评价点在 40～100Hz 频段内，隔振结构振级减小了 18.19～36.97dB，平均减振 26.65dB。（3）未隔振结构不仅在 40～100Hz 频段有部分评价点超出振级限值，而且在 6.3～20Hz 频段有较多评价点也超出振级限值。

17.4.4　振动实测结果

上音歌剧院在正式投入使用前，声学顾问选取距离地铁线路最近、环境振动最不利的北侧舞台隔振支座进行了现场振动实测。隔振支座振动测量时设置两个同步测点，分别为隔振弹簧下测点和隔振弹簧上测点，下测点用来测量未隔振的输入振动激励，上测点用来测量隔振后的输出振动响应，现场振动测点设置见图 17.4-16。上测点、下测点的 1/3 倍频程中心频率处的最大振级分布情况见图 17.4-17。由图图 17.4-17 可知，下测点竖向最大铅垂向Z振级为 68.6dB，上测点最大铅垂向Z振级为 48.8dB，无论是上测点还是下测点，最大铅垂向Z振级均出现在 1/3 倍频程中心频率 63Hz 处，上测点相比下测点减振约20dB。

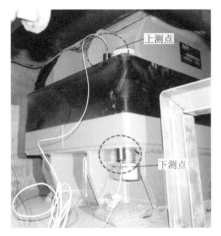

图 17.4-16　隔振支座振动测点设置照片

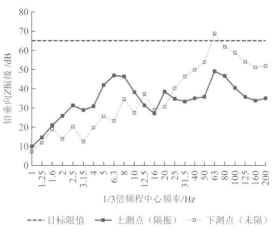

图 17.4-17　隔振支座上下测点 1/3 倍频程中心频率振级对比

17.5　结语

（1）上音歌剧院采用整体结构隔振技术，通过在结构底部设置钢弹簧与地下室结构弹性连接，大幅降低结构竖向固有频率，使紧邻地铁过车时产生的环境振动不对建筑功能产生影响，为歌剧院的声学效果创造了有利的基础条件，确保了建筑的核心品质。

（2）上音歌剧院隔振层采用了独特的阶梯状分区布置方式，显著提高了建筑对地下空间的利用效率，降低了工程造价，同时将建筑内部振源与核心功能区全面隔离，避免了建筑内部振动的相互干扰。

（3）上音歌剧院采用频域分析和时域分析两种方法，预先分析和评价了隔振系统的有效性并经现场实测进行了验证。上音歌剧院隔振系统在地铁振动的主要频率区段具有约 20dB 的减振效果，振动加速度幅值降低超过 90%，隔振系统达到了预期效果。

（4）上音歌剧院通过设置黏滞阻尼器消除了地铁竖向隔振产生的水平地震作用放大效应，从而达到了地铁竖向隔振与结构水平抗震的相互平衡与统一，创新地形成了地铁隔振与地震减震组合应用的减隔震（振）系统。

参考资料

[1] 同济大学建筑设计研究院(集团)有限公司. 上音歌剧院超限高层建筑工程抗震设防专项审查送审报告[R]. 2015.

[2] 同济大学建筑设计研究院(集团)有限公司. 上音歌剧院地铁隔振专项评审报告[R]. 2016.

[3] 居炜, 吴宏磊, 周游. 上音歌剧院地铁振动控制[J]. 建筑结构, 2022, 52(12): 86-94.

[4] Measurement report of MRT induced vibration for Shangyin Opera House [R]. Paris: XU-ACOUSTIQUE, 2019.

设计团队

结构设计单位：同济大学建筑设计研究院（集团）有限公司

结构设计团队：丁洁民，居　炜，吴宏磊，陆秀丽，周　游，陈长嘉，文　超，程　前

执　笔　人：居　炜

获奖信息

2021 年中国勘察设计协会优秀勘察设计建筑设计一等奖

2021 年教育部优秀勘察设计建筑设计一等奖

2021 年教育部优秀勘察设计建筑结构与抗震设计一等奖

第18章

西安丝路国际会议中心

18.1 工程概况

18.1.1 建筑概况

西安丝路国际会议中心位于西安浐灞生态区灞河之滨，毗邻世博园，是国家"一带一路"系列工程之一，建成后成为西安市的地标性建筑。西安丝路国际会议中心建筑造型独特，从西安历史性建筑钟楼提取造型元素，并以现代的双月牙造型和装饰吊柱来诠释传统的大屋檐空间造型，在方正格局上挥洒古典建筑的神韵，创造出融合现代和经典、兼具庄重和优雅的标志性形象，建筑效果图和实景如图 18.1-1～图 18.1-3 所示。

会议中心建筑高度 51.05m，地上平面尺寸 207m×207m。主体建筑地上 3 层（局部设置吊挂夹层），建筑面积 12.8 万 m²，分别设置净使用面积 4500m² 左右的会议厅、宴会厅、多功能厅三个主要功能大空间及其余不同大小会议室若干；地下 2 层，建筑面积 7.9 万 m²，主要功能为停车库、设备用房和厨房，建筑典型平面和剖面如图 18.1-4～图 18.1-7 所示。

本项目设计时间为 2018 年，于 2021 年竣工并投入使用。

图 18.1-1 建筑效果图

图 18.1-3 角部实景

图 18.1-2 正立面实景

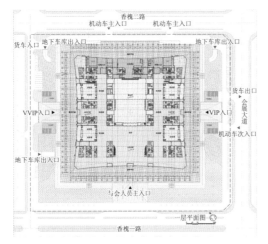

图 18.1-4 建筑平面图（一层）

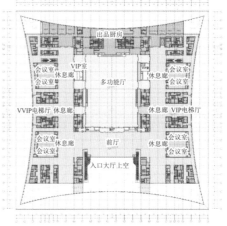

图 18.1-5 建筑平面图（二层）

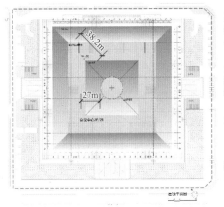

图 18.1-6　建筑平面图（屋顶层）

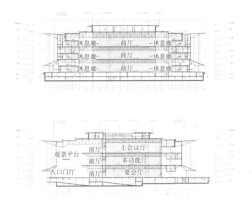

图 18.1-7　建筑剖面图

18.1.2　设计条件

主体结构设计参数　　　　　　　　　　　　　　　表 18.1-1

结构设计基准期	50 年	建筑抗震设防分类	重点设防类（乙类）
建筑结构安全等级	一级（结构重要性系数 1.1）	抗震设防烈度	8 度（0.20g）
地基基础设计等级	甲级	设计地震分组	第一组
建筑结构阻尼比	0.04（小震）/0.05（大震）	场地类别	Ⅱ类

18.2　项目特点

项目特点及结构挑战　　　　　　　　　　　　　　　表 18.2-1

建筑特点	结构挑战	应对策略
项目建设地设防烈度 8 度（0.20g），Ⅱ类场地	高烈度地区结构抗震设计	在地下室柱顶设置隔震层，降低地上主体结构和幕墙结构水平地震作用，同时隔震层可以大幅释放首层的温度作用，减小框架柱截面
建筑平面尺寸为 207m×207m	大尺度平面的温度效应	
建筑柱距大，内部空间全开敞，营造无柱的超大空间（图 18.2-1）	上部荷载重，基础受力大、不均匀	采用桩基＋天然地基组合的基础形式，减小基础沉降差
	40m 的柱距、63m 的超大跨度楼面	地上结构采用巨型框架结构体系，通过 20 个钢框架支撑筒＋8 纵 8 横的桁架梁构成竖向承载和水平抗侧的结构体系
"丝路弦月"的外立面造型，互为镜像的两片超大尺度的月牙之间采用通透的玻璃幕墙，幕墙面积达 2.6 万 m²（图 18.2-2）	上月牙最大悬挑达到 38.2m，同时承担玻璃幕墙及下月牙造型的重量，总重超过 1 万 t；控制结构变形，保证幕墙结构的安全及完成效果	采用悬挑桁架＋刚性悬挂幕墙结构，通过 180 根圆管吊柱＋260 根幕墙吊柱吊挂下月牙造型和整片玻璃幕墙体系；通过详尽的施工过程分析及控制，保证悬挂幕墙体系受力
室内交通流线闭合，同时需要提供观景平台，展现建筑的人文关怀（图 18.2-3）	63m 大跨度的室内人行桥	采用悬索桥体系，降低结构重量，保证建筑效果
室内功能空间要满足最高舒适度标准	楼面及连桥振动加速度不超过 0.15m/s²，满足舒适度要求	通过加设调频质量阻尼器（TMD），严格控制室内楼面的振动加速度

图 18.2-1　室内入口大厅及会议厅

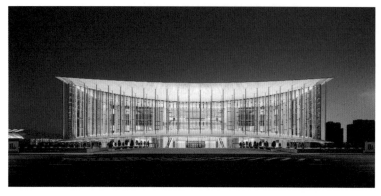

图 18.2-2　外立面造型"丝路弦月"

图 18.2-3　室内悬索桥

18.3　体系与分析

18.3.1　结构布置

1. 基础布置

根据上部结构特点及荷载情况，结合场地地质条件，在有效满足地基承载力及控制沉降（差）的前提下，本项目可供选择的可行性基础形式主要有两种：（1）巨型框架柱区域采用桩筏基础，纯地下室区域采用天然地基（筏板基础），同时进行湿陷性处理；（2）全部采用桩筏基础。

综合考虑安全性、施工周期、经济性等因素，经充分调研与比选论证，本项目最终选用的地基基础形式如下：

（1）巨型框架柱区域采用直径为 800mm 的钻孔灌注桩基础，桩身混凝土强度等级为 C35，桩长 20～25m，桩端进入⑤层中粗砂≥2D（D 为桩径），单桩竖向抗压承载力特征值为 2300～2500kN；底板厚度为 2000mm，混凝土强度等级为 C35。

（2）纯地下室区域：北侧地下一层，基底地基土为①层湿陷性黄土，具湿陷性，地基湿陷等级为Ⅰ级；采用灰土挤密桩复合地基以全部消除湿陷性，灰土挤密桩桩径 400mm、有效桩长约 5.2m、桩间距 900mm，等边三角形布桩，根据当地施工经验及现场施工条件，在对地基土的处理效果满足检测要求的前提下，采用钻孔法成桩，夯扩成桩的直径为 550mm，处理后地基承载力特征值为 180kPa；底板厚度为 800mm，混凝土强度等级为 C35。南侧地下两层，基底地基土为②层中粗砂或③层圆砾，采用天然地基，地基承载力特征值为 240kPa；底板厚度为 900mm，混凝土强度等级为 C35。

基础布置如图 18.3-1 所示，通过采用"桩基 + 复合地基 + 天然地基"的组合式地基，最大沉降量约 64.5mm＜100mm、相邻柱（墙）基最大沉降差 1.90‰＜2‰，地基承载力及沉降计算值均满足设计要求。

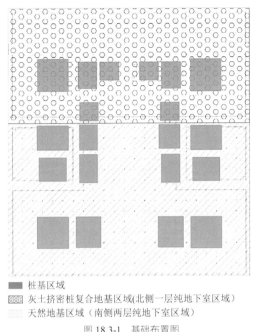

图例：
■ 桩基区域
▨ 灰土挤密桩复合地基区域(北侧一层纯地下室区域)
▨ 天然地基区域（南侧两层纯地下室区域）

图 18.3-1　基础布置图

2．隔震支座布置

考虑隔震缝设置与建筑功能的协调，采用全地下室范围内隔震，隔震缝设置于建筑边缘，以方便构造处理。布置隔震支座时主要考虑以下因素：

（1）地下室平面投影面积大，同时根据建筑室内净高要求，框梁截面尺寸受限，要求支座间距较小。为此，隔震支座基本按 9m 间距布置，数量较多，使隔震层刚度偏大。

（2）上部钢结构竖向落地构件只有 20 个巨型框架筒体，部分地下室竖向构件仅承担地下室顶板重量，而部分地下室竖向构件与上部钢结构柱相连，承担上部楼层传递的竖向荷载，不同位置隔震支座承担荷载差异较大。

（3）地下室除筒体为混凝土剪力墙结构外，其余为支承支座的悬臂柱，为减小悬臂柱尺寸，支座传递到悬臂柱的水平剪力应尽可能小。

为此，布置隔震支座时，考虑竖向荷载的传递特征，将支座的布置划分为承担上部楼层荷载的筒体和仅承担地下室顶板荷载的非筒体。不同区域支座的布置类型及作用如下：

（1）在筒体布置了水平刚度相对较大、具备自复位能力的橡胶隔震支座（包括天然橡胶支座和铅芯橡胶支座），保证隔震层具有足够的水平和抗扭刚度以及自复位能力；同时，橡胶隔震支座承担隔震层大部分水平剪力，并由筒体剪力墙传递至基础。

（2）在非筒体布置了水平刚度小、低摩擦系数的弹性滑板支座，避免由于支座数量过多导致隔震层刚度较大，影响减震效果；滑板支座承担剪力较小，有利于控制悬臂柱尺寸。

（3）为进一步提高减震效果，控制隔震层变形，在筒体适当位置布置了黏滞阻尼器，形成"橡胶隔震支座＋弹性滑板支座＋黏滞阻尼器"的混合隔震方式，在控制隔震层变形的同时取得良好的减震效果。

根据以上布置方式，在隔震层共布置有天然橡胶支座（LNR）96 个、铅芯橡胶支座（LRB）74 个、弹性滑板支座（ESB）356 个、黏滞阻尼器（VFD）32 个，隔震层布置位置及平面布置如图 18.3-2、图 18.3-3 所示，隔震支座现场照片见图 18.3-4。

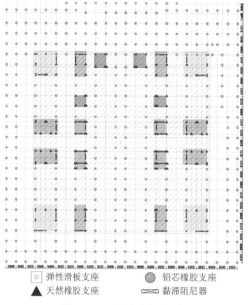

□ 弹性滑板支座　　　◉ 铅芯橡胶支座
▲ 天然橡胶支座　　　▨ 黏滞阻尼器

图 18.3-2　隔震支座布置示意

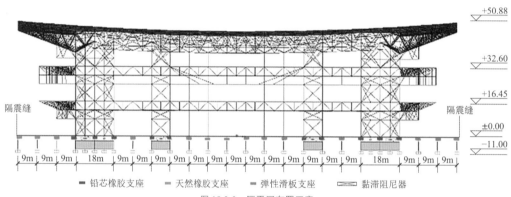

隔震缝

隔震缝

+50.88

+32.60

+16.45

±0.00

−11.00

9m 9m 9m 18m 9m 9m 9m 9m 9m 9m 9m 9m 9m 9m 9m 9m 18m 9m 9m 9m

▬ 铅芯橡胶支座　　▬ 天然橡胶支座　　▬ 弹性滑板支座　　▨ 黏滞阻尼器

图 18.3-3　隔震层布置示意

图 18.3-4　隔震支座现场照片

3．主体结构布置

地上主体结构采用巨型钢框架结构，由 20 个竖向支撑筒体构成巨型钢框柱，由 4m 高的钢桁架楼盖和 4.5m 高的钢桁架屋盖构成巨型框架梁，如图 18.3-5 所示。核心筒钢柱之间设置交叉支撑，提高结构抗侧能力。楼面和屋面均为大跨度的重型楼屋面，采用双向正交桁架结构，如图 18.3-6 所示。二层楼盖结构除了承受本层的楼面荷载，还对外部悬挂的月牙结构提供侧向支撑，防止在风荷载作用下悬挂幕墙发生较大的水平变形。局部夹层则采用吊挂形式吊在上层楼面桁架下，图 18.3-7 为主体结构施工过程。

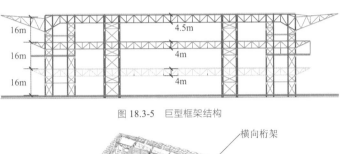

图 18.3-5　巨型框架结构

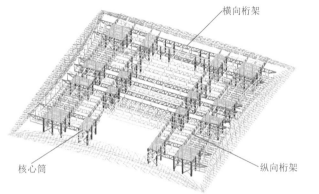

图 18.3-6　标准楼层结构轴测图

图 18.3-7　主体结构施工过程

结构竖向由 20 个核心筒承担结构的竖向力（图 18.3-8），通过分析每个筒体承担的竖向荷载百分比可知，角筒承担 30% 的竖向重力，边筒承担 38% 的竖向重力，中央筒体承担 32% 的竖向重力，重力在竖向筒体分配比较均匀。

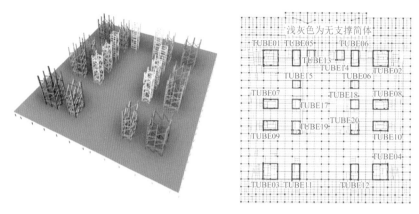

图 18.3-8 竖向筒体布置

结构水平向通过八横八纵的巨型框架抵抗和传递水平地震作用（图 18.3-9）。通过分析每个筒体承担的水平力百分比，可以看出支撑筒体承担 93% 的水平地震作用，无支撑筒体承担 7% 的水平地震剪力，结构以支撑筒体抗侧为主。

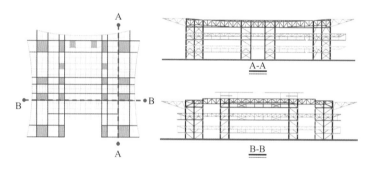

图 18.3-9 水平抗侧框架布置

4. 室内悬索桥布置

室内南侧入口位置设有 27m×63m 的通高大空间，在标高 24m 的夹层布置一道悬索连桥，如图 18.3-10 所示。连桥跨度 63m，桥宽 9m，两端与钢核心筒相连，在一定程度上削弱了局部凹进对结构带来的不利影响，提高了结构的整体性和抗扭性能。桥身采用变截面箱形梁，梁上通过 8 根竖吊索与大直径悬索相连，悬索两端高 6m，中间高 2m，垂跨比 1/16。

悬索桥连接夹层东、西两区域，并通过自动扶梯沟通二、三层，改善了整个室内功能的交通流线；同时作为观景平台，给这个肃穆严谨的建筑提供一个绝佳的放松休憩的休闲空间，展现了建筑设计的人文关怀，悬索桥建筑效果及实景图如图 18.3-11、图 18.3-12 所示。

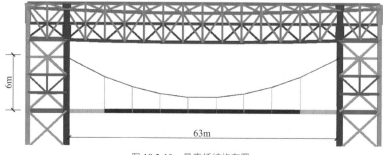

图 18.3-10 悬索桥结构布置

图 18.3-11 悬索桥效果图

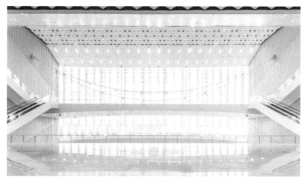
图 18.3-12 悬索桥实景效果

5．幕墙结构布置

会议中心外幕墙的设计灵感来源于"挑扁担"，通过一个稳定的支承体向两侧伸出悬挑的支架来吊挂玻璃幕墙，如图 18.3-13 所示。外幕墙沿环向高度渐变，中间高 27m，四角高 45m，总面积约 26000m²。外幕墙结构主要由上月牙桁架、下月牙桁架、用于连接上下桁架的月牙吊柱以及作为玻璃幕墙主龙骨的幕墙吊柱四部分组成（图 18.3-14）。上月牙桁架由三角形平面桁架组成，其根部与屋面桁架和核心筒相连；下月牙桁架根据造型布置成平面桁架，通过 180 根圆形的月牙吊柱将其吊挂在上月牙桁架下弦；幕墙吊柱主要承担玻璃幕墙的重量，采用"梯子"形截面，间距 3m 布置一道，吊挂在上月牙，下端与下月牙相连，玻璃幕墙和上、下月牙总重达 12000t。

图 18.3-13 幕墙受力原理

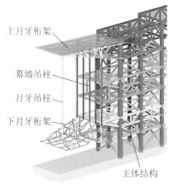

上月牙桁架
幕墙吊柱
月牙吊柱
下月牙桁架

主体结构

图 18.3-14 幕墙结构构成

6. 南侧下月牙桁架支撑方案

会议中心下月牙内侧标高约 15m，与二层楼面结构接近，除南侧以外的其他三个侧面，二层楼板均悬挑并贴近幕墙，可以为下月牙提供水平支撑，保证下月牙的水平刚度（图 18.3-15）。因此，保证南侧下月牙的水平刚度是幕墙设计的难点之一。

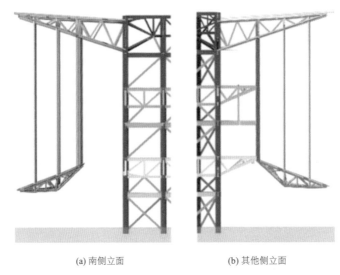

(a) 南侧立面   (b) 其他侧立面

图 18.3-15　下月牙支撑条件

根据结构特点，提出如图 18.3-16 所示的三种方案：（1）无支撑结构，仅加强下月牙桁架的刚度；（2）角部设置水平撑杆系统，加强角部与楼面连接；（3）在近三分点位置处设置水平支撑系统。

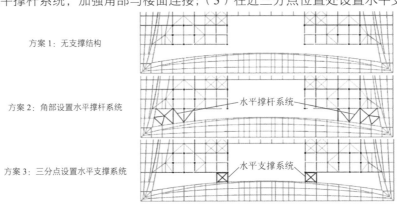

图 18.3-16　南部下月牙支撑方案比选

分析结构在竖向荷载（恒荷载＋屋面活荷载）和水平荷载（风荷载）作用下的静力、动力刚度，结果如表 18.3-1 所示：方案 1 下月牙在竖向荷载和风荷载作用下的水平相对变形满足桁架结构 1/250 的变形限值要求，但是 200mm 的绝对变形值过大，不能满足首层玻璃肋幕墙的受力要求；第 1 阶自振周期为 4.02s，说明结构动力刚度较弱，对后续幕墙系统的设计会有难度。方案 2 的刚度明显提高，但是对空间效果影响大，难以满足建筑设计的要求。结合建筑与结构，选择方案 3，既能满足结构刚度要求，同时对建筑效果影响较小。

支撑方案比选结果　　　　　　　　　　　　　　　　　　　表 18.3-1

结构性能指标	方案 1	方案 2	方案 3
第 1 阶自振周期/s	4.02	2.13	1.15
重力荷载下水平变形/mm	124	52	12
风荷载下水平变形/mm	200	85	16

经典回眸　同济大学建筑设计研究院（集团）有限公司篇

7. 幕墙吊柱方案

由于会议中心悬挂式幕墙的竖向吊柱高度角部大、中间小，吊柱的侧向刚度难以协调；同时吊柱四个方向的支撑条件各不相同，南侧通高无支撑，其余侧每隔 16m 层间可提供水平支撑。根据结构特点以及受力要求，对幕墙吊柱的形式进行比选，提出以下三种方案：（1）钢桁架方案，采用平面桁架，对应月牙吊柱每 9m 布置一道，中间通过横梁和次吊柱细分成 3m×3m 网格；（2）自平衡索杆方案，采用内外两道自平衡索和刚性立柱的组合，可通过调整索的矢高来实现不同区域的抗侧刚度变化；（3）"梯子"形组合吊柱方案，采用竖向双柱和横向梯梁组成的梯形格构形式作为幕墙吊柱并横向设置连系梁或拉杆提供面内支撑（图 18.3-17）。

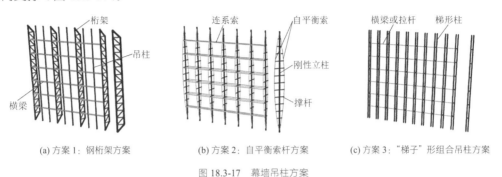

(a) 方案 1：钢桁架方案　　　(b) 方案 2：自平衡索杆方案　　　(c) 方案 3："梯子"形组合吊柱方案

图 18.3-17　幕墙吊柱方案

以南侧中部幕墙为例，对三种方案的结构面外宽度、风荷载作用下水平变形进行对比，该处幕墙竖向跨度 30m，侧向完全无支撑，分析结果见表 18.3-2。

幕墙吊柱方案比选结果　　　　　　　　　　表 18.3-2

性能指标	方案 1	方案 2	方案 3
构件宽度/m	1.5（桁架宽度）	2.0（内外拉索矢高）	0.7（梯形柱宽度）
水平变形/mm	41（1/731）	52（1/577）	70（1/428）

由表 18.3-2 可知，方案 1 面外刚度好，但是由于杆件数量多，作为立面结构其视觉效果相对杂乱；方案 2 中设置拉索，使其与立柱协同受力，可以实现立柱在进深方向的截面最小化，但是双面拉索给安装玻璃带来困难。因此，采用方案 3 的"梯子"形组合吊柱方案，该方案为空腹桁架形式，大幅提高结构的面外稳定性，外幕墙实景见图 18.3-18。

图 18.3-18　外幕墙实景效果

18.3.2　隔震设计控制措施

本工程采用建筑隔震技术，隔震目标为上部结构达到降一度设计目标，即水平向减震系数小于 0.38（带黏滞阻尼器）。

隔震设计采用的控制措施如下：

（1）减轻建筑物重量，优化上部荷载。

（2）优化结构布置，适当增加上部结构的抗侧刚度，提高上部结构的整体性。

（3）隔震层上、下结构楼板予以刚度和强度的增强，楼板厚度不小于 160mm。

（4）上部结构的周边设置隔震缝，缝宽 500mm，保证上部结构的变位空间。上部结构和下部结构之间设置完全的水平隔离缝，用软性材料填充。

（5）合理配置铅芯隔震支座、天然橡胶支座、弹性滑板支座和黏滞阻尼器，控制隔震系统的偏心率小于 3%，控制支座的拉、压应力以保证隔震结构的抗倾覆能力，对支座进行竖向承载力的验算和罕遇地震下水平位移的验算，使其满足规范要求。

（6）与隔震支座直接相连的构件，提高其抗震性能要求并加强相关连接构造的设计。

18.3.3　性能化设计目标

根据《建筑抗震设计规范》GB 50011-2010 和《高层建筑混凝土结构技术规程》JGJ 3-2010 的要求，同时综合考虑抗震设防类别、设防烈度、结构特殊性、建造费用以及震后损失程度等各项因素，本工程结构抗震性能目标定位 C 等级。根据结构构件重要程度的不同，结合结构抗震性能目标，对塔楼构件的抗震性能目标进行了细化，见表 18.3-3。

关键构件和耗能构件抗震性能设计目标　　　　　　　　　　　　　　　　表 18.3-3

地震烈度		多遇地震	设防烈度地震	罕遇地震
性能水平定性描述		不损坏，不需修理即可继续使用	轻微损坏，一般修理后可继续使用	中度破坏，修复或加固后可继续使用
层间位移角限值		1/250	1/200	1/100
主体结构构件性能	重要框架柱	弹性	弹性	受弯、受剪不屈服
	一般框架柱	弹性	受弯不屈服、受剪弹性	允许进入塑性，控制塑性转角在 LS 以内
	框架梁	弹性	受弯不屈服、受剪弹性	允许进入塑性，控制塑性转角在 LS 以内
	大跨度、大悬挑桁架	弹性	弹性	不屈服
隔震支座		正常工作	正常工作	正常工作
黏滞阻尼器		正常工作	正常工作	正常工作
隔震层支墩、支柱及相连构件		弹性	弹性	受弯不屈服、受剪弹性

18.3.4　结构分析

1．小震弹性分析结果

本工程嵌固端在地下室顶板。因此，本节内容取结构的地上部分作对比分析，可以完整精确地反映出结构的自身性态和抗震性能，表 18.3-4 汇总了整体分析结果。

经典回眸 同济大学建筑设计研究院（集团）有限公司篇

结构自振周期/s	T_1	4.26（X向平动）	
	T_2	4.25（Y向平动）	
	T_3	4.06（扭转）	
扭转周期比	0.95		
结构总重量/t	2.52×10^5		
基底剪力/kN	X向		Y向
	47920		50025
倾覆弯矩/（kN·m）	1897898		1986129
小震作用下基底剪力与重量比	1.90%		1.99%
振型有效质量系数	99.3%		99.0%
小震作用下最大层间位移角（规范限值 1/250）	1/3095		1/3221
小震作用下顶点最大水平位移/mm	15.1		14.6
小震作用下层间最大位移与平均位移之比（规定水平力作用下）	1.29		1.24
层间刚度比（规范限值≥1.00）	1.44		1.55
本层和上层受剪承载力之比的最小值（规范限值≥0.80）	1.0		1.0
稳定性验算	71.4		78.3

2．大震弹塑性分析结果

1）地震剪力分析

隔震结构与非隔震结构在罕遇地震作用下的最大层间剪力如表 18.3-5 所示，相对非减震结构，减震结构在罕遇地震下的层剪力的减震系数最大为 27.4%。

非隔震结构与隔震结构在罕遇地震作用下各楼层剪力（7 条波平均）　　　　　表 18.3-5

楼层		非隔震结构/kN	隔震结构/kN	减震系数
X向	3	337098	86179	25.6%
	2	488066	127267	26.1%
	1	560200	153263	27.4%
Y向	3	376222	85298	22.7%
	2	541416	130598	24.1%
	1	633978	157010	24.8%

2）层间位移角分析

隔震结构与非隔震结构在罕遇地震作用下的最大层间位移角如表 18.3-6 所示，最大层间位移角为 1/871，远大于规范限值 1/100 的要求。相对于非减震结构，减震结构在罕遇地震下的楼层位移角的减震系数最大为 41.0%。

非隔震结构与隔震结构在罕遇地震作用下各楼层位移角（7 条波平均）　　　　　表 18.3-6

楼层		非隔震结构	隔震结构	隔震/非隔震
X向	3	1/323	1/871	37.0%
	2	1/346	1/1239	27.9%
	1	1/353	1/1259	28.0%

楼层		非隔震结构	隔震结构	隔震/非隔震
Y向	3	1/286	1/1112	25.6%
	2	1/374	1/912	41.0%
	1	1/348	1/1179	29.5%

3）隔震结构在罕遇地震作用下的能量时程分析

图 18.3-19 给出了本结构隔震体系在 8 度罕遇地震下的能量时程图（以 P0164 波为例），从图中可以看出，输入给隔震结构的地震能量大部分由隔震支座和阻尼器耗散，其中隔震支座耗能占比 68%，阻尼器耗能占比 17%，隔震层总耗能占结构整体耗能的 85%，大大减小了输入到上部结构的地震能量。

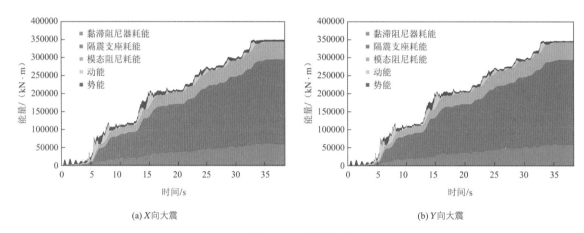

(a) X向大震　　　　　(b) Y向大震

图 18.3-19　隔震结构体系的能量时程图（P0164 波）

4）结构构件大震应力比计算

对主要结构构件如筒柱、筒内支撑和桁架梁进行了应力比计算，计算结果表明在大震作用下，主要结构构件基本保持不屈服状态，只有极少数构件进入塑性，满足大震下的性能目标。

18.4 专项设计

18.4.1 结构隔震设计

1. 隔震支座长期面压验算

隔震支座的长期面压考虑了结构重力荷载代表值的作用。表 18.4-1 给出了各隔震支座的长期面压值，从表中可以看出，橡胶隔震支座与弹性滑板支座的长期面压均未超过规范限值。

长期面压验算　　　　　　　　　　　　表 18.4-1

支座类型	长期面压最大值/MPa	限值/MPa
橡胶隔震支座	11.6	12
弹性滑板支座	14.7	15

2. 结构动力特性

隔震方案通过设置隔震层，结构周期延长 3 倍以上，有利于结构远离场地特征周期，减小地震作用（表 18.4-2）。

振型	非隔震结构/s	隔震结构/s	隔震结构/非隔震结构
1	1.15	4.26	3.70
2	1.12	4.25	3.79
3	0.96	4.06	4.23

3. 减震系数

1）地震剪力分析

表 18.4-3 给出了非隔震结构与隔震结构在 8 度（0.20g）设防烈度地震作用下各楼层层剪力减震系数。

由表可见，在设防烈度地震下，隔震结构X向层剪力最大减震系数为 0.33；Y向层剪力最大减震系数为 0.35。采用隔震技术后，上部结构可按设防烈度降低一度进行设计。

非隔震结构与隔震结构在 8 度（0.20g）设防烈度地震作用下各楼层层剪力减震系数 表 18.4-3

楼层编号		P0143	P0144	P0164	EL-Centro	TAFT	RGB1	RGB2	平均值
X向	3	0.40	0.24	0.37	0.33	0.28	0.29	0.30	0.32
	2	0.37	0.31	0.36	0.32	0.31	0.27	0.32	0.32
	1	0.38	0.28	0.37	0.32	0.31	0.29	0.39	0.33
Y向	3	0.39	0.36	0.35	0.33	0.28	0.36	0.36	0.35
	2	0.34	0.41	0.36	0.32	0.31	0.30	0.40	0.35
	1	0.33	0.35	0.36	0.32	0.31	0.29	0.44	0.34

2）地震弯矩分析

表 18.4-4 给出了非隔震结构与隔震结构在 8 度（0.20g）设防烈度地震作用下各楼层层弯矩减震系数。由表可见，在设防烈度地震下，隔震结构X向层倾覆力矩最大减震系数为 0.33；Y向层倾覆力矩最大减震系数为 0.35。采用隔震技术后，上部结构可按设防烈度降低一度进行设计。

非隔震结构与隔震结构在 8 度（0.20g）设防烈度地震作用下各楼层层弯矩减震系数 表 18.4-4

楼层编号		P0143	P0144	P0164	EL-Centro	TAFT	RGB1	RGB2	平均值
X向	3	0.40	0.24	0.37	0.33	0.28	0.29	0.30	0.32
	2	0.38	0.28	0.37	0.32	0.29	0.28	0.32	0.32
	1	0.38	0.28	0.37	0.32	0.30	0.28	0.34	0.33
Y向	3	0.39	0.36	0.35	0.33	0.28	0.36	0.36	0.35
	2	0.36	0.39	0.35	0.32	0.29	0.32	0.38	0.35
	1	0.35	0.37	0.36	0.32	0.30	0.31	0.41	0.35

4. 隔震支座短期面压验算

经计算，隔震支座在罕遇地震作用下的短期极大面压为 20.8MPa（压），短期极小面压为 0.36MPa（拉），隔震支座未出现受拉现象，满足规范要求。

5. 隔震层变形验算

经计算，隔震支座在罕遇地震作用下最大水平位移为 370mm，对于 LNR1000 规格的支座，该水平位移相当于 188% 的剪应变，小于 0.55D（$0.55D = 550$mm）和 300% 的剪应变（$300\%\gamma = 591$mm），满足规范要求。

18.4.2 刚性悬挂幕墙

1. 幕墙吊柱形式

幕墙吊柱通过对建筑效果和结构刚度的比选，采用梯形组合截面形式（图18.4-1），由两侧的竖隔板与横隔板组成格构吊柱，其中吊柱竖隔板与横隔板均采用焊接矩形管，竖隔板高度和横隔板宽度为300～700mm，竖隔板宽度和横隔板高度为100～130mm，两竖板中心间距为600mm，相邻横隔板竖向间距分别为3.5m和1.0m，其截面形式以及布置如图18.4-1所示。

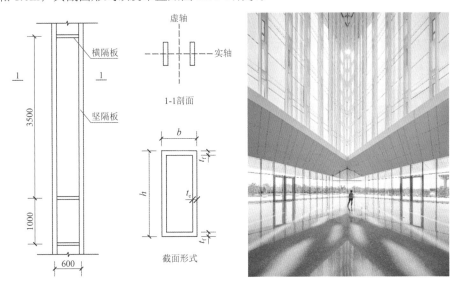

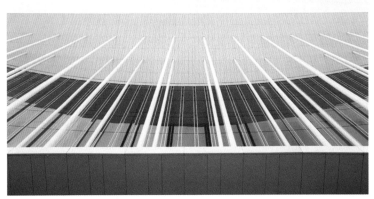

图 18.4-1 幕墙吊柱截面形式

对幕墙吊柱单柱进行弹性屈曲分析，发现前两阶失稳模态均为绕虚轴的整体弯曲失稳，说明在竖向荷载作用下，虚轴为刚度薄弱方向。根据建筑效果以及受力形式按拉弯构件设计幕墙吊柱，长细比λ限值取300。

2. 幕墙吊柱的变形控制

幕墙吊柱由于自身刚度、边界条件、荷载条件等问题，会出现如图18.4-2所示的差异性变形。在水平荷载作用下，相邻吊柱由于刚度差异会出现错动变形，包括幕墙面外的横向错动和面内的切向错动两种，变形差过大会导致幕墙玻璃板块剪切破坏、挤压破坏甚至脱落。

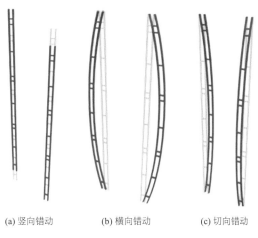

(a) 竖向错动　　　　(b) 横向错动　　　　(c) 切向错动

图 18.4-2　吊柱变形形式

　　经过方案比选，选取合理的吊柱形式和下月牙支撑形式，一定程度上保证了侧向荷载下幕墙结构的水平刚度，但仍需利用横向构件将幕墙吊柱连系成整体，提升协同工作性能，保证幕墙结构的整体性。对比发现，刚性横梁或柔性拉杆布置两道均可有效减小吊柱的横向错动变形，而再增加道数对变形不再有明显改善。其中柔性拉杆方案效果比刚性横梁方案略差，但是拉杆截面小，对立面遮挡少。综合考虑建筑效果以及结构要求，最终采用柔性拉杆方案，在二夹层（24m）以及四夹层（40m）楼面位置布置两道四面环通的 30mm 直径的拉杆，结构横向错动变形从 22mm 减小到 17mm。同时形成闭合的拉杆使四面的幕墙吊柱形成整体，相邻吊柱在地震作用下不会出现切向错动。

3．幕墙角部变形控制

　　会议中心各层楼面在角部位置均有大开洞，不能为幕墙提供侧向支撑，角部幕墙结构向中间过渡时在楼板位置处会造成刚度突变，此处相邻吊柱之间会出现一个很大的变形差。因此，考虑在角部位置局部增加横向构件改善刚度的均匀性。由图 18.4-3 可以看出，增加刚性横梁方案和增设拉杆方案均能有效减小角部吊柱的径向变形值。其中刚性横梁的作用更强，但是建筑效果较差。为兼顾角部幕墙的通透效果，最终采用钢拉杆方案，在角部增设两道钢拉杆，延伸到与楼面相连的吊柱，该吊柱与相邻吊柱的最大径向变形差为 97mm，相对转角为 1/20，满足幕墙玻璃卡槽的变形范围。

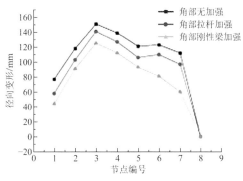

图 18.4-3　角部幕墙加强方案径向刚度对比

4．吊挂幕墙系统的协同作用

　　吊挂幕墙结构主要由两排月牙圆管吊柱和梯形组合幕墙吊柱构成，三排吊柱共同吊挂下月牙桁架以及整个幕墙系统的重量，吊柱均按受拉构件设计。根据结构受力形式，设计两种卸载方案：（1）方案 1：下月牙形桁架卸载前只安装月牙吊柱，卸载完成后再安装幕墙吊柱；（2）方案 2：在完成悬挑桁架和所有吊柱安装后，再对下月牙桁架进行整体卸载。其中方案 1 可保证幕墙吊柱主要承担幕墙结构的荷载，自身受力较小，下月牙桁架的重量全部由月牙形吊柱承担。

幕墙吊柱轴力分析结果如图 18.4-4 所示，卸载方案 1 幕墙吊柱下端轴力较小，中间位置大多构件出现受压情况〔图 18.4-4（a）〕，对幕墙吊柱受力不利。考虑到幕墙吊柱的整体稳定，采用方案 2 的整体卸载方案。通过参与下月牙的重力卸载，对幕墙吊柱施加了初始拉力，导致幕墙吊柱轴拉力增加，在温度工况作用下使整体处于受拉状态〔图 18.4-4（b）〕。

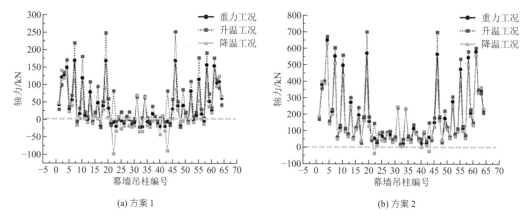

(a) 方案 1　　　　　　　　　　　　　　　　(b) 方案 2

图 18.4-4　幕墙吊柱轴力分析

进一步考虑月牙吊柱在温度作用下的内力，从图 18.4-5 中可以发现月牙吊柱基本处于受拉状态，只有角部吊柱在升温作用下会出现微小的压力，远小于月牙吊柱的失稳荷载。

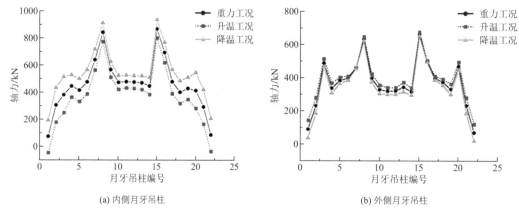

(a) 内侧月牙吊柱　　　　　　　　　　　　　(b) 外侧月牙吊柱

图 18.4-5　温度作用对月牙吊柱轴力影响

5. 幕墙与主体结构的协同作用

幕墙吊柱悬挂于屋盖悬挑端，悬挑端经过核心筒、主桁架、次桁架、悬挑桁架多级转换，如图 18.4-6 所示。由于悬挂幕墙中间低、角部高，且下月牙中间重、角部轻，这导致幕墙体系存在较大的竖向差异变形。

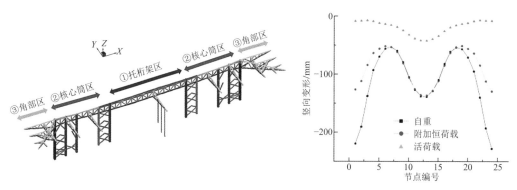

图 18.4-6　南侧幕墙上端悬挂结构示意　　　　　图 18.4-7　南侧幕墙吊柱底部各工况下的竖向变形

由于南侧幕墙结构通过上月牙桁架支承于 63m 跨度的转换托桁架上，支撑条件最复杂，为此选取南侧幕墙进行分析。在重力荷载作用下，幕墙结构竖向变形呈 M 形分布，如图 18.4-7 所示，在核心筒区域变形小，在角部大悬挑区域以及中部托桁架转换区域变形大。同时，幕墙吊柱底部的主要变形源于自重和附加恒荷载，相比之下，由活荷载产生的变形所占比例较少。

对结构在恒荷载作用下的竖向变形来源进行分析，由图 18.4-8 可以看出，月牙吊柱因自身受拉伸长产生的变形量很小，低于 5%；而托桁架和悬挑桁架的竖向变形占比最大超过 95%，为主要变形贡献。根据以上的变形组分分析，对主体结构托桁架和悬挑桁架严格按照恒荷载下的竖向变形值进行反拱，有效减小幕墙吊柱的最终变形以及相邻吊柱的不均匀变形。同时，通过对月牙形吊柱预留可调节后补段（图 18.4-9）进行设计，以保证屋面主体结构卸载后不会导致月牙吊柱处于受压状态。

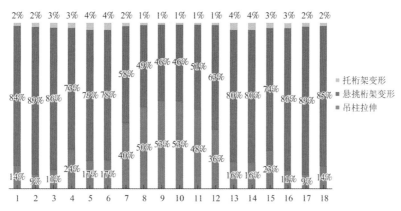

图 18.4-8　南侧幕墙吊柱底部竖向变形组分布

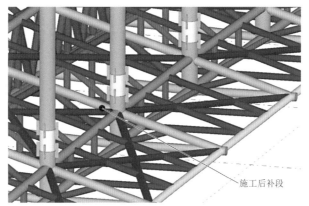

图 18.4-9　施工后补段

18.4.3　大跨度悬索桥

本项目中的室内悬索桥跨度达到 63m，采用悬索结构，竖向刚度较柔。通过自振特性分析，发现悬索桥第一阶竖向自振频率为 1.652Hz，位于人行激励频率范围之内，容易产生共振，因此需要进行振动加速度分析。

1. 自振特性分析

采用 Ritz 向量法对结构进行自振模态分析，发现第 5 阶竖向振动最为显著，频率为 1.65Hz，振型质量参与系数达到 20%。该模型重力荷载代表值为 27538kN，振型参与质量为 551t。

2. 时程工况定义

对结构做非线性时程分析时，按照均布荷载施加到楼板面上激起楼板振动。对处于人行激励下的混凝土楼板，振型阻尼比取值为 0.02。时程工况的定义见表 18.4-5。其中工况 TC5 频率为 1.65Hz，和连廊楼板的竖向振动频率一致，为最不利的共振工况。

时程工况定义　　　　　　　　　表 18.4-5

工况	行走频率/Hz	描述	密度/（人/m²）	等效人数
TC1	2.60	人稀少，行走完全自由	0.1	12
TC2	2.40	人较少，行走基本自由	0.2	17
TC3	2.10	人较多，偶有降速需要	0.5	26
TC4	1.90	人拥挤，反向横穿超越受限	1.0	45
TC5	1.65	非常拥挤，反向横穿超越困难	1.5	54

3．TMD 设计

经过分析，悬索桥在 TC5 工况下竖向加速度达到 43.3cm/s²，超过《建筑楼盖结构振动舒适度技术标准》JGJ/T 441-2019 的控制限值 15cm/s²，不满足舒适度要求，因此需要采用减振措施。

采用加设 TMD 的方法进行减振设计。结构振型参与质量为 551t，布置的 TMD 质量与振型质量比在 1%~5% 时，可以兼顾减振效果和经济性。本项目中，拟布置 TMD 总质量为 10.8t，质量比为 1.96%。频率为 1.65Hz，布置数目为 12 个，每个 0.9t，设置在连桥跨中区域。具体设计参数见表 18.4-6。

TMD 参数　　　　　　　　　表 18.4-6

TMD 质量/kg	900	只包含质量块的质量
自振频率/Hz	1.65	通过调整弹簧刚度进行控制
弹簧刚度/（kN/m）	24.19×4	质量块与支架之间有 4 个主弹簧支撑，TMD 总刚度为 4 个弹簧刚度之和
刚度调整范围	±15%	添加额外的调整弹簧来调整刚度
阻尼比	0.1	
阻尼系数/［kN/（m/s）］	1.87	由黏滞阻尼器提供，安装在质量块中心，下端固定在支座上
阻尼指数	1.0	不考虑黏滞阻尼器的非线性

4．分析结果

对布置 TMD 后的结构进行时程动力分析，得到其动力响应，与减振前结果对比见表 18.4-7。减振后，连廊竖向振动加速度均小于 15cm/s²，可满足舒适度要求。

减振前后竖向加速度分析结果　　　　　　　　　表 18.4-7

工况	频率	未减振/（cm/s²）	减振/（cm/s²）
TC1	2.60	2.93	2.91
TC2	2.40	4.24	4.03
TC3	2.10	6.36	5.89
TC4	1.90	12.63	10.32
TC5	1.65	43.34	14.40

18.4.4　复杂节点构造

1．幕墙吊柱与楼面连接节点

幕墙吊柱在东、西、北三侧与二、三层楼面连接，借助楼面提供水平支承，保证幕墙吊柱的稳定性以及传递立面的水平风荷载。由于幕墙吊柱上部与上月牙悬挑桁架相连，悬挑桁架刚度不均匀且竖向变形较大，为保证幕墙吊柱始终保持受拉状态，吊柱与楼面连接节点需释放竖向相对变形，因此采用两道竖向长圆孔节点，如图18.4-10所示，限制吊柱的扭转变形，减小对玻璃的影响。节点有限元分析结果见图18.4-11。

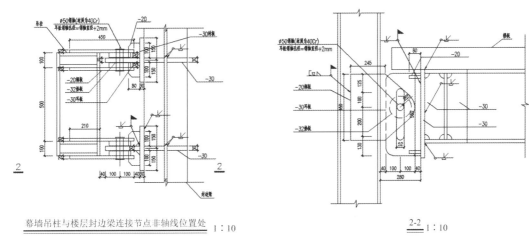

图18.4-10　幕墙吊柱与封边梁连接节点

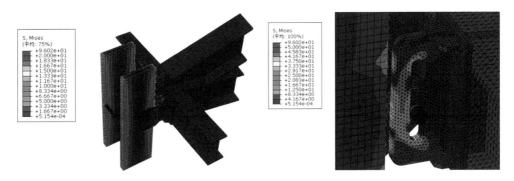

图18.4-11　幕墙吊柱与封边梁连接节点有限元分析结果

2. 幕墙吊柱与上、下月牙桁架连接节点

幕墙吊柱与上、下月牙采用双销轴节点进行连接，保证幕墙吊柱与上下月牙桁架在平面外可自由转动，避免产生过大端弯矩；同时在吊柱端部通过连接板对幕墙吊柱两道肢柱形成有效约束，提高吊柱的稳定性，节点做法及深化模型见图18.4-12、图18.4-13。为保证节点可靠性，对节点进行有限元分析，使节点可以保持中震弹性的性能要求，如图18.4-14所示。

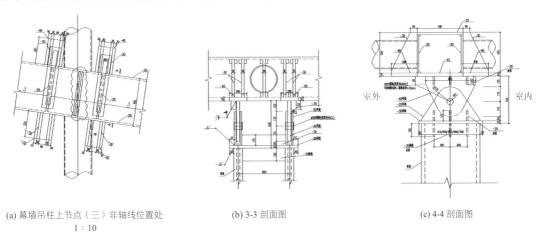

(a) 幕墙吊柱上节点（三）非轴线位置处　　　(b) 3-3 剖面图　　　(c) 4-4 剖面图
　　　　　　　1：10

图18.4-12　幕墙吊柱与上月牙桁架连接节点

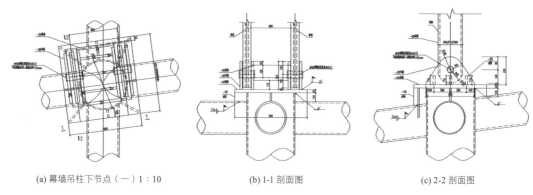

(a) 幕墙吊柱下节点（一）1：10   (b) 1-1 剖面图   (c) 2-2 剖面图

图 18.4-13　幕墙吊柱与下月牙桁架连接节点

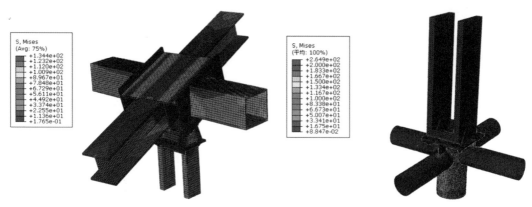

图 18.4-14　幕墙吊柱与上、下月牙连接节点有限元分析结果

18.5　结语

西安丝路国际会议中心建筑造型古典庄重，外幕墙和室内设计现代优雅，充分体现了古都西安的历史文化底蕴以及与国际都市接轨的希望。结构采用巨型框架结构，结合隔震设计，充分发挥了该结构体系的优良性能，克服了自然条件及建筑设计带来的挑战，完美实现建筑要求的效果。

在结构设计过程中，主要完成了以下几方面的创新性工作：

（1）高烈度地区的隔震设计

项目所在地为高烈度地区，地震效应大，采用隔震技术，在地下室柱顶设置隔震层，将水平地震作用从 8 度降到 7 度，从而释放了上部结构设计的自由度，在保证结构安全的前提下，实现上部结构的大悬挑、大空间、重型吊挂；同时隔震支座大幅度释放首层结构的温度内力，减小首层柱的截面，增加筒内有效功能空间；采用隔震设计大约减少主体结构用钢量 15%，获得良好的经济效益。

（2）巨型钢框架结构体系

利用建筑的 20 个核心筒构成巨型框架支撑筒柱，楼梯和电梯井均设置在筒柱内部，保证筒外空间不受影响；结合筒柱位置设置八横八纵的正交平面桁架，构成最大 63m 跨度的大空间；16m 的建筑层高，保证竖向具有充裕的净高空间。巨型框架结构营造室内超大空间，为后期建筑调整室内功能提供了充足的自由度。

（3）超大面积刚性悬挂玻璃幕墙

本工程采用的刚性吊挂式玻璃幕墙结构体系为国内规模最大，最大高度 45m，环向周长 800m，总面积 2.6 万 m²，总重达 1.2 万 t。外幕墙结构由上月牙桁架、下月牙桁架、180 根圆形月牙吊柱和 260 根梯了形幕墙吊柱四部分组成，上端通过月牙吊柱与幕墙吊柱悬挂在上月牙悬挑桁架上，下端吊住下月牙桁架。通过详细的分析以及精准的施工控制，保证所有吊柱始终保持拉力状态，从而巧妙地将材料力学潜能充分发挥，呈现出结构力学美与建筑造型的完美融合。

（4）室内悬索连桥

室内南侧二夹层位置布设悬索连桥，连桥跨度63m，两端与核心筒相连。桥身采用变截面箱形梁，每侧设置8根竖吊索与悬索相连。悬索桥刚度较柔，通过在桥跨中位置设置TMD，将人致振动加速度控制在15cm/s² 以内，满足舒适度要求。悬索桥连接夹层东、西两个区域，并通过自动扶梯沟通二、三层，改善了整个室内功能的交通流线；同时作为观景平台，给这个肃穆严谨的建筑提供了一个绝佳的放松休憩的室内空间，展现建筑设计的人文关怀。

（5）组合式地基基础设计

地上主体结构竖向由 20 个巨型框架柱通过隔震层转换为地下室钢筋混凝土核心筒，单筒下集中荷载大且对差异沉降敏感。天然地基无法满足，因此核心筒区域采用直径为 800mm 的钻孔灌注桩。北侧一层纯地下室区域，基底土为湿陷性黄土，采用灰土挤密桩复合地基以全部消除湿陷性；南侧两层纯地下室区域采用天然地基，基底持力层为②层中粗砂或③层圆砾，地基承载力满足要求。通过采用"桩基 + 复合地基 + 天然地基"的组合式地基，地基基础承载力及沉降计算值均满足设计要求。

参考资料

[1] 中国有色金属工业西安勘察设计研究院有限公司. 西安丝路国际会议中心岩土工程勘察报告书[R]. 2018.

[2] 广东省建筑科学研究院集团股份有限公司风工程研究中心. 西安丝路国际会议中心项目风振分析报告[R]. 2018.

[3] 广东省建筑科学研究院集团股份有限公司风工程研究中心. 西安丝路国际会议中心项目风洞动态测压试验报告[R]. 2018.

[4] 上海宝冶工程技术有限公司. 西安丝路国际会展中心项目会议中心钢结构施工阶段监测报告[R]. 2018.

[5] 张峥, 丁洁民, 张月强, 等. 西安丝路国际会议中心大跨度刚性悬挂幕墙结构设计及关键技术研究[J]. 建筑结构学报, 2021, 42(S1): 18-27.

[6] ZHANG Z, J DING J M, ZHANG Y Q, et al. (2021): Research on Problems with the Suspended Curtain Wall Structure of Xi'an Silk Road International Conference Center, Structural Engineering International.

[7] 吴宏磊, 丁洁民, 陈长嘉. 西安丝路国际会议中心隔震技术应用研究[J]. 建筑结构学报, 2020, 41(2): 13-21.

[8] 丁洁民, 陈长嘉, 吴宏磊. 隔震技术在大跨度复杂建筑中的应用现状及关键问题[J]. 建筑结构学报, 2019, 40(11): 1-10.

设计团队

结构设计单位：同济大学建筑设计研究院（集团）有限公司（方案 + 初步设计 + 施工图设计）

结构设计团队：丁洁民，张　峥，吴宏磊，许晓梁，张月强，郝志鹏，陈长嘉，李　璐，蒋　玲，姚树典

执　笔　人：郝志鹏，陈长嘉，姚树典

获奖信息

2021 年中国勘察设计协会优秀勘察设计奖建筑设计一等奖

2021 年教育部优秀勘察设计建筑设计一等奖

2021 年教育部优秀勘察设计建筑结构与抗震设计一等奖

第19章

雄安容东综合运动馆

19.1 工程概况

19.1.1 建筑概况

本项目位于中国雄安新区容东片区，选址 H 区 H2-05-02 地块。占地面积 9376.48m²，规划范围：用地北侧邻 E1 路、南侧邻 E16 路，东侧邻 N19，西侧邻景观水系。充分利用周边环境和其他公共服务设施，引入西侧水域搭建水景，将泳池与室外水系相结合，营造室内外场景一体化运动氛围。体育单元与儿童公园游乐设施元素相融合，彼此紧密相连，将不同的元素参与到同样的技术与空间策略中，实现体育场所和自然空间的协调统一。

容东综合运动馆项目总占地面积 9376.48m²，总建筑面积约 18111m²。其中，地上建筑面积 10993m²，地下建筑面积 7118m²，主要包括篮球馆、冰球馆、健身休息及附属用房（图 19.1-1、图 19.1-2）。

图 19.1-1　容东综合运动馆效果图

图 19.1-2　容东综合运动馆实景照片

根据当地相关规定，该项目抗震设防烈度为 9 度（0.40g）且根据建筑功能需求，框架结构存在多处大跨度运动场地区域。结构地下一层，地上三层，最大结构高度 22.750m，建筑为多层建筑。

结构地下一层，采用混凝土框架-剪力墙结构；地上篮球馆结构三层，冰球馆一层，采用钢结构框架结构，冰球馆周边设置屈曲约束支撑减少扭转效应。冰球馆屋面以及篮球馆屋面大跨度区域采用张弦梁结构，使得大跨度区域结构更为轻盈，保证建筑室内效果的通透性。建筑平面图见图 19.1-3。

经典回眸　同济大学建筑设计研究院（集团）有限公司篇

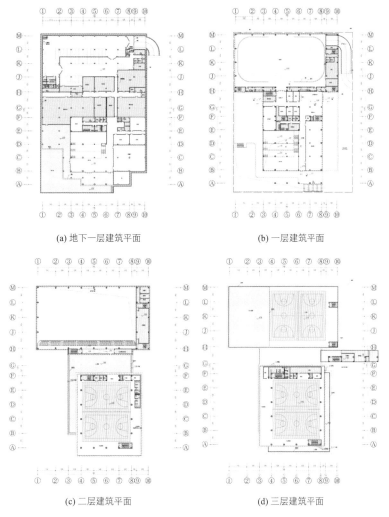

(a) 地下一层建筑平面	(b) 一层建筑平面

(c) 二层建筑平面	(d) 三层建筑平面

图 19.1-3　建筑平面图

19.1.2　设计条件

1. 主体控制参数（表 19.1-1）

控制参数表　　　　　　　　　　　　　　　　　表 19.1-1

项目		标准
结构设计基准期		50 年
建筑结构安全等级		二级
结构重要性系数		1.0
建筑抗震设防分类		标准设防类（丙类）
地基基础设计等级		乙级
设计地震动参数	抗震设防烈度	9 度
	设计地震分组	第二组
	场地类别	Ⅲ类
	小震特征周期	0.55s
	大震特征周期	0.60s
	基本地震加速度	0.40g

建筑结构阻尼比	多遇地震	0.04
	罕遇地震	0.05
水平地震影响系数 最大值	多遇地震	0.32
	设防烈度	0.90
	罕遇地震	1.40
地震峰值加速度	多遇地震	$140cm/s^2$

2．结构抗震设计条件

地下室混凝土剪力墙抗震等级一级，混凝土框架抗震等级一级，钢结构框架抗震等级二级。由于采用基础隔震，采用地下一层底板作为上部结构的嵌固端。

3．风荷载

结构变形与承载力验算时，按50年一遇取基本风压为$0.40kN/m^2$，大跨度金属屋面结构按100年一遇基本风压为$0.45kN/m^2$，场地粗糙度类别为B类。

19.2 项目特点

设计方案基于自身特定的功能需求和基地环境，选取"水畔磐石"之意向，试图采取纯净的几何体量，通过灵活错动的建筑形体，适应和表达内部多重休闲运动功能的空间需求，并结合多层次的屋顶平台、下沉庭院以及滨水步道、绿坡、休闲场地等室内外重要节点空间，营造出景观、空间与行为的交融，体现全民健身、空间互动的设计理念，整体打造服务于该片区市民的滨水休闲运动场所（表19.2-1）。

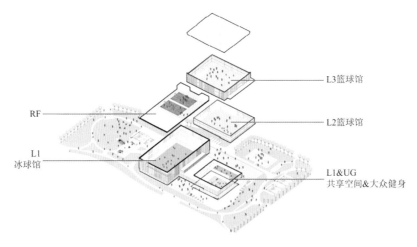

图19.2-1 容东综合运动馆功能叠合分布

建筑挑战和结构应对策略 表19.2-1

极限挑战		结构应对策略
功能叠合	大跨重载楼面	张弦梁 + TMD 振动控制技术
	周边悬挑	悬挑空腹桁架 + TMD 振动控制技术
高烈度区	控制梁柱尺寸	组合隔震技术
	控制扭转刚度	防曲屈约束支撑技术

叠合式建筑特点给结构设计带来了挑战，基于建筑造型以及使用功能，结构采用以下应对措施（图 19.2-2）：

（1）采用基础隔震技术，利用橡胶支座＋黏滞阻尼器减小地震作用 60% 以上，实现降烈度设计，并且避免地上冰球馆与篮球馆之间设柱；相比于抗震方案，结构柱截面尺寸降低 30%，避免肥梁胖柱。

（2）根据地上功能及建筑柱网，地上结构采用钢框架结构体系。其中大跨度区域周边柱采用钢管混凝土结构，保证结构整体抗侧刚度。冰球馆周边设置屈曲约束支撑，减少结构整体扭转效应，控制梁柱尺寸。

（3）冰球馆上人屋面采用张弦梁结构体系，通过高强拉索预应力作用应对大跨度重载楼面带来的结构挑战。冰球馆跨度 38.6m，功能为上人运动场地，属于大跨度重载屋面，同时下部冰球馆结构暴露，结构表现对建筑室内效果有较大影响，对结构设计带来极大挑战。结构采用张弦梁结构，减少结构高度为建筑增加净空，并且在保证大跨度结构刚度的同时，最大限度地保证冰球馆室内上空结构通透的效果。

（4）二层篮球馆结构与冰球馆屋面结构均为大跨度运动场地，楼板振动需要控制。通过合理布置调谐质量阻尼器（TMD），保证运动场地楼面振动舒适度

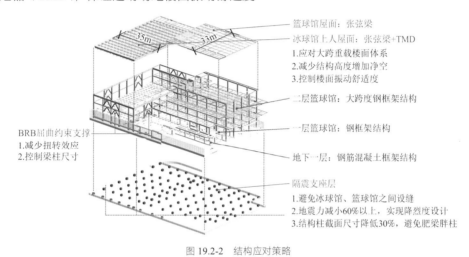

图 19.2-2　结构应对策略

19.3 体系与分析

19.3.1 方案比选

1. 基础方案比选

上部结构采用基础隔震的形式，隔震层以下的基础底板及三边挡土墙形成了一个 7.1m 深、边长 74.6m × 109m 的混凝土池体。挡土墙内壁与地下室外墙之间保证 600mm 的净宽（图 19.3-2），建筑西南侧景观地景草坡从室外地面做缓坡引入地下一层（图 19.3-1），故此处无挡土墙。上部结构由于层数不一，多处存在大跨且局部有下沉庭院，故落于基础上的柱底力极为不均匀。根据地勘报告显示，拟建场地存在轻微液化地层，无其他不良地质作用。目前雄安新区限制地下水开采并考虑白洋淀区域生态涵养建设、南水北调、引黄入冀补淀等重大水利工程等因素，设计抗浮水位按绝对标高 7.5m 考虑。部分位置例如大空间和下沉庭院下方的压重不足，需要采取抗浮措施。

为解决柱间差异沉降和局部抗浮问题，基础形式选择可以考虑全部采用满堂桩基础＋防水板和浅地基＋抗浮锚杆的形式。从剖面图中可以看出，建筑基底以下为②$_2$ 层粉质黏土及以下土层，中等压缩性，地基承载力特征值 $f_{ak} \geqslant 110$kPa。

图 19.3-1　西南侧草坡引至地下一层

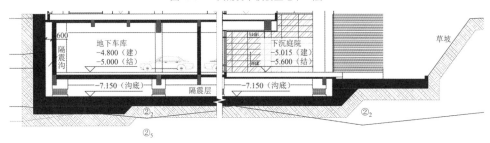

图 19.3-2　挡土墙与地基关系剖面示意图

满堂桩基础＋防水板：底板下均采用 600mm 桩径的钻孔灌注桩，桩长≥15m，桩端持力层落在⑤₅层粉土及以下土层，单桩承载力特征值预估为 1600kN。

浅基础＋抗拔锚杆：采用平板式筏形基础，局部柱下采用下柱墩加厚的形式，只在局部受力较大的墙柱下采用 CFG 处理，针对局部抗浮不足的部位采用预应力抗拔锚杆的形式。

经过初步计算，从承载力角度来考量，未经处理的地基承载力已经满足地上结构的承载力需求。相对满堂桩基础而言，浅基础＋抗拔锚杆有如下优点：（1）能够充分利用地基承载力，只在局部受力较大的墙柱下采用 CFG 地基处理，并在局部空旷部位采用没有竖向抗压刚度的抗拔锚杆，降低了柱间沉降差；（2）只在底板下局部处理，施工周期和造价相对满堂桩基础有着明显优势；（3）柱墙下底板局部加厚既能满足悬臂挡土墙和隔震支座下柱墩的冲切要求，又为之提供可靠的嵌固，满足传力要求。

2. 隔震方案比选

方案阶段，对隔震层布置位置进行了对比选型，考虑基础隔震和地下室柱顶隔震两种方案，对比如表 19.3-1 所示。由表可以看到，基础隔震方案对建筑布置和设备管道的影响最小，建议采用基础隔震。

隔震层位置选型对比　　　　　　　　　　　　　　　　　　表 19.3-1

项	隔震方案 1：基础隔震	隔震方案 2：地下室柱顶隔震
优点	1. 无穿越隔震层的设备管道软连接问题； 2. 无穿越隔震层的电梯筒与竖向构件之间留缝避让问题； 3. 地下室柱截面尺寸较小	1. 不需增加基础挖深及隔震层楼面，节省造价； 2. 地下室整体性好，无悬臂挡土墙问题
缺点	1. 需增加基础挖深及隔震层楼面，造价较高； 2. 周边存在悬臂挡土墙，且由于边界隔震缝的存在，地下室使用空间范围有所减小	1. 涉及设备管道软连接问题； 2. 穿越隔震层的电梯筒需与竖向构件之间留缝避让； 3. 地下室柱为悬臂柱，截面尺寸可能较大，可综合考虑净高影响，在隔震支座以下的柱间拉梁形成框架，以减小柱截面

3. 冰球馆大跨度上人屋面结构体系比选

冰球馆屋面跨度 38.6m 且建筑功能为上人运动场地，为大跨度重载屋面结构且在冰球馆室内结构暴露在空间内，因此结构设计中，在满足结构承载力情况的前提下，要保证室内空间的通透性。因此，对冰球馆大跨空间结构进行低方案比选。

方案一为桁架方案。桁架高度为 2000mm，桁架间隔 8.3m。上下弦均为 500mm × 300mm 工字形钢。

桁架高度 2000mm 可隔跨设置 500mm×1000mm 的管线。桁架高度小于 1800mm 时，管线通过困难。桁架方案结构如图 19.3-3～图 19.3-5 所示。

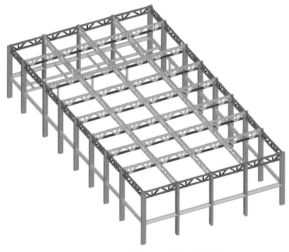

图 19.3-3　桁架方案冰球杆结构模型

图 19.3-4　桁架方案结构剖面

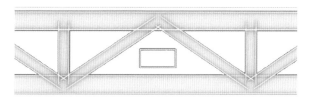

图 19.3-5　桁架方案管线穿越方式

　　桁架方案具有较好的结构刚度并且满足结构承载力，室内管线可以从桁架内部穿越。桁架方案存在明显缺点，即室内效果较差。在冰球馆室内净高较低的情况下，看台观众离屋面结构较近，结构位于近人视线，桁架结构较为杂乱，通透性较差。

　　方案二为张弦梁结构。张弦梁结构利用高强拉索施加预应力，能够较好地提供结构刚度。由于屋面为重载屋面，为了更好提供结构刚度，张弦梁间隔 4.15m。同时由于荷载较大、拉索索力大，若按传统张弦梁仅设置一道拉索，拉索直径超过 100mm，不利于现场张拉施工。因此，下弦拉索采用双索布置，通过两根直径 70mm 的拉索共同提供预应力作用。张弦梁结构方案如图 19.3-6～图 19.3-8 所示。

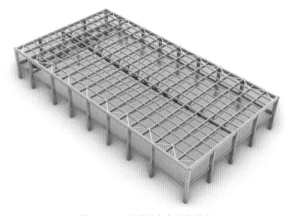

图 19.3-6　张弦梁方案结构模型

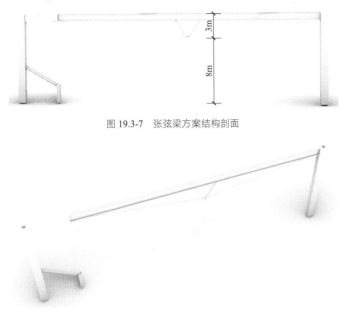

图 19.3-7 张弦梁方案结构剖面

图 19.3-8 张弦梁方案双索

张弦梁方案通过加密主结构、采用高强度预应力拉索、设置脊桁架等手段使在 38m 跨度内结构刚度承载力均满足要求，在室内空间两侧结构高度较小，便于管线穿越，并且下弦拉索的设置室内效果轻盈通透。为体现结构的韵律性，张弦梁采用变高度设置，冰球场中央张弦梁最大高度为 3m，边缘最小高度为 2m（图 19.3-9、图 19.3-10）。

图 19.3-9 冰球馆张弦梁变高度设计示意

图 19.3-10 冰球馆张弦梁实景图

19.3.2 结构布置

1. 基础布置

综合以上情况，经过经济性比选，最终选择采用 800mm 厚的平板式筏基 + 抗浮锚杆的形式。柱底局部冲切不足的部位设置下柱墩并在受力较大的柱底下进行 CFG 地基处理，增强局部土体的刚度，以减小柱间沉降差。因场地狭小受红线等条件所限，7.1m 的悬臂挡土墙不能采用卸荷台等有效措施，经计算底部最厚处达 1.1m。为能够有效地将挡土墙所受的侧推力传递至基础，挡土墙与底板交接部位内伸 7m 范围内的底板也适当加厚，为悬臂挡土墙提供了可靠的嵌固。

抗浮采用预应力囊式扩体锚杆（图 19.3-11），锚杆总长度 11.8m，单根锚杆抗拔力特征值 220kN。该锚杆主要利用囊式扩体部位的粘结及上部土体的重量抗浮，具有成锚质量可靠、锚固体系安全度高、防腐耐久性好、承载力高、变形量小等优势，适合作为结构基础的永久抗浮构件。抗浮锚杆主要集中布置

经典回眸 同济大学建筑设计研究院（集团）有限公司篇

在北侧冰球场、西南侧下沉庭院、南侧篮球场下方（图19.3-12）。根据不同区域的抗浮需求，调整锚杆间距，以达到最优的经济效果。

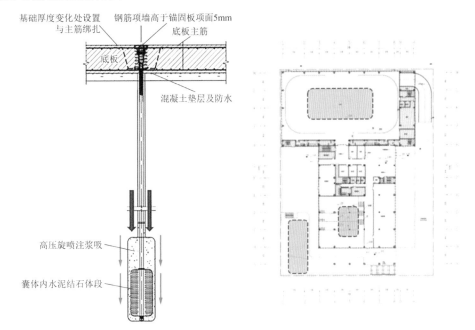

图19.3-11　囊式锚杆剖面示意图　　　　　　　　图19.3-12　锚杆布置区域

2. 隔震结构布置

隔震层共布置天然橡胶支座72个，铅芯橡胶支座41个，黏滞阻尼器18个（图19.3-13、图19.3-14）。

 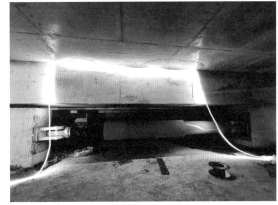

图19.3-13　隔震支座现场安装　　　　　　图19.3-14　黏滞阻尼器现场安装

3. 上部结构布置

1）竖向传力体系

上部结构竖向荷载通过框架柱传至下部混凝土结构框架柱，再传至隔震支座，最后传至基础。上部钢结构采用钢骨下插的方式与地下室混凝土结构刚接连接。上部钢结构部分框架柱采用钢管混凝土柱，地下室部分框架柱采用型钢混凝土柱。

2）水平传力体系

结构水平传力通过纵横框架抵抗和传递水平地震作用。对于冰球馆大跨度框架，局部增加屈曲约束支撑参与侧向地震作用传递。地下室人防区域采用框架-剪力墙结构形式，混凝土框架与剪力墙共同传递水平荷载。

结构南北向抗侧框架及篮球馆、冰球馆东西向抗侧框架见图19.3-15～图19.3-17。

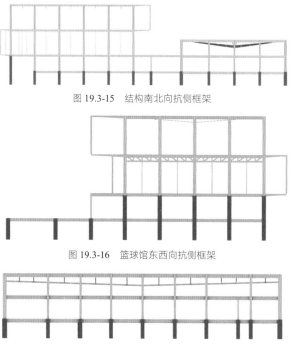

图 19.3-15　结构南北向抗侧框架

图 19.3-16　篮球馆东西向抗侧框架

图 19.3-17　冰球馆东西向抗侧框架

地上两塔楼分别为冰球馆与篮球馆，冰球馆结构布置详见冰球馆结构方案比选。

篮球馆共三层。大跨度区域周边柱采用钢管混凝土柱，钢材采用 Q390GJ，尺寸为 800mm × 800mm；其余采用普通钢柱，钢材采用 Q355，主要尺寸采用 400mm × 400mm。

篮球馆二层楼面采用钢结构框架结构，标高为 5.300m。结构采用正交主次梁结构，典型主梁跨度 8.3m，最大跨度为 11.1m，柱距为 8.3m，单向布置次梁（图 19.3-18）。

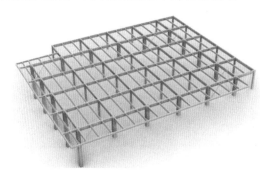

图 19.3-18　篮球馆二层楼面钢结构布置

篮球馆三层楼面标高为 14.150m。结构采用平面桁架结构，最大跨度为 33.2m，桁架高度 1.8m，柱距为 8.3m，最大悬挑长度 8m（图 19.3-19）。

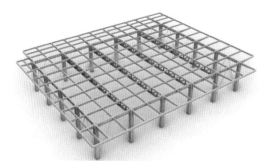

图 19.3-19　篮球馆三层楼面钢结构布置

篮球馆屋面结构标高为 22.150m。结构采用平面张弦梁，最大跨度为 33.2m，张弦梁撑杆高度 1.5m，柱距为 8.3m，最大悬挑长度 8m（图 19.3-20）。

图 19.3-20　篮球馆屋面钢结构布置

19.3.3　性能目标

1. 抗震不规则分析和采取的措施

主塔楼在以下方面存在结构不规则：（1）考虑偶然偏心的最大扭转位移比为 1.35；（2）存在多塔，最大悬挑 8m；（3）局部存在穿层柱。

针对结构不规则问题，设计中采取了以下应对措施：

（1）本项目采用基础隔震技术，上部结构地震作用大幅度降低，可按降一度设计；

（2）采用基础隔震设计，减小结构扭转效应；

（3）大跨度区域周边柱均采用钢管混凝土构件，其抗震性能与延性均较好；

（4）在冰球馆周边设置双阶屈服屈曲约束支撑，以增强其整体刚度并提高整体结构抗震性能；

（5）针对大跨度冰球馆屋面进行弹塑性极限承载力分析，保证大跨度屋面整体稳定性。

2. 抗震性能化目标

根据抗震性能化设计方法，确定了主要结构构件的抗震性能目标，如表 19.3-2 所示。

主要构件抗震性能目标　　　　　　　　　　表 19.3-2

地震水准		多遇地震	设防烈度地震	罕遇地震
性能水平定性描述		不损坏，不需修理即可继续使用	轻微损坏，一般修理后可继续使用	中度破坏，修复或加固后可继续使用
允许层间位移		1/300	—	1/50
主体结构构件性能	重要框架柱	弹性	受弯、受剪不屈服	允许进入塑性，控制型性转角在 LS 以内
	大跨度、悬挑梁	弹性	受弯、受剪不屈服	允许进入塑性，控制型性转角在 LS 以内
	一般框架柱	弹性	受弯不屈服	允许进入塑性，控制型性转角在 LS 以内
	一般框架梁	弹性	受弯不屈服	允许进入塑性，控制型性转角在 LS 以内
隔震支座		正常工作	正常工作	正常工作
黏滞阻尼器		正常工作	正常工作	正常工作
隔震层支墩、支柱及相连构件		弹性	弹性	不屈服

19.3.4　结构分析

1. 隔震结构分析

1）结构动力特性

隔震方案通过设置隔震层，结构周期延长 2.5 倍以上，有利于结构远离场地特征周期，减小地震作用。非隔震结构与隔震结构自振周期对比见表 19.3-3。

非隔震结构与隔震结构自振周期对比   表 19.3-3

振型	非隔震结构/s	隔震结构/s	隔震结构/非隔震结构
1	0.97	2.58	2.66
2	0.90	2.56	2.84
3	0.78（扭转）	2.37（扭转）	3.04

2）减震效果分析

（1）地震剪力分析

表 19.3-4 给出了非隔震结构与隔震结构在 9 度（0.4g）设防烈度地震作用下各楼层层剪力减震系数。由表可见，在设防烈度地震下，隔震结构 X 向层剪力最大减震系数为 35.0%；Y 向层剪力最大减震系数为 30.0%。采用隔震技术后，上部结构可按设防烈度降低一度进行设计。

非隔震结构与隔震结构在 9 度（0.4g）设防烈度地震作用下各楼层层剪力减震系数   表 19.3-4

方向	层数	TRB1	TRB2	TRB3	TRB4	TRB5	RGB1	RGB2	平均值
X向	1	35.4%	37.3%	22.2%	37.3%	50.0%	34.2%	31.2%	35.0%
	2	24.1%	38.7%	21.2%	26.3%	44.0%	30.7%	24.0%	29.2%
	3	21.4%	35.5%	18.8%	23.1%	43.0%	34.7%	28.1%	28.2%
	4	18.4%	19.2%	19.0%	19.5%	30.7%	21.6%	20.0%	20.8%
Y向	1	31.8%	40.8%	17.3%	25.3%	36.3%	28.6%	30.7%	29.7%
	2	30.1%	41.3%	26.4%	19.5%	53.5%	28.3%	25.1%	30.0%
	3	28.4%	35.7%	20.1%	19.8%	39.2%	23.8%	22.0%	25.9%
	4	22.4%	20.8%	18.8%	18.6%	27.3%	22.7%	20.1%	21.3%

（2）地震弯矩分析

表 19.3-5 给出了非隔震结构与隔震结构在 9 度（0.4g）设防烈度地震作用下各楼层层弯矩减震系数。由表可见，在设防烈度地震下，隔震结构 X 向层倾覆力矩最大减震系数为 37.7%；Y 向层倾覆力矩最大减震系数为 37.8%。采用隔震技术后，上部结构可按设防烈度降低一度进行设计。

非隔震结构与隔震结构在 9 度（0.4g）设防烈度地震作用下各楼层层弯矩减震系数   表 19.3-5

方向	层数	TRB1	TRB2	TRB3	TRB4	TRB5	RGB1	RGB2	平均值
X向	1	27.9%	48.1%	46.4%	31.8%	46.9%	38.2%	33.1%	37.7%
	2	22.7%	44.9%	35.7%	24.6%	48.1%	39.1%	29.2%	33.4%
	3	21.6%	56.3%	40.3%	27.1%	50.3%	28.0%	28.4%	32.8%
	4	18.9%	16.8%	26.1%	18.8%	33.3%	21.1%	18.9%	21.3%
Y向	1	36.2%	50.0%	44.1%	25.7%	50.9%	36.2%	33.7%	37.8%
	2	30.3%	44.5%	27.1%	28.4%	50.2%	25.1%	32.5%	33.0%
	3	32.4%	44.6%	29.8%	29.3%	37.8%	30.5%	38.0%	34.2%
	4	20.4%	16.3%	24.3%	18.2%	28.8%	21.0%	19.2%	20.7%

2. 结构整体弹性分析

项目设置基础隔震，经过减震效果分析，地震作用可采用降一度（8 度 0.2g）设计。采用 YJK 和 SAP2000 分别计算（图 19.3-21），振型数取 30 个，周期折减系数为 0.9。计算结果见表 19.3-6。两种软件计算的结构单位面积质量、总竖向荷载、自振模态及周期等数据基本一致，最大误差在 2%，表明结构分析准确可靠，能够满足工程计算要求。

软件分析对比 表 19.3-6

周期		YJK	SAP2000	YJK/SAP2000	说明
总竖向荷载（1.0 恒荷载＋1.0 活荷载）/kN		43600	43000	101.2%	
单位面积质量/（t/m²）		2.18	2.15	101.2%	
周期/s	T_1	2.61	2.58	101.2%	X平动
	T_2	2.58	2.56	100.7%	Y平动
	T_3	2.36	2.37	99.3%	扭转振型

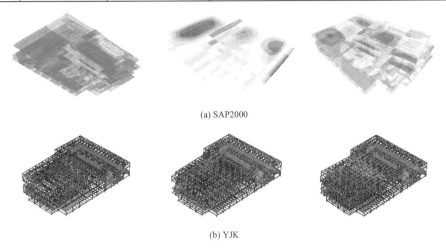

(a) SAP2000

(b) YJK

图 19.3-21 SAP2000 与 YJK 软件计算自振模态对比

对多遇地震及风荷载（50 年一遇）作用下的楼层剪力及倾覆力矩作了比较。由图 19.3-22、图 19.3-23 可见，沿X轴、Y轴方向，楼层剪力和倾覆力矩均为地震作用控制。地震作用下X、Y方向剪重比均大于 0.032，满足规范要求。

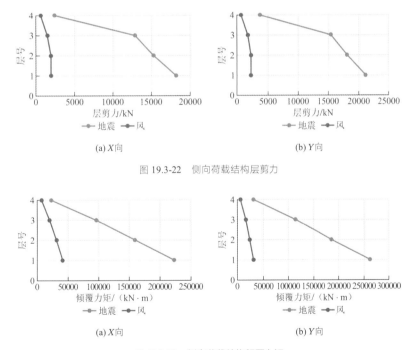

(a) X向   (b) Y向

图 19.3-22 侧向荷载结构层剪力

(a) X向   (b) Y向

图 19.3-23 侧向荷载结构倾覆力矩

由图 19.3-24 可知，塔楼层间位移角由多遇地震控制，最大层间位移角为 1/357，出现在X方向小震工况下，X、Y方向最大层间位移角均能满足《钢管混凝土结构技术规范》GB 50936-2014 要求的 1/300。

对支承篮球馆及冰球馆大跨度区域的地下部分钢骨混凝土柱进行了小震及中震下框架柱正截面承载力计算，计算结果如表 19.3-7、表 19.3-8 所示，计算结果表明大跨区域周边柱满足抗震性能化设计目标。

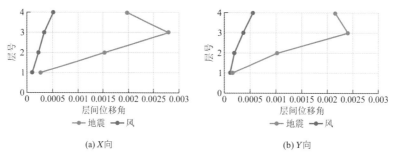

(a) X向   (b) Y向

图 19.3-24 侧向荷载结构层间位移角

小震弹性框架柱正截面承载力验算   表 19.3-7

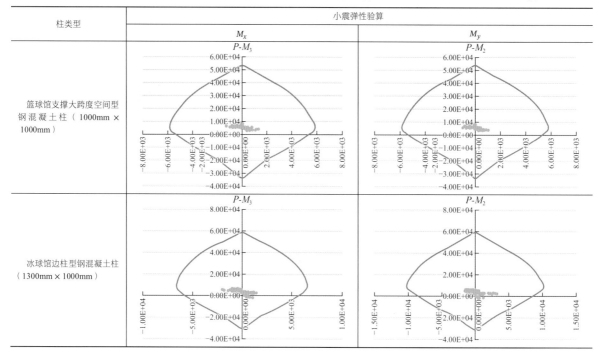

中震不屈服框架柱正截面承载力验算   表 19.3-8

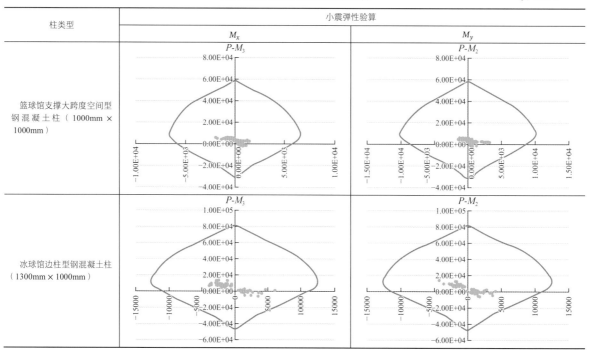

3. 罕遇地震作用分析

1）地震剪力分析

9度（0.4g）罕遇烈度地震作用下结构最大剪重比为0.20（表19.3-9）。

隔震结构大震层剪力与剪重比　　　　　　　　　　　表19.3-9

方向	层数	TRB1/kN	TRB2/kN	TRB3/kN	TRB4/kN	TRB5/kN	RGB1/kN	RGB2/kN	平均值/kN	剪重比
X向	1	55211	56085	31223	41518	64168	43838	38868	47273	0.20
	2	35607	39926	21790	26837	42431	26075	25376	31149	0.13
	3	27637	30697	17073	20929	32716	21765	21191	24572	0.11
	4	3664	4361	3846	2925	5087	3501	4174	3937	0.02
Y向	1	41012	44977	27402	30656	43005	33655	35436	36592	0.16
	2	37986	39817	23909	29022	36916	28773	29202	32232	0.14
	3	27018	28596	18006	21533	28511	20598	23865	24018	0.10
	4	4089	3669	3846	3473	5111	3902	5189	4183	0.02

2）层间位移角分析

采用隔震技术后，大震下结构最大层间位移角平均值为1/231，远小于规范限值1/50（表19.3-10）。

隔震结构大震下层间位移角　　　　　　　　　　　表19.3-10

方向	层数	TRB1	TRB2	TRB3	TRB4	TRB5	RGB1	RGB2	平均值
X向	1	1/612	1/569	1/1207	1/821	1/543	1/870	1/858	1/730
	2	1/298	1/298	1/617	1/394	1/301	1/460	1/459	1/378
	3	1/238	1/254	1/439	1/312	1/233	1/400	1/378	1/303
	4	1/412	1/486	1/542	1/556	1/438	1/776	1/511	1/513
Y向	1	1/598	1/625	1/777	1/828	1/656	1/989	1/671	1/715
	2	1/284	1/374	1/300	1/411	1/410	1/627	1/283	1/358
	3	1/179	1/214	1/254	1/218	1/192	1/371	1/276	1/231
	4	1/262	1/318	1/369	1/307	1/313	1/514	1/460	1/346

3）隔震结构在罕遇地震作用下的能量耗散情况

隔震结构在罕遇地震下的能量耗散分布见图19.3-25，由图可以看到，地震作用下隔震装置总耗能达到80%，地震能量主要由隔震支座和黏滞阻尼器耗散。

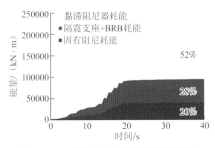

图19.3-25　隔震结构体系能量耗散分布图

4）隔震结构抗倾覆验算

罕遇地震作用隔震结构抗倾覆验算　　　　　　　　　　　表19.3-11

楼层	恒荷载/kN	形心位置/m		抵抗倾覆力矩/（kN·m）		倾覆力矩/（kN·m）		安全系数	
		X向	Y向	X向	Y向	X向	Y向	X向	Y向
1	214867	469	372	7284959	8018277	676727	626936	10.76	12.79
2	97389	472	361	2135860	4767145	440362	443977	4.85	10.74
3	76512	475	354	1662345	3504137	256584	253808	6.48	13.81
4	11108	470	339	217531	223111	35431	37643	6.14	5.93

5）小结

通过对隔震结构罕遇地震作用下的分析表明，大震下结构最大层间位移角仅 1/231，远小于规范限值，结构基本处于弹性状态；结构能量耗散主要集中在隔震层，耗能机制良好；结构抗倾覆安全系数富裕。总体而言，大震下整体结构满足预定性能目标。

4. 大跨度钢结构弹塑性极限承载力分析

冰球馆屋面为上人屋面和大跨度重载屋面且结构采用了张弦梁结构形式，为了确保结构整体稳定性，对结构进行双非线性极限承载力分析。

采用 ANSYS 软件对结构进行整体稳定承载力计算分析。材料采用双线性随动强化模型，稳定分析采用牛顿—拉普森法（选取中间榀张弦梁的跨中节点进行荷载-位移曲线绘制），进行弹塑性极限承载力分析时考虑初始缺陷的影响。

分析结果如图 19.3-26 所示。

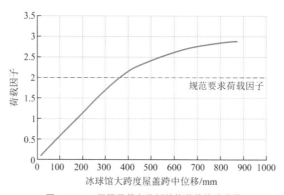

图 19.3-26 极限承载力分析结构荷载位移曲线

19.4 专项设计

19.4.1 隔震结构设计

1. 隔震层偏心率验算

经验算，隔震层 X 向偏心率 0.69%，Y 向偏心率 2.75%，均满足规范不大于 3% 的限值要求。

2. 隔震支座长期面压验算

隔震支座的长期面压考虑了结构重力荷载代表值的作用。经验算，橡胶隔震支座长期面压最大值为 12.6MPa，均未超过规范限值 15MPa。

3. 隔震层抗风验算

隔震层屈服荷载为 7962kN，大于 50 年风荷载设计值 2986kN，满足风荷载下隔震层不屈服要求。风荷载水平标准值产生的总水平力不大于结构总重力的 10%（4360kN）。

4. 隔震支座短期面压验算

隔震支座在罕遇地震作用下的短期极值面压是隔震层设计中的重要指标，极值面压考虑了重力荷载代表值、罕遇地震动三向地震组合。经验算，橡胶隔震支座短期极大面压为 19.1MPa（压），小于规范限值 30MPa 的要求；短期极小面压为 0.9MPa（拉），未超过 1MPa 限值。

5．隔震层变形验算

隔震支座在大震下最大变形为 394mm，对于 LRB800 规格的支座，该水平位移相当于 259% 的剪应变，小于 0.55D（0.55D = 440mm）和 300% 的剪应变（300%γ = 456mm），满足规范要求。

19.4.2　运动场地楼面振动舒适度设计

冰球馆上人屋面为大跨度楼面结构且建筑功能为运动场地，因此，对该区域进行舒适度验算。

根据《建筑楼盖结构振动舒适度技术标准》JGJ/T 441-2019 取人行激励定义和加载方式。经验算，冰球馆需要布置 TMD。TMD 布置及参数如图 19.4-1、表 19.4-1 所示。

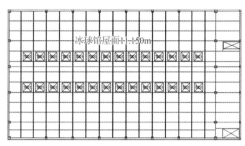

图 19.4-1　冰球馆屋面 TMD 布置图

冰球馆屋面 TMD 参数设置　　　　　　　　　　　　　　　　　　表 19.4-1

自振频率/Hz	数量/个	单个质量/kg	刚度系数/（N/m）	阻尼系数/（N·s/m）	阻尼比	最大行程/mm
1.42	28	500	39801	714	0.08	±20

采用线性振型叠加法进行时程分析。依照规范方法来定义竖向频率对应的有节奏运动激励荷载并进行时程分析，以张弦梁跨中振幅较大区域结果作为代表值，得到的结果和规范中给出有节奏运动的竖向振动有效最大加速度限值在表 19.4-2 中给出。安装 TMD 前后加速度时程曲线以及 TMD 行程实际曲线如图 19.4-2～图 19.4-4 所示。

对所提楼面输入规范规定的荷载激励，并选取最大振幅节点作为结构最大加速度反应的观察点，首先对未安装 TMD 楼面进行时程分析得出其最大加速度反应不满足规范对舒适度要求；而后根据合理布置 TMD 位置和参数并进行建模分析，得出在安装 TMD 后楼面满足规范对楼面舒适度的要求，TMD 实际行程未超过最大行程限值。

加载区域竖向加速度结果　　　　　　　　　　　　　　　　　　表 19.4-2

有节奏运动工况	稳态竖向加速度峰值/（m/s²）	有效最大加速度限值/（m/s²）
未安装 TMD	0.6627	0.5
安装 TMD	0.4592	

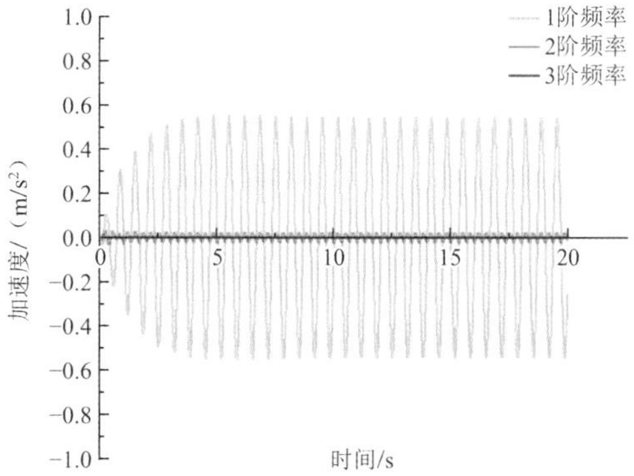

图 19.4-2　未安装 TMD 加速度时程图 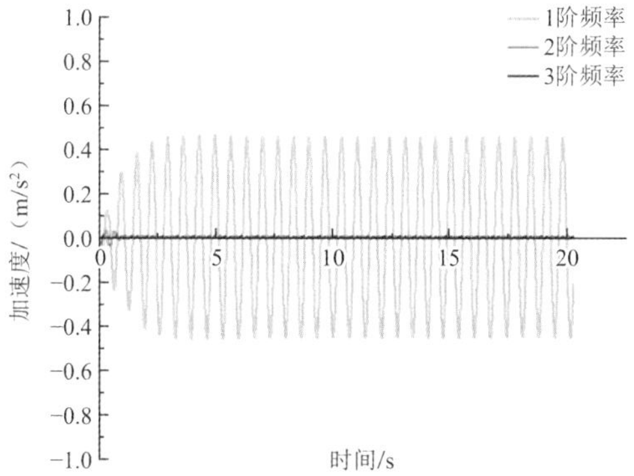　　　　　　图 19.4-3　安装 TMD 后加速度时程图

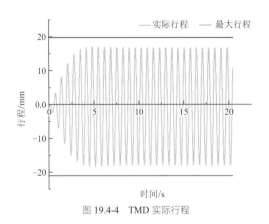

图 19.4-4　TMD 实际行程

19.5　结语

（1）容东综合运动馆结构体系与叠合式的建筑造型相吻合，通过结构和幕墙结构的一体化设计，实现了建筑效果的轻盈性。

（2）9度设防地震要求，结构设计采用了隔震设计，降低了地震作用，减小了柱子的截面尺寸。

（3）冰球馆和屋顶篮球场属于大跨度区域，为满足运动过程的舒适度要求，根据舒适度分析结果，在大空间楼板区域布置了TMD。

参考资料

[1]　同济大学建筑设计研究院(集团)有限公司. 容东综合运动馆超限论论证报告[R]. 2019.

设计团队

结构设计单位：同济大学建筑设计研究院（集团）有限公司

结构设计团队：丁洁民，张　峥，朱　亮，张月强，王哲睿，陈长嘉，冯　峰，肖　阳

执　笔　人：张月强，冯　峰，陈长嘉

第20章

上海博物馆东馆

20.1 工程概况

20.1.1 建筑概况

上海博物馆东馆项目位于上海东部文化中心的核心位置，建筑设计立足城市空间整合的视角使博物馆公共空间融入城市日常生活。多样性的公众活动将使上海博物馆东馆成为浦东最重要的城市公共空间。在《上海服务国家"一带一路"建设发挥桥头堡作用行动方案》中，明确指出"要加强上海国际电影节、美术馆、博物馆、音乐创演等与沿线国家（地区）交流互动，深化上海国际电影节、美术馆、博物馆、音乐创演等与沿线国家（地区）的合作机制，进一步丰富和拓展文化交流合作内容"。图20.1-1、图20.1-2为项目目前的实景照片。

图 20.1-1　项目实景轴测照片

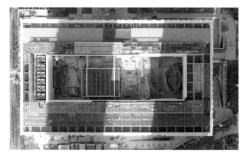

图 20.1-2　项目实景俯瞰照片

项目位于上海浦东新区杨高南路、世纪大道、丁香路交汇处的花木 10 街坊地块北侧（10-03A）地块，地块周边配套设施齐全、景观条件良好、人文气息浓厚、交通便捷，未来将与上海科技馆、东方艺术中心、世纪公园等一起形成具有国际影响力的文化设施集群，成为"上海东部文化中心"。

上海博物馆东馆地上 6 层，地下 2 层，建筑高度 45m，总建筑面积 11.3 万 m²，地上部分建筑面积为 8.1 万 m²，地下部分面积为 3.2 万 m²。首层层高 10.5m，主要功能为展示陈列、开幕式大厅和公共服务等；2～4 层层高为 7.5m，主要功能为展示陈列、文物库房；5 层层高为 5m，主要功能为业务研究、图书中心；6 层层高为 4.5m，主要功能为管理保障用房。地下 1 层东侧设有与地铁及周边地块相连接的地下通道。此外地下 1 层西侧为后勤保障、设备用房及卸货场地和货运车库，地下 2 层为机械车库及设备用房。

建筑平面尺寸为 185m×108m，建筑平面功能分层布置详见图 20.1-3～图 20.1-6。

上海博物馆东馆的空间布局虽然沿用了常规博物馆中庭组织的方式，但是为了缓解特大型博物馆中的观展疲劳问题，改进了常见的封闭式流线设计，在环形流线的转折处设置休闲边厅以及室外露台，强调室内外空间的交流互动，充分利用建筑周边优越的景观资源，给观众打造了轻松舒适的观展环境。典型横向剖面详见图 20.1-7。

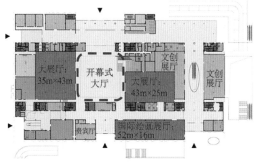

图 20.1-3　项目首层建筑平面图

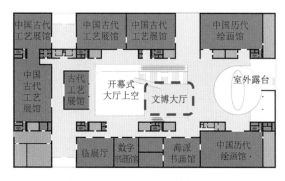

图 20.1-4　项目 2～4 层建筑平面图

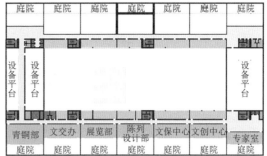

图 20.1-5 项目 5 层建筑平面图　　　　　　图 20.1-6 项目 6 层建筑平面图

图 20.1-7 项目建筑横向剖面图

20.1.2　设计条件

1. 主体控制参数（表 20.1-1）

控制参数表　　　　　　　　　　　　　　　　表 20.1-1

结构设计基准期	100 年	建筑抗震设防分类	重点设防类（乙类）
建筑结构安全等级	一级	抗震设防烈度	7 度
结构重要性系数	1.1	设计地震分组	第二组
地基基础设计等级	甲级	场地类别	IV 类
建筑结构阻尼比	0.04（多遇地震）/0.05（罕遇地震），本处不包括附加阻尼		

2. 抗震设计条件

结构构件抗震等级　　　　　　　　　　　　　　表 20.1-2

构件	抗震等级
框架柱	一级
框架梁	二级
支撑	二级

3. 风荷载

结构变形验算时，风荷载按照上海市 100 年一遇取基本风压 $0.60kN/m^2$，场地粗糙度类别为 C 类。

20.2　项目特点

20.2.1　无柱大空间

本项目展厅布置在 1～4 层位置，根据建筑功能和效果需求，首层的开幕式大厅及两侧的大展厅为高大、无柱展厅；2～4层的各功能展馆考虑后期布展和观展流线，结构尽量减少框架柱。由于下部各层建筑无柱大空间的需求，结构整体竖向贯通柱较少，如图20.2-1所示，楼盖结构采用钢梁或钢桁架，抗侧体系采用钢框架（钢骨混凝土柱）抗侧体系，并采用防屈曲约束支撑和黏滞阻尼墙的消能减震技术，保证结构具有良好的整体刚度。

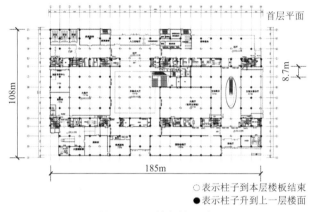

○ 表示柱子到本层楼板结束
● 表示柱子升到上一层楼面

图20.2-1　无柱大空间示意

20.2.2　重载大跨、大悬挑结构

根据下部展厅布置特点，本项目中部的屋盖为跨度43.5m的大跨度结构，建筑屋顶布置古典园林，其中亭台楼阁和景观存在较大的附加恒荷载，屋面结构采用4.35m×4.35m的正交桁架体系。建筑在4层平面的东北角存在开敞的观景空间，结构对应在5层至屋面层的东北角采用悬挑24m的带斜腹杆的层间桁架。大跨度和大悬挑结构的平面位置和模型如图20.2-2和图20.2-3所示。

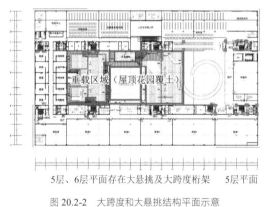

5层、6层平面存在大悬挑及大跨度桁架　5层平面

图20.2-2　大跨度和大悬挑结构平面示意

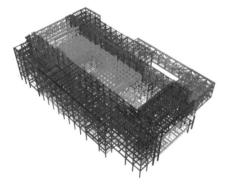

图20.2-3　大跨度和大悬挑结构模型示意图

20.2.3　斜拉旋转坡道

根据建筑观展流线，从北、南两个方向可以直接经过安检进入博物馆主展区，并通过两组自动扶梯方便抵达各层展厅以及屋顶花园。其中，在主展区设置了一条颇具特色的漫游式参观路线，观众沿文博广场的缓坡而上，经过曲折的209m长的旋转坡道可以直接到达屋顶花园，如图20.2-4所示。

旋转坡道直径30m，共3层，总长209m的超大型旋转坡道作为整个项目一个标志性的展示区，建筑师对旋转坡道造型及建筑效果要求很高，要求建筑结构一体化，结构即建筑的表达，同时要实现无柱的大空间；采用轻巧且有韵律感的斜拉索，既保证了室内的通透性，而且拉索轻巧纤细，又满足了建筑效果的要求。

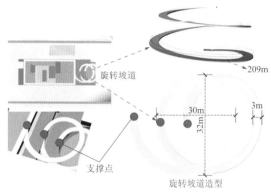

図 20.2-4 旋转坡道示意图

20.3 体系与分析

20.3.1 结构布置

上部主体结构：框架（钢骨混凝土柱 + 钢梁）+ 防屈曲约束支撑 + 黏滞阻尼墙，如图 20.3-1 所示。

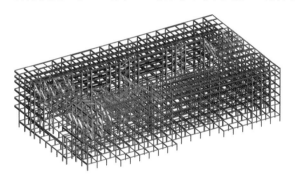

图 20.3-1 结构体系示意图

1．竖向传力体系

如图 20.3-2 所示，红色区域竖向构件承担的竖向力占竖向总荷载的 85%。

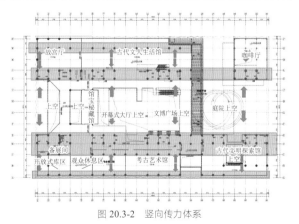

图 20.3-2 竖向传力体系

2．水平传力体系

*X*向结构抗侧力体系：框架（钢骨混凝土柱 + 钢梁）+ 防屈曲约束支撑。

如图 20.3-3 所示，红色区域竖向构件承担的*X*向剪力占*X*向总剪力的 82%。*X*向抗侧力体系立面示意见图 20.3-4。

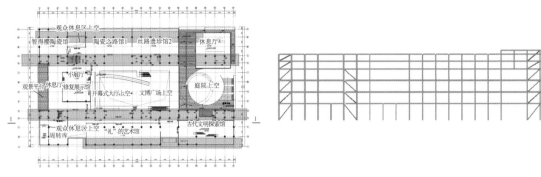

图 20.3-3　X向抗侧力体系平面示意　　　　　　　图 20.3-4　X向抗侧力体系立面示意

Y向结构抗侧力体系：框架（钢骨混凝土柱＋钢梁）＋防屈曲约束支撑。

如图 20.3-5 所示，红色区域竖向构件承担的Y向剪力占Y向总剪力的 84%。Y向抗侧力体系立面示意见图 20.3-6。

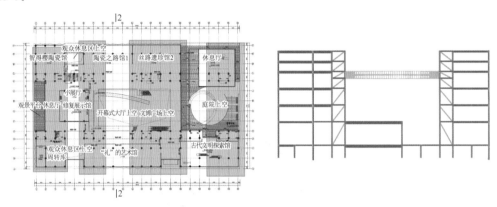

图 20.3-5　Y向抗侧力体系平面示意　　　　　　　图 20.3-6　Y向抗侧力体系立面示意

3．主要构件截面

框架柱采用钢骨混凝土柱，构件截面参数见表 20.3-1、表 20.3-2。

圆形钢骨混凝土柱截面表　　　　　　　　　　　　　　表 20.3-1

框架柱		钢骨尺寸 $H \times B \times t_w \times t_f$	钢材等级
截面尺寸	混凝土强度等级		
直径D = 1200mm	C60	H800mm × 500mm × 40mm × 40mm	Q390C
直径D = 800mm	C60	H500mm × 200mm × 15mm × 30mm	Q390C
直径D = 900mm	C60	H600mm × 400mm × 15mm × 30mm	Q390C

方形钢骨混凝土柱截面表　　　　　　　　　　　　　　表 20.3-2

框架柱		钢骨尺寸 $H \times B \times t_w \times t_f$	钢材等级
截面尺寸	混凝土强度等级		
1200mm × 1200mm	C60	H800mm × 500mm × 40mm × 40mm	Q390C
1000mm × 1000mm	C60	H700mm × 400mm × 40mm × 60mm	Q390C
900mm × 900mm	C60	H600mm × 400mm × 15mm × 30mm	Q390C
800mm × 800mm	C60	H500mm × 200mm × 15mm × 30mm	Q390C

主要楼面体系由工字形钢框架梁、工字形钢次梁以及组合楼板构成。楼板厚度 150mm。典型楼面梁尺寸详见表 20.3-3。

梁编号	截面	材质
GKL1	H700mm × 400mm × 14mm × 30mm	Q390C
GKL2	H1100mm × 500mm × 25mm × 40mm	Q390C
GKL3	H1500mm × 600mm × 30mm × 50mm	Q390C
GL1	H600mm × 200mm × 10mm × 16mm	Q345B
GL2	H500mm × 200mm × 8mm × 14mm	Q345B

4．重载大跨度、大悬挑结构选型与布置

5 层至屋面层在东北角存在悬挑 24m 的带斜腹杆层间桁架，详见图 20.3-7。

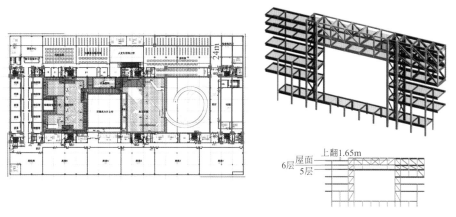

图 20.3-7　悬挑桁架布置示意图

本工程的中央屋盖为跨度 43.5m 的大跨度结构。建筑屋顶布置古典园林，其中亭台楼阁和景观存在较大的附加恒荷载，局部屋顶花园从 5 层下沉到 4 层，详见图 20.3-8。

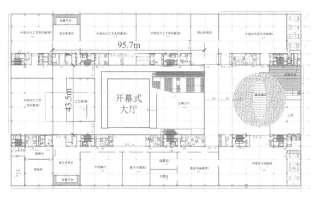

图 20.3-8　开幕式大厅楼盖位置

开幕式大厅上方庭院楼盖跨度 43.5m、宽度 95.7m，结构高度 2.5m。中央为采光井，周边通过高度为 7.5m 的桁架提供附加的弹性支承。屋盖主体为正交井格桁架结构。

楼盖结构主要由以下几部分构成：

（1）主桁架：4.35m × 4.35m 的正交桁架结构，承载屋面花园的恒、活荷载；

（2）洞边桁架：总高 7.5m 的桁架，加强整体桁架刚度，增强洞口边界的结构稳定性，同时作为天窗的支撑点；

（3）天窗主梁：跨越天窗，承受天窗屋面恒、活荷载；

（4）次梁：直接承受楼面、屋面的荷载；

（5）洞边桁架支撑：用于减小洞边桁架构件计算长度，加强洞边桁架的弯曲稳定性。

屋盖结构的主要传力路径为天窗荷载通过次梁传至天窗主梁再传至双向桁架结构，屋面花园荷载传向双向桁架结构，再通过四周布置的钢骨混凝土柱传至基础。

5. 基础结构设计

本工程地下室深度达 12.9m，预制桩在桩基施工时存在一定难度，结合岩土工程勘察报告和上海地区工程经验，同时考虑钻孔灌注桩对周边环境的影响较小和较好的适应性，故采用钻孔灌注桩基础。布桩及桩型、持力层、单桩竖向承载力特征值估算如表 20.3-4 所示。单桩承载力的最终确定以现场试验为准。

桩基参数表　　　　　　　　　　　　　　　　表 20.3-4

桩基形式	基础类型	持力层/进入持力层最小深度/m	有效桩长/m	单桩竖向承载力特征值估算/kN
钻孔灌注桩，直径 700mm（后注浆）	桩基 + 筏板	⑦/2d（纯抗压）	42（B1 层）/38（B2 层）（纯抗压）	3900（纯抗压）
钻孔灌注桩，直径 600mm	桩基 + 筏板	⑦/2d（抗压兼抗拔）	42（B1 层）/38（B2 层）（抗压兼抗拔）	2300（抗压兼抗拔桩抗压）700～1350（抗压兼抗拔桩抗拔）
钻孔灌注桩，直径 600mm	桩基 + 筏板	⑦/2d（抗压）	48（纯抗压）	2400（纯抗压）
钻孔灌注桩，直径 600mm	桩基 + 筏板	⑦/2d（抗拔）	35（B1 层）	1100（纯抗拔）

基础采用桩基 + 筏板的结构形式，根据底板受力以及布桩情况，局部 1 层地下室区域对应的基础底板板厚为 500mm；2 层地下室区域对应的基础底板板厚为 900mm；桩基承台厚度为 800～3000mm；底板承台混凝土强度等级均为 C35。

20.3.2　性能目标

1. 结构超限分析及措施

结构存在如下超限：扭转不规则；楼板不连续；大悬挑；多处框架柱不连续；受剪承载力突变。针对结构超限情况，除常规加强措施以外，该项目设计相应采取了如下措施：

（1）调整支撑结构布置，控制结构扭转；

（2）采用消能减震装置，降低地震作用，提高结构抗震性能；

（3）采用多种计算程序验算，保证计算结果的准确性和完整性；

（4）按规范要求进行弹性及弹塑性时程分析，了解结构在地震时程下的响应过程并寻找结构薄弱部位以便进行有针对性的加强。

2. 性能化设计目标

本项目结构抗震性能目标定位 C 等级，根据结构构件重要程度的不同，结合结构抗震性能目标，对结构构件的抗震性能目标进行了细化，如表 20.3-5 所示。

结构抗震性能目标　　　　　　　　　　　　　表 20.3-5

地震烈度		多遇地震	设防烈度地震	罕遇地震
性能水平定性描述		不损坏	有破坏，可修复损坏	严重破坏
关键构件性能	重要框架柱	弹性	弹性	受弯、受剪不屈服
	一般框架柱	弹性	受弯不屈服、受剪弹性	允许进入塑性，控制塑性转角在LS以内
	框架梁	弹性	不屈服	允许进入塑性，控制塑性转角在LS以内
	大跨度、大悬挑桁架	弹性	弹性	不屈服
耗能构件性能	黏滞阻尼墙	正常工作	正常工作	正常工作
	防屈曲约束支撑	弹性	屈服	屈服

20.3.3 结构分析

1. 多遇地震弹性分析

选用 ETABS 和 YJK 分别计算，采用振型分解反应谱法，考虑偶然偏心作用，按弹性板假定进行多遇地震作用下的计算，振型数取 60 个，周期折减系数取 0.9。计算结果见表 20.3-6～表 20.3-8。两种计算软件的结构总质量、振型、周期、基底剪力、层间位移角等均基本一致，表明分析结果准确、可信。同时，进行了小震弹性时程补充分析，计算结果表明，反应谱法的结果能够包络时程分析的结果，可以按照反应谱法的结果进行设计。

总质量与基本周期计算结果   表 20.3-6

周期		ETABS	YJK	ETABS/YJK	扭转系数	模态
总质量/t		1.16×10^5	1.15×10^5			
周期	T_1	1.73	1.73	1.00	0.09	X向平动
	T_2	1.49	1.49	1.00	0.00	Y向平动
	T_t	1.42	1.42	1.00	0.90	扭转

基底剪力设计结果   表 20.3-7

荷载工况	ETABS/kN	YJK/kN	ETABS/YJK	说明
E_X	72370	70220	103%	X向地震
E_Y	83760	81636	103%	Y向地震
Wind X	4945	4694	105%	X向风荷载
Wind Y	8186	7713	106%	Y向风荷载

层间位移角设计结果   表 20.3-8

荷载工况	ETABS	YJK	ETABS/YJK	说明
E_X	1/447	1/460	103%	X向地震
E_Y	1/477	1/483	101%	Y向地震
Wind X	1/5725	1/6079	106%	X向风荷载
Wind Y	1/7913	1/8271	105%	Y向风荷载

2. 动力弹塑性时程分析

本工程采用 Perform-3D 对本工程进行动力弹塑性时程分析，并根据分析结果，针对结构薄弱部位和薄弱构件提出相应的加强措施，以指导结构设计。

1）基底剪力

由表 20.3-9 可见，作为主方向输入时，结构最大剪重比分别为 18.7%（X向）和 13.8%（Y向）。

各组地震波下结构最大基底剪力与对应剪重比   表 20.3-9

序号	地震波组	主方向	基底剪力/kN	剪重比
1	SHW9X和 SHW9Y	X	144000	12.5%
		Y	149850	13.0%
2	SHW10X和 SHW10Y	X	159300	13.5%
		Y	134500	11.4%
3	SHW12X和 SHW12Y	X	214630	18.7%
		Y	158590	13.8%
	包络值	X	214630	18.7%
		Y	158590	13.8%

2）层间位移角

由表20.3-10可见，结构在X、Y两个方向的最大层间位移角分别为1/123、1/172，所有楼层均满足1/100限值要求。

各组地震波下结构最大层间位移角 表20.3-10

序号	地震波组	主方向	层间位移角
1	SHW9X和SHW9Y	X	1/178
		Y	1/172
2	SHW10X和SHW10Y	X	1/196
		Y	1/204
3	SHW12X和SHW12Y	X	1/123
		Y	1/175
包络值		X	1/123
		Y	1/172

3）地震耗能分布

由图20.3-9可见，地震作用下模态阻尼耗能约占60%，黏滞阻尼墙耗能约占18%，防屈曲约束支撑耗能约占17%，结构塑性耗能仅占4%，通过黏滞阻尼墙和防屈曲约束支撑的组合使用大大降低了大震下主体结构的塑性损伤，体现了结构良好的耗能机制。

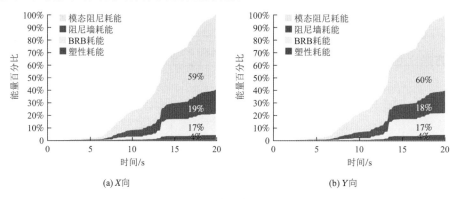

(a) X向　　　　　　　　　　　　(b) Y向

图20.3-9　罕遇地震下能量耗能分布图

4）构件抗震性能评价

罕遇地震作用下，结构各构件抗震性能评价详见表20.3-11。

各构件抗震性能评价 表20.3-11

内容	抗震性能评价
钢框架梁	部分框架梁进入屈服耗能状态，但未超过LS性能状态，符合框架梁性能目标要求
钢桁架	钢桁架构件基本保持不屈服状态，钢材最大应力371MPa，未超过钢材最大屈服应力
钢骨混凝土柱	框架柱大部分处于不屈服状态，少部分框架柱超过IO性能状态，但均未超过LS性能状态
防屈曲约束支撑	防屈曲约束支撑大部分进入屈服耗能状态，但均未超过极限承载力，满足大震下正常工作
黏滞阻尼墙	X向黏滞阻尼墙最大阻尼力1150kN，Y向黏滞阻尼墙最大阻尼力550kN，未超过阻尼墙最大承载力；X向黏滞阻尼墙最大变形约73mm，Y向黏滞阻尼墙最大变形约46mm，未超过阻尼墙极限变形

5）结论及改进

根据本工程主体塔楼结构详细的罕遇地震动力弹塑性分析，对塔楼主体结构的抗震性能作如下综合评价：

经典回眸 同济大学建筑设计研究院（集团）有限公司篇

（1）塔楼在三组地震波作用下的最大层间位移角为 1/123、1/172，满足规范 1/100 的限值要求，满足"大震不倒"的要求。

（2）框架柱大部分处于不屈服状态，小部分进入屈服耗能状态，但未超过LS性能目标，满足性能目标要求。

（3）部分框架梁进入屈服耗能状态，但未超过LS性能目标，满足性能目标要求。

（4）钢桁架构件保持不屈服状态，满足性能目标要求。

（5）大部分屈曲约束支撑进入屈服耗能状态，但未超过极限承载力，满足性能目标要求。

（6）黏滞阻尼墙滞回曲线饱满，耗能良好，未超过阻尼墙最大承载力和极限变形，大震下可正常工作。

20.4 专项设计

20.4.1 消能减震技术应用

本项目采用"框架 + 黏滞阻尼墙 + 防屈曲约束支撑"结构体系，消能减震技术采用黏滞阻尼墙和防屈曲约束支撑，其中黏滞阻尼墙在小、中、大地震作用下均发挥耗能作用，耗散地震能量，减小主体结构所受地震作用；防屈曲约束支撑在小、中震下提供刚度，保证结构变形在规范限值范围以内，在大震下屈服耗能。通过黏滞阻尼墙与防屈曲约束支撑的组合使用，保证结构具有足够的整体刚度以及良好的耗能机制。相比传统抗震方案，利用加大框架和支撑截面尺寸的方式满足结构变形和承载力需求具有更好的抗震性能。

1. 结构方案介绍

（1）传统抗震方案

传统抗震方案结构布置如图 20.4-1～图 20.4-6 所示。

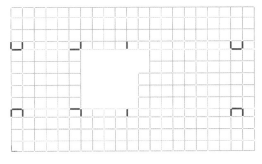

图 20.4-1　1 层结构支撑布置位置

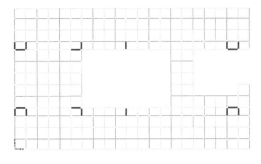

图 20.4-2　2 层结构支撑布置位置

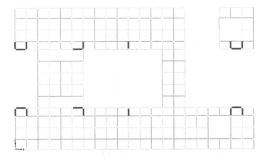

图 20.4-3　3 层结构支撑布置位置

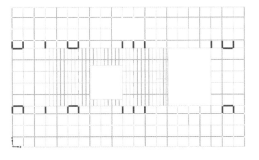

图 20.4-4　4 层结构支撑布置位置

注：▆▆▆▆▆ 为钢支撑布置位置。

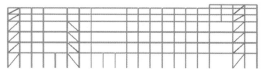

图 20.4-5 X向钢支撑立面布置图　　　　　图 20.4-6 Y向钢支撑立面布置图

（2）消能减震方案

消能减震方案结构布置如图 20.4-7～图 20.4-12 所示。

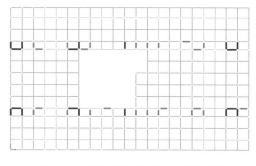

图 20.4-7 1 层防屈曲约束支撑和阻尼墙布置位置

图 20.4-8 2 层防屈曲约束支撑和阻尼墙布置位置

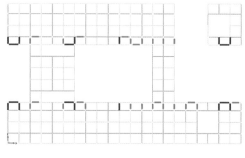

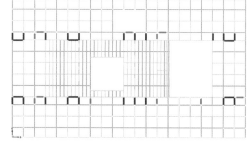

图 20.4-9 3 层防屈曲约束支撑和阻尼墙布置位置

图 20.4-10 4 层防屈曲约束支撑和阻尼墙布置位置

注：　　　　　　　为黏滞阻尼墙布置位置；　　　　　　　为防屈曲约束支撑布置位置。

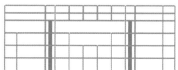

图 20.4-11 X向黏滞阻尼墙立面布置图　　　　　图 20.4-12 Y向黏滞阻尼墙立面布置图

消能减震方案在传统抗震方案的基础上，将抗侧钢支撑替换为防屈曲约束支撑并结合建筑功能设计，在合适位置增设黏滞阻尼墙。黏滞阻尼墙在X向共布置 32 片，Y向共布置 55 片，黏滞阻尼墙和防屈曲约束支撑的连接示意见图 20.4-13、图 20.4-14。黏滞阻尼墙参数见表 20.4-1。防屈曲约束支撑参数见表 20.4-2。

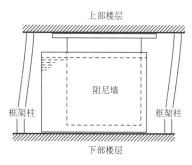

图 20.4-13 黏滞阻尼墙连接示意图

经典回眸　同济大学建筑设计研究院（集团）有限公司篇

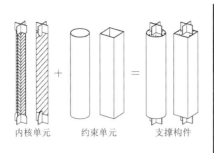

图 20.4-14 防屈曲约束支撑示意图

内核单元   约束单元   支撑构件

黏滞阻尼墙参数   表 20.4-1

方向	阻尼系数/[kN/(m/s)^0.45]	阻尼指数	阻尼力/kN	最大冲程/mm
X向（32 片）	2000	0.45	1200	80
Y向（55 片）	1000	0.45	600	50

防屈曲约束支撑参数   表 20.4-2

芯材强度	屈服承载力/kN	等效截面面积/mm²	根数
Q235B	6000	26700	12
Q235B	11800	55800	12
Q235B	10000	47400	28
Q235B	12800	60800	29
总计			81 根

2．弹性分析地震波选取

黏滞阻尼墙在多遇地震作用下采用弹性时程分析耗能减震效率，地震波从上海地区Ⅳ类场地、特征周期为 0.9s 的地震波库中选取 5 组天然波和 2 组人工波（共 7 组波），信息如表 20.4-3 所示。

地震波信息   表 20.4-3

编号	地震波		持时/s
1	SHW1X 和 SHW1Y	人工波	65
2	SHW2X 和 SHW2Y	人工波	30.04
3	SHW3X 和 SHW3Y	天然波	53.9
4	SHW4X 和 SHW4Y	天然波	53.9
5	SHW5X 和 SHW5Y	天然波	48.68
6	SHW6X 和 SHW6Y	天然波	70.5
7	SHW7X 和 SHW7Y	天然波	63.26

采用各组时程进行结构弹性时程分析的结果与采用振型分解反应谱法进行计算的结果对比，各组时程波均满足规范对于时程波选取的要求。

3．分析结果对比

对各方案进行小震下 7 组弹性动力时程分析，分析结果见表 20.4-4。

表 20.4-4

对比项		传统抗震方案	消能减震方案	消/传
周期/s	1	1.35	1.73	128%
	2	1.26	1.49	118%
	3	1.13	1.42	126%
	扭转周期比	0.84	0.83	99%
基底剪力/kN	SHW1X	64931	51527	79%
	SHW2X	66331	58923	89%
	SHW3X	60857	54969	90%
	SHW4X	103240	82843	80%
	SHW5X	65949	52801	80%
	SHW6X	64302	53523	83%
	SHW7X	93421	74663	80%
	SHW1Y	76822	83760	74%
	SHW2Y	94363	56826	69%
	SHW3Y	72793	65080	81%
	SHW4Y	127265	58887	79%
	SHW5Y	78051	100555	73%
	SHW6Y	74143	57271	91%
	SHW7Y	92150	67272	92%
	平均值	74147（X向）	61321（X向）	83%
		87941（Y向）	70093（Y向）	80%
层间位移角最大值	SHW1X	1/697	1/753	93%
	SHW2X	1/659	1/656	101%
	SHW3X	1/823	1/763	108%
	SHW4X	1/466	1/450	104%
	SHW5X	1/680	1/779	87%
	SHW6X	1/711	1/648	110%
	SHW7X	1/469	1/526	89%
	SHW1Y	1/762	1/814	94%
	SHW2Y	1/625	1/645	97%
	SHW3Y	1/722	1/721	100%
	SHW4Y	1/468	1/451	104%
	SHW5Y	1/722	1/916	79%
	SHW6Y	1/784	1/624	126%
	SHW7Y	1/598	1/568	105%
	平均值	1/618（X向）	1/630（X向）	98%
		1/650（Y向）	1/646（Y向）	101%
阻尼比		4%	6%（附加阻尼比2%）	150%

1）周期

消能减震方案通过减小构件截面尺寸，结构自振周期有所增大，结构刚度较传统抗震方案有所降低，有利于降低地震作用。消能减震方案和刚性方案的周期对比如图 20.4-15 所示。

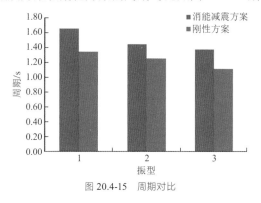

图 20.4-15　周期对比

2）层剪力

消能减震方案与传统抗震方案层剪力对比如图 20.4-16 所示，消能减震方案通过减小结构刚度和提供附加阻尼，基底剪力降低了17%（X向）、20%（Y向）。

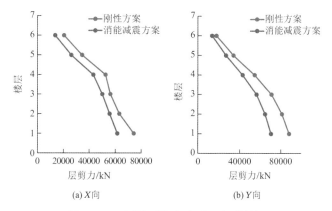

(a) X向　　　　(b) Y向

图 20.4-16　层剪力对比（7 条时程波平均值）

3）层间位移角

传统抗震方案与消能减震方案X向最大层间位移角分别为 1/618、1/630，Y向最大层间位移角分别为 1/650、1/646，如图 20.4-17 所示，两种方案结果接近，且均满足规范限值1/344 的要求。

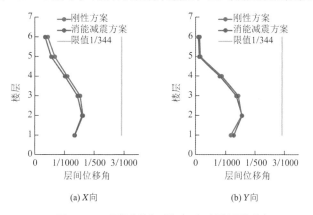

(a) X向　　　　(b) Y向

图 20.4-17　层间位移角对比（7 条时程波平均值）

4）附加阻尼比

通过黏滞阻尼墙的滞回耗能分析，如表 20.4-5 所示，消能减震方案可在多遇地震下提供附加阻尼比2.3%，提高结构抗震性能。

时程波		模态耗能/（kN·m）	黏滞阻尼墙耗能/（kN·m）	附加阻尼比/%
SHW1	X向	4130	2543	2.46
	Y向	3819	2414	2.53
SHW2	X向	2917	1772	2.43
	Y向	3737	2241	2.40
SHW3	X向	2907	1370	1.89
	Y向	2707	1539	2.27
SHW4	X向	2977	1965	2.64
	Y向	4512	2522	2.24
SHW5	X向	2549	1345	2.11
	Y向	2309	1293	2.24
SHW6	X向	5105	3233	2.53
	Y向	4176	2629	2.52
SHW7	X向	4589	2866	2.50
	Y向	6458	3828	2.37
平均值	X向	—	—	2.35
	Y向	—	—	2.31

5）消能减震方案耗能情况

结构在各地震工况下的能量耗散情况如图 20.4-18～图 20.4-20 所示，黏滞阻尼墙在小震、中震、大震作用下发挥主要耗能作用。防屈曲约束支撑在小震下保持弹性，在中震下小部分进入屈服耗能状态，在大震下大部分进入屈服与黏滞阻尼墙共同发挥耗能作用。通过"黏滞阻尼墙＋屈曲约束支撑"的组合使用，结构大震下非线性损伤较小，在不同的地震水准下均体现了良好的耗能机制。

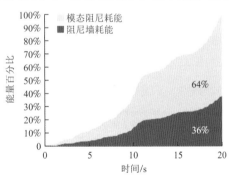

图 20.4-18 多遇地震组合下能量耗散情况　　图 20.4-19 设防地震组合下能量耗散情况

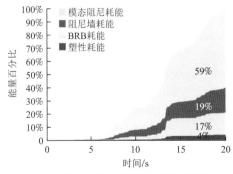

图 20.4-20 罕遇地震组合下能量耗散情况

4．小结

从上面的分析结果可知，消能减震方案相比传统抗震方案有明显的优势，主要表现在：

（1）消能减震方案周期较传统抗震方案有一定程度的增大，同时小震下阻尼比由 4% 提高到 6%，有效地降低了地震作用，提高了结构抗震性能；

（2）消能减震方案的层剪力小于传统抗震方案，基底剪力减幅为 17%（X 向）和 20%（Y 向）；

（3）消能减震方案刚度较传统抗震方案减小，但由于降低了地震作用，层间位移角与传统抗震方案接近；

（4）消能减震方案在不同地震水准下均表现出良好的耗能机制，罕遇地震作用下主体结构仍然处于良好性能状态。

综上所述，本项目采用钢框架结合防屈曲约束支撑和黏滞阻尼墙的消能减震方案。

20.4.2 旋转坡道专项设计

1．旋转坡道造型和尺寸

建筑东侧布置有 209m 长的旋转坡道，坡道呈三段螺旋式上升，旋转直径近 30m，坡道宽度 3m。旋转坡道效果和实景图如图 20.4-21、图 20.4-22 所示。

图 20.4-21　旋转坡道效果图　　　　　　图 20.4-22　旋转坡道实景图

2．旋转坡道结构布置

旋转坡道的一侧搁置于主楼三个不同的楼层作为固定支座，同时在上部主楼设置 5 个吊点，每个吊点设置 3~4 根拉索与坡道结构相连，如图 20.4-23 所示。

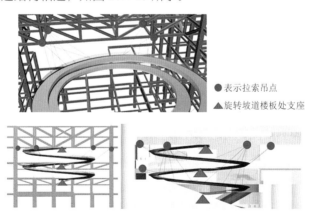

● 表示拉索吊点
▲ 旋转坡道楼板处支座

图 20.4-23　旋转坡道边界条件

考虑到旋转坡道的受力特点，坡道主体截面需要具有较好的刚度及抗扭转能力，借鉴船壳结构，旋转坡道主体采用钢结构三角形箱形壳体结构，如图 20.4-24 所示。同时在箱体内部设置横向及纵向加劲肋，随着旋转坡道旋转上升的形态进行截面的变换，如图 20.4-25、图 20.4-26 所示。在箱体内部设置 TMD 减振阻尼器，保证人行舒适度满足要求。旋转坡道实景图如图 20.4-27 所示。

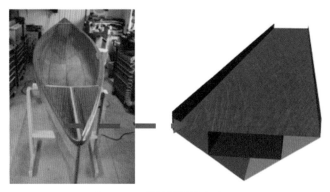

图 20.4-24　旋转坡道结构概念图

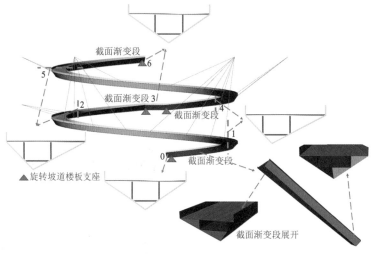

图 20.4-25　旋转坡道截面图

图 20.4-26　旋转坡道结构体系图

图 20.4-27　旋转坡道实景图

20.5 结语

上海博物馆东馆项目作为上海东部文化中心的组成部分，其造型大气、典雅，是浦东重要的城市公共文化建筑。结合建筑大空间无柱功能需求，结构体系选用框架（钢骨混凝土柱＋钢梁）结合防屈曲约束支撑和黏滞阻尼墙的结构体系，充分发挥了该结构体系的优良结构性能并完美实现了建筑的造型效果。

在结构设计过程中，主要完成了以下几方面的创新性工作：

1. 黏滞阻尼墙结合防屈曲约束支撑的消能减震方案

黏滞阻尼墙在小、中、大地震作用下均发挥耗能作用，耗散地震能量，减小主体结构所受地震作用；防屈曲约束支撑在小、中震下提供刚度，保证结构变形在规范限值范围以内，在大震下屈服耗能。通过"黏滞阻尼墙＋防屈曲约束支撑"的组合使用，保证结构具有足够的整体刚度，结构大震下非线性损伤较小，在不同的地震水准下均体现了良好的耗能机制。

2. 旋转坡道

旋转坡道根据船壳结构受力原理，采用倒三角形箱形结构，提高结构的整体抗扭刚度。旋转坡道通过4组斜拉索悬挂到主体钢结构框架上，以保证整个坡道的竖向刚度和水平刚度。同时为保证坡道的舒适度，在竖向刚度较弱的三角形箱体内布置TMD减振阻尼器。

上海博物馆东馆在结构设计中，合理确定了构件的抗震性能目标，确保了结构体系的耗能机制和多道抗震设防机制，结合小震、大震分析，实现了"小震不坏、中震可修、大震不倒"的设计目标。作为公共文化建筑，结构在经济安全高效的前提下，结构整体与博物馆建筑的使用和外观有机地融合在一起。

参考资料

[1] 同济大学建筑设计研究院(集团)有限公司. 上海博物馆东馆新建工程超限高层抗震专项审查报告[R]. 2017.

设计团队

结构设计单位：同济大学建筑设计研究院（集团）有限公司

结构设计团队：丁洁民，万月荣，许晓梁，吴宏磊，钟毓仁，郑超毅，黄卓驹，戴嘉琦，李振国，张月强，毛鹏程，
　　　　　　　李　旭，郑亚玮，张文斌，耿柳珣，贾国庆，刘传麒

执　笔　人：许晓梁，钟毓仁，郑超毅